胶州湾集水盆地生源要素的流失与海湾的富营养化演变

张 经 主编

U0324517

海洋出版社

2013 年·北京

内 容 简 介

本书中的内容是基于国家自然科学基金委员会资助的重点项目："胶州湾流域生源要素的流失与海湾富营养化演变过程"（项目编号：40036010）研究工作的结果写成，其中也包括对前期研究工作的归纳和总结。书中涉及的内容包括物理海洋学、近海沉积动力学、化学海洋学与生物地球化学、生物学等诸多领域，集中体现在对胶州湾富营养化演变过程的分析和认知方面。

读者对象是大学高年级的学生、研究生，从事近海环境科学研究和管理的专业人员。

图书在版编目（CIP）数据

胶州湾集水盆地生源要素的流失与海湾的富营养化演变／
张经主编. — 北京：海洋出版社，2013.7
ISBN 978 - 7 - 5027 - 8622 - 9

Ⅰ. ①胶… Ⅱ. ①张… Ⅲ. ①黄海 - 海湾 - 富营养化研究
Ⅳ. ①X55

中国版本图书馆 CIP 数据核字（2013）第 161100 号

责任编辑：高 英 于秋涛
责任印制：赵麟苏

海洋出版社 出版发行

http：//www. oceanpress. com. cn
北京市海淀区大慧寺路 8 号 邮编：100081
北京旺都印务有限公司印刷 新华书店发行所经销
2013 年 7 月第 1 版 2013 年 7 月北京第 1 次印刷
开本：787 mm×1092 mm 1/16 印张：24.75
字数：535.08 千字 定价：88.00 元
发行部：62132549 邮购部：68038093 总编室：62114335
海洋版图书印、装错误可随时退换

编委会名单

主　编：张　经

编　　委：（按拼音顺序排列）
白　洁　刘东艳　刘贯群　刘广山
刘素美　刘　哲　任景玲　魏　皓
杨世伦　张桂玲　张　经

前言
PREFACE

尽管自 20 世纪 90 年代以来，陆－海相互作用问题成为国际上的一个热点研究领域，而且无论在学术界或者在社会舆论范围，人们业已认识到，尽管在陆地和海洋交互地域发生的"事件"，但会产生对社会和经济发展以及那里的生态系统的可持续性具有重要的乃至"不可逆转"的后果，但真正能够将针对"陆地"和"海洋"进行的研究工作整合在陆－海相互作用的框架之下，似乎并不是一件容易的事情，这中间的原因是多方面的，其中一点大概是同针对"陆地"和面对"海洋"的科学问题的时、空尺度不尽相同，以及相应的研究工作所面临的社会发展的需求不同有关。

在 21 世纪初，国家自然科学基金委员会资助我们开展了针对"胶州湾流域生源要素的流失与海湾富营养化演变过程"（项目编号：40036010）的研究项目，为期四年（2001－2004）。在此期间，项目组试图通过将针对伴随着半封闭海湾富营养化所产生对生态系统的负面影响，同周边集水盆地的生源要素与痕量物质流失方面的研究工作结合起来，以期刻画胶州湾富营养化过程的历史变化特点及其中的因果关系。通过剖析外部营养盐输送的变化与内部循环对海湾富营养化演变的不同贡献，认识胶州湾同开阔的黄海之间的水交换对生源要素的输运、周边集水盆地生源要素流失的数量、胶州湾内生物的合成与分解代谢作用相关的生源要素的更新和补充等方面的科学问题。

历史上，针对胶州湾地区的研究工作背景较好、资料丰富，这帮助了我们能够在一定程度上认识这个地区富营养化的变化特点，并对生态系统在未来的演化趋势做出一些预测，期望项目的研究成果，能够为胶州湾地区未来发展的空间规划和管理决策提供一些分析依据。

在 2001－2004 年项目实施期间，我们在胶州湾和周边的集水盆地，组织了 10 余次针对不同季节和年际变化的多学科观测和样品采集工作，野外和海上的观测内容包括物理和水文、悬浮沉积物的分布格局、生源要素的循环和利用、大气的干/湿沉降与痕量气体的排放、沉积物－水界面交换、痕量元素与放射性同位素的迁移特点、地表与地下水对化学物质收支的贡献、环境变化的沉积记录等诸多方面的内容。基于对上述内容所取得研究数据的分析，在 2004年项目结题时，我们取得了一些新的认知。

- 在普林斯顿大学海洋模型（POM）基础上建立了一个三维的物理－生物耦合模型，数值模拟的结果给出了胶州湾中水体的存留时间大约为 50 天左右，模型计算结果得到包括镭同位素和盐度等观测资料的支持。

- 估算出胶州湾向大气释放 CH_4 和 N_2O 的年通量分别约为 $8 \times 10^6 \sim 18 \times 10^6$ mol/a 和 $1.1 \times 10^6 \sim 2.2 \times 10^6$ mol/a；胶州湾每年向黄海输送的甲烷量约为 2.7×10^6 mol/a。

- 白沙河是胶州湾周边地区地下水向海输送水量和营养盐的主要地区。20 世纪 80 年代以来，集水盆地的土地使用类型的转变和污染物的排放，已经显著地改变了地下水向海洋输送营养盐的数量和结构。

- 胶州湾的沉积速率在 1 cm/a 的水平，悬浮颗粒物中的非矿物质成分的含量可达 90% 以上，这反映出该地区的悬浮颗粒物组成受到排污的明显影响。

- 对比不同来源的营养盐，胶州湾的 PO_4^{3-} 主要来自河流输送和污水排放，可占总入湾量的 94%；NO_3^- 主要来自河流输送，占总输入量的 67%；NH_4^+ 主要来自污水排放（占 87%），其次是河流输送（9%）和大气沉降（4%）；SiO_3^{2-} 主要来自河流输入（80%）。

- 过去的几十年中，胶州湾生源要素的浓度和分布格局发生了显著变化，从 20 世纪 60 年代到 90 年代，PO_4^{3-}、NO_3^-、NO_2^- 和 NH_4^+ 浓度分别增加了 1.4、4.3、3.9 和 4.1 倍。

- 通过对胶州湾的调查以及与历史资料比较研究，发现硅藻的优势物种已经发生更替，沉积物中记录的硅藻组成改变，反映了气候、温盐结构以及营养盐等变化对水体中初级生产力结构的影响。

- 在胶州湾中，无机磷酸盐是胶州湾异养浮游细菌生长的重要限制因子之一，异养浮游细菌可与浮游植物之间形成就营养盐之间的竞争关系。

- 通过数值模拟方式刻画了影响氮、磷、硅等生源要素，在胶州湾输运过程以及与外海的交换量。结果表明，湍混合强度跨量级的变化可能会引起模拟结果产生显著地差异。

在"胶州湾流域生源要素的流失与海湾富营养化演变过程"（项目编号：40036010）研究项目结束若干年之后，我们回过头来对当年的研究结果和实验数据进行重新审视，发现来自陆地和沿海区域的人类活动，对胶州湾以及中国其他半封闭海湾中生态系统的改变，是如此迅速，以至于科学研究在区域尺度上，是在不断地应对所面临的新问题，当初的研究成果也带有我们对自然界认知的历史"烙印"。

参与本书写作的作者有：第一章：张经（华东师范大学 河口海岸学国家重点实验室）、白洁（中国海洋大学 环境科学与工程学院）、高会旺（中国海洋大学 环境科学与工程学院）、刘东艳（中国科学院 烟台海岸带研究所）、刘贯群（中国海洋大学 海洋环境与生态教育部重点实验室、中国海洋大学 环境科学与工程学院）、刘广山（厦门大学 环境与生态学院）、刘静（山东省青岛市环境保护科学研究所）、刘素美（中国海洋大学 海洋化学理论与工程技术教育部重点实验室）、刘哲（中国海洋大学 海洋环境与生态教育部重点实验室）、任景玲（中国海洋大学 海洋化学理论与工程技术教育部重点实验室）、孙鹤鲲（山东省青岛市环境保护科学研究所）、汪景庸（中国海洋大学 海洋环境学院）、魏皓（天津科技大学 海洋科学与工程学院）、杨世伦（华东师范大学 河口海岸学国家重点实验室）、张桂玲（中国海洋大学 海洋化学理论与工程技术教育部重点实验室）；第二章：刘哲（中国海洋大学 海洋环境与生态教育部重点实验室、华东师范大学 河口海岸学国家重点实验室）、魏皓（天津科技大学 海洋科学与工程学院）；第三章：刘贯群（中国海洋大学 海洋环境与生态教育部重点实验室、中国海洋大学 环境科学与工程学院）、朱新军（中国海洋大学 环境科学与工程学院）、王树英（中国海洋大学 环境科学与工程学院）、叶玉玲（中国海洋大学 环境科学与工程学院）、廖小青（中国海洋大学 环境科学与工程学院）、袁瑞强（中国海洋大学 环境科学与工程学院）、刘素美（中国海洋大学 海洋化学理论与工程技术教育部重点实验室）；第四章：杨世伦（华东师范大学 河口海岸学国家重点实验室）、朱骏（华东师范大学 河口海岸学国家重点实验室）、张经（华东师范大学 河口海岸学国家重点实验室）；第五章：刘素美（中国海洋大学 海洋化学理论与工程技术教育部重点实验室）；第六章：刘广山（厦门大学 环境与生态学院）；第七章：任景玲（中国海洋大学 海洋化学理论与工程技术教育部重点实验室）；第八章：张桂玲（中国海洋大学 海洋化学理论与工程技术教育部重点实验室）；第九章：刘东艳（中国科学院 烟台海岸带研究所）；第十章：白洁（中国海洋大学 海洋环境与生态教育部重点实验室、中国海洋大学 环境科学与工程学院）、李岢然（中国海洋大学 海洋生命学院）、张昊飞（国家海洋局东海环境监测中心）、李佳霖（中国海洋大学 海洋环境与生态教育部重点实验室、中国海洋大学 环境科学与工程学院）；第十一章：刘贯群（中国海洋大学 海洋环境与生态教育部重点实验室、中国海洋大学 环境科学与工程学院）、朱新军（中国海洋大学 环境科学与工程学院）、王树英（中国海洋大学 环境科学与工程学院）、叶玉玲（中国海洋大学 环境科学与工程学院）、廖小青（中国海洋大学 环境科学与工程学院）、袁瑞强（中国海洋大学 环境科学与工程学院）、刘素美（中国海洋大学 海洋化学理论与工程技术教育部重点实验室）、张经（中国海洋大学 化学化工学院、华东师范大学 河口海岸学国家重点实验室）；第十二章：杨世伦（华东师范大学 河口海岸学国家重点实验室）、李鹏（华东师范大学 河口海岸学国家重点实验室）、郜昂（华东师范大学 河口海岸学国家重点实验室）、张文祥（华东师范大学 河口海岸学国家重点实验室）、张经（华东师范大学 河口海岸学国家重点实验室）；第十三章：刘素美（中国海洋大学 海洋化学理论与工程技术教育部重点实验室）、戚晓红（中国海洋大学 海洋化学理论与工程技术教育部重点实验室）、罗忻（中国海洋大学 海洋化学理论与工程技术教育部重点实验室）、叶曦雯（中国海洋大学 海洋化学理论与工程技术教育部重点实验室）、李肖娜（中国海洋大学 海洋化学理论与工程技术教育部重点实验室）、吴莹（华东师范大学 河口海岸学国家重点实验室）、张国森（华东师范大学 河口海岸学国家重点实验室）、任景玲（中国海洋大学 海洋化学理论与工程技术教育部重点实验室）、张桂玲（中国海洋大学 海洋化学理论与工程技术教育部重点实验室）、张经（中国海洋大学 化学化工学院、华东师范大学 河口海岸学国家重点实验室）；第十四章：任景玲（中国海洋大学 海洋化学理论与工程技术教育部重点实验室）、张经（华东师范大学 河口海岸学国家重点实验室）、谢亮（中国海洋大学 海洋化学理论与工程技术教育部重点实验室）、李丹丹（中国海洋大学 海洋化学理论与工程技术教育部重点实验室）、程岩（中国海洋大学 海洋化学理论与工程技术教育部重点实验室）；第十五章：张桂玲（中国海洋大学 海洋化学理论与工程技术教育部重点实验室）、张经（华东师范大学 河口海岸学国家重点实验室）、许洁（中国海洋大学 海洋化学理论与工程技术教育部重点实验室）、张峰（中国海洋大学 海洋化学理论与工程技术教育部重点实验室）；第十六章：刘东艳（中国科学院 烟台海岸带研究所）；第十七章：白洁（中国海洋大学 海洋环境与生态教育部重点实验室、

中国海洋大学 环境科学与工程学院)、李岿然（中国海洋大学 海洋生命学院）、张昊飞（国家海洋局东海环境监测中心）、刘东艳（中国科学院 烟台海岸带研究所）、刘广山（厦门大学 环境与生态学院）、李佳霖（中国海洋大学 海洋环境与生态教育部重点实验室；中国海洋大学 海洋环境科学与工程学院）；第十八章：刘哲（中国海洋大学 环境与生态教育部重点实验室、华东师范大学 河口海岸学国家重点实验室）、张经（华东师范大学 河口海岸学国家重点实验室）、魏皓（天津科技大学 海洋科学与工程学院）；第十九章：刘广山（厦门大学 环境与生态学院）、贾成霞（厦门大学 环境与生态学院）、魏皓（天津科技大学 海洋科学与工程学院）；张经（华东师范大学 河口海岸国家重点实验室）、黄奕普（厦门大学 海洋与地球学院）、陈敏（厦门大学 海洋与地球学院）。

　　本书所报告的实验数据与认知，其主体来自于课题组成员在2001－2004年期间，执行国家自然科学基金委员会的重点项目："胶州湾流域生源要素流失与海湾富营养化演变过程"所取得的研究成果。在此，我们感谢国家自然科学基金委员会对胶州湾研究项目的资助，感谢上海市科委在项目实施期间给予的支持；诚挚地感谢参加项目工作的老师和学生，他（她）们的辛勤工作与创造使研究目标得以实现。借此机会，也感谢青岛海洋大学（现中国海洋大学）和华东师范大学的科研管理部门，在本项目的申请与实施期间给予的关心和帮助。

"胶州湾流域生源要素的流失与海湾富营养化演变过程"
项目组

目　次
CONTENTS

第一篇　前期研究成果评述

第二篇 胶州湾的富营养化的演变过程

第 一 篇

前期研究成果评述

第一章
胶州湾：从集水盆地中生源要素的流失到海湾的富营养化

1.1　问题的提出

从研究工作的角度讲，近海的生态系统是一个复杂的体系，它所具有的功能受到来自陆地和海洋的多重驱动作用的影响。因而，近海生态系统为人类社会所提供的服务也在气候与人类活动的制约之下存在不同时、空范围的明显变化(图1.1)。

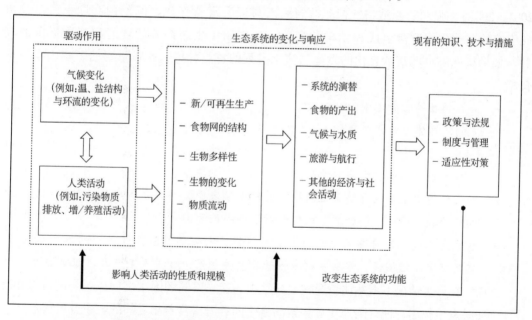

图 1.1　近海生态系统的结构与功能受到来自自然过程与人类活动组合构成的多重驱动作用的影响，它所提供的服务也因我们的知识水平和政府采取的管理措施而发生改变；最终所有这些因素都会影响生态系统的演化，只是在学术界目前有限的认知能力下，许多为我们所不知晓

[注：根据张经(2011)的结果修改]

近岸水域的富营养化在过去的 50 年中已经成为全球性海洋环境的灾害性问题，其后果常常是形成高生物量(即：high bio-mass)水体，并可引发灾难性的赤潮事件。目前已有研究数据表明，伴随着富营养化，有害赤潮(即：HAB—harmful algal blooms)的出现频率、

影响范围及其带来的危害确实显著地增加了(GEOHAB, 2001)。伴随着陆地向海洋排放的污染物质的增加, 某些植物性营养元素(即: plant nutrients)在近岸环境中被利用、积累与再生, 不同元素之间的比例关系也发生了改变。近海富营养化亦会促使水体中浮游生物的群落结构发生变化, 并且通过食物网作用于整个生态系统, 系一种"上行效应"(例如: 多瑙河—黑海与密西西比河—墨西哥湾)。这种情况从 20 世纪 40 年代以后, 在发达国家、稍后 60 - 70 年代于发展中国家都开始成为十分普遍的环境问题, 并且在今后相当长一段时间仍然难以改善。与流域中生源要素流失相伴的富营养化常常引起近海生态系统发生难以逆转的变化(例如: 生态系统多样性问题), 并且对人类的生存环境产生直接威胁(GEO-HAB, 2001, 2003)。

20 世纪 90 年代, 在欧洲与北美洲海洋环境污染控制与生态系统健康的一些国际计划中, 将富营养化问题的研究放在十分重要的位置(ECOHAB, 1995; EUROHAB, 1998)。20 世纪末与 21 世纪初, 联合国教科文组织政府间海洋委员会(IOC)与国际海洋科学研究指导委员会(SCOR)发起了国际赤潮的生态学与海洋学计划(即: GEOHAB—Global Ecology and Oceanography of Harmful Algal Blooms)。在 GEOHAB 的科学与实施计划中(GEOHAB, 2001, 2003), 强调陆源植物性营养盐的输入与近海富营养化之间的内在联系, 以及由此引起的海洋生物群落组成和结构的变化, 并作用于生态系统的功能和其所提供的服务。如果从近海水域富营养化的发生与演化过程的特点分析, 比较重要的影响因素应该包括:

> 陆源植物性营养元素(例如: 氮、磷等)的过量排放并在近海水域中的积累, 对研究的海洋体系来讲提供的是"新生产力";

> 主要生源要素(即: 氮、磷、硅、碳等)在水域内不断地再生与循环并对浮游生物的群落产生影响, 由此影响"可再生生产力"的贡献;

> 近海环境中主要生源要素之间的比例发生了改变, 结果是形成某一种或几种元素相对亏损, 另外一些营养盐出现相对过剩的局面;

> 研究的水域与开阔海洋之间的水交换不畅, 表现的特点是体系中的水交换在时、空尺度上比较缓慢, 水域中植物性营养盐被积累; 可再生生产力的贡献增加。

然而, 在许多情况下上述诸情况往往缠结在一起, 不同的因素之间以各自的特点相互叠加, 同时发生作用, 使得陆地生源要素的流失同近海富营养化之间的联系愈加复杂。

在以往对富营养化的研究中比较多地注重地表水与污染物排放的影响, 而地下水、大气沉降与地表冲刷(例如: 面源的问题)对物质输送的贡献被忽视(Zhang, 1994; Moore, 1996; Paerl, 1997)。然而, 研究结果表明, 随着对地表水污染的有效控制, 污染物通过地下水、大气沉降等从流域向海洋的输送作用日益显著(Behrendt et al., 2002)。流域土壤/植物对不同的营养盐与污染物质的保持能力(即: retention)或者说营养盐与污染物在流域存留时间的差异, 也影响了植物性营养盐在近海环境中的行为、归宿以及其对生态系统的作用(例如: 营养盐限制)。

　　在许多地区，流域盆地向海洋的营养物质输送在近几十年来发生了显著的改变，并且极大地影响了毗邻海域的生态系统健康（例如：浮游植物群落的组成与结构）（Hessen et al.，1997；Henriksen and Hassen，1997；Mulder et al.，1997）。因此，理解与海湾毗邻的集水盆地中生源要素的流失特点（注：这里的"流失"是指流域中各种不同途径向海湾生源要素的输送总和，并以单位时间、单位面积中生源要素的移出量表示）是研究近海富营养化过程的重要方面。从事陆－海相互作用领域的研究，需要将水域中的过程与流域盆地中的重要"事件"结合，这一点在 IGBP 的 LOICZ 的学术活动中给予了充分的重视（LOICZ，2005），并在针对近海富营养化的前期研究工作中得到体现。

　　除了与大气干/湿沉降有关的研究命题以外，水－底沉积物之间的界面过程在近岸水体营养物质的更新与循环中起到重要作用。譬如，沉积物中有机物质的降解和对植物性营养盐的释放（例如：矿化作用）所引起的再循环是影响切萨匹克湾（Chesapeake Bay）中营养盐载荷增加的重要因素，其中在生态系统水平上体系的响应时间的滞后影响可达10年（Cerco，1995a）。在研究海湾富营养化过程的时候，需要剖析生源要素通过大气的干、湿沉降与沉积物－水界面过程对海域物质收支的重要贡献。

　　20 世纪 80 年代以来，我国近海环境突出问题之一是海域富营养化及其引发的赤潮（国家环保局，1998）。在针对富营养化问题研究中，浮游植物的组成和结构、生产力等同植物性与痕量营养盐浓度的变化之间的内在联系是热点之一（Anderson et al.，1982；Takahashi and Fukazana，1982；邹景忠等，1983；Oviatt et al.，1989；唐永銮，1992；齐雨藻，1999）。正常环境下，种群间的生长特异性差异允许大量不同种类生物生活在相对均匀的体系内部，伴随富营养化过程的营养盐浓度与比例的改变将会引起浮游生物种类多样性下降，改变当地原有植物种群组成与群落结构，为种群更替或某些赤潮种类暴发提供了机会（Lalli and Parsons，1993）。在种群演替过程中，对不同营养盐消耗策略改变可导致元素结构的变化（Conley and Johnstone，1995；Humborg et al.，1997）；譬如，鞭毛藻对植物性营养盐的吸收与利用机制不同于硅藻，对营养盐浓度比例结构的需求亦不一致。Smayda（1997）曾指出，植物细胞对水环境的适应机制是不相同的，例如鞭毛藻常采用游动策略，而硅藻则以沉降为主。不同类型浮游植物在光合作用中对生源要素的利用特点，应该是认识富营养化过程的重要方面。

　　在富营养化环境中，异养微生物的生产更多地受到溶解有机物支撑，有利于促使有机物质的矿化与生源要素的再生，后者促进浮游植物大量繁殖。异养微生物参与食物网循环，可将溶解态的有机物质转为颗粒态并为小型动物摄食（Fukami et al.，1983；Scaria，1988；Foreman et al.，1998）。例如，在近岸水域中初级生产量中的40%可为异养微生物消耗，且光合作用固定的有机碳中25% ~60%可通过微食物环进入主食物网（Azam et al.，1983；Serr et al.，1987；Cho and Azam，1990）。因此，在富营养化水体中如同其他环境类似，微食物环对有机物质的迁移与转化以及在体系中生源要素的收支具有不可忽视的作用。

过去几十年中，针对近海富营养化研究已取得了长足的进步。例如，在美国的切萨匹克湾（Chesapeake Bay）、佛罗里达沿岸（例如：Tampa Bay）、欧洲的北海（North Sea）、地中海（Mediterranean Sea）、亚德里亚海（Adriatic Sea）、波罗的海（Baltic Sea）、日本的濑户内海（Seto Inland Sea）等地区，先后都进行过针对富营养化演化过程的研究（Barth and Fegan，1990；Lancelot et al.，1990，1991；Cerco，1995b；Yanagi et al.，1995，1997；Patsch and Radach，1997；Wang et al.，1999）。譬如，Patsch 与 Radach（1997）通过对北海1955–1993年期间的资料分析与模拟，指出在20世纪70–90年代期间的富营养化引起了北海营养盐比例的改变，并导致鞭毛藻与硅藻群落之间固有的演替关系发生了转变。利用切萨匹克湾1959–1988年期间近30年的资料，Cerco（1995a，b）分析与模拟了湾内的富营养化与地表径流之间的对应关系和环境演化对十年际气候变化的响应，指出海湾与外海之间的水交换不畅对富营养化进程的加剧具有重要的作用。其他已有的结果表明，在深入地研究海域水交换特点与生源要素输运过程的基础上，对反演近海富营养化的历史特点能提供比较确切的证据，对未来的环境变化做出的预测结果也将比较合理。

前人对欧洲的波罗的海和日本的东京湾等地进行的关于沉积物内部植物性营养盐、生物标志物、甲藻/硅藻孢子含量的分析数据，比较清晰地再现了自西方工业化以来，流域的社会与经济发展对毗邻海域富营养化演化过程的影响程度（余顺，1990；Andren，1999）。研究近海沉积物对上覆水体中富营养化演变过程的记录，可以帮助认识气候变化与人类活动对近海生态系统变化的影响，比较客观地刻画海湾富营养化的演变历史特点。

1.2 胶州湾集水盆地的近期变化

如前所述，开展关于近海富营养化过程的研究宜在全球变化的区域响应背景之下，结合流域中人类活动造成的化学元素流失，认识海域中的生物地球化学过程对营养元素循环/更新的作用及其同富营养化演变之间内在的关系（Dippner，1997a，b）（见图1.2）。

在胶州湾，上述要点可表现为，东北亚地区十年际（长期）区域性气候变化趋势与年际（短期）气候事件（例如：季风）引起的降水与气温的改变和周边地区洪涝与干旱轮回，从而影响集水盆地中（注：通过降水与地表/地下水）植物性营养盐的流失；黄海与东海的水文要素（即：温、盐度）与环流结构的改变在胶州湾水域的体现及其对生态系统的作用；胶州湾集水盆地中的人类活动（例如：集水盆地中土地使用类型的转变、筑坝与排污等）对陆地向海湾营养元素输送的改变，等等。这些来自自然的变化与人类活动的过程或事件叠加在一起，深刻地影响着胶州湾中富营养化在历史上的演变特点以及在今后的变化趋势，并通过食物网作用于整个生态系统，使后者的结构和功能产生相应的改变并影响到它所提供的服务。

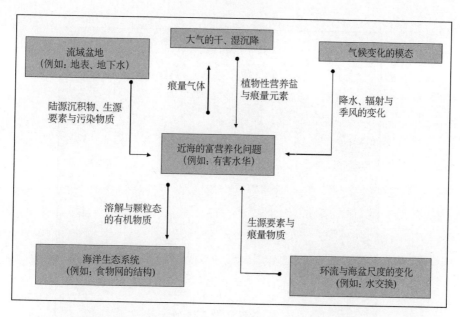

图 1.2　近海的富营养化不仅仅是同来自毗邻集水盆地中的植物性营养盐的流失
（即：通过地表水向海洋的输送）有关，也会受到地下水、大气输送等因素的影响；
整个生态系统的演替还受到来自在更大的时、空尺度范围的气候变化的驱动

［注：根据张经（2011）的结果修改］

　　胶州湾位于黄海西北部，水域面积为 390 km²，滩涂面积 130 km²；周围流域面积约 7 500 km²，以青岛市及其周边的郊县为主体，人口超过 700 万（青岛市统计局，1994 – 2010）。胶州湾东西最大跨度为25 km，南北最大跨度为32 km，湾口海水通道宽度为 3 km（中国海湾志编纂委员会，1993）（见图 1.3）。

　　汇入胶州湾内的径流多为季节性河流，其中以大沽河为主（中国海湾志编纂委员会，1993）。伴随着胶州湾集水盆地中人口的增长与经济的发展，经由陆地径流进入海湾的植物性营养盐含量呈逐年上升趋势。根据监测资料，1998 年胶州湾内磷酸盐含量的超标率达 50% ~ 90%（青岛市环保局，1999a）。随着近年来胶州湾水域富营养化程度的加剧，有害"赤潮"事件经常发生，仅 1999 年夏季胶州湾东岸水域有记录的赤潮就达 4 次，给胶州湾的自然环境与海洋产业造成了严重的危害（青岛市环保局，1999b）。我国曾在 20 世纪 70 年代对黄海、渤海环境污染调查期间提出"三年好转、五年根治"的目标。然而，黄海、渤海一些近岸水域（例如：胶州湾）富营养化程度在近期尚没有出现明显地好转迹象（范志杰和周永有，1999）。胶州湾是我国近海受人类活动影响显著、富营养化程度较高的海域，它的空间尺度适中、地形变化相对简单，口门较窄，易于进行观测，适于作为研究与富营养化有关的生物地球化学过程及生态系统演变的对象。

　　前期的研究工作表明，胶州湾水域富营养化同区域气候变化背景之下的人类活动具有一定程度上的联系。在过去的 50 ~ 60 年中，青岛市的人口从 400 多万人增加到 750 万人，

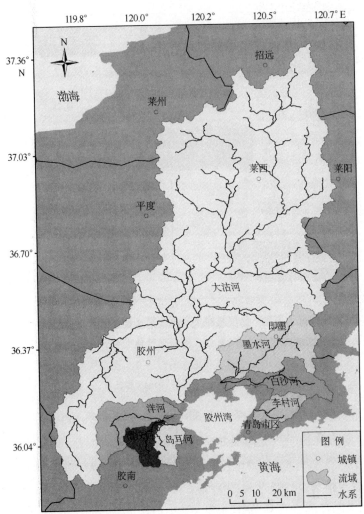

图 1.3 胶州湾地区的地形、周边主要河流的集水面积和行政区划特点

(说明：胶州湾的集水盆地与青岛市的行政区划两者之间的面积并不完全

重叠，但因胶州湾周边基本上处于青岛市的行政管辖范围，在本书中以

青岛市为例讨论人类活动对胶州湾带来的影响，不再加以区分)

(图中的数字高程数据(DEM)来源于：http://srtm.csi.cgiar.org/)

其中非农业人口所占的比例从 17% 增至 36%(青岛市统计局，1994 - 2010)；在此期间，农业和工业产值分别增加了 150 倍和 1 200 倍以上，农业在工、农业总产值中所占的比例从 20 世纪 50 年代初的 35% 降至 21 世纪的 10% 以下(见图 1.4)。

总体上，胶州湾的周边地区在过去的几十年中城镇与城市的规模在不断地扩大，而且在 20 世纪 90 年代以后，城市化的步伐逐渐加快。与此同时，胶州湾地区作为国家的工业基地和国际贸易枢纽的格局逐渐确立。譬如，1949 年青岛港的货物吞吐量为 73×10^4 t/a，到 2009 年增加到 3.17×10^8 t/a；集装箱吞吐量在过去的 10 年间从 341 万标箱/a(2002)增加到 1 027 万标箱/a(2009)(青岛市统计局，1994 - 2010)。

根据资料记载，1980 年青岛市区工业废水排放量达到 7 019.7×10⁴ t/a，生活污水 1 438×10⁴ t/a（沈志良，1995）。到 2009 年，青岛市废水排放总量达到 3.3×10⁸ t/a，较 20 世纪 90 年代初增加了近 1 倍；其中，工业废水占青岛市废水排放总量的 29%（图1.5）。

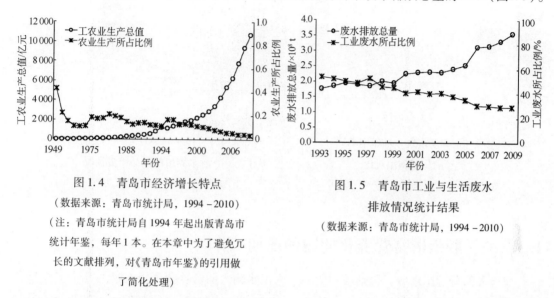

图 1.4　青岛市经济增长特点

（数据来源：青岛市统计局，1994 – 2010）

（注：青岛市统计局自 1994 年起出版青岛市
统计年鉴，每年 1 本。在本章中为了避免冗
长的文献排列，对《青岛市年鉴》的引用做
了简化处理）

图 1.5　青岛市工业与生活废水

排放情况统计结果

（数据来源：青岛市统计局，1994 – 2010）

在过去的 60 年中，青岛市耕地面积从 1949 年的 65.7×10⁴ hm² 减少至 2009 年的 41.9×10⁴ hm²；同期，农作物产量从 1.10 t/hm²（1949）提高到 8.45 t/hm²（2009）（青岛市统计局，1994 – 2010）（注：数据的统计中也包括因地区的建制改变和扩大等方面的因素，尚未加以扣除，余同）。1980 年，青岛市地区化肥的使用量为氮肥 3.9×10⁴ t、磷肥 1.6×10⁴ t（沈志良，1995）。在 21 世纪前 10 a 中，青岛市在农业耕作中的化肥消耗达到 30×10⁴ t/a 以上；其中，氮肥占 34.7%，磷肥占 8.2%，钾肥占 8.9%，复合肥料占 48.2%（见图 1.6）。

在 1996 – 2009 年期间，青岛市在农业耕作中单位耕地面积上的化肥施用量从 600 ~ 650 kg/hm²（1996 – 1997）达到 720 ~ 820 kg/hm²（2007 – 2009）（青岛市统计局，1994 – 2010）。过去的 60 年中，在耕地面积减少 35% 的情况下，农作物产量的增加主要通过耕作技术的改进、作物品种的改良和多样化，以及施用化肥提高单位面积的产量等多项措施来实现。

此外，自 20 世纪 80 年代以来迅速发展起来的海水养殖业不但改变了胶州湾周边的滩涂/湿地功能以及潮间带与水域面积的比例，也加剧了胶州湾水域富营养化进程。例如，青岛市海水养殖面积从 1993 年的 1.76×10⁴ hm² 增加到 2009 年的 3.71×10⁴ hm²，期间海水养殖面积最大曾达到 4.63×10⁴ hm²（2005）；海水养殖产量从 1994 年的 29.2×10⁴ t 增加到 2009 年的 84.7×10⁴ t，占水产品总量的 77%（2009）（青岛市统计局，1994 – 2010）。根据 1994 – 2009 年的资料统计，胶州湾地区海水养殖以贝类为主。譬如，青岛市海水养殖产品的组成中，贝类占 65.1%，鱼类占 24.6%，甲壳类占 9.5%，藻类仅占 0.8%（图 1.7）。

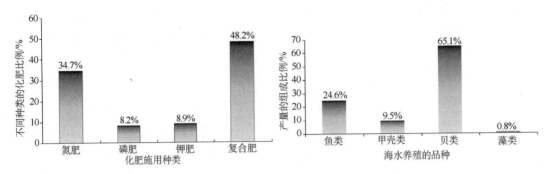

图 1.6 青岛市农业耕作中不同
类型的化肥施用对比

（数据来源：青岛市统计局，1994 – 2010）

图 1.7 1994 – 2009 年期间，青岛市
海水养殖的产品组成情况

（资料来源：青岛市统计局，1994 – 2010）

1.3 关于胶州湾富营养化问题的前期工作

我国大部分近岸水域，包括胶州湾周边的淡水输入的营养盐含量在过去几十年中呈总体上升的趋势（Zhang et al.，1995）。例如，从 20 世纪 60 年代到 90 年代，胶州湾 PO_4^{3-}、NO_3^- 和 NH_4^+ 的浓度与分布特点发生了明显的变化（沈志良等，1994；沈志良，1995；Liu et al.，2005）。表 1.1 列出了历史上比较重要时段中，胶州湾水域中植物性营养盐的成分特点。

表 1.1 历史上胶州湾水域中植物性营养盐含量（单位：mol/L）的变化

时间（年）	PO_4^{3-}	SiO_3^{2-}	NO_3^-	NO_2^-	NH_4^+	文献
1950	0.1 ~ 0.7	5 ~ 20				辛学毅，1953
1962 – 1963	0.14 ± 0.03		0.38 ± 0.15	0.17 ± 0.13	1.6 ± 0.6	沈志良，2002
1983 – 1986	0.43 ± 0.17	2.4 ± 1.1	1.8 ± 1.0	0.39 ± 0.23	6.5 ± 3.7	沈志良，2002
1991 – 1998	0.33 ± 0.11	2.0 ± 1.9	2.0 ± 1.1	0.66 ± 0.40	8.2 ± 2.5	沈志良，2002
2001	0.1 ~ 0.5	1.4 ~ 8.2	6.1 ~ 32.2	1.2 ~ 4.2	8.3 ~ 10.8	Liu et al.，2005

近期的研究成果表明，植物性营养盐在胶州湾中的分布呈现明显的从岸边向湾口递减的趋势，其中表层水中浓度的梯度达 2 ~ 4 倍；海湾水中 SiO_3^{2-}/DIN（注：DIN = NO_3^- + NO_2^- + NH_4^+）的摩尔比值不大于 1，且 DIN/PO_4^{3-} ≥20（Liu et al.，2005）。此外，胶州湾集水盆地中河流季节性变化的特点明显，有限的地表淡水径流多集中在夏季注入海湾。由于受到人类活动的影响，近期河流中植物性营养盐的含量有些很高，并且变化的范围也增加，例如 NH_4^+（25 ~ 1 000 μmol/L）、NO_3^-（1 ~ 440 μmol/L）、PO_4^{3-}（0.1 ~ 90 μmol/L）、SiO_3^{2-}（10 ~ 370 μmol/L）；而且，不同河流营养盐摩尔比值（DIN/PO_4^{3-}：1 ~ 3 500，SiO_3^{2-}/

DIN：$0.1 \sim 10$)之间具有几个数量级的差别(参考：Liu et al.，2005)。尽管存在着明显的季节性乃至年际的变化特点，在过去的几十年中(例如：1960 - 2000)，文献和统计资料中报道的胶州湾表层水中植物性营养盐的含量在总体上在逐渐增加；例如，NH_4^+ 从 20 世纪 60 年代的 2 $\mu mol/L$ 增加到近期的 10 $\mu mol/L$、PO_4^{3-} 从 $0.1 \sim 0.2$ $\mu mol/L$ 增加到 $0.5 \sim 0.6$ $\mu mol/L$(Liu et al.，2005)。在更长的时间尺度(例如：过去的 200 年中)，沉积物中的记录表明，来自集水盆地中的化学物质输入的变化以及海湾中初级生产过程的演化趋势，两者均受到胶州湾与开阔黄海之间水交换的影响，后者受气候变化的控制而不断地改变；但是，沉积物中保存的记录也明确地告诉我们在过去的近 50 年中，集水盆地中的人类活动(例如：土地使用类型的改变和生源要素的流失)已经显著地改变了植物群落的结构、化学物质之间的比例关系(Liu et al.，2008；Liu et al.，2010)。

回顾历史，胶州湾是我国近岸水域研究工作比较深入的地区之一，文献和资料非常丰富，自 20 世纪 30 - 40 年代起便开始有气象与水文观测的记录。过去几十年中，我国学者针对胶州湾从事了大量的研究工作，成果颇丰，除常见于刊在学术杂志的文章、学位论文与散落于管理部门的报告、专集外，尚有一系列相关的专著发表，例如《胶州湾生态学和生物资源》(刘瑞玉，1992)，《中国海洋科学研究及开发》(曾呈奎等，1993)，《胶州湾生态学研究》(董金海和焦念志，1995)等等。更有中国科学院胶州湾生态站、青岛环保局监测站等单位，在胶州湾与其流域盆地多年来进行监测与调查；观测的范围包括海域、潮间带与入海河流。举例来讲，自 20 世纪 80 年代起，在胶州湾水质监测网下设立了 20 个监测点，每年的 5、8、10 月各监测一次，内容包括营养盐、石油烃、重金属等 25 项；入海河流的监测与海湾内的水质监测同步，监测项目包括氮、磷等 20 余项；另外，在潮间带监测生物群落变化与体内残毒量。这些已经总结的成果与正在进行的监测工作为在胶州湾开展关于富营养化演变过程的研究建立了良好的基础。

前期的研究工作还包括，我国学者已在胶州湾建立了水动力与保守物质扩散数值模型(王化桐等，1980；孙英兰等，1986，1994)；比较系统地分析了胶州湾的水文变化特征和温、盐结构(朱兰部等，1991；杨玉玲和吴永成，1999)；利用罗丹明喷洒实验模拟了可溶性污染物在胶州湾的稀释扩散过程，对海域的自净能力进行了比较深入地分析(康兴伦等，1990)；利用器测技术研究悬浮泥沙的实时剖面，分析胶州湾同黄海的泥沙交换(汪亚平等，1999)；依据多年的观测资料，分析胶州湾营养盐结构的变化，指出随着人类活动的影响近年来胶州湾浮游植物生长受溶解态硅酸盐制约的特点增大(张均顺和沈志良，1997；沈志良，2002)。此外，针对胶州湾内叶绿素浓度的周年变化和垂直分布特点、异养微生物的生产和微食物环在碳循环中的作用等方面，也取得了明显的研究成果(潘友联等，1995；焦念志和肖天，1995)。学术界也已对青岛市及其周边地区的水资源进行了评估，并提出了地下水管理模型(刘贯群等，1994；焦志颖等，1994)。20 世纪 90 年代以来，又发展了描述胶州湾物理 - 生物耦合系统的箱式与数值模式(Chen et al.，1999；吴增茂等，1999；俞光耀等，1999)。

显然，胶州湾前期已有的研究工作与文献资料，为提出国家自然科学基金委员会重点项目的科学问题与设计研究工作的主线提供了很好的学术背景。同时也应该注意到，上述这些工作是人们对自然界认识过程中某一阶段的产物，具有一定的阶段性与局限性。资料分析与我们的工作经验表明，尽管已经对胶州湾的陆源污染物入海总量控制进行过剖析、对胶州湾富营养化现状及其对环境与生物的危害有充分的认识，不同时期的野外调查资料丰富，而且若干种类的生态学、生态动力学及水质模式已经发表，但过去的工作尚缺乏综合与集成的研究内容，且尚未将流域盆地营养元素的流失与海湾的富营养化演变过程之间的联系筹作为一体来认识。一些重要的因素，例如土壤侵蚀、地下水输运、大气输送等等在以往的研究工作中未能给予充分的重视；不同赋存形式的营养盐入海后的生物地球化学行为的异同也需要深入地认识；此外，胶州湾向大气的反馈与在历史中的变化等都还不怎么清楚，这些都给针对入海污染物质（例如：植物性营养盐）采取的削减措施的评估等带来很大的不确定性。目前，以终端用户为目的基础研究工作也比较缺乏。

近几十年来，在世界范围就重金属一类污染物对海洋环境危害的控制在发达国家与地区已经取得了显著的成效，但这期间与生源要素的排放（例如：氮、磷、硅等）相关的富营养化问题在许多地区愈加显得突出。前期，我们对于富营养化问题的研究多以状况分析为主，对海域富营养化的历史演化重视不够，难以合理预测在驱动作用与边界条件发生变化时，海湾生态系统的响应及其引起的后果是什么，也给对海域的环境规划与治理带来了一定的困难，这也是在实施我国开展近海环境变化适应性管理中所面临的比较普遍的问题。

1.4 国家自然科学基金委员会重点项目的工作概述

将胶州湾作为实验场地进行关于集水盆地的生源要素流失与海湾的富营养化过程的整合研究，除了体现全球变化的区域特征与近海生态系统对人类活动的响应之外，还具有如下的特点：胶州湾的物理过程相对简单，该地区与生源要素的地球化学过程直接关联的富营养化问题突出，比较具有代表性；胶州湾及其集水盆地的区域尺度适中，宜于进行多学科交叉的深入研究；富营养化的演变是几十年的积累过程（演变），这就需要大量的前期工作的积累作为借鉴。此外，与全国其他的河口与海湾相比，胶州湾相关研究工作的基础较好，历史资料也丰富，便于分析和对比；特别是针对胶州湾的研究成果有利于直接服务于在这一地区的空间规划和环境治理，有利于科研成果向应用的转化。

将海湾富营养化与其流域营养盐的流失相结合、注重过程研究与历史演化，是我们将已有成果集成、深化的切入点，它也将为针对环境演化过程的研究带来新的认识。我们在国家自然科学基金委员会支持的重点项目"胶州湾流域生源要素流失与海湾富营养化演变过程"（项目编号：40036010）中，通过针对不同途径与过程的研究，认识胶州湾富营养化过程的历史变化与因果关系，分析各种营养盐输送与循环通道对湾内富营养化演变的贡献。在项目的 4 年实施过程中，我们围绕集水盆地中生源要素向海湾的流失带来的对胶州湾自净能力的压力、湾内生态系统(例如：低营养能级)对生源要素载荷的响应以及由此引起的后果、胶州湾同黄海开阔水域之间物质交换的定量化关系这一主线，将关键科学问题分解为如下相互耦合的几个方面：

> 胶州湾同黄海之间的水交换对生源要素的输运在年和十年际的变化；

> 流域盆地生源要素进入胶州湾的流失量、生源要素的流失比率及两者的时空变化；

> 胶州湾内与生物吸收、有机质降解、矿化过程相关的生源要素循环与更新/补充。

同时，选择胶州湾这一研究背景较好、资料丰富的地区作为研究对象，进行针对富营养化的生物地球化学过程研究，将帮助我们认识中国典型海湾地区生态系统的历史演化特点，并对未来的变化趋势做出合理的预测，最终成果将为胶州湾的环境规划和决策提供分析数据。

在项目实施的 4 年中(2001 - 2004)，我们以胶州湾为对象，进行集水盆地的生源要素(注：以植物性营养盐为主)的流失与海湾富营养化过程的耦合研究，认识我国典型半封闭海湾生物地球化学过程及环境演变的历史与发展趋势。在项目实施期间，课题组开展的主要学术活动包括如下的 6 个相互穿插的内容。

> 胶州湾流域中生源要素的流失：研究生源要素通过地表(包括：河流与表面侵蚀)与地下水等途径向海湾的输送(包括：点、面源，养殖、压舱水等)的性质与比例，弄清上述渠道对生源要素向胶州湾输送的数量与时空变化。

> 生源要素通过大气沉降与沉积物 - 水界面交换向海湾的输送：研究胶州湾及其流域大气干/湿沉降对生源要素在海湾物质收支中的贡献，生源要素通过底沉积物 - 水界面(包括：潮滩侵蚀/淤积与"曝气")的交换，认识界面附近生源要素的迁移。

> 水域光合作用对生源要素的吸收特点：研究胶州湾中重要的浮游植物功能群(注：按优势种群与粒级划分)对不同形态的生源要素(即：氮、磷、硅、碳等)的吸收与营养限制问题；对光与营养限制条件下 M - M(即：米氏方程)模型的参数化进行相应的修正。

> 水体中颗粒物动力学与微食物环：研究水体 - 底沉积物耦合系统中有机颗粒物质的迁移与转化、微食物环在生源要素的消耗与再生/循环中的作用，估算不同形态(例如：固/液界面的分配)的生源要素对胶州湾生源要素收支的贡献。

> 胶州湾水交换特点与生源要素的输运：分析胶州湾中以潮汐为重要动力因素作用下的海水运动的主要特点，分析在潮汐高频振荡作用下低频的水交换过程及其在湾内的时空变化，认识年与十年际尺度胶州湾中生源要素与一些环境参量(例如：温、盐等)的输运问题。

> 胶州湾富营养化的历史演变：研究底沉积物中对胶州湾富营养化演变过程的记录、沉积物埋藏与早期成岩过程中生源要素与其他污染物质的转移与再活化；认

识气候变化与人类活动对胶州湾生态系统的影响程度。

在2001-2004年期间项目的实施过程中，课题组采取了如图1.8所示的技术流程来体现科学问题与主要研究内容之间的衔接。具体地，课题组在胶州湾及其集水盆地监测大气干/湿沉降、地表（下）水中的生源要素（氮、磷、硅等）的变化，分析各种类型的污染排放中生源要素的排放率，采用调查与模拟实验结合的方法评价土壤与植被（注：包括耕作）中生源要素的流失率，估算生源要素向胶州湾输送的时、空变化。

在胶州湾中，结合定点和大面观测、锚系和浮标追踪实验，建立胶州湾水交换与生源要素的输运模式，并用放射性同位素示踪法（例如：^{7}Be、^{224}Ra、^{226}Ra、^{228}Ra）予以校验，模拟和再现胶州湾富营养化的年际与十年际演化特点。

利用现场调查与受控生态模拟实验相结合的方法，选择胶州湾的优势种（例如：硅藻、甲藻），认识这一地区生源要素与浮游植物的相互作用，建立适合于富营养化的参数化模型。

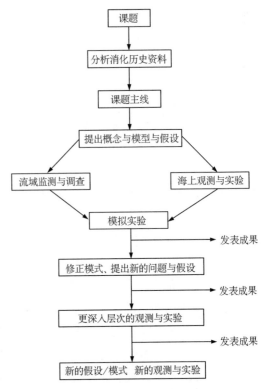

图1.8 国家自然科学基金委员会重点项目"胶州湾流域生源要素流失与海湾富营养化演变过程"（项目编号：40036010）的实施方案与技术流程

利用现场模拟与同位素示踪实验（例如：^{13}C、^{14}C、^{3}H、^{32}P、^{234}Th），认识水体中微生物作用下有机物质的降解与植物性营养盐矿化/再生，及其引起的胶州湾中生源要素在水体与底沉积物耦合系统中的迁移转化；刻画胶州湾通过温室气体排放向大气的反馈作用。

结合同位素年代学（例如：^{137}Cs、^{210}Po与^{210}Pb）方法，利用生物标志物与有机污染物（例如：多环芳烃、农药等）、同位素（例如：^{13}C、^{15}N）、痕量元素（即：砷、硒与重金属等）、营养盐与生物学参数（例如：硅、甲藻等的生物量与不同物种之间的比值），从沉积物中提取胶州湾富营养化过程的演变信息；利用现场模拟与对间隙水的测量和计算方法估算沉积物－水界面的物质交换通量。

在2001-2004年期间，课题组对集水盆地的调查与采样和在胶州湾水域的观测与实验同步进行，模拟实验与定点/大面调查相互穿插。在每一个年度结束时对已掌握的资料数据进行分析与综合、修正前面的假设与模型，指导下一年度的工作，如此逐步改进和提高。

作为国家自然科学基金委员会资助的重点项目，本课题的研究成果除了以独立的研究论文形式在学术期刊上发表外，还在国际学术期刊 *Water*，*Air*，*and Soil Pollution*：*Focus* 上出版了一本以"Watersheds nutrient loss and eutrophication of the adjacent coastal environment"为主题的专辑（参考：Zhang，2007）。

致谢

课题组的所有成员感谢国家自然科学基金委批准实施重点项目："胶州湾流域生源要素流失与海湾富营养化演变过程"（2001－2004）和相应的经费投入，感谢上海市科委在项目实施期间给予的经费支持。在此，作者再一次感谢课题组中所有参加工作的人员，包括老师和学生，没有他（她）们的辛勤工作与创造，本项目将不会顺利地完成。同时，借此机会也诚挚地感谢中国海洋大学和华东师范大学的科研管理部门在本项目的申请与实施期间给予的关心和帮助。

参考文献

董金海，焦念志. 1995. 胶州湾生态学研究. 北京：科学出版社.

范志杰，周永有. 1999. 中国海洋环境保护科学技术的发展与展望. 北京：海洋出版社.

国家环保局. 1998. 中国环境状况公报. 北京：中华人民共和国环境保护部.

焦超颖，邱汉学，刘贯群. 1994. 青岛市大沽河水源地数值模型. 青岛海洋大学学报，24（增刊）：122－126.

焦念志，肖天. 1995. 胶州湾的微生物二次生产力//董金海，焦念志. 胶州湾生态学研究. 北京：科学出版社：112－117.

康兴伦，李培泉，刘玉珊，等. 1990. 胶州湾自净能力的研究. 黄渤海海洋，8(3)：48－56.

刘贯群，邱汉学，焦超颖. 1994. 白沙河平原区地下水资源管理模型. 青岛海洋大学学报，24（增刊）：101－106.

刘瑞玉. 1992. 胶州湾生态学和生物资源. 北京：科学出版社.

潘友联，郭玉洁，曾呈奎. 1995. 胶州湾口内海水中叶绿素浓度的周年变化和垂直分布. 海洋与湖沼，26(1)：21－27.

齐雨藻. 1999. 赤潮. 广州：广东科技出版社：250.

青岛市环保局. 1999a. 青岛市环境质量报告书（1995－1999）. 青岛.

青岛市环保局. 1999b. 胶州湾邻近海域赤潮发生调查报告. 青岛.

青岛市统计局. 青岛市统计年鉴. 北京：中国统计出版社，1994－2010（注：青岛市统计局自1994年起出版青岛市统计年鉴，每年一本。在本文中为了避免冗长的文献排列，对"青岛市年鉴"的引用做了简化处理）.

沈志良，陆家平，刘兴俊，等. 1994. 胶州湾水域的营养盐. 海洋科学集刊，35：115－129.

沈志良. 1995. 胶州湾营养盐的动态变化//董金海，焦念志. 胶州湾生态学研究. 北京：科学出版社：47-52.

沈志良. 2002. 胶州湾营养盐结构的长期变化及其对生态环境的影响. 海洋与湖沼，33(3)：322-331.

孙英兰，等. 1986. 我国渤海和十个海湾水质预测与物理自净能力研究报告. 青岛：青岛海洋大学.

孙英兰，陈时俊，俞光耀. 1988. 海湾物理自净能力分析和水质预测——胶州湾. 山东海洋学院学报，18(2)：60-67.

孙英兰，等. 1994. 胶州湾及其临近海域的潮流. 青岛海洋大学学报，24：106-119.

唐永銮. 1992. 中国沿岸和近海海水水质状况的分析. 海洋环境科学，11(3)：7-11.

王化桐，等. 1980. 胶州湾环流和污染物扩散的数值模拟. 山东海洋学院学报，10(1)：26-63.

汪亚平，高抒，李坤业. 1999. 用 ADCP 进行走航式悬沙浓度测量的初步研究. 海洋与湖沼，30(6)：758-763.

吴增茂，俞光耀，张志南. 1999. 胶州湾北部水层生态动力学模型与模拟：Ⅱ. 青岛海洋大学学报，29：429-435.

辛学毅. 1953. 一九五零年胶州湾 C1 站海水磷酸盐和矽酸盐的季节变化. 山东大学学报，3：85-94.

杨玉玲，吴永成. 1999. 90 年代胶州湾海域的温、盐结构. 黄渤海海洋，17(3)．31-36.

俞光耀，吴增茂，张志南. 1999. 胶州湾北部水层生态动力学模型与模拟：Ⅰ. 青岛海洋大学学报，29：421-428.

余顺. 1990. 东京湾的环境污染与污染物质量收支平衡. 海洋环境科学，9(1)：41-51.

曾呈奎，周海鸥，李本川. 1992. 中国海洋科学研究及开发. 青岛：青岛出版社.

张均顺，沈志良. 1997. 胶州湾营养盐结构变化的研究. 海洋与湖沼，28(5)：529-535.

张经. 2011. 关于陆-海相互作用的若干问题. 科学通报，56(24)：1956-1966.

中国海湾志编纂委员会. 1993. 中国海湾志第四分册. 北京：海洋出版社.

朱兰部，翁学传，秦朝阳. 1991. 胶州湾海水温、盐度的变化特征. 海洋科学，2：52-55.

邹景忠，董丽萍，秦保平. 1983. 渤海湾富营养化和赤潮问题的初步探讨. 海洋环境科学，2(2)：41-54.

Anderson D M, Kulis D M, Orphanus J A, et al. 1982. Distribution of the toxic red tide dinoflagellate Gonyaulax Tamarensis in the southern New England region. Estuaries, Coastal and Shelf Science, 14：447-458.

Andren E. 1999. Changes in the composition of the diatom flora during the last centery indicate increased eutrophication of the Oder Estuary, South-western Baltic Sea. Estuarine, Coastal and Shelf Science, 48：665-676.

Azam F, Fenchel T, Field J G, et al. 1983. The ecological role of water-column microbes in the sea. Marine Ecology-Progress Series, 10：257-263.

Barth H, Fegan L. 1990. Eutrophication-related phenomena in the Adriatic Sea and in other Mediterranean coastal zones. Water Pollution Research Report, 16：1-255.

Behrendt H, Kornmilch M, Opitz D, et al. 2002. Estimation of the nutrient inputs into river systems-Experiences from German rivers. Regional Environment Change, 3：107-117.

Cerco F. 1995a. Response of Chesapeake Bay to nutrient load reductions. Journal of Environment Engineering, 121：549-557.

Cerco F. 1995b. Simulation of long-term trends in Chesapeake Bay eutrophication. Journal of Environmental Engineering, 121: 298 – 310.

Chen C S, Ji R B, Zheng L Y, et al. 1999. Influence of physical processes on ecosystem in Jiaozhou Bay: A coupled physical and biological model experiment. Journal of Geophysical Research, 104: 29925 – 29949.

Cho B C, Azam F. 1990. Biogeochemical significance of bacterial biomass in the ocean's euphotic zone. Marine Ecology-Progress Series, 63: 263 – 279.

Conley D J, Johnstone R W. 1995. Biogeochemistry of N, P and Si in Baltic Sea sediments: Response to a simulated deposition of a spring diatom bloom. Marine Ecology-Progress Series, 122: 1 – 3.

Dippner J W. 1997a. SST anomalies in the North Sea in relation to the North Atlantic oscillation and their influence on the spawning time of demersal fish. German Journal of Hydrography, 49: 236 – 276.

Dippner J W. 1997b. Recruitment success of different fish stocks in the North Sea in relation to climate variability. German Journal of Hydrography, 49: 277 – 296.

ECOHAB. 1995. The Ecology and Oceanography of Harmful Algal Blooms, A Natural Research Aganda. Woods Hole Oceanographic Institution: 66.

EUROHAB. 1998. Harmful Algal Blooms in European Marine and Brackish Waters. European Union, Brusssels: 95.

Foreman C M, Franchini P, Sinsabaugh R L. 1998. The trophic dynamics of riverine bacteriaplankton. Limnology and Oceanography, 43: 1344 – 1352.

Fukami K, Simidu U, Taga N. 1983. Change in a bacterial population during the process of degration of a phytoplankton bloom in a brackish lake. Marine Biology, 76: 253 – 255.

GEOHAB. 2001. Global Ecology and Oceanography of Harmful Algal Blooms, Science Plan//Glibert P, Pitcher G. SCOR and IOC, Baltimore and Paris: 87.

GEOHAB. 2003. Global Ecology and Oceanography of Harmful Algal Blooms, Implementation Plan//Gentien P, Pitcher G, Cembella A, Glibert P (eds.). SCOR and IOC, Baltimore and Paris: 36.

Henriksen A, Hessen D O. 1997. Whole catchment studies on nitrogen cycling: Nitrogen from mountains to fjords. AMBIO, 26: 254 – 257.

Hessen D O, Hindar A, Holtan G. 1997. The significance of nitrogen runoff for eutrophications of freshwater and marine recipients. AMBIO, 26: 312 – 320.

Humborg C, Ittekkot V, Cociasu A, et al. 1997. Effect of Danube River dam on Black Sea biogeochemistry and ecosystem structure. Nature, 386: 385 – 388.

Lalli C M, Parsons T R. 1993. Biological Oceanography: An Introduction. New York: Pergamon Press: 320.

Lancelot C, Billen G, Bargh H. 1990. Eutrophication and algal blooms in North Sea coastal zones, The baltic and adjacent areas: Predictions and assessment of preventive actions. Water Pollution Research Report, 12: 1 – 281.

Lancelot C, Billen G, Bargh H. 1991. The dynamics of phaeocystis bloom in nutrient enriched coastal zones. Water Pollution Research Report, 23: 1 – 106.

Liu S M, Zhang J, Chen H T, et al. 2005. Factors influencing nutrient dynamics in the eutrophic Jiaozhou Bay, North China. Progress in Oceanography, 66: 66 – 85.

Liu S M, Zhu B D, Zhang J, et al. 2010. Environmental changes in Jiaozhou Bay recorded by nutrient components in sediments. Marine Pollution Bulletin, 60: 1591 – 1599.

Liu D Y, Sun J, Zhang J, et al. 2008. Response of the diatom flora in Jiaozhou Bay, China to environmental changes during the last century. Marine Micropaleontology, 66: 279 – 290.

LOICZ. 2005. Land-Ocean Interactions in the Coastal Zone, Science Plan and Implementation Strategy. IGBP Report 51/IHDP Report 18, Stockholm: 60.

Moore W S. 1996. Large groundwater inputs to coastal waters revealed by ^{226}Ra enrichments. Nature, 380: 612 – 614.

Mulder J, Nilser P, Stuanes A O, et al. 1997. Nitrogen pools and transformations in Norwegian forest ecosystems with different atmospheric inputs. AMBIO, 26: 273 – 281.

Oviatt C, Lane P, Frech F III, et al. 1989. Phytoplankton species and abundance in response to eutrophication in coastal marine mesocosms. Journal of Plankton Research, 11: 1223 – 1244.

Paerl H W. 1997. Coastal eutrophication and harmful algal blooms: Importance of atmospheric deposition and ground water as "new" nitrogen and other nutrient sources. Limnology and Oceanography, 42: 1154 – 1165.

Patsch J, Radach G. 1997. Long-term simulation of the eutrophication of the North Sea—Temporal development of nutrients, chlorophyll and primary production in comparison to observations. Journal of Sea Research, 38: 275 – 310.

Scaria D. 1988. On the role of bacteria production. Limnology and Oceanography, 33: 220 – 224.

Sherr E B, Sherr B F, Albright L J. 1987. Bacterial, link or sink. Science, 235: 88 – 89.

Smayda T J. 1997. Harmful algal blooms: Their ecophysiology and general relevance to phytoplankton blooms in the sea. Limnology and Oceanography, 42: 1137 – 1153.

Takahashi M, Fukazawa N. 1982. A mechanism of "Red Tide" formation: II. Effect of selective nutrient stinutation on the growth of different phytoplankton species in natural water. Marine Biology, 70: 267 – 273.

Wang P F, Martin J, Momison G. 1999. Water quality and eutrophication in Tampa Bay, Florida. Estuarine, Coastal and Shelf Science, 49: 1 – 20.

Yanagi T, Yamamoto T, Koizumi Y, et al. 1995. A numerical simulation of red tide formations. Journal of Marine Systems, 6: 269 – 285.

Yanagi T, Inoue K, Montani S, et al. 1997. Ecological modeling as a tool for coastal zone management in Dokai Bay, Japan. Journal of Marine Systems, 13: 123 – 136.

Zhang J. 1994. Atmospheric net depositions of nutrient elements: Correlated with harmful biological blooms in the Northwest Pacific coastal zones. AMBIO, 23: 464 – 468.

Zhang J, Yan J, Zhang Z F. 1995. Nation-wide river chemistry trends in China: Huanghe and Changjiang. AMBIO, 24: 275 – 279.

Zhang J. 2007. Watersheds nutrient loss and eutrophication of the marine recipients: A case study of the Jiaozhou Bay, China. Water, Air and Soil Pollution: Focus, 7: 583 – 592.

第二章
胶州湾物理因子特征与生态模型

2.1　前言

胶州湾是我国海洋科学研究较为深入的区域之一，研究历史较长。除国家自然科学基金"胶州湾流域生源要素流失与海湾富营养化演变过程"重点项目（以下简称"胶州湾重点基金"）（编号：40036010）所开展的研究内容外，前期已有的关于胶州湾水体环境的工作取得了丰富的成果（例如：国家海洋局第一海洋研究所，1984；刘瑞玉，1992；中国海湾志编纂委员会，1993；董金海和焦念志，1995；胶州湾及临近海岸带功能区划联席会议，1996；国家海洋局北海监测中心与青岛市海洋与水产局，1998；焦念志，2001）。国家海洋局第一海洋研究所于1984年出版了《胶州湾自然环境》，这是其后出版的《中国海湾志》胶州湾部分的基础。而20世纪90年代以来更是出版了大量关于胶州湾的系统专著。1992年，刘瑞玉主编出版了《胶州湾生态学和生物资源》，该书基于中国科学院海洋研究所从1980年6月开始至1982年2月结束的每月一次34个大面站的综合观测和研究，对胶州湾的自然环境、生物环境和生物资源进行了较为全面的阐述。1993年中国海湾志编纂委员会组织出版了《中国海湾志》（简称：《海湾志》），其中第四分册第六章对胶州湾的自然地理环境、周边区域的历史沿革、水文气象、地质地貌、沉积物、海洋环境化学、海洋生物及社会经济现状进行了更加详细的介绍，它总结了当时能够收集到的历史资料，对环境要素进行了多年平均的特征分析。此后的研究多以此为基础，而在内容上除对生态系统结构与特征研究越来越细致外，无大的变化。1995年董金海和焦念志主编的《胶州湾生态学研究》出版，它主要基于胶州湾生态系统研究站从1991年至1994年，在10个观测站每个季度进行一次的生态学综合调查，同时充分利用当时已有历史资料和成果，建立了10～30 a的时间序列数据库。1996年由地方政府牵头出版了《胶州湾及邻近海岸带功能区划》，这是一部具有地方法规性质的专著，其后胶州湾海域的使用、海岸工程的规划等多以此为依据。该书根据海湾志描述的胶州湾自然环境、自然资源及开发状况，提出了将其分为海上航运区、旅游功能区、生物资源开发利用区、工业和城镇建设区、盐田区和农业区的功能区划方案。1998年国家海洋局北海监测中心和青岛市海洋与水产局合作出版了《胶州湾陆源污染物入海总量控制研究》，在对海洋环境现状调查与评价的基础上，提出了陆源入海排污的消减方案，对环境趋势进行了综合预测；根据1997年5月的一次零点基线调查，给出了主要河流、重点排污企业各种污染物指标的监测值，指出胶州湾25%海域已受到无机氮和磷的污染，而在东部油类污染较为严重。2001－2007年，《海湾生态过程与持续发展》、《胶州湾主要化学污染物海洋环境容量》、《中国海湾引论》等相继出版，不仅对胶州湾理化环境因子、生物学特点、营养盐结构等进行了总结，而且对非保守物质的环境容量等问题，进行了有益的探讨，为维护胶州湾生态系统的可持续发展提供科学依据。

胶州湾重点基金执行前后，其他项目和学者针对典型物理因子特征与水环境模拟开展了大量的研究工作，本章尝试总结这些研究工作的代表性成果。这不仅可为重点基金的研究提供切入点，也可为研究结果的相互校验、对比打下必要的基础。

2.2　气象、水文特征

胶州湾地处北温带季风区域，属温带季风气候，同时受到海洋环境的调节。该地区多年平均气温为12.5℃，年平均最高气温为15.8℃，年平均最低气温为9.8℃（中国海湾志编纂委员会，1993）。8月温度最高，月平均气温25.5℃；最低月平均气温为－0.2℃，最低温度－3.3℃，气温年变化曲线呈单峰型。这一地区的风向有明显的季节变化特点：春、夏季盛行东南风，秋、冬季盛行北到西北风。在一年之中，11月平均风速最大，为6.4 m/s，其次是12月和1月，分别为6.3和6.1 m/s；7、8月风速最小，平均风速为4.7 m/s。胶州湾年蒸发量平均约为1 410 mm，月平均蒸发量最高值出现在5月，为175 mm；最低值出现在1月，为49 mm。每年的4－10月蒸发量较大，平均达152 mm，11月至翌年3月较小，平均为69 mm。胶州湾年降水量平均为244 mm，季节降雨量由大至小的顺序为：夏季，秋季，春季，冬季（表2.1）。

表2.1　胶州湾季平均降雨量

季节	平均/mm	占全年比例/%
春季	125.4	16.6
夏季	425.9	56.3
秋季	161.3	21.3
冬季	44.2	5.8

注：引自焦念志（2001）。

胶州湾属正规半日潮区，平均潮差280 cm，涨潮历时短（5.56 h），落潮历时长（6.77 h），自湾口至湾顶有大约20 min潮时推迟（中国海湾志编纂委员会，1993）。潮流属正规半日潮流，为驻波性质，基本运动形式为往复型，胶州湾西部、前湾和海西湾为弱流区，外湾口和沧口水道为强流区，涨潮期间实测最大流速曾达300 cm/s。由于岸线曲折，胶州湾的余环流有多个涡旋；湾口余流大，团岛—黄岛断面实测余流甚至达到55 cm/s左右，北部余流较弱，为2～8 cm/s。通常，胶州湾内波浪较小，北风作用下大浪区位于湾口，南风吹刮下大浪区在黄岛以北(中国海湾志编纂委员会，1993)。

胶州湾的水温最高值集中出现在 8 月，最低值一般出现在 2 月(注：某些浅滩区域低温出现在 1 月)。水温场结构明显，分为冬季型(10 月 – 翌年 3 月)和夏季型(5 – 8 月)，4 月和 9 月为这冬、夏两季的过渡期。冬季，水温达到全年最低值，水温垂直分布均匀。近岸水温低于开阔水域，湾中央水温低于湾口；等温线呈舌状自湾口向湾内伸展，湾内等温线大致与等深线平行。20 世纪 90 年代(杨玉玲和吴永成，1999)冬季全域水温大致在5.0℃左右，高温出现在湾口(5.05℃)，低温出现在湾西北部(4.64℃)，温差 0.41℃。20世纪 80 年代冬季表层水温在 2.3 ~ 3.3℃之间，较 20 世纪 90 年代温度低且温差大。每年的夏季，水温达到全年最高值，湾内的水体出现分层现象，但跃层很弱，等温线分布趋势与冬季相反，水温近岸高于远岸，湾中央高于湾口；表层低温水(< 26℃)呈舌状自湾口向湾中央伸展(高温大于 28℃)(翁学传等，1992)。

盐度分布是蒸发、降水、径流、外海水入侵等因素综合作用的结果。胶州湾中的盐度在一年中以冬季较高，约为 31.64 ~ 31.94，夏季盐度最低，为 30.90 ~ 31.19，这与夏季的淡水输入较冬季大、蒸发小有关(表 2.2)(杨玉玲和吴永成，1999)。通常情况下全湾盐度值接近，空间分布均匀。近岸区低，湾中央和湾口高，最高值大多出现在湾口附近。

表 2.2 胶州湾平均盐度的季节变化

层次	冬季(2 月)	春季(5 月)	夏季(8 月)	秋季(11 月)
表层	31.90	31.55	30.80	31.63
底层	31.98	31.19	31.19	31.64
平均	31.94	31.37	30.99	31.64

注：引自杨玉玲和吴永成(1999)。

2.3 水动力与水体更新周期

潮流是胶州湾水体运动的主要动力因素。因此，关于胶州湾水动力的模拟多是针对潮流所进行的(例如：孙英兰和陈时俊，1987；闫菊，1999)。目前，胶州湾的水动力模式，对于潮位的模拟都比较成功，都能够再现潮波系统的驻波性质。黄海涨潮流是从海区的东北而来，部分沿岸朝西南流去，部分进入胶州湾；落潮流则是外海水从海区西南部流入，汇同胶州湾落潮流出的海水一起从海区东北部流出(例如：闫菊，1999)。涨、落潮最大流速均发生在胶州湾口；涨、落急时，整个胶州湾流速达到最大；高、低潮时胶州湾内为转流时刻，流速很小(见图 2.1)。潮流最大速度随深度的增加而减小，直到海底为 0，这与理论研究结果一致。湾内底层以上各水层的最大速度相差很小，符合潮流场是正压场这一特征。近底层速度衰减迅速，这显然是海底摩擦对流场垂直分布影响所致。最大流速发生时刻随深度的增加而提前(魏皓等，2004)。

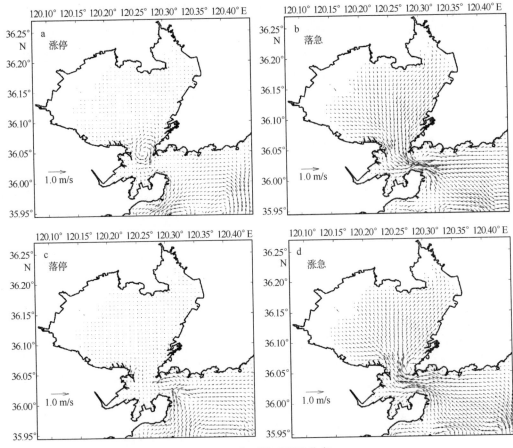

图2.1 典型潮时潮流分布

由于胶州湾形态（包括：岸线和底形）较为复杂，形成了许多大小、强弱不等的余流涡（图 2.2）。其基本特征如下：（1）团岛—薛家岛之间存在一反时针向流涡，湾口余流呈现北进南出的趋势，流涡的中心在湾口中部，最大余流速度为 12 cm/s，位于团岛以南；（2）团岛—黄岛间有一顺时针向发育良好的强流涡，流涡中心位于团岛—黄岛中部，流涡范围呈东西、南北各数千米，最大余流速度为 13 cm/s，位于团岛咀西侧；（3）黄岛北侧，存在一反时针向流涡，强度较前两个流涡弱，涡流中心位于黄岛咀正北约 2 km，

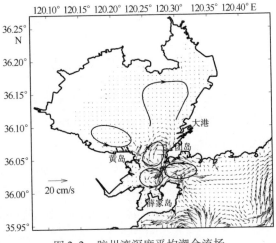

图2.2 胶州湾深度平均潮余流场

其范围较大，基本上控制着大沽河以南、黄岛以北的大部分海域；（4）北部浅水区存在范围更大的顺时针流涡，流涡中轴呈南北向直线

分布。在胶州湾，北部弱流区主要由底摩擦所致，而团岛—黄岛及黄岛以北的双余流涡是潮汐通过狭隘海湾所产生的流场不对称所致（Chen et al.，1999）。

水交换能力是半封闭海湾水文研究的一个重要问题（陈伟和苏纪兰，1999），它直接与物质在湾内的存留及其影响有关，例如当交换能力弱时，污染物质能够在海湾内存留较长时间，从而能够影响湾内生物生长，引起种间竞争，改变生物的群落结构和功能。孙英兰等（1988）关于胶州湾物理自净能力的研究是在数值模拟潮致 Lagrange 余流基础上，将胶州湾分为湾口交换活跃区、湾中央交换良好区、湾北部交换滞缓区，这是一种自净能力的定性研究，并没有给出具体的交换时间。关于胶州湾总量控制的研究报告中（国家海洋局北海监测中心和青岛市海洋与水产局，1998），曾用数值模式计算了胶州湾湾口断面的进出水净通量，以箱式模型的概念计算的胶州湾水交换率为每天 9.6%，10 个半日潮周期海水更新一半。吴永成等（1992）通过同步观测的海流和盐度资料，计算出在一个潮周期内胶州湾的海水大约更新 7%，半交换期为 7.55 个潮周期。赵亮等（2002）用标识质点追踪法对胶州湾水交换进行了数值研究，指出由于流场的不均匀，胶州湾深水区交换时间为 7 d，而北部和西部交换时间可达数月以上，其中进入余涡的质点被捕获后很难流出海湾，以前被认为是交换良好区的黄岛北部海区交换缓慢。

箱式模型的结构相对简单，易于建立；由于质点追踪模型可用于描述每个释放的被动质点的路径，所以它多用来研究污染物的迁移和分配问题；水质模型中全面考虑了平流和扩散过程，因此其物理过程相对前两者而言更为完备。尽管关于近岸水体交换的研究内容和成果十分丰富，但目前上述 3 种方法都存在一定的缺陷。譬如，箱式模型不能描述水交换的时、空结构，也难以周全考虑参数的变化，如混合系数和潮通量变化等，并且采用箱式模型往往会过高估计研究海域的水交换能力，特别是流场结构不均匀的海区。质点追踪模型最大的缺陷是其忽略了扩散过程。目前，常见的水质模型虽然物理过程完备，但是无法描述各个子区域间的相互作用。此外，即使是同一地区，采用不同的模型或者不同的水交换时间定义，所得的结果也有很大的差别。以北海为例，箱式模型所计算的水体更新时间不到水质模型的一半（Luff and Pohlmann，1996）。需要特别注意的是，模式研究需要有观测来校验，所模拟的流场尽管可与观测资料相比较，但是水交换过程却普遍缺少观测的结果来直接佐证。

2.4 生态模型研究

随着胶州湾流域的人口增长与经济发展，进入海湾的一些营养元素具有呈逐年上升的趋势，湾内水体富营养化加剧，随之而来的是频发的"赤潮"，这给这一地区的经济发展造成了严重的危害（焦念志，2001）。近 10 年来，胶州湾生态模型数值研究方兴未艾，并取得了一些非常有价值的认识，原因之一是利用数值模拟可以帮助理解水质恶化的机制和变化过程。

有关胶州湾水质变化研究的历史，可以追溯到 20 世纪 80 年代，其中俞光耀和陈时俊

（1983）建立了胶州湾第一个污染物输运模型。受制于当时的计算技术条件与数值模拟发展的程度，水动力模型采用的是二维模式，对 COD 等非保守物质输运也只考虑了保守因素（即：平流和扩散）（俞光耀和陈时俊，1983）。但是，俞光耀和陈时俊（1983）的建模方法不仅被列入中国海洋环境评价导则标准，并且在此后 20 多年中，为许多近海工程环境评价的研究所采用（例如：王学昌等，1994；郭耀同，1997；孙长青等，2003），也被关于三维保守物质（注：特指被简化为保守物质的非保守物，例如营养盐、COD 等；下同）输运模式所借鉴（例如：闫菊等，2001；万修全等，2003；张学庆等，2005）。1988 年，胶州湾被列入国家环保局重大课题（注："渤海及十个海湾水质预测和物理自净能力研究"）的重点研究区域之一，促使关于该海域的水质变异机制（注：主要是指潮致拉格朗日余流）研究取得显著进展，且研究的技术颇具示范性，这应是胶州湾水质研究的另一里程碑。2006年，国家海洋局启动"908 专项""我国近岸典型海域环境质量评价和环境容量研究"，其中胶州湾的水质问题（注：自净能力与环境容量）依旧是研究的重点。在此期间，胶州湾保守物质输运模型也借鉴了我国其他海域相关研究的经验和技术。例如，张存智等（1998）在大连湾研究中首次提出了响应系数场的计算方法；张学庆（2003）采用该方法评估了胶州湾氮、磷和 COD 的环境容量，指出为达到环境规划的要求，氮、磷年排放量则分别需要消减 1.2×10^3 t 和 0.06×10^3 t。

在胶州湾保守物质输运模型发展的同时，我国学者逐渐认识到非保守过程（注：主要是指生物、化学过程对物质循环的影响）的重要性，并尝试将这些过程模型化、定量化。在 20 世纪 90 年代，海洋生态系统动力学的观念传入我国，国家教委也于 1994 年启动了"胶州湾生态动力学预研究"项目，为生态模型的建模提供了重要的基础。早期关于胶州湾的生态模型为箱式模型，亦被称作零维模型。这类模型将研究对象（例如：胶州湾）视为一个水质均匀的箱，忽略了物理过程，只关注生物与（或）化学过程（例如：吴增茂等，2001）。此类模型除可提供生态变量（例如：营养盐、浮游生物等）的（准）稳态解，还可以给出这些变量和过程的时间变化趋势等。任玲（1999）借用国外 ModelMaker3 生态模型，建立了一个以氮循环为基础的胶州湾浮游生态系统的单箱模型，模型包括氨氮、硝酸氮、浮游植物氮、浮游动物氮、溶解有机氮和碎屑氮 6 个状态变量。该工作主要关注了代表人文活动影响的径流输入对初级生产、营养盐的影响。该模型后来也被用于胶州湾环境容量研究（例如：葛明等，2002；王修林等，2006）。几乎与此同时，俞光耀等（1999）等建立了一个包括氮、磷两种营养盐在内的 7 状态变量的浅海水体动力学箱式模型；此处应该强调的是，该模型的源代码的开发与应用，皆由我国学者独立完成。在此基础上，吴增茂等（2001）进一步建立了胶州湾北部水层－底栖耦合的生态系统的动力学箱式模型，模拟了胶州湾北部各生态变量的季节变化特征。在吴增茂等（2001）的工作中，底栖部分包括大型、小型底栖生物、细菌、碎屑及无机氮和磷 6 个变量；模式变量的增多（例如：从单一营养盐到多种营养盐）和对过程的细致描述，使人们可以更加完备的认识胶州湾水质的变异机制。当然，箱式模型以一个仅为时间的函数来刻画研究体系内部状态变量的变化，其缺点是无法考虑平流和扩散过程，在流场分布不均匀的水域（例如：具有多流涡系统的胶州湾）误差较大。但需要说明的是，胶州湾箱式生态模型的研究工作不仅积累了关键的生态学参数，而且当时基于 N－P－Z－D（即：营养盐－浮游植物－浮游动物－有机碎屑）体系的建模思想亦沿用至今。

生态系统动力学的理论表明，垂向混合过程对浮游生态系统的初级生产影响很大，而箱式模型却无法描述生态要素和过程的垂向分布问题。因此，发展垂向一维生态模型的想法就很自然了。Cui 和 Zhu（2001）将夏普勒斯一维海洋模型（Sharple's 1D model）与生态模型耦合起来，应用到胶州湾中部水域研究生态系统的周年演替规律；结果表明，浮游植物屏蔽效应所引起的底层水温减少近 2℃，进入海水中的太阳辐射至多只有 8% 被浮游植物所利用并进入食物链；混合过程可以使冬季被捕食的浮游植物得到补充。Cui 和 Zhu（2001）的模型可以分辨垂直方向上的物质通量变化，所以比箱式模型所包括的过程较完备。但该模型不考虑水平输运引起的生态系统变化，对物理过程的刻画依旧存在缺陷。

随着科技的进步，特别是国外先进的三维近海水动力学模式的引入（例如：普林斯顿海洋模型——POM，河口沿岸海洋模型——ECOM 等）并应用到胶州湾水环境模拟的工作之中，极大促进了相关研究的发展。这期间，发展胶州湾三维物理－生态耦合模型，也引起了境外学者的关注。例如，Chen 等（1999）利用三维物理－生物耦合模型研究了夏季胶州湾典型物理过程的生态学效应。结果表明，水质点的混沌运动过程对营养盐分布至关重要；夏季盛行的东南风有利于营养盐在北部沿岸的"堆积"；在非线性过程的作用下，局部养殖会影响整个海湾的生物量分布与平衡。同时期，其他关于胶州湾生态动力学模式研究工作包括，万振文（1999）从地球流体力学和热力学的基本方程出发，给出生态动力学二阶湍封闭的详细推导过程，并应用于胶州湾三维生态模式，使得浮游植物、总无机氮和总无机磷的平均相对误差降低了 4%、6%、3%。目前，尽管三维数值模型能够胜任定量描述物理过程对生态系统的影响问题，但其缺点是计算量大，所需参数较多，建模周期长。Chen 等（1999）合理解释了潮汐、风、径流等物理因素对生态场的影响，但该模型积分时间短（例如：小于水交换周期），所包含的物理过程和生态过程也尚欠完备（例如：不包括热通量，只有磷一种营养盐等）。目前就海洋生态模型精度的改进，主要受制于生态学参数的合理取值、源/汇项的精细观测，以及生态学过程子模型的选取。因此，万振文（1999）所提出的生物湍封闭思想虽有较强的新意，但未被其他学者广泛借鉴。需要强调的是，此后我国学者发展的胶州湾三维物理－生态耦合模式核心技术与 Chen 等（1999）、万振文（1999）并未有明显的差异，只是根据具体的科学问题，采取了必要的改进措施（譬如：模拟变量的种类与个数等）。

2.5 结论

应该说目前关于胶州湾的学术专著几乎包含了所有同时期关于胶州湾的研究成果，散见于刊物的文献有些也曾是以后某专著的一部分。在以上所提到的学术专著中，就胶州湾的水文、气象要素为代表的物理环境的气候平均状态基本达成共识，而对于这些要素的长期变化亦有初步的探讨。针对物理环境的观测和分析结果，也为海洋水动力模型和物质输运模型的理论研究与实践奠定了基础。目前，不同学者之间就水动力数值模拟的结果基本一致；而对于水交换、保守物质时空分布，由于不同模型的提前假设与所包含的过程不同，因此结果有较明显的差异。应该说大多数胶州湾数值研究应归属于机制谈论，距离将模拟的定量化结果应用于实践，尚有一定时间。

致谢

本工作得到了自然科学基金"胶州湾流域生源要素流失与海湾富营养化演变过程"重点项目（编号：40036010）的支持。中国海洋大学硕士研究生刘光亮、王海燕、浦祥等对文献整理、文字排版等予以协助，在此作者表示衷心的感谢！

参考文献

陈伟，苏纪兰. 1999. 狭窄海湾潮交换的分段模式：Ⅱ. 在象山港的应用. 海洋环境科学，18（3）：7 – 10.

董金海，焦念志. 1995. 胶州湾生态学研究. 北京：科学出版社：205.

葛明，王修林，闫菊，等. 2002. 胶州湾营养盐环境容量计算. 海洋科学，27（3）：36 – 42.

国家海洋局北海监测中心，青岛市海洋与水产局. 1998. 胶州湾陆源污染物入海总量控制研究，青岛：[出版者不详] 110.

国家海洋局 第一海洋研究所. 1984. 胶州湾自然环境. 北京：海洋出版社：278.

郭耀同. 1997. 胶州湾海域 COD 浓度场数值计算应用研究. 海洋湖沼通报（3）：11 – 17.

焦念志. 2001. 海湾生态过程与持续发展. 北京：科学出版社：338.

胶州湾及临近海岸带功能区划联席会议. 1996. 胶州湾及临近海岸带功能区划. 北京：海洋出版社；390.

刘瑞玉. 1992. 胶州湾生态学和生物资源. 北京：科学出版社：460.

任玲. 1999. 胶州湾生态系统中浮游体系氮循环模型的研究（博士论文）. 青岛：青岛海洋大学，128.

孙长青，赵可胜，郭耀同. 2003. 渤海湾海面溢油数值计算. 海洋科学，27（11）：63 – 67.

孙英兰，陈时俊. 1987. 胶州湾环流和污染物扩散的数值模拟：Ⅳ. 胶州湾变边界模型. 山东海洋学院学报，17（1）：10 – 25.

孙英兰，陈时俊，俞光耀. 1988. 海湾物理自净能力分析和水质预测——胶州湾. 山东海洋学院学报，18（2）：60 – 67.

王学昌，郭耀同，孙英兰，等. 1994. 烟台北部近岸海域水质（COD 及油类）预测. 青岛海洋大学学报（自然科学版）（S1）：50 – 55.

王修林，李克强，石晓勇. 2006. 胶州湾主要化学污染物海洋环境容量. 北京：科学出版社：293.

万修全，鲍献文，吴德星，等. 2003. 胶州湾及其邻近海域潮流和污染物扩散的数值模拟. 海洋科学，27(5)：31-36.

万振文. 1999. 二阶湍封闭生态动力学数值模式及小中尺度应用(博士论文). 青岛：中国科学院海洋研究所：136.

魏皓，王海棠，刘哲. 2004. 依据水文强化观测计算胶州湾水体混合参数. 中国海洋大学学报，34(5)：742-746.

翁学传，朱兰部，王一飞. 1992. 水文要素的结构和变化//刘瑞玉. 胶州湾生态学和生物资源. 北京：科学出版社：20-39.

吴永成，王从敏，张以恩，等. 1992. 海水交换和混合扩散//刘瑞玉. 胶州湾生态学和生物资源. 北京：科学出版社：57-72.

吴增茂，翟雪梅，张志南，等. 2001. 胶州湾北部水层—底栖耦合生态系统的动力数值模拟分析. 海洋与湖沼，32(6)：588-597.

闫菊. 1999. 胶州湾三维潮流及污染物输运的数值模拟（硕士论文）. 青岛：青岛海洋大学：56.

闫菊，鲍献文，王海，等. 2001. 胶州湾污染物 COD 的三维扩散与输运研究. 环境科学研究，14(2)：14-17.

杨玉玲，吴永成. 1999. 90 年代胶州湾海域的温盐结构. 黄渤海海洋，17(3)：31-36.

俞光耀，陈时俊. 1983. 胶州湾环流和污染扩散的数值模拟：Ⅲ. 胶州湾拉格朗日余流与污染物质的迁移. 中国海洋大学学报(自然科学版)，13(1)：1-14.

俞光耀，吴增茂，张志南，等. 1999. 胶州湾北部水层生态动力学模型与模拟：Ⅰ. 胶州湾北部水层生态动力学模型. 青岛海洋大学学报，29(3)：421-428.

赵亮，魏皓，赵建中. 2002. 胶州湾水交换的数值研究. 海洋与湖沼，33(1)：23-29.

中国海湾志编纂委员会. 1993. 中国海湾志(第四分册). 第一版. 北京：海洋出版社：448.

张存智，韩康，张砚峰，等. 1998. 大连湾污染排放总量控制研究：海湾纳污能力计算模型. 海洋环境科学，17(3)：1-5.

张学庆. 2003. 胶州湾三维环境动力学数值模拟及环境容量研究(硕士论文). 青岛：中国海洋大学：51.

张学庆，孙英兰，蔡惠文，等. 2005. 胶州湾 COD、N、P 污染物浓度数值模拟. 海洋环境科学，24(03)：64-67.

Chen C S, Ji R B, Zheng L Y, et al. 1999. Influences of physical processes on the ecosystem in Jiaozhou Bay：A coupled physical and biological model experiment. Journal of Geophysical Research, 104：29925-29949.

Cui M C, Zhu H. 2001. Coupled physical-ecological modeling in the central part of Jiaozhou Bay：Ⅱ. Coupled with an ecological model. Chinese Journal of Oceanology and Limnology, 19：21-28.

Liu Z, Wei H, Liu G S, et al. 2004. Simulation of water exchange in Jiaozhou Bay with an average residence time approach. Estuarine Coastal Shelf Science, 61：25-35.

Luff R, Pohlman T. 1996. Calculation of water exchange times in the ICES—Boxes with a eulerian dispersion model using a half-life time approach. German Journal of Hydrography, 47：287-299.

第三章
胶州湾周边地区地下水向胶州湾营养盐输送

3.1 国内外研究现状

国内在 2000 年以前对地下水向海湾营养盐输送研究较少，现将国内外研究方法和研究结果概述如下。

3.1.1 研究方法概述

自 20 世纪 50 年代后期开始测量地下水与地表水的交换以来，对这种交换的理解与研究已经成为了世界范围的问题。源于陆地的地下水携带溶解或胶体状态的污染物和营养物质入海，会影响到近海生态系统的物质循环。不管是化学的还是物理方面的，其影响可能在海湾或潟湖这样与外海水交换不畅的水体中变得更加明显（Bokuniewicz，1980）。最近几年，由于海底地下水输送（submarine groundwater discharge，简称 SGD）在定量化方面的困难，其已成为国外的一个研究热点和难点。引起这种不确定性的主要原因是其渗流速率一般较小，而且有许多影响因素，如潮汐、海底地貌和沉积物类型等。地下水向近海的营养盐输送则由于涉及海洋学、水文地质学和化学等学科的交叉，使其研究增加了难度（Buddemeier，1996）。

目前，国内外对 SGD 的估算主要有 3 种方法：①模型技术，②直接的原位测量，③示踪技术（Burnett et al.，2001；叶玉玲等，2006）。其中，模型模拟方面从简单的海岸地下水平衡计算到相对复杂的地下水流数值模型有多种方法；而直接的原位测量则受到渗流仪以及沉积物 - 水界面上水力坡度的方向和大小测量的限制；示踪剂技术则不仅利用天然的放射性核素，还用到人工示踪剂。

3.1.1.1 模型技术

由于计算机技术的发展，估算向海岸带输送量的地下水流模拟技术 - 数值模型而变得普及起来。一般地，其计算方法和模拟分为 3 类：①水流方程，如达西定律在多孔隙介质地下水流中的解析和数值解法（张权等，2002；朱新军等，2005）；②水盐均衡法（朱新军等，2005；郭占荣等，2003）；③通过调查来自河流的基流和推断经过识别的向海岸带的地下水流而进行的水位曲线分离技术(Zektser et al., 1993)。但是，上述方法均有特定的局限性。

(1)当要考虑潮流作用和海岸带的密度驱动力作用时，解析法的稳定流假设不正确。而相对简单的均衡计算，则往往因为各均衡要素估计误差较大而难以利用，例如，蒸发是一个非常重要的均衡项，但其很少能够严格量化(Corbett et al., 2000)。水位曲线分离技术则只能应用于有良好的河流网格化观测的滨海地区向相对较浅、主要为淡水的含水层输送的情况(Burnett et al., 2001)。

(2)模型模拟的另一局限在空间尺度方面。近岸模型的尺度为几十米至几百米，主要针对的是像海湾或潟湖这样的封闭水体。区域性模拟可能为几千米至几十千米，建立在大量的离岸较远的野外数据基础之上，并且想当然地认为地下水流向海岸边是输送到海里，而没有考虑这种输送的空间分布的不均匀性和不稳定性(Burnett et al., 2001)。

3.1.1.2 直接的原位测量——渗流仪

(1)第一代渗流仪(seepage meters)：美国人 Lee(1977)在 20 世纪 70 年代发明了一种测量地下水流的仪器——seepage meter。这种仪器的主要部分是一个容积为 55 加仑的半透明的聚碳酸酯圆筒，其一端完全开口，而另一端只在边缘处有一个很小的开口并接上导水管。使用时将圆筒按一定倾角插入海底沉积物中，有导水管的一侧位于最上面。由于地下水流的三维运动，地下水沿圆筒开口运移，逐渐将圆筒中原来的海水驱替，待海水排出后，将一个 4 L 的空塑料袋接在导水管上，来收集渗出的地下水(图 3.1)。经过一段时间，取出塑料袋中的水样，根据其体积、渗

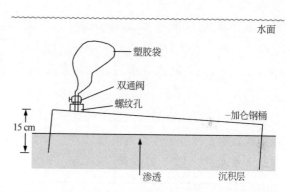

图 3.1 第一代渗流仪及测量原理图(Lee, 1977)

出时间和圆筒开口面积及安装的倾角，便可以计算地下水的渗流速度。而且水样可以用来分析地下水的水质。

这种仪器的优点是构造简单、制作容易、造价便宜；其局限性如塑料袋的机械孔隙可能使收集的水并不是完全的地下水；圆筒底部的渗漏、波浪作用和压力不同导致与地下水输送无关的水量产生。仪器内部的摩擦阻力和水头损失导致测量误差；使用的渗流速度下限为 $3 \sim 5$ mL/$(m^2 \cdot min)$，即 $0.432 \sim 0.72$ cm/d。

Cable 等(1997a)认为第一代渗流仪利用控制器可以确定因波浪、风和潮流对渗流器的影响，用 1 000 mL 的预充袋可减少人为因素的影响。

以上仪器还有的不足之处：

①在接塑料袋之前，圆筒中的海水很难完全清除，造成测量误差；

②无法测量反向流或振荡水流、不能提供随时间变化的水流信息;

③用以保存水样的塑料袋的缺氧环境导致其中的水样不能代表地下水真实的水质。

(2)改进的渗流仪

为了弥补以上缺陷,很多学者对 seepage meters 进行了改进。例如 Krupa 等(1998),把圆筒换成鼓状物并做成两个不同的尺寸,大的鼓状物直径 3 英尺,内缘面积为 0.66 m²,高 0.40 m。小的鼓状物直径 2 英尺,内缘面积 0.29 m²,高 0.20 m。根据不同渗出面位置渗流量不同的特点选用不同尺寸的 seepage meters。每个鼓状物上端有一开口以允许水流通过,开口处安装了热传感水流仪(heat-pulsing flowmeters),这种水流仪是通过对一个环绕在丙烯酸导管外的绝缘镍铬合金线通电对进入导管内的地下水加热,在加热点前端和后端分别放置温度计,为适应不同的流速,在加热点后面不同距离放置多个温度计,通过测量地下水温度的变化推算其流速(图 3.2),进而求得地下水渗流速度。Taniguchi 和 Fukuo (1993)利用这种水流仪能够测量渗流速度为 $2.13 \times 10^{-5} \sim 5.14 \times 10^{-4}$ cm/s,即 $1.84 \sim 44.4$ cm/d 的地下水流。同时在鼓状物内外均安装了测量温度、电导和压力的仪器(STD)。

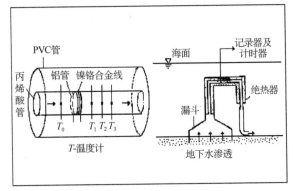

图 3.2　热脉冲型自动渗流仪及测量原理图
(Taniguchi et al.，1993)

使用时,每个鼓状物上的监测装置均与岸上的计算机相连接,并把信号转换成数据。这样,不仅能够连续地、自动地测量地下水渗流量,而且可以直接准确地测定地下水水质。有人将这种 seepage meters 称为 Krupaseep(Krupa et al.，1998;Working Group 112，2002)。

Paulsen 等(2001)则利用超声波渗流仪(Ultrasonic-type automated seepage meter)来测量 SGD(见图 3.3),在流量计圆柱管的两端安装了两个压电式换能器,换能器持续地产生超声波信号脉冲并传输到另一端,同时换能器也会监测超声波信号的到达。通过测量超声波脉冲顺着水流和逆着水流传递的时间差来计算流体的流速。两个信号传递的时间差与流速成比例。计算 SGD 速率的公式为(Paulsen et al.，2001):

由于

$$T_{\text{up}} = L/(V - v), T_{\text{down}} = L/(V + v), \tag{3.1}$$

所以

$$v = \frac{L}{2T_{\text{up}}T_{\text{down}}}(T_{\text{up}} - T_{\text{down}}), \tag{3.2}$$

式中,L 为流量计圆柱流管的长度,V 为声速,v 为水流速度。

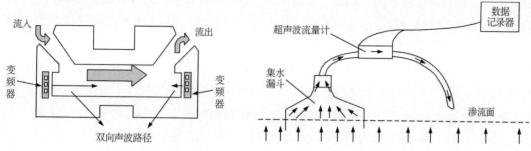

图 3.3　超声波型渗流仪及测量原理图(Paulsen et al., 2001)

超声管安装在直径 9.5 mm、长 200.2 mm 的圆柱形流管中，流管的进水端面积为 0.21 m², 超声管事先在海底环境中经过 1 010 次模拟和校正。仪器发送的超声波约为每秒 400 脉冲，每个脉冲大约由 40 个频率为 1.7 MHz 的周期性波动组成。到达的超声波信号被压电传感器连续的监测，然后，根据监测到的波动曲线求得地下水渗流速度，用此水流仪能观测到的最低渗流速度为 0.1 μm/s，即 0.864 cm/d。

另外，还有一些学者如 Cherkauer 等(1988)、Reay 等(1992)、Ballard(1996)等都对 seepage meters 进行了一些改进。

近岸含水层系统的不均匀性导致的地下水水量与水质的不同，是使用 seepage meters 时的一大障碍，因为要解决这种不均匀性带来的问题，需要布置相当密度的 seepage meters，而这样做会使工作量与成本成倍增加。

3.1.1.3　示踪技术

对于区域性的 SGD，利用地球化学示踪剂是相对准确的方法，因为海水与地下水混合，只要两者示踪剂的浓度存在不同且示踪剂的行为保守，便可以很明显的测出地下水的影响(Moore, 1996)。近几年来，具有保守性且在地下水中相对富集又容易测量的天然地球化学示踪剂(如²²⁶Ra、²²²Rn、CH₄等)在研究 SGD 时得到广泛应用。

无论采用何种方法估算 SGD，总有两个基本的问题：①没有一种方法在任何地方都适用，②对方法的不确定性估计比较困难。对于后者，由于在估算时有了太多假设，因而要在最终结果上加一个合理的不确定性界限有时是非常不容易的。

3.1.2　研究结果概述

Moore(1996)对南大西洋湾(South Atlantic Bight)地区的地下水进行了研究，提出解决大规模地下水通量的一种可行性方法，即用²²⁶Ra 做示踪剂，通过计算²²⁶Ra 的平衡来研究大规模地下水的排泄量。Moore(1996)认为，海水中²²⁶Ra 的来源为 5 个：海水本身、河水、沉积物的解吸、陆地沉积物的侵蚀和地下水。他在研究区内采取了大量水样测定其²²⁶Ra 活度，发现在盐度大于 36.1 的海域，²²⁶Ra 的活度变化很小。根据美国地质调查局(USGS)所计算的河流向研究区输入水量，作者估计了河水中的悬浮物浓度，计算出河水和河流沉积物向此区输送的^{226}Ra，并按内陆架上水的不同停留时间计算出河流输送对^{226}Ra在研究区的富集所起的作用不到5%。同样的，根据沉积物解吸式计算发现要再生沉积物^{226}Ra的活度的20%就需要500年时间，因而，海底沉积物解吸所起的作用非常小。经过排除后，他计算了研究区内^{226}Ra的平衡，发现地下水向此海岸带的排泄量为5.01 m^3/(d·m^2)，占地表水排泄量的40%。而在研究河流输入量较小的恒河-布拉玛普特拉(Ganges-Brahmaputra)水系河口时，Moore(1997)同时利用了^{226}Ra和Ba作示踪剂。

Corbett等(1999)以佛罗里达(Florida)湾为例研究了地下水的排泄量及营养盐的渗出量。提出了佛罗里达湾地下水运移的模型。在研究中利用化学示踪剂(^{222}Rn和CH$_4$)和seepage meters直接进行测量地下水的排泄量。其结果表明：地下水中^{222}Rn和CH$_4$的浓度大约分别是佛罗里达地区地表水中的80倍和50倍，而用seepage meters采集的水样中^{222}Rn和CH$_4$之比基本与用水泵抽取的地下水中的比值相同，该区不仅有地下水输送，而且其水量较大，在此基础上估计出通过地下水的营养盐排泄量也相当大[例如氮为(110±6) μmol/(m^2·a)、磷为(0.21±0.11) μmol/(m^2·a)]，并且若渗出面有孔洞或泉时，其渗出量将比估计值要大。

Cable等(1996a)利用^{222}Rn作示踪剂估计了地下水向墨西哥湾(Gulf of Mexico)的输送量。由于地下水中的^{222}Rn浓度比海水中大3~4个量级，因此，在其他^{222}Rn来源能够估计的情况下，^{222}Rn是一种很好的示踪剂。Cable等利用深海底的水平交换运移模型评价了影响水体中^{222}Rn浓度的几个因素，如核素的产生-衰变、水平输送、密度跃层附近损失等。用原位装置测量了海底地下水的^{222}Rn输入量是2 420 dpm/(d·m^2)，这个量级能够很好的说明观测到的海底密度跃层^{222}Rn总量，而如果利用分子扩散来估计，其输入量相对较小，为230 dpm/(d·m^2)。通过模型和^{222}Rn总量测量，估算出在墨西哥湾620 km^{2}的研究区内，区域地下水流量为180~710 m^3/s，相当于散布在整个研究区上的水平流速超过2~10 cm/d。另外，Cable等(1997b)还利用seepage meters研究了Florida海岸的地下水渗出量，他们在离岸1 km、宽7 km的海岸线上，选取了3条垂直海岸的剖面和一条平行海岸的剖面，利用seepage meters对其进行观测，发现地下水渗流速度离岸越远越小，整个研究区地下水通量为0.23~4.4 m^3/s，从而得出地下水向海洋的输送与河流输入同样重要、并且对近岸的生物地球化学有重要作用的结论。同样，Cable等(1996b)利用^{222}Rn和甲烷作示踪剂，估计了流入墨西哥湾的地下水量，两者在地下水中的赋存量比在海水中的含量高几个数量级。

美国学者Matson(1993)研究了营养盐通过砂层和含水层运移到美国Guan海岸区的通量。利用seepage meters观测到的地下水排泄量相当大（即：每天每米海岸线为2.2~100 m^3），并测定了地下水中的NO$_3^-$、Si和P的浓度，根据平均的排泄量值，计算出地下水向海洋的NO$_3^-$、Si和P的输送量为1 340、390和12 mol/(m^2·d)。同时他还证明了地下水排泄量与海岸线长短、地下水水头、含水层性质等密切相关。

Millham等(1994a)在研究美国罗得岛州Little Pond海湾的地下水和地表水输送时共采

用了 5 种不同方法：①潮水交换时的氯化物平衡，②涨落潮时水体体积的差别，③海湾被封锁期间水面高度升高，④水均衡，⑤利用达西定律计算。他们比较了不同方法所得到的结果，发现后三者的结果之间相近，而氯化物平衡法得到的结果较大且呈周期性变化，有时日输送量差别很明显，而且年输送量大，但仍比利用涨落潮时的水体差别所得到的结果小，后者是前者的 1.5~4 倍。他们的研究还表明，地下水向较浅的海湾输送速率和模式呈现动态变化，受到岸上水力条件变化和潮汐等的影响。分选良好的细颗粒沉积物如果厚度超过 1 m，由于其渗透性差，会限制地下水的输送。同一地区的地下水输送量由水力坡度决定，但与潮水涨落有关，呈现周期性的增大或降低。水位图和剖面间隙的盐度变化说明涨潮时地下水输送量小，反之则大。由于岸上地下水流的转向（diverge），地下水输送量明显降低，降低率可达 29%（Millham et al.，1994b）。

Simmons（1992）对海底地下水排泄量的重要性以及在海洋环境中海水在水土界面的循环规律进行了研究，证明了在佛罗里达南端的岛群水下 39 m 深处的海底仍有地下水渗出，其渗出通量为 5.4 m³/(m²·d)，并得出地下水渗出量由陆向海的变化规律：即由陆向海入渗量随深度的增加，而逐渐减少，水深小于 27 m 时，渗出量为 8.9 m³/(m²·d)；水深在 27~39 m 时，渗出量为 5.4 m³/(m²·d)。

Poppe 等（1993）研究了美国马萨诸塞州 Quincy 湾的地下水输送量，他们利用热传感水流仪测出松散沉积物中地下水流速为 40 cm/s。通过与地表水流数据相比较并对地下水输送量进行估算，认为地下水输送量占向 Quincy 湾输送的淡水量的 7.4%~12.1%。

Lapointe 等（1990）在研究加勒比海（Caribbean）地区的珊瑚礁的物质收支时，发现随着溶解无机氮（DIN）浓度的升高，盐度下降，由此认为海底地下水的输入是 DIN 的重要来源。Gordeev 等（1999）估计了俄罗斯北极地区河流和地下水向海洋的营养盐输送量，认为地下水输送量占河流输入的 10%，而营养盐输送量却占 5%~20%。Maclntyre 等（1999）研究了 California 地区 Mono 湖中的营养盐通量，得出地下水向湖中的营养盐通量受地形气候和温度梯度影响的结论。

Corbett 等（2000）利用 SF_6 和荧光素染料-钠荧光素（$C_{20}H_{10}O_5Na_2$）对墨西哥湾东北部一个孤立岛屿进行了地下水流的示踪，采用达西定律和水均衡法两种方法独立进行了地下水流入墨西哥湾量的估算，两种方法吻合很好，地下水流入墨西哥湾的水量为 $1×10^6$ ~ $9×10^6$ m³/a。

国外的研究成果均证明了在海-陆交互地带，地下水向海洋排泄量是存在的，正如 Johannes（1980）所指出的，只要水头高过海平面，海底地下水在所有含水层与海洋有水力联系的地区可通过有渗透性的岩石或底部沉积物发生；而且，其排泄量有时是相当可观的，并且给出了地下水向海洋的输送量的变化规律：输送量由浅海向深海逐渐减少；输送量受到涨落潮的影响，涨潮时输送量小，落潮时输送量大。由于地下水中往往具有较高的营养盐浓度，因此，地下水向海洋的营养盐输送量有时相当大。这些研究结果说明，在某些情况下，地下水对营养盐的输送起着重要的作用，可对附近海域的生态环境产生极为重要的影响。

3.1.3　小结

国外大部分研究工作主要是在海湾,利用渗流仪、同位素(^{226}Ra、^{222}Rn、CH_4)来确定地下水的输送量,耗资巨大。只有在较小的岛屿才利用人工示踪剂(例如:SF_6和荧光素)求出渗透系数,用达西定律和水均衡法估算地下水向海洋排放量。

一般的渗流仪(seepage meters)构造简单、制作容易、造价便宜。但要求渗流速度大于$3\sim5$ mL/($m^2\cdot$min),即$0.432\sim0.72$ cm/d,上述实例主要用于石灰岩和粗砂地区。改进的热传感水流仪、超声波渗流仪国内尚未使用。近岸含水层系统的不均匀性需要布置相当密度的 seepage meters,而这样做会使工作量成倍增加。

3.2　胶州湾周边前人所做水文地质工作

胶州湾地下水分布区除含水少的地区外,均是地下水源地,一般含水层结构和水文地质参数较易获得,利用长期观测资料采用达西定律法确定地下水排海量能够获得满意结果。若利用水均衡法,则需对该区地下水开采量、降水渗入、蒸发等进行计算,工作量较大。

胶州湾周边地区地下水的研究成果相对较多,例如:1974 - 1978 年山东省第一水文地质大队在大沽河流域先后进行 3 次供水水文地质勘探,基本查清了含水层的分布及富水情况。1986 年山东省青岛环境水文地质站等提交了《青岛市大沽河水源地地下水开采试验动态监测报告》,查清了地下水资源量,用补偿疏干法计算了开采资源量。山东省环境水文地质总站于 1989 年 12 月提出了《青岛市白沙河 - 城阳河下游地区海水入侵勘查报告》,查明了海水入侵的途径、范围及程度,等等。

此外,青岛市水利局、青岛海洋大学等单位 1990 年提交了"七五"国家重点科技攻关项目第 57 项《华北地区及山西能源基地水资源研究》的分专题《青岛市水资源供需现状、发展趋势和战略研究》(75 - 57 - 02 - 04 - 02),其子课题有地表水资源评价、第四系孔隙水资源评价、基岩裂隙水资源评价、水环境污染,海水入侵等评价。该项目对青岛市地表水、第四系孔隙水和基岩裂隙水进行了水量与水质评价。

1993 年由华北水资源研究中心青岛分中心提交的联合国开发计划署 CPR/88/068 华北水资源管理之青岛市水资源管理模型研究,其中分成地下水、地表水、水质预测模型等专题研究。在前面研究的基础上,进一步将研究模型化,并预测了未来水资源可利用量。

此后,青岛市水利局和青岛市计委在 1993 年和 1994 年又进行了《青岛市水资源评价》、《青岛市城市供水水源规划》。刘贯群等(1994)、焦超颖等(1994)分别对白沙河平原区、青岛市大沽河水源地建立了地下水资源管理模型和数值模拟模型。需要注意的是,以上研究主要是从资源与海水入侵角度进行研究的,而对向胶州湾流入量涉猎很少。

3.3 胶州湾周边水文地质条件

3.3.1 地层及侵入岩

胶州湾周边主要出露地层有元古界胶南群,中生界白垩系,新生界分布广泛,区内侵入岩十分发育(青岛市水利局,青岛海洋大学等,1990)。

元古界:分布于王台地区,岩性为变质岩系列,如云母斜长片麻岩,白云斜长片麻岩等。

中生界白垩系:中生界仅发育白垩系,位于西北部河套、红岛和城阳一带,沿海地带有零星分布。

青山组(K_{1q}):为一套复杂的陆相酸性火山岩,中-中基性火山岩及火山沉积岩地层。

王氏组(K_{2w}):岩性为一套陆相红色碎屑岩、泥岩沉积。

新生界第四系:分布于胶州湾沿岸地带及各河流流域中,主要岩性为冲积、冲洪积的砂、砂砾石层

侵入岩:区内侵入岩十分发育,出露面积广,以花岗岩分布最广。

3.3.2 水文地质概况

3.3.2.1 地下水类型

(1)碎屑岩类裂隙水:分布于王氏组(K_{2w})的砂、砂页岩中,水位浅,涌水量小于100 m^3/d。

(2)基岩(侵入岩)裂隙水:包括层状裂隙水、块状裂隙水和孔洞裂隙水,本区基岩裂隙水均为弱富水性。

(3)松散岩类孔隙水:主要分布于低山丘陵山麓,河谷和山间盆地,大沽河、洋河和白沙河下游。本区可分两类:一类为丘陵山麓残坡积-坡积孔隙水,一类为山间河谷冲积、冲洪积孔隙水,前者富水性弱,后者为主要含水层。

大沽河是青岛市内最大河流,干流全长 179.9 km,流域面积 4 631.3 km^2。1998 年 4 月为防止海水入侵修建截渗坝,也阻碍了地下水向胶州湾排泄。

3.3.2.2 主要含水层特征

第四系孔隙潜水是补给胶州湾的主要地下水,其中山间河谷冲积-冲洪积孔隙水占孔隙水的绝大部分。其主要分布于入胶州湾河流的河谷冲积-冲洪积平原,地层分古河道(中上更新统 Q_{2+3}^{al+pl})和现代河道床(全新统 Q_4^{al+pl})冲积-冲洪积层。其地下水赋存规律如下:①堆积厚度 5~20 m,个别 30 m,从上游至下游变厚;②含水层为双层结构;③地下水类型为潜水(微承压水);④补给以降水和地表水为主,含水层岩性以砂砾石和砂为主,

夹有少量的黏土，从其地质结构来看，存在地下水向海湾的排泄。

3.3.3 气象水文特征

胶州湾周边地区年降水量 714.6 mm，降雨特点：①年内分布不均，70% ~75% 集中在汛期(6-9月)；②年际变化大，年最大降水量1 383.8 mm(1964年)是年最小降水量356.5 mm(1981年)的3.9倍；③地域分布不均，自东向西、自南向北逐渐减少，崂山北九水多年平均年降水量为1 086.7 mm，平度仅632.4 mm。

流入胶州湾的河流均为季节性河流，夏秋季水量丰富，春冬季断流。对胶州湾的营养盐随胶州湾与海洋的交换而发生变化，而地下水位一般均高于湾内水位，即使枯水季节地下水也向胶州湾输送营养盐，因此地下水对胶州湾内生态环境将产生影响。

3.4 地下水向胶州湾的水量及营养盐输送概况

3.4.1 大沽河地下水向胶州湾输送

3.4.1.1 大沽河地下水开采历史

1978年以前大沽河地下水主要是为当地工农业供水，1978年开始向青岛市供水，但水量很少。

1981年青岛遭遇百年不遇大旱，青岛主要水源崂山水库储水只有不足1月所需，为此青岛市实施开发大沽河地下水紧急工程。1981-1985年底城市开采量累计14 858 × 10^4 m^3(表3.1)(山东省青岛环境水文地质站等，1986)，其中1982-1984年12 805 × 10^4 m^3，扣除向胶州县城供水，平均年向青岛市区供水4 000 × 10^4 m^3，约合11 × 10^4 m^3/d，占全市同期供水量的69%。大沽河开采资源为22.6 × 10^4 m^3/d，开采量最大的1982年高达5 486 × 10^4 m^3/d，其中向青岛市供水14 × 10^4 m^3/d，占全市供水量的86%。

表3.1　1981-1985年大沽河地下水开采量统计表(单位：× 10^4 m^3/a)

年份	农业	工业	合计
1981	4 200	804	5 004
1982	3 500	5 486	8 986
1983	3 000	3 077	6 077
1984	2 500	4 241	6 741
1985	2 000	1 248	3 248

注：引自山东省青岛环境水文地质站等(1986)。

1985年由于雨量充沛，工农业开采量均减少，大沽河地下水位得以恢复。1986年以后到引黄济青供水前，开采量又增大，海水入侵1988年比1981年向陆推移750 m，引黄济青后，地下水开采量减少，地下水得以涵养。

1997 年，大沽河降水 577.1 mm，仍为枯水年，受百年不遇特大干旱，持续高温和工农业用水的影响，地下水开采量为 $4\,583 \times 10^4\,m^3$，占青岛市供水量的 40.3%。

1999 年降水 679.4 mm，属平均水平，青岛市降水入渗总量 $75\,432 \times 10^4\,m^3$，利用地下水量 $53\,330 \times 10^4\,m^3$，地下水处于正均衡，地下水位较 1998 年普遍升高。

3.4.1.2　大沽河下游李戈庄段地下水位动态变化

（1）开采前

1976 年以前，地下水虽有农业开采，但由于开采不集中，下游无降落漏斗，地下水力坡降约为 1/2 000，因此向胶州湾输送量是一个不小的量（由于现无观测资料，其量无法准确给出）。

1976 年至供水开采的 1981 年，基本上属连续枯水年，地下水位除个别年份（1980 年）稍有回升外，一直缓慢下降（表 3.2），5 年间李戈庄采区地下水位平均下降 0.72 m，平均年降幅 0.144 m，降幅较小，在此期间地下水仍向胶州湾输送水分和营养盐。

表 3.2　1981 年向青岛市供水前地下水位

钻孔编号	J32	J40	J42	J43	平均
1976 年 1 月 1 日	4.26	7.08	6.64	3.66	5.41
1981 年 1 月 1 日	3.91	6.40	5.00	3.46	4.69
降幅/m	0.35	0.68	1.64	0.20	0.72

注：引自山东省青岛环境水文地质站等（1986）。

（2）开采后

1981 年 9 月开始，由于大量集中抽水供应青岛市，在青胶公路附近形成面积 10 km²、中心水位 −1.09 m 的降落漏斗（见图 3.4），其他地区大范围均匀下降，地下水位坡降仍为 1/2 000。1982 −1985 年地下水分别经历了以下 4 个阶段（见图 3.5 和表 3.3）：

表 3.3　1982 −1985 年大沽河下游地下水水位埋深

日期	1982 − 01 − 01	1982 − 06 − 30	1984 − 06 − 30	1985 − 07 − 30	1985 − 09 − 30	1985 − 12 − 30
水位埋深/m	4.57	6.21	8.08	7.87	6.53	5.97
降幅/m	—	1.64	1.87	− 0.21	− 1.34	− 0.56
平均月降幅/m	—	0.27	0.078	− 0.017 5	− 0.67	− 0.185

注：引自山东省青岛环境水文地质站等（1986）。

①1982 年初 −6 月的急剧下降阶段，下降幅度 1.64 m，月降幅 0.27 m。

②1982 年 7 月 −1984 年 6 月的缓慢下降阶段，下降幅度 1.87 m，月降幅 0.078 m。

③1984 年 7 月 −1985 年 7 月的基本稳定阶段，上升幅度 0.21 m，月升幅 0.0175 m。

④1985 年 8 月 −1985 年 9 月 30 日急剧上升阶段，上升幅度 1.34 m，月升幅 0.67 m。

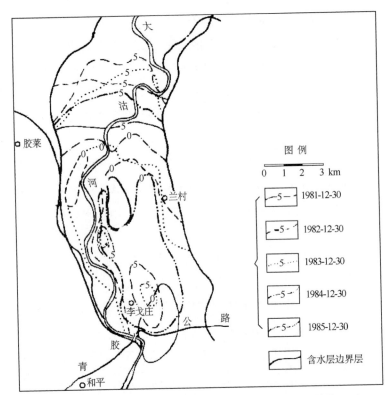

图 3.4 大沽河下游 1981–1985 年地下水位等值线图(单位：m)
(山东省青岛环境水文地质站等，1986)

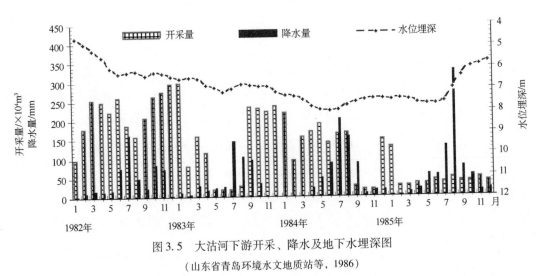

图 3.5 大沽河下游开采、降水及地下水埋深图
(山东省青岛环境水文地质站等，1986)

　　①、②、③阶段均因过量开采导致，④ 阶段是因 1985 年 9 月 18–21 日受 9 号台风的影响，大沽河流域连降暴雨，平均次降雨量达 320 mm，暴雨中心的小沽河洪峰流量达 4 010 m³/s，是当时 70 年来最大洪水，受此影响全区流域地下水位出现大幅度回升，尤其 9 月 30 日前水位急剧回升，沿河观测孔恢复幅度更大，下游由于开采降深大，回升幅度也最大。

1981～1985 年不同时间漏斗中心水位见表 3.4。

表 3.4　1981～1985 年大沽河下游漏斗中心水位变化

	1981 年 12 月	1982 年 6 月	1982 年 9 月	1982 年 12 月	1983 年 6 月	1983 年 9 月	1983 年 12 月	1984 年 6 月	1984 年 9 月	1984 年 12 月	1985 年 6 月	1985 年 9 月	1985 年 12 月
水位/m	−1.09	−4.3	−4.89	−3.6	−6.0	−4.4	−6.21	−8.18	−5.93	−5.2	−6.11	−4.37	−4.19

尽管大量降水使水位抬升，但 1985 年底在下游仍存在降落漏斗，地下水流向是背海的（参见图 3.4），即不存在向胶州湾的排泄。

1986 年以后至引黄济青（1992 年）地下水继续加大开采，地下水位又开始下降，1992 年末引黄济青工程建成后，大沽河水源地地下水开采量减少，水位得以恢复及涵养。

1994 年的资料（图 3.6）表明，在枯水期地下水仍受开采影响，向陆运移。丰水期因暂无资料难以判断，但估计向海通量不会太大。

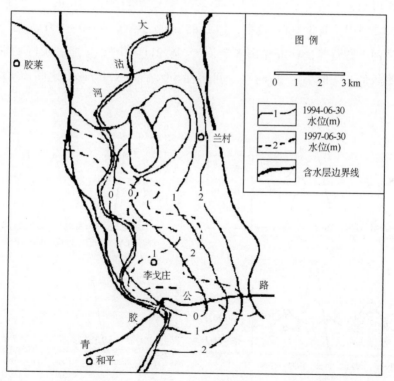

图 3.6　大沽河下游 1994、1997 年地下水位等值线图（刘贯群据观测资料整理）

直到 1997 年，在枯水季节，地下水也开始向海湾排泄（参见图 3.6），但 1998 年 4 月由于修建截渗坝（$K = 2.7 \times 10^{-6}$ cm/s）使地下水也不能沿含水层向海湾输送，地下水向海湾输送只能在丰水期，水库蓄满后从截渗墙上部溢出，估计量不会大。

（3）水质及营养盐情况

该区历年水质监测资料中，20 世纪 90 年代以前，只有 1984 年有全部营养盐资料；

1985 年的数据中缺可溶性 SiO_2 资料。历年的监测结果见表 3.5(山东省环境水文地质总站等，1986)。

表 3.5　大沽河下游 1984 – 1985 年地下水化学成分表(单位：mg/L)

监测孔	1984 年						1985 年				
	pH	矿化度	NO_3^-	NO_2^-	PO_4^{3-}	SiO_2	pH	矿化度	NO_3^-	NO_2^-	PO_4^{3-}
201	7.34	1 697	3.5	—	0.19	20.0	6.82	2 671	10.5	0.02	0.08
208	8.26	2 781	0.4	—	1.85	17.5	6.87	877	51.5	9.75	0.30
211	7.40	796	96.25	0.54	0.23	20.0	7.28	845	115	0.02	0.11
212	7.58	892	96.25	0.74	0.13	17.5					
213	7.42	2 541	—		0.05	10.0					
217							6.85	849	49.5	6.75	0.93

由表 3.5 可知，大沽河下游地下水中可溶性 SiO_2 含量在 10 ~ 20 mg/L 之间，PO_4^{3-} 一般小于 0.3 mg/L，个别(漏斗中心)较高，达 1.85 mg/L，NO_3^- 在 10 ~ 100 mg/L 之间。90 年代以后，大沽河下游营养盐状况见图 3.7，NO_3^- 除 211 号可能是地表水影响含量很高外，其他两孔含量较低，一般小于 20 mg/L，可溶性 SiO_2 在 10 ~ 30 mg/L 之间，NO_2^- 和 PO_4^{3-} 含量均较低。

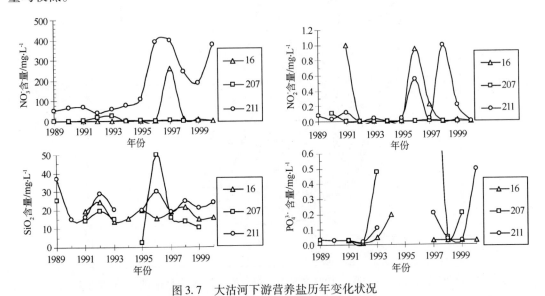

图 3.7　大沽河下游营养盐历年变化状况

3.4.2　白沙河地下水向胶州湾输送

该区为青岛市近郊水源地，也是青岛市主要蔬菜生产基地，由于开发地下水较早(新中国成立前已开采)，是沿海地带海水入侵发生最早危害最大的地区。

3.4.2.1　天然状态

20 世纪 60 年代以前该区地下水丰富，水质良好，地下水向海湾排泄。

3.4.2.2　海水入侵时期

从 20 世纪 70 年代海水入侵开始，尤其 1977 年后，连年枯水促使海水入侵更快发展，其主要原因是地下水超量开采，供青岛市区的开采井主要沿白沙河布置，年开采量 $700 \times 10^4 \mathrm{m}^3$ 左右，农业开采量约 $2\,500 \times 10^4 \mathrm{m}^3$，以城阳流亭两镇为最大，夏庄次之。由于超过了地下水的天然补给量，水位逐年下降，1984 年与 1970 年初相比，水位下降 5 m 多，出现了面积约 $25 \times 10^4 \mathrm{m}^2$ 的降落漏斗，漏斗中心在小寨子，最低水位 −9 m（1984 年）。1983 年海水入侵范围已达 $8.5 \mathrm{~km}^2$（富水区范围 $50 \mathrm{~km}^2$），受 1985 年 9 号台风影响（1985 年 8 月 19 日），1985 −1986 年海水入侵情况有所缓和，1986 年以后继续扩展，以苇苫至李家女姑一带扩展最快，其他地段幅度较小，见地下水氯离子等值线图（图 3.8）。

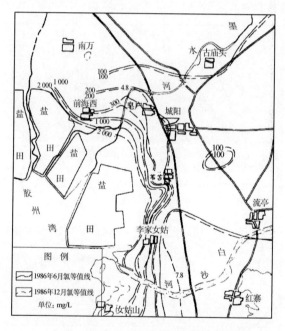

图 3.8　1986 年白沙河地下水氯离子含量等值线图
（山东省环境水文地质总站，1989）

1986 年至 1989 年地下水动态见图 3.9，该区地下水动态主要受菜田灌溉抽水的影响。每年 2 月底 3 月初到汛前（3 −6 月）属春灌期，地下水开采量大，越干旱其开采量越大，造成地下水位急剧下降；7 −9 月属降雨补给回升期，汛期菜田需补充灌水，但主要以补给为主，地下水位抬升；10 −11 月属秋灌期，开采量相对较小，有小幅度的下降；12 月至翌年 2 月，属停采潜流补给期，地下水位回升达最高值。年动态呈两峰两谷型。1989 年 6 月地下水等水位线见图 3.10，由图 3.10 可知海水入侵含水层。

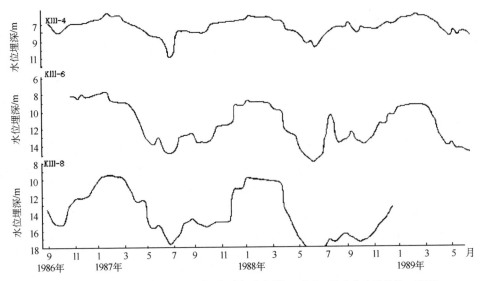

图 3.9　白沙河 1986 年至 1989 年地下水动态图（山东省环境水文地质总站，1989）

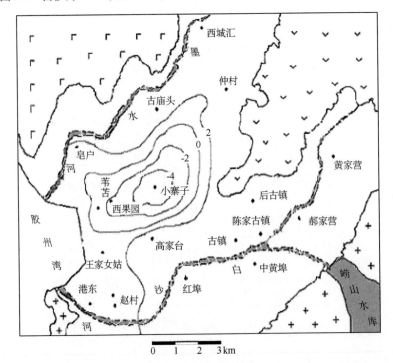

图 3.10　白沙河 1989 年 6 月地下水等水位线（单位：m）（刘贯群据观测资料整理）

3.4.2.3　向海湾输送时期

20 世纪 90 年代，由于工业区扩大，农田减少，地下水位回升，至 1994 年原海水入侵区上游的降落漏斗平复，海水入侵范围未再扩延，其后地下水位连年上升，地下水已高出海水，已开始向胶州湾泄流，只在东部赵村，即第二水厂处仍存在地下水降落漏斗，虽至 1999 年一直存在，但其范围较小（见图 3.11）。

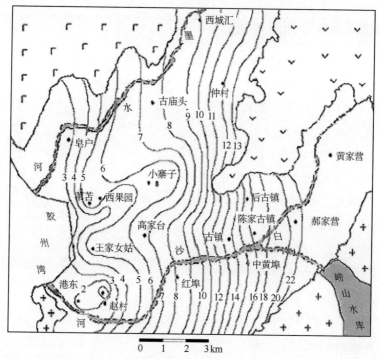

图 3.11　白沙河 1996 年 6 月地下水等水位线(单位:m)(刘贯群据观测资料整理)

白沙河在其下游段 1982 年其 NO_3^- 含量接近和超过饮用水标准,个别达 350 mg/L,是饮用水标准的 4 倍,1988 年 NO_3^- 含量上游为 125 mg/L,下游为 71.25 mg/L。20 世纪 90 年以来的监测表明(图 3.12):地下水中 NO_3^- 的含量很高,均在 200 ~ 400 g/L 之间,个别达 575 mg/L,最低为 68.75 mg/L。NO_2^- 含量较低,在 0.01 ~ 0.37 mg/L 之间,PO_4^{3-} 含量也较低,一般为 0.03 mg/L。可溶性 SiO_2 含量一般为 1 520 mg/L,水源地内部个别达 35.8 mg/L,比较稳定。总体来看,地下水中 NO_3^- 普遍含量较高,向胶州湾供应量是相当可观的。

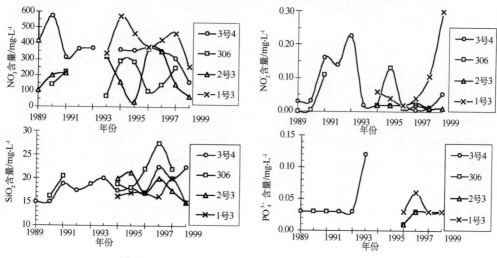

图 3.12　1989 - 2000 年白沙河营养盐历年变化状况

3.4.3 洋河地下水向胶州湾输送

20 世纪 90 年代以前，洋河中下游地下水主要作为乡村居民的生活用水，农业灌溉使用地下水者甚少，地下水位埋深较浅，主要靠河水及水库放水补给。

20 世纪 90 年代后由于海水沿洋河上溯倒灌，地下水也变咸。1999 年 4 月与 9 月洋河 1、2、3 号井的化学成分如表 3.6。由表 3.6 可以看出枯水期地下水均受海水影响，丰水期水质淡化。洋河在 1989 – 2000年期间，由 NO_3^- 观测资料（图 3.13）可知：NO_3^- 含量较白沙河低，一般在 20 ~ 50 mg/L之间，个别达 170 mg/L，也有的小于10 mg/L；NO_2^- 含量较低，一般小于

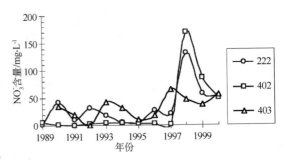

图 3.13　洋河下游 NO_3^- 历年变化趋势

0.1 mg/L，个别的达 0.55 mg/L；PO_4^{3-} 较低，一般小于 0.1 mg/L，个别达 1.05 mg/L，可溶性 SiO_2 在 6 ~ 20 mg/L 之间，比较稳定。

表 3.6　1999 年洋河枯、丰水季地下水化学成分表（单位：mg/L）

观测孔	1999 年 4 月				1999 年 9 月			
	pH	Cl^-	SO_4^{2-}	矿化度	pH	Cl^-	SO_4^{2-}	矿化度
1	8.1	15 900	2 060	31 410	8.5	604	235	1 510
2	8.3	1 130	278	3 148	8.1	604	515	1 800
3	8.1	574	180	1 850	7.6	654	136	1 630

由于洋河流域的地下水的开采程度较低，其对胶州湾的补给基本处于天然状态，其数量比白沙河少，但不可忽视。

3.5　结论

大沽河地下水 1981 年尤其是 1976 年以前，向胶州湾输送水量较大；NO_3^- 含量较低，NO_2^- 和 PO_4^{3-} 含量更低，可溶性 SiO_2 含量较高。1981 年后由于过量开采在沿海形成降落漏斗，海水入侵使地下水难以输送入海，1994 年后，丰水期可能向海湾泄流，1998 年 4 月截渗墙建成后，地下水向胶州湾输送营养盐受到限制。

白沙河在 20 世纪 70 年代以前，由于农业开采量少，向胶州湾排泄水量较大，而 NO_3^-含量低，可溶性 SiO_2 含量较高；20 世纪 70 年代以后，因过量开采（例如：菜田耕作），使海水入侵，20 世纪 90 年代由于市区扩大，菜田面积缩小，地下水位抬升，向海湾排泄逐

年增加。由于 NO_3^- 污染严重，其输送营养盐中 NO_3^- 含量很高。

洋河基本上属于天然状况，工农业利用量少，随季节不同对胶州湾的输送量不同，由于其含水层规模较白沙河小，其量也相应较小。

其他河流，由于含水层范围小，由地下水输送的营养盐可忽略。

致谢

在研究过程中，青岛市水利局程桂福高级工程师和青岛市环境水文地质站刘建霞高级工程师提供了大量资料，在此表示衷心感谢！

参考文献

郭占荣，黄奕普. 2003. 厦门岛地下水入海通量估算. 水资源研究，24（1）：28 – 29.

焦超颖，邱汉学，刘贯群. 1994. 青岛市大沽河水源地数值模型. 青岛海洋大学学报，24（增刊）：122 – 126.

刘贯群，邱汉学，焦超颖. 1994. 白沙河地下水资源管理模型. 青岛海洋大学学报，24（增刊）：101 – 106.

青岛市水利局，青岛海洋大学，等. 1990. 青岛市水资源供需现状、发展趋势和战略研究(75 – 57 – 02 – 04 – 02).

山东省环境水文地质总站. 1989. 青岛市白沙河 – 城阳河下游地区海水入侵勘查报告. 青岛.

山东省青岛环境水文地质站，青岛市水资源规划办公室. 1986. 青岛市大沽河水源地地下水开采试验动态监测报告，1981 – 1985.

叶玉玲，廖小青，刘贯群. 2006. 国内外地下水入海通量研究现状与趋势. 水文地质工程地质，6：124 – 128.

张权，邱汉学，祝陈坚，等. 2002. 王哥庄湾陆源硝酸盐输送通量研究. 海洋环境科学，21(2)：14 – 18.

朱新军，刘贯群，王淑英，等. 2005. 白沙河流域地下水及营养盐向海湾输送. 中国海洋大学学报，35(1)：67 – 72.

Ballard S. 1996. The in situ permeable flow sensor：A ground-water flow velocity meter. Ground Water, 34(2)：231 – 240.

Bokuniewicz H J. 1980. Groundwater seepage into Great South Bay, New York. Estuarine Coastal Mar Sci, 10：257 – 288.

BuddemeierR W. 1996. Groundwater Discharge in the Coastal Zone：Proceedings of an International Symposium// LOICZ Reports and Studies, No. 8. Texel：LOICZ：179.

BurnettW C, Taniguchi M, Oberdorfer J. 2001. Measurement and significance of the direct discharge of groundwater into the coastal zone. Journal of Sea Research, 46：109 – 116.

Cable J E, Burnett W C, Chanton J P, et al. 1996a. Estimating groundwater discharge into the northeastern Gulf of Mexico using radon – 222. Earth and Planetary Science Letters, 144：591 – 604.

Cable J E, Bugna G C, Burnett W C, et al. 1996b. Application of ^{222}Rn and CH$_4$ for assessment of groundwater discharge to the coastal ocean. Limnology and Oceanography, 41(6): 1347 – 1353.

Cable J E, Burnett W C, Chanton J P, et al. 1997a. Field evaluation of seepage meters in the coastal marine environment. Estuarine, Coastal and Shelf Science, 45: 367 – 375.

Cable J E, Burnett W C, Chanton J P. 1997b. Magnitude and variations of groundwater seepage along a Florida marine shoreline. Biogeochemistry, 38(2): 189 – 205.

Cherkauer D A, Mcbride J M. 1988. A remotely operated seepage meter for use in large lakes and rivers. Ground Water, 26 (2): 165 – 171.

Corbett D R, Chanton J, Burnett W C, et al. 1999. Patterns of groundwater discharge into Florida Bay. Limnology and Oceanography, 44(4): 1045 – 1055.

Corbett D R, Dillon K, Burnett W C. 2000. Tracing groundwater flow on a barrier island in the Northeast Gulf of Mexico. Estuarine, Coastal and Shelf Science, 51: 227 – 242.

Gordeev V V, Dzhamalov R G, Zektser I S, et al. 1999. Assessment of nutrient discharge with river and groundwater flow into marginal seas of the Russian Arctic regions. Vodnye Resursy, 26(2): 206 – 211.

Johannes R E. 1980. The ecological significance of the submarine discharge of groundwater. Marine Ecology Progress Series, 3: 365 – 373.

Krupa S L, Belanger T V, Heck H H, et al. 1998. Krupaseep—The next generation seepage meter. Journal of Coastal Research, SI 26: 210 – 213.

Lapointe B E, O'Connell J D, Garrett G S. 1990. Nutrient couplings between on-site sewage disposal systems, groundwaters and nearshore surface waters of the Florida Keys. Biogeochemistry, 10: 289 – 307.

Lee D R. 1977. A device for measuring Seepage flux in lakes and estuaries. Limnology and Oceangraphy, 22(1): 140 – 147.

MacIntyre S, Kevin M F, Robert J. 1999. Boundary mixing and nutrient fluxes in Mono Lake, California. Limnology and Oceanography, 44(3): 512 – 529.

Matson E A. 1993. Nutrient flux through soils and aquifers to the coastal zone of Guam (Mariana Islands). Limnology and Oceanography, 38(2): 361 – 371.

Millham N P, Howes B L. 1994a. Freshwater flow into a coastal embayment: Groundwater and surface water inputs. Limnology and Oceanography, 39(8): 1928 – 1944.

Millham N P, Howes B L. 1994b. Nutrient balance of a shallow coastal embayment: I. Patterns of groundwater discharge. Marine Ecology Progress Series, 112: 155 – 167.

Moore W S. 1997. High fluxes of radium and barium from the mouth of the Ganges-Brahmaputra River during low river discharge suggest a large groundwater source. Earth and planetary science letters, 150 (1/2): 141 – 150.

Moore W S. 1996. Large groundwater inputs to coastal waters revealed by (226) Ra enrichments. Nature, 380 (6575): 612 – 614.

Paulsen R J, Smith C F, O'Rourke D, et al. 2001. Development and evaluation of an ultrasonic groundwater seepage meter. Ground Water, 39(6): 904 – 911.

Poppe L J, Moffett A M. 1993. Ground water discharge and the related nutrient and trace metal fluxes into Quincy

Bay, Massachusetts. Environmental Monitoring and Assessment, 25(1): 15 – 27.

Qiu H X, Liu D Y, Liu G Q, et al. 1997. Saline water intrusion and its influence in the Laizhou area. Chinese Journal of Oceanology and Limnology, 15 (4): 342 – 349.

Reay W G, Gallagher D L, Simmons G M. 1992. Simmons groundwater discharge and its impact on surface water quality in a Chesapeake Bay inlet. Water Research Bulletin, 28(6): 1121 – 1134.

Simmons G M Jr. 1992. Importance of submarine groundwater discharge (SGWD) and seawater cycling to material flux across sediment/water interfaces in marine environments. Marine Ecology Progress Series, 84: 173 – 184.

Taniguchi M, Fukuo Y. 1993. Continuous measurements of ground-water seepage using an automatic seepage meter. Ground Water, 31(4): 675 – 679.

Working Group 112 of "Magnitude of Submarine Groundwater Discharge and Its Influence on Coastal Oceanographic Processes". 2002. Submarine groundwater discharge assessment intercomparison experiment.

Zektser I S, Loaiciga H A. 1993. Groundwater fluxes in the global hydrologic cycle: past, present and future. J Hydrol, 144: 405 – 427.

第四章
胶州湾沉积环境研究述评

4.1 沉积物来源

从沉积学角度来看,胶州湾是一个现代沉积盆地(图4.1)。它接纳沉积物的"胃口"也许正像它"口袋"似的形状所体现的那样。胶州湾沉积学的控制作用之一是海湾中沉积物的来源和归宿。就百年以上的时间尺度而言,河流无疑是胶州湾沉积物的主要来源(注:目前就黄海是否有泥沙向胶州湾内有净的输送或输送多少尚不清楚)。注入胶州湾的河流有大小几十条,只有其中几条主要的河流在历史上有水文泥沙资料可供参考。曾有几位学者论述过胶州湾的河流来沙量问题。例如,李凡等(1992)指出,大沽河、洋河、白沙河等的年总输沙量约 190×10^4 t,其中大沽河约占1/2。另据李善为(1983),大沽河年输沙量约为 97×10^4 t/a、南胶莱河 27×10^4 t/a、洋河 26×10^4 t/a、墨水河 6×10^4 t/a、白沙河 0.65×10^4 t/a;上述5个数据之和约为 157×10^4 t/a。上述学者提供的资料都未注明资料的年份,但从这些信息可以推测:它们可能出自相近的年代,即20世纪80年代以前。如图4.2所示,胶州湾周边河流中悬沙浓度和输沙量的年际变化十分明显,并在近年呈现出显著的下降趋势。如同世界很多其他的地区一样,由于人类活动的影响,河流的入海泥沙正在减少(Trenhaile,1997)。国内的例子有:黄河近年因"断流"造成的入海泥沙锐减;滦河1984年"引滦工程"后泥沙减少了95%(钱春林,1994);长江20世纪90年代的入海泥沙比80年代降低20%左右。因此,收集胶州湾沿岸河流近几十年入湾泥沙量的变化对于理解海湾中沉积环境近期的演化以及预测未来的演变趋势十分重要。由表4.1可知,近半个世纪以来胶州湾周边的河流输沙量发生了急剧减少的变化。以大沽河为例,1952-1958年平均输沙量为 170×10^4 t/a,1958-1979年减为 71×10^4 t/a(注:根据表4.1中的数据推算),而在1980-1989只剩 0.3×10^4 t/a(即:只有20世纪50年代的0.2%、50-70年代均值的0.4%)。表4.1中即使不包括洋河的资料(注:因缺少后一阶段数据),在20世纪80年代的河流来沙总量只有50-70年代均值的2%。若将表4.1中80年代的河流泥沙总量(即: 2.8×10^4 t)按干容重1.30 g/cm³(数据平均)(刘昌荣和张耆年,1984)计,则在目前的海湾面积(表4.2)情况下,河流来沙(假定:全部沉积在湾内)只能使海湾平均淤高0.056 mm/a。同世界上的大多数河流一样,人类活动是导致胶州湾近几十年河流来沙减少的主要原因。在20世纪50年代(即:开始进行河流输沙量的测量)以前,近万年来胶州湾河流输沙量的变化历史是一个有趣的课题，但目前人们知之甚少。

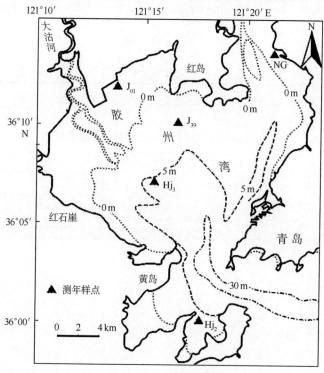

图 4.1　胶州湾示意图

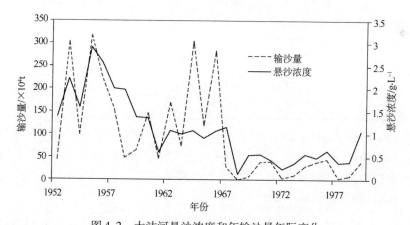

图 4.2　大沽河悬沙浓度和年输沙量年际变化

表 4.1　注入胶州湾的主要河流输沙量及其变化（ ×10⁴t/a）

河流	1979 年以前	1980 – 1989 年
大沽河	170（1952 – 1958）*，95. 92（1952 – 1979）	0. 315
南胶莱河	27. 36（1952 – 1965）	0. 687
洋河	25. 85（1958 – 1965）	—
墨水河	4. 76（1972 – 1979）	0. 587

续表

河流	1979 年以前	1980 - 1989 年
李村河	2.94（1976、1978、1979）	1.110
白沙河	0.51（1960 - 1979）	0.126
总计	157.34	2.825

注：除注明出处外的其他数据均来源于中国海湾志编纂委员会（1993）。＊引自乔彭年等（1994）。

表 4.2　胶州湾水域面积和纳潮量、泄潮量变化

序号	年份	总水域面积/km²	0 m 线水域面积/km²	湾口最大表层流速/m·s⁻¹		泄潮量（平均潮差条件下）/×10⁸ m³	纳潮量（平均潮差条件下）/×10⁸ m³			
				涨潮	落潮		刘学先和李秀亭（1986）	汪亚平（2000）	胡泽建等（2000）	本文算法
1	1863	578.5＊	295＊						13.1	13.1
2	1928	560①	274①＊					12.7		12.7
3	1935	559①,②＊	274①,②	1.8②	1.4②	11.822②	12.7	12.6	12.5	12.7
4	1958	535③	310③							12.9
5	1963	423①,②	264①,②	1.4②	1.2②	10.133②	10.1	10.1		11.4
6	1966	470.3＊	277.7＊						11.0	
7	1977	423③	298③							11.5
8	1980	400①,②	257.8①,②	1.2②	1.14②	9.626②		9.67		11.0
9	1985	374.4②	256②			9.144②			9.65	10.3
10	1988	390①	256①					9.48		10.7
11	1992	388④	303④						9.29	10.7
12	1997				1.48①	12.497⑤				
13	1999				1.3①	10.977⑤				

注：①汪亚平（2000）[水域面积引自刘学先和李秀亭（1986）及郑全安等（1991）]。②刘学先和李秀亭（1986）。③李善为，1983。④赵全基和刘福寿（1993）。⑤本文参考刘学先和李秀亭（1986）方法和汪亚平（2000）实测落潮最大流速计算。＊胡泽建等（2000）明确将总水域面积（早期为平均大潮高潮位面积）作为平均高潮位面积来对待，并换算出相应的平均低潮位面积为 361.2 km²。

除河流供给的泥沙外，海岸和海底侵蚀（例如：湾口区海底有些地方现在基岩裸露或仅有巨砾覆盖，说明原来的松散覆盖层已遭受侵蚀）也是水动力为湾内提供沉积物的源泉。胡泽建等（2000）估计，海崖侵蚀每年可向海湾提供 5 000 m³ 泥沙，据上述干容重数据，折合为 0.65×10^4 t/a（20 世纪 50 - 70 年代河流输沙的 0.7%）。大气降尘是胶州湾不可忽视的沉积物来源之一。正常天气下青岛沿岸平均降尘速率约 0.7 g/(m²·d)，在沙尘暴过境期间可达此值的 3 倍（李安春，1997）。若按上述正常天气降尘速率及目前的海湾面积计算，则每年胶州湾可接受降尘沉积约 10×10^4 t，相当于 20 世纪 80 年代以来入胶州湾河流

输沙率$(2.8 \times 10^4 \, t/a)$的 3.5 倍。当然，胶州湾的实际降尘可能低于此值，因为宽广的湖面远离陆地，没有泥沙风引起的泥沙再悬扬，降尘速率可能明显低于陆地。如果说现在的大气降尘中有一部分是人类活动的贡献，那么人类直接排入胶州湾的垃圾则更加值得重视。近年来，胶州湾每年接受的垃圾有$160 \times 10^4 \, t$以上（中国海湾志编纂委员会，1993），其中大部分是煤渣和工业废渣（国家海洋局第一海洋研究所，1984）。尽管垃圾不一定全部都参与海湾的沉积过程(例如有些是可腐烂的，有些只是堆积成山而未进入海湾水体)，但近年它无疑已成为比河流输沙更重要的固体物质来源，但是大部分的垃圾都是在沿岸堆积。权衡各成因的沉积物来源，不难得出这样的认识，即目前由于人文活动直接或间接向海湾提供的沉积物量已经超过自然过程向海湾提供的沉积物量。由于河流供沙量的减少也主要是由人类活动引起，胶州湾沉积物的来源已在总体上受到人文活动的控制，这种控制作用将决定海湾未来的演变和发展趋势。

4.2 悬沙特征

对胶州湾悬沙粒径研究不多。据对大潮期间在湾口采集的水样的分析（即：CILAS 940 L 型激光粒度仪），悬沙的平均粒径表层为 8.81 $\varPhi$（注：1997 年 9 月 19 日多个样品的集合）、5 m 水深处为 7.19 $\varPhi$ ~ 7.39 $\varPhi$（时间：1999 年 7 月 16 日）、15 m 水深处为 7.29 $\varPhi$；粒度频率分布显示有单峰和双峰两种（汪亚平，2000）。如图 4.3 所示，具有单峰特点样品的粒径峰值出现在 6 $\varPhi$ ~ 7 $\varPhi$，而双峰的两个峰值分别出现在 6 $\varPhi$ ~ 7 $\varPhi$ 和 9 $\varPhi$ ~ 10 $\varPhi$。

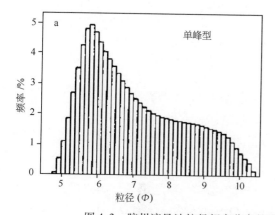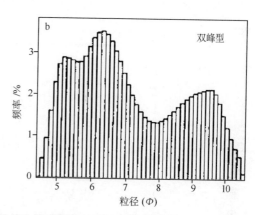

图 4.3　胶州湾悬沙粒径频率分布的两种基本类型［据汪亚平（2000）修改］

胶州湾的悬沙浓度通常很低，只有每升数毫克至十数毫克，比长江口小两个数量级。尽管悬浮颗粒物的含量比较低，它还是显示出一定的时空差异。据 1999 年 7 月 15 日（大潮）在 19 个点的表层取样和同步标定的 2 ~ 4 层浊度计数据，表层和垂向平均的悬沙浓度在湾内都呈现由南向北增大的趋势（图 4.4），与李炎和李京（1999）利用遥感算法得出的趋势一致（汪亚平，2000）。湾口横断面上 ADCP 测量的结果显示，悬沙浓度有自表层向底层增大的趋势(见图4.5)。多年测量资料表明,胶州湾平均悬沙浓度的年际和季节性变化均较明显。冬、春季节风浪较大,再悬浮作用显著,水体中的悬沙浓度较高。夏季较大的陆地径流和短期风暴也可能使从胶州湾西北和北部河流入海区及近岸浅水区悬沙浓度提高。秋季风浪和陆地径流均较小,故悬沙浓度通常较低(汪亚平,2000)。

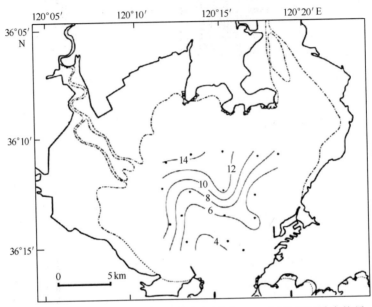

图4.4 胶州湾夏季垂向平均悬沙浓度(单位:mg/L)的空间分布格局

[据汪亚平(2000)修改]

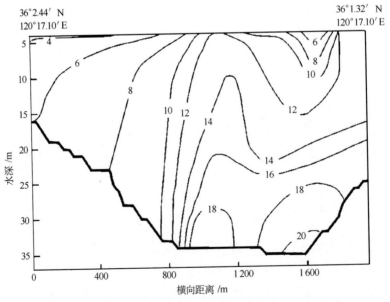

图4.5 胶州湾湾口横断面上悬沙浓度(单位:mg/L)分布

[据 Wang 等(2000)修改]

4.3 湾内外水沙交换

4.3.1 水体交换

（1）纳潮量

纳潮量是由潮位变化引起的海湾或潟湖中水体体积的变化量，即从低潮位到高潮位期间，海湾或潟湖接纳了多少海水。通常意义上的纳潮量是指平均潮差与平均水域面积之乘积。纳潮量的大小直接影响海湾与外海的水交换强度和自净能力。

根据胶州湾潮差（注：平均潮差 2.73 m）和不同时期测图的水域面积，刘学先和李秀亭（1986）计算出了胶州湾的纳潮量，如表 4.2 所示。刘学先和李秀亭（1986）的结果表明，从 1935 年至 1985 年的 50 年中，纳潮量减少了 26%。值得指出的是，刘学先和李秀亭（1986）虽然给出了最大水域面积和 0 m 以下水域面积，但未给出平均高潮位和平均低潮位的水域面积；从表 4.2 中的结果看，作者计算的依据显然是后者。由于在表 4.2 中列出的数据没有给出具体的计算方法，目前难以加以验证。

汪亚平（2000）和胡泽建等（2000）使用的纳潮量计算方法与中国海湾志编纂委员会（1993）基本相同，而且所采用的平均高、低潮位数据也一样。汪亚平（2000）认为，鉴于胶州湾 0 m 以上岸坡主要是潮滩，若假定潮滩为坡度均匀的斜面，则任意潮位时的水域面积 S 与 0 m 水域面积 S_2 之间将存在以下线性关系：

$$S = a_0 h_t + S_2, \tag{4.1}$$

式中，a_0 为系数，h_t 为潮位。将多年平均高潮位 $h_t = 3.80$ m 及其对应的水域面积 S_1 和 0 m 水域面积 S_2 代入式（4.1），可得 a_0；再将求得的 a_0、已知的 0 m 水域面积 S_2 和多年平均低潮位 1.02 m 代入式（4.1）便求得对应于某一潮位的水域面积 S_3。纳潮量 P_m 由下式计算：

$$P_m = h(S_1 + S_3)/2, \tag{4.2}$$

式中，h 为多年平均潮差（2.78 m）。

在应用以上公式进行胶州湾纳潮量计算时，通常将任一时期的总水域面积作为平均高潮位时的水域面积 S_1，将该时期的 0 m 线水域面积作为 S_2，得出 1863 年以来不同年份的纳潮量如表 4.2 所示。

从表 4.2 可知，刘学先和李秀亭（1986）的计算结果与汪亚平（2000）和胡泽建等（2000）的结果非常接近。因此推测，前者的方法可能与后者相同或类似。郑全安等（1992）对 1988 年纳潮量的计算方法也与之相同。需要提及的是，上述学者都没有考虑若海堤建在平均高潮位之下时对纳潮量计算的影响。

由于近几十年来胶州湾的面积（注：指总水域面积，即高潮位水域面积）缩小主要是潮滩的围垦所致（赵全基和刘福寿，1993），而围垦后海堤所在的高程往往低于平均高潮位。在这种情况下，宜对上述公式做适当改进。如图 4.6 所示，假定 A、D 两点位于平均高潮位，B、C 两点位于 0 m 位置，AB 和 DC 代表潮滩斜面；同时假定 AD、BC 和 GH 分别代表平均高潮位、0 m 和平均低潮位的水域面积 S_{MHW}、S_{0m} 和 S_{MLW}（注：此处假设图中梯形是海湾截面）；再令 h 代表平均潮差，L_{MHW}、L_{MLW} 和 L_W 分别代表平均高潮位、平均低潮位和任意潮位。在上述假定情况下，当没有海堤出现或者海堤位于平均高潮位之上的情况下，这时汪亚平公式完全适用，得：

$$S_W = KL_W + S_{0m}, \tag{4.1)$'}$$

$$V = h(S_{MHW} + S_{MLW})/2, \tag{4.2)$'}$$

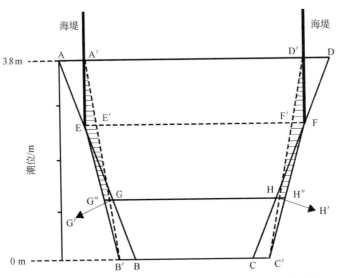

图 4.6   部分潮间带被围垦后海湾纳潮量计算的示意图

式中，S_W 为任意潮位 L_W 所对应的水域面积，V 为纳潮量。但是，当围堤的高程出现在低于平均高潮位的 E、F 点而 0 m 位置出现在 B′和 C′（即：0 m 水域面积发生了变化）时，纳潮量的合理算法应该是矩形 A′EFD′所代表的纳潮量和梯形 EG″H″F 所代表的纳潮量两者之和，而不是梯形 A′G′H′D′所代表的纳潮量［即：上述汪亚平（2000）和胡泽建等（2000）的算法］。前一种方法比后一种方法多出图中阴影部分所代表的纳潮量。改进后的方法表达如下：

$$V = V_{矩形} + V_{梯形} = [L_{MHW} - (S_W - S_{0m})L_{MHW}/(S_{MHW} - S_{0m})]S_W + \{L_{MLW}(S_{MHW} - S_{0m}) \times$$

$$(S_W - S_{0m'})/[L_{MHW}(S_W - S_{0m})] + S_{0m'} + S_W\}[L_{MHW}(S_W - S_{0m})/$$

$$(S_{MHW} - S_{0m}) - L_{MLW}]/2, \tag{4.3}$$

式中，$S_{0m'}$ 代表变化后的 0 m 水域面积，S_W 为围垦后的平均高潮位水域面积（注：由于围堤位置低于平均高潮位，围垦后的平均高潮位水域面积小于围垦前）。取平均低潮位 $L_{MLW} = 1.02$ m，平均高潮位 $L_{MHW} = 3.8$ m［注：大港站的观测资料（国家海洋局第一海洋研究所，1984）］。参考汪亚平（2000）做法，将最早的 1928 年总水域面积 560 km² 作为原始平均高潮位水域面积 S_{MHW}；再将 1928 年的 0 m 线水域面积 274 km² 作为原始的 0 m 线水域面积 S_{0m}，则式（4.3）可简化为：

$$V = [3.8 - (S_W - 2.74 \times 10^8) \times 1.328\ 7 \times 10^{-8}] \times S_W + \{2.917\ 2 \times 10^8 (S_W - S_{0\ m'}) \div$$

$$[3.8 \times (S_W - 2.74 \times 10^8)] + S_{0\ m'} + S_W\} \times 0.5\ [3.8(S_W - 2.74 \times 10^8) \div 2.86 \times 10^8 - 1.02],$$

式中，单位为 m²。表4.2中列出了根据式（4.3）算出的从1863年至1992年的纳潮量变化。可见，自20世纪60年代以来，改进后的方法获得的纳潮量比刘学先和李秀亭（1986）、汪亚平（2000）和胡泽建等（2000）的计算结果大13%～14%。

需要指出的是，当潮间带全部被围垦后，若不考虑0 m水域面积的变化，则式（4.3）和汪亚平公式在图4.6中都将表现为矩形（注：水位将在直墙上做升降变化）所代表的纳潮量，两者的计算结果将完全相同。如前所述，潮间带未经围垦时，两种方法的结果也将相同。只有在潮间带被部分围垦时，式（4.3）的结果才比汪亚平（2000）方法的结果大；当围堤在中潮位附近时，两者差值将最大。

有一点值得进一步探讨：即在表4.2中所列出的早期（例如：1863、1928、1935年）的总水域面积是否能代表平均高潮位水域面积？郑全安等（1992）用遥感方法计算出的1988年390 km²明确指出是平均高潮位水域面积。这就存在一种矛盾：即要么郑全安等（1992）算出的平均高潮位面积是海堤影响下的面积，由此纳潮量的算法应采用式（4.3），或者早期的总水域面积大于平均高潮位面积，或两者兼而有之。胡泽建等（2000）则明确表示将图中的岸线所围面积（即：早期为平均大潮高潮位面积）用来代替平均高潮位面积。由于典型的潮间带剖面呈倒"S"形，在不受围垦或围垦强度很低的情况下，平均高潮位以上的部分可能有很大宽度。如果表4.2中早期的总水域面积对应的潮位高于平均高潮位，则用前者来代替后者算出的纳潮量将会偏大。有资料表明：1949年以前围垦对胶州湾总水域面积的影响不大（刘学先和李秀亭，1986；印萍和路应贤，2000）。这一点在表4.2中也有所显示。因此，表4.2中50年代以前的纳潮量（即：上述4家的计算结果）都可能偏大。由表4.2中胡泽建等（2000）的计算结果可知，1863年以来的纳潮量减少29%左右；本章算法改进后计算出的同期纳潮量减少为18%。实际上，这两个值都可能偏大，原因是表4.2中早期的总水域面积为大潮高潮位而不是平均高潮位的水域面积。鉴于此，近百年来胶州湾纳潮量（注：指平均潮差条件下的纳潮量）的减少可能只有10%，而不是印象中的30%；尽管总水域面积（即：最大水域面积）减少了30%以上。不过，大潮期间的湾内外水体交换能力的减少比例要比平均潮差条件下的纳潮量减少比例大，粗略估计为20%左右。

平均潮差条件下的纳潮量是海湾同外海之间的水、沙交换的最基本参数，它能够帮助认识常态下的水、沙交换问题。但是，认识非常态的水沙交换是必要的。例如，50年一遇的风暴在胶州湾可引起1 m的增水和1.3 m的减水；历史记录的最高潮位比平均高潮位高1.56 m，最低潮位比平均低潮位低1.72 m，最大潮差比平均潮差大1.97 m（注：大港站的观测资料）（国家海洋局第一海洋研究所，1984）。由于水体中的含沙量与流速和波高的高次方成正比，风暴潮期间的湾内外泥沙交换将比正常天气强得多。但就这方面目前缺乏深入地研究。

（2）泄潮量

刘学先和李秀亭（1986）根据湾口团岛—薛家岛断面的过水面积多年不变的情况，利用实测的断面时（大、小潮）、空（横向 4 个测点上表、中、底）平均落潮流速与湾口中部表层落潮最大流速的关系以及不同时期测图上标出的湾口最大落潮流速，计算出不同时期的单个潮周期泄潮量（刘学先和李秀亭，1986）。从上述大、小潮观测的平均状态的出发点可知，这里的纳潮量是指平均潮差状况而言。理论上，泄潮量的两个主要影响因子是纳潮量和径流量（注：海湾水面蒸发与降水的差值以及沿岸人类的抽排水活动在海湾水量的平衡中处于更加次要的地位），即泄潮量基本上等于纳潮量和入湾径流量之和。到目前为止，人们对进入胶州湾的径流量缺乏系统的研究。就多年平均状况而言，入胶州湾的径流量与纳潮量相比是微乎其微的。根据对 20 世纪 50 年代至 70 年代末期间的大沽河、南胶莱河、洋河、白沙河、墨水河、李村河等 6 条主要河流多年平均含沙量和输沙量（国家海洋局第一海洋研究所，1984）资料的换算，进入胶州湾的年径流总量为 12.6×10^8 m^3，仅相当于一个潮周期进入胶州湾的海水量。换句话说，平均而言，一个潮周期的径流量只有纳潮量的 $1.5 \times 10^{-3} \sim 2 \times 10^{-3}$ 左右。尽管这些河流径流量的年际和季节性变化明显，例如以大沽河为例，1964 年的径流量相当于多年平均径流量的 3.9 倍、而 7 月径流量为各月平均值的3.4 倍，短时期的径流量/纳潮量之比估计也难以超过 5%。根据上述数据粗略估算，在特大洪水年的最大洪水月，一个潮周期的径流量也可能只达纳潮量的 2% ~3%；若再迭加特大暴雨，则个别潮周期的入湾淡水量有可能只接近纳潮量的 5% 左右。这些结果表明，在计算纳潮量和泄潮量时，两者应基本相符。从这个意义上说，表 4.2 中 20 世纪 50 年代以前的纳潮量都可能偏大，原因如前所述，那时的平均高潮位水域面积可能明显小于总水域面积。不过，表 4.2 中泄潮量的计算结果仍可能存在一定误差，原因是不同时期的图上标出的最大流速的位置有所变化，亦即在纵向上的位置不同、横断面积就可能发生变化，而所谓的"最大流速"也不一定具有代表性。例如，汪亚平（2000）用 ADCP 观测的 30 s 平均最大落潮流速在 1997 年 9 月 19 日为 1.48 m/s，而在 1999 年 7 月 16 日为 1.3 m/s（汪亚平，2000）。尽管如此，表 4.2 中列出的纳（泄）潮量还是具有一定的参考价值。

（3）交换时间

根据胡泽建等（2000）的计算，胶州湾在 1992 年处于 0 m 以下和 −2 m 以下的体积分别为 1.94×10^9 m^3 和 1.49×10^9 m^3。假定 −2 m 以上至平均低潮位之间的海底坡度是均匀的，则可结合用外延法和等价圆法（郑全安等，1992）的几何原理推算出 0 m 至平均低潮位（即：1.02 m）之间的海湾体积为 0.29×10^9 m^3 左右，与考虑在 0 ~2 m 的体积（即：0.45×10^9 m^3）和平均高、低潮位之间的体积（即：表 4.2 中的纳潮量）间进行内插的结果近似。由此得之，平均低潮位以下的体积约为 2.23×10^9 m^3。结合表 4.2 中的纳潮量可知，平均潮差条件下海湾的进潮量相当于进潮量与原水体体积总和的 32% 左右。假定涨潮水体进入海湾后发生充分交换，则第一个潮周期进入海湾的海水约有 32% 随落潮退出海湾，另 68% 留在湾中；在随后而来的第 2 个落潮中，第一次进入海湾的海水将有 32% ×68% =21.76% 退出胶州湾。依次类推：第 1 次进入海湾的水体将有 32% ×（1 −32% −21.76%）=14.8% 在第 3 个落潮中退出胶州湾。由此可算得，涨潮进入胶州湾的海水约有一半在两个潮周期（即：大约一天）之内退出海湾，约98%将在10个潮周期（即：大约5.2 d）内退出胶州湾。理论上，径流的加入会使入湾海水的交换时间缩短，但由于胶州湾径流（注：这里指在一个潮周期中进入海湾的淡水）一般都不超过纳潮量的5%，故其影响较小。

4.3.2 泥沙交换

胶州湾与外海之间的泥沙交换是一个重要的学术问题，对它的探讨不仅有助于深入了解海湾的冲淤历史和预测沉积环境在未来的变化，也关系到对进入海湾的生源要素迁移的认识程度，因为泥沙是生源要素的重要载体。

对胶州湾与黄海之间的泥沙交换问题目前大体上有以下几种观点：

（1）净输入

王文海等（1982）认为，由于胶州湾湾口的流速大于湾内流速、涨潮流速大于落潮流速，因此沉积物从湾外向湾内净输移。然而，胶州湾口的实测流速不仅大于湾内，也大于湾外，似难据此判断沉积物的输移方向。此外，虽然涨潮流速大于落潮流速，但由于涨落潮阶段含沙量都很低，水体处于未饱和状态，因而未必会出现带入海湾的泥沙不能全部被再带出海湾的情况。

（2）净输出

由于胶州湾水域面积处于平衡状态，说明河流注入海湾的泥沙被落潮流全部带到湾口以外（刘学先和李秀亭，1986）。这一观点也值得商榷。所谓"1935年以前海湾水域面积处于平衡状态"是相对的，其含义可能是指19世纪中期第一张海图测量至1935年的几十年中海湾水域没有明显的变化。但是，没有"明显"变化并不等于没有变化。根据不同时间尺度的测定结果，自全新世海侵海湾被淹没以来，总体上胶州湾是处于持续淤积的状态，湾内淤积的泥沙至少有部分来自于周边的河流。因为，若湾外来沙能在湾内沉积，则河流入湾的泥沙没有理由不在湾中沉积。

（3）不交换或弱交换

赵全基和刘福寿（1993）认为，胶州湾内流速很小，且落潮流速小于涨潮流速，故湾内的沉积物很难排出海湾。中国海湾志编纂委员会（1993）指出，胶州湾流速湾口大、湾内小、岸边更小，这种流场的基本模式决定了河流进入海湾的泥沙不能长距离运移；河流注入的泥沙主要沉积在海湾的西北部，对东南部和湾口基本没有影响，更不可能输出湾外；大沽河、南胶莱河和洋河等的来沙在一个潮周期中只能向湾中搬运2~3 km，因而也不可能被输送到外湾和外海（中国海湾志编纂委员会，1993）。无疑，这一观点对一个潮周期是适用的。但它似乎忽视了余流在悬浮泥沙输运过程中的作用。在总体上，河流入湾的水质点虽随潮涨潮落作往复运动。但是，由于径流的加入，在一个潮周期中会有一个指向湾外的净位移，它可能导致悬浮质点最终流出海湾。虽然悬浮泥沙颗粒中的大部分（注：特别是较粗颗粒的组分）可能在转流阶段沉降下来，但也不排斥某些细颗粒随水漂出海湾。在风暴天气下，沿岸浅水区底部的沉积物还可能被掀起而带出海湾。在某一时期，湾内外的泥沙交换是净向湾内输送还是相反，很大程度上取决于湾内、外的悬沙浓度对比。胡泽建等(2000)于1999年5月在胶州湾口的连续取样分析表明，涨、落潮悬沙浓度几乎相等，从而得出目前湾内外泥沙交换不明显的结论。不过，这也许只能代表正常天气的情况，在风暴天气和洪水季节进行类似的观测将是十分有意义的。此外，汪亚平(2000)发现，由于胶州湾口海底基岩的大面积暴露，尤其口门中央几乎没有任何沉积物覆盖，故以底移质形式进出海湾的沉积物可能没有或很少。

(4)时进时出

汪亚平(2000)认为，悬沙可能随涨潮流入胶州湾，一部分在流速减小时沉降在湾内，成为胶州湾沉积物的一部分；落潮时又有泥沙被掀起，随流带出湾外。上述观点基本上是基于理论上的推导，缺乏实测资料的支持。汪亚平等(2000)根据底床沉积物的粒径趋势分析得出的沉积物输移方向虽然在局部区域中一致性较好，但就整个海湾而言，似难判断沉积物究竟是净向湾外输出还是相反。此外，汪亚平(2000)根据1999年7月16日(注：普通大潮)在湾口用ADCP测量获得的流速和悬沙浓度剖面，算得涨落潮阶段的悬沙通量分别为 5.550×10^3 t 和 7.730×10^3 t(注：P_2断面)及 4.938×10^3 t 和 7.321×10^3 t(注：P_3断面)，表明一个潮周期净向湾外输出 $2.18 \times 10^3 \sim 2.38 \times 10^3$ t 悬沙；而他根据1997年9月19日在该地区测量算出的涨潮阶段悬沙输运量高达 $25.876 \times 10^3 \sim 39.422 \times 10^3$ t，比1999年的值高4~7倍(注：未获得落潮时段悬沙输运量)。若以1年365 d计算，全年约有706个半日潮。若以其中的1/4作为大潮，1/4作为小潮，1/2作为寻常潮，则一年有约176.5个大潮。按上述1999年7月16日的观测结果计算，仅全年的大潮就有 $385 \times 10^3 \sim 420 \times 10^3$ t 悬沙输出湾外，若再考虑占时间3/4的中、小潮，则全年输出的悬沙量可能翻倍(例如：考虑到随着中、小潮流速和悬沙浓度的减小，悬沙通量会明显下降)。每年数十万吨泥沙输出湾外是可信的。虽然自20世纪80年代以来河流供给胶州湾的泥沙每年只有 $2 \times 10^4 \sim 3 \times 10^4$ t，但沿岸垃圾和风尘提供了比河流来沙更可观的沉积物来源。

胶州湾内外的泥沙交换是一个复杂的课题。若要更深入地了解这一问题，对短期过程而言，需要像汪亚平(2000)那样在湾口设控制断面，不仅进行从大潮到小潮或者从小潮到大潮期间的全潮流速 - 含沙量观测与计算，还需考虑不同风浪条件和不同的降水条件(例如：夏季海湾降水多，沿岸注入径流多，泄潮量较大；冬季则相反)。对长期过程而言，需进行海湾冲淤量和泥沙来量的平衡计算。根据胡泽建等(2000)的结果推算，1863 - 1966的103年中，胶州湾海底(注：0 m以下范围)的自然淤积量为 1.5×10^8 m³，相当于 160×10^4 t/a(注：沉积物体积质量按1.3 g/cm³计)。此值正好相当于1966年及其以前大沽河的入湾泥沙量(见图4.2)。由于大沽河输沙量仅占入胶州湾河流输沙总量的2/3左右(表4.1)，此期间应还有其他的河流来沙沉积在潮滩上或输出湾外。潮滩面积占胶州湾总面积的比例从1863年的49%减少为1992年的22%。据此估计，1863 - 1966年间的陆源来沙大致与海湾的沉积量相当，即此期间湾外没有明显的向湾内的净输沙。

4.4 沉积速率

王文海等（1982）根据 20 世纪 50 – 70 年代入胶州湾河流的输沙率（即：158.8 × 10^4 t/a）并取泥沙体积质量为 2.6 t/m³ 和海湾面积为 423 km²，估算出沉积速率为 1.4 mm/a。这里有两点值得商榷：一是泥沙体积质量为取 2.6 t/m³ 可能太高。组成沉积物的最主要矿物的体积质量为（即：specific gravity，指单颗矿物的体积质量为）石英（quart）为 2.65 t/m³、正长石（alkali feldspar）为 2.5 ~ 2.6 t/m³、斜长石（plagioclase feldspar）为 2.6 ~ 2.7 t/m³（Chernocoff and Venkatakrishnan，1995），胶州湾黏土矿物体积质量为 2.7 ~ 2.75 t/m³。通常所指的沉积物都是多颗粒矿物的集合，其体积质量为包括孔隙在内的沉积物的集合比重（bulk density），又称容重，而不是矿物颗粒的实体（solid）体积质量为。沉积物的孔隙度（porosity）变化范围较大，从小于 40% 到大于 60% 都有（Trenhaile，1997；王宝灿和黄仰松，1988）。胶州湾沉积物的孔隙度变化为 37% ~ 72%，平均为 52% 左右；这导致胶州湾沉积物的干容重变化为 0.75 ~ 1.71 g/cm³，平均为 1.30 g/cm（刘昌荣和张耆年，1984）。若沉积物集合比重取 1.56 t/m³（即：相当于矿物体积质量为 2.6 t/m³，孔隙度 40%），则在上述河流输沙率和海湾面积的条件下，可求得沉积速率为 2.9 mm/a。其次，以上算法假定河流来沙全部沉积在海湾中而且不考虑湾外是否有泥沙净向湾内输送，即上述的"不交换"观点。

^{210}Pb 的测年结果表明，J$_{01}$ 站（注：位置见图 4.1，下同）和 NG 站的沉积速率分别为 5.1 mm/a（1900 – 1960 年）至 8.9 mm/a（1960 – 1980 年）和 2.0 mm/a（1870 – 1960 年）至 3.3 mm/a（1960 – 1990 年）（边淑华，1999：引自汪亚平，2000）；J$_{39}$ 为 7.43 mm/a（1932 – 1989 年）（汪亚平，2000）。J$_{01}$ 站和 NG 站分别位于大沽河和女沽河河口附近的潮滩，J$_{39}$ 位于海湾中部。虽然上述沉积速率存在一定的时空差异，但基本上属于同一量级（即：每年几毫米）。但需说明的是，以上样品都取自淤积区。实际上，百余年来，在胶州湾中有些地方是侵蚀的（图 4.7）。

郑全安等（1992）根据 1915、

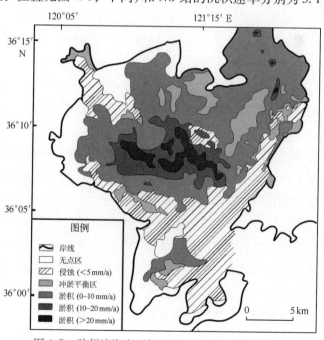

图 4.7　胶州湾海底百年（1853 – 1966）冲淤分布

［据胡泽建等（2000）修改］

1963 和 1988 年 0 m 水域面积(分别为 274 km^2、264 km^2 和257 km^2)(1988 年数据是根据 0.6 m 潮位时的卫片面积换算),利用几何法推算出前、后两时段的平均沉积速率分别为 5.2 和 14 mm/a。不过,严格地说,这只能代表 0 m 位置的沉积速率,只有当整个海湾发生均匀沉积时,它才能作为"海湾"的沉积速率来对待。

王文海等(1982)借助沉积物岩心的 ^{14}C 测年获得最近 1 万年左右湾中沉积速率为 0.7 mm/a(注:Hj$_2$ 钻孔)至 0.9 mm/a(注:Hj$_3$ 钻孔)。胡泽建等(2000)根据 J$_{01}$ 钻孔和编汇的其他多家作者的 ^{14}C 测年数据表明,胶州湾内不同地点在千年至万年尺度的平均沉积速率为 0.12 ~ 1.25 mm/a。Hj$_2$ 钻孔位于海湾中部,具有较强的代表性。若沉积速率以该点的 0.7 mm/a 计,面积以 707 km^2(胡泽建等,2000:约 6 000 年前的胶州湾面积)计,沉积物干容重以上述 1.3 g/cm^3 计,则最近 1 万年来胶州湾的年平均淤积量为 64 × 10^4 t。可见,历史时期进入胶州湾的河流输沙量明显低于 20 世纪 50、60 年代、但高于 20 世纪 80 年代以来的水平。

胡泽建等(2000)根据 1863、1966、1985、1992 和 1999 年的地形图,进行了各阶段的冲淤计算,结果表明:冲、淤性质和速率存在明显的时空差异。1863 – 1966 年间 0 m 以下海底净淤积 1.5 × 10^8 m^3,换算为平均淤积速率 5.2 mm/a。图 4.7 是 1863 – 1966 年的百年冲淤分布,反映冲淤速率的空间差异;湾中部的沉积速率最大可超过 20 mm/a,而湾南部则属于净冲刷。1966 – 1992 年间,海底净侵蚀约 0.4 × 10^8 m^3,合海底平均侵蚀速率 6.3 mm/a。这一方面是由于河流来沙急剧减少(见图 4.2 和表 4.1),另一方面是由于修建环海公路海底大量挖沙。

可见,胶州湾沉积过程是十分复杂的。空间上有此冲彼淤的特点,时间上有时冲时淤的现象。这就造成了上述不同地点、不同时段,以及不同方法的测量结果的差异,相差可达 1 ~ 2 个数量级。以上诸种沉积速率的测量和计算方法各有优点和不足。^{14}C 测年法具有长时间尺度的优势,可帮助我们了解全新世海侵以来沉积环境变化的总的结果。但它不适用于研究离我们最近的这段历史的变化;而且由于测试昂贵只能为我们提供个别点的资料,使我们无法了解海湾沉积历史的全貌。^{210}Pb 测年法在时间上与 ^{14}C 法有互补性,但同样受到测量点的局限。地形资料对比法可提供冲淤变化的空间全貌,但只能限于有测图以来的一百多年。沉积物收支平衡法在理论上是严密的,但要做到对"收"和"支"的精确了解是困难的。

尽管以上得出沉积速率千差万别,但它们从不同侧面和角度为我们提供了认识胶州湾沉积速率的第一手资料。从中可归纳出以下几点:(1)自全新世形成以来的几千年中,海湾的整体淤积速率小于 1 mm/a;内湾中部和河口淤积速率较其他地方大。(2)20 世纪 80 年代以前的百余年中,总体沉积速率明显大于近几千年来的平均值,反映流域土地开垦强度的增加使进入海湾的泥沙增多。(3)1985 – 1992 年,由于河流来沙锐减和人工采沙(平均每年采沙 357 × 10^4 m^3)用于环湾高速公路修建(胡泽建等,2000),海湾泥沙严重亏损,出现强烈"侵蚀"。(4)1992 年以来,由于河流供沙显著地减少,海湾总体上处于冲淤平衡状态(胡泽建等，2000)。(5)综上所述，河流供沙是胶州湾沉积物收支平衡(budget)的控制因子。由此可推论，历史时期胶州湾生源要素(注：至少与沉积物搬运有关部分)的供应主要来自河流，虽然近年来由于河流水沙的减少和沿岸污染物排放的增多，河流的贡献可能退居其次。

4.5　底质沉积物特征和运动方向

4.5.1　沉积物特征

(1)粒度

胶州湾沉积物粒度组成复杂，既有砾石、砂砾－砾砂、粗砂、砂、细砂、黏土粉砂质砂、粉沙黏土质砂，也有砂黏土质粉砂、黏土质粉砂、粉砂质黏土。不过，粉砂和黏土类沉积物覆盖了海湾大部分面积(国家海洋局第一海洋研究所，1984；汪亚平，2000；王文海等，1982)。图4.8为中值粒径等值线的分布，反映沉积物有从湾口向北和从岸边(西北部潮滩无样品)向湾中央变细的趋势。矿物组成：石英、钾长石和斜长石是胶州湾的主要矿物组分，占沉积物总重量的65%~85%。黏土矿物中伊利石占60%左右，高岭石、绿泥石和蒙脱石含量相差不大。目前在沉积物中已发现重矿物35种，平均而言，重矿物占沉积物总重量的2.5%。重矿分区特点受海湾周边岩石类型控制。

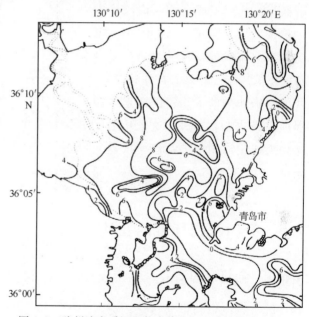

图4.8　胶州湾底质沉积物中值粒径(Φ)等值线分布
(据中国海湾志编纂委员会(1993)修改)

重矿物中平均含量最高的三类矿物分别是绿帘石(39%)、角闪石(33%)和金属矿物(19%)(国家海洋局第一海洋研究所，1984)。

(2)化学要素含量和污染指标

沉积物中pH值平均为7.66，最大值(9.51)出现在石油化工厂附近海域，最小值(7.16)出现在海泊河口；Eh值平均为-41 mV，最大(184 mV)和最小(-216 mV)值分别出现在西大洋南侧海域和小港之内；有机质含量平均为2.45%，最大(12.48%)和最小(0.56%)值分别出现在小港和西大洋南侧海域；硫化物平均含量为11×10^{-6}，最大(359.1×10^{-6})和最小(2.2×10^{-6})值分别出现在板桥房河口和黄岛以北；石油平均含量为

273×10^{-6}，最高（$1 763.8 \times 10^{-6}$）和最低（5.48×10^{-6}）含量分别出现在小港内和沧口水道以西海域。表层沉积物的放射性同位素测量显示，^{137}Cs 的含量较高（李培泉等，1986）。除总铬外，其他类型的污染物（例如：铜、铅、镉、总汞、有机质、硫化物和油类）在工业和城市化的青岛沿岸海区表层沉积物中均出现超标（曹钦臣和俞旭，1985；胶州湾环境综合调查与研究组，1992）。

4.5.2　沉积物迁移方向

汪亚平等（2000）应用 Gao-Collins 粒径趋势分析模型（Gao and Collins，1992）获得了胶州湾及其邻近海域沉积物的净搬运方向（图 4.9）。在内湾，沉积物自北部的河口向南搬运，从内湾湾口向北搬运，从而形成沉积物向湾中央会聚的格局，反映海湾的沉积一部分来自河流输沙，另一部分来自湾口峡道的冲刷。此外，在外湾口门，不能明确地判断沉积物的搬运方向是指向口内还是口外，这也从另一个角度说明湾内外的泥沙交换是复杂的。

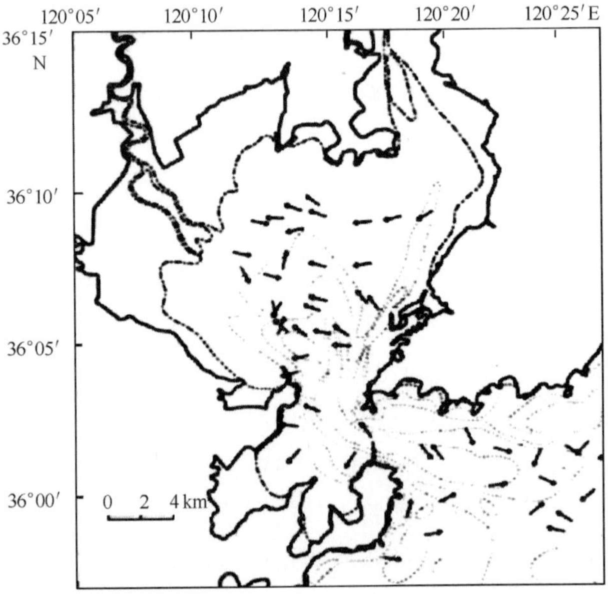

图 4.9　胶州湾及其邻近海域的沉积物运移趋势

[据王亚平等（2000）修改]

4.6　海湾沉积环境的变迁

4.6.1　全新世的演变

胶州湾在全新世海侵之前是一个断裂"荟集"的构造盆地（李善为，1983）。大约 11 000 年前，上涨的海水开始从黄海进入胶州湾（李善为，1983；韩有松和孟广兰，1984），宣告现代胶州湾的发育开始。自那时起，海湾经历过几个重要阶段：（1）距今 11 000 ~ 8 000 年的海平面迅速上升时期（即：从大约 −35 m 上升到现代海平面附近）（韩有松和孟广兰，1984），胶州湾面积在该时段呈不断扩大之势。（2）距今 6 000 年前后的"高海面"阶段。当时的温度比现在高 0.5 ~ 2.5℃，降雨量比现在多 100 ~ 200 mm，海平面比现在高 2 ~ 3 m。胶州湾面积在这一阶段达到最大（注：岸线到达兰村附近）。（3）距今 5 000 ~ 2 500 年的海平面回落期（注：其间温度有所下降，海湾面积有所缩小）。（4）距今 2 500 年时，胶州湾已接近现代面貌（李善为，1983；韩有松和孟广兰，1984）。在海平面迅速变化过程中，海湾面积变化的原因主要是水位的升降而不是泥沙的堆积。

4.6.2 近期变化

从表4.2可知：1863年以来的140年中胶州湾的总水域面积缩小了约1/3；相比之下，0 m水域面积变化不大。从后者可推知，总水域面积减小的根本原因是人类的围垦而不是自然淤积。若主要原因是自然淤涨，则0 m水域面积会等比例缩小。人类的围垦主要发生在新中国成立后的40～50年中。如表4.2所示：1863 - 1958的近百年中（包括：从1949 - 1958年的近10年），海湾面积仅减少43.5 km²，占原有面积的7.5%。而在1958 - 1988年的30年中，海湾面积就减少了约145 km²。后一时期面积减少速率（4.83 km²/a）是前一时期的10.5倍。总水域面积减少的绝大部分是潮间带损失。新中国成立后，胶州湾经历了20世纪50年代的盐田建设、70年代前后的围湾造地以及80年代以来的养殖池塘、港口、公路和工厂建设等几次围垦高潮。虽然河流、某些岸段的侵蚀、湾口海底的冲刷和城市垃圾等为湾内提供了一定的沉积物来源（印萍和路应贤，2000），但它们提供的泥沙数量是有限的，不足以使海湾因淤积而迅速缩小。即使入湾的总泥沙量以190×10⁴ t/a（李凡等，1992）计，海湾平均水深以7 m计（中国海湾志编纂委员会，1993；韩有松和孟广兰，1984），沉积物容重（注：不同类型沉积物的干容重变化为1.03～1.52 g/cm³，平均1.3 g/cm³）（刘昌荣和张耆年，1984）以1.30 g/cm³计，则海湾面积因淤涨而缩小的速率只有0.21 km²/a左右，仅占海湾面积实际减小速率的6%～8%。海湾0 m以下面积基本保持不变即是自然淤积速率低的证明。

4.7 今后海湾的发育趋势

如前所述，人类活动是胶州湾百余年来演变，特别是面积缩小的控制因子。无疑，在今后百年尺度的演变中，人类仍将是胶州湾命运的主宰者。

从自然的角度看，海湾今后演变的影响因子有海平面相对变化、海湾内沉积物来源和海湾内外的泥沙交换。大量研究表明：全球海平面在过去的100年中上升了10～20 cm（注：在此期间中国沿岸上升了14 cm）并将在21世纪上升0.5～1 m（Carter，1988；Wray et al.，1993；Bird，1996）。因此，在讨论海岸的现代中、长期演变趋势时，通常不能忽视海平面的上升趋势。虽然胶州湾构造背景较复杂，致使1952 - 1988年37年的潮位监测资料尚未显示可以确认的海平面上升或下降趋势（中国海湾志编纂委员会，1993）。但正是这样的背景可能使胶州湾的区域海平面在全球海平面加速上升时出现一定的上升势头。假定在上述37年中，构造抬升抵消了5 cm的海平面上升量（相当于1.35 mm/a），那么在全球海平面100年上升50 cm（5 mm/a）的条件下，胶州湾在21世纪的相对海平面将有36.5 cm的上升量。据地形图估算：大沽河口向南至 -10 m等深线之间的坡度约为1%，即海平面上升36.5 cm即相当于等深线向岸移动365 m。

从20世纪80年代以来，进入胶州湾的河流泥沙急剧下降（即：减少98%）。其根本原因无疑是上游筑坝、调水和河道取沙等人类活动。大量资料表明：目前从黄海净输入胶州湾的泥沙，即使有，也是微不足道的。虽然从统计资料看，人为输沙（例如：垃圾中可作为沉积物堆积下来的部分）已远远超过了现有的自然来沙量，但它尚不足以补偿河流输沙的损失。据上述数据估算，今后自然和人为两种来源的泥沙加在一起，海湾的平均沉积速率可能仍小于 $2 \sim 3$ mm/a，即小于区域海平面在 21 世纪的可能上升速率。

以上分析表明，若人类控制围垦，21 世纪的胶州湾将在面积和平均水深上基本保持目前的状况。人类对胶州湾泥沙量收支的控制有可能使它进入有史以来淤积速率最低的时期。若人类在岸线利用和污染物排放方面控制得当，则胶州湾将永远不失为一个自然环境优良的海湾。

参考文献

边淑华. 1999. 胶州湾环境演变与冲淤变化. 青岛：国家海洋局第一海洋研究所.

国家海洋局第一海洋研究所. 1984. 胶州湾自然环境. 北京：海洋出版社.

韩有松，孟广兰. 1984. 胶州湾地区全新世海侵及其海平面变化. 科学通报（20）：1255 - 1258.

胡泽建，边淑华，赵可光，等. 2000. 半封闭海湾淤积灾害预测关键技术研究——以胶州湾为例. 国家九五攻关(96 - 922 - 03 - 01)专题研究报告之一. 青岛：国家海洋局第一海洋研究所.

胶州湾环境综合调查与研究组. 1992. 胶州湾环境综合调查与研究. 海洋通报，11(3)：1 - 77.

李安春. 1997. 青岛地区一次浮沉的来源及向海输尘强度. 科学通报，42(18)：1900 - 1992.

李凡，张铭汉，宋怀龙. 1992. 沉积环境//刘瑞玉. 胶州湾生态学和生物资源. 北京：科学出版社：4 - 19.

李善为. 1983. 从海湾沉积物特征看胶州湾的形成演变. 海洋学报，5(3)：328 - 339.

李炎，李京. 1999. 基于海面 - 遥感器光谱反射率斜率传递现象的悬浮泥沙遥感算法. 科学通报，44(17).

刘昌荣，张耆年. 1984. 胶州湾东北部沉积物的工程地质特征的初步研究. 黄渤海海洋，2(1)：44 - 53.

刘学先，李秀亭. 1986. 胶州湾寿命初探. 海岸工程，5(3)：25 - 30.

乔彭年，周志德，张虎男. 1994. 中国河口演变概论. 北京：科学出版社.

钱春林. 1994. 引滦工程对滦河三角洲的影响. 地理学报，1994，49(2)：158 - 166.

王宝灿，黄仰松. 1988. 海岸动力地貌. 上海：华东师范大学出版社.

汪亚平. 2000. 胶州湾及邻近海区沉积动力学(博士论文). 青岛：中国科学院 海洋研究所.

汪亚平，高抒，贾建军. 2000. 胶州湾及邻近海域沉积物分布特征和运移趋势. 地理学报，55(4)：449 - 458.

王文海，王润玉，张书欣. 1982. 胶州湾的泥沙来源及其自然沉积速率. 海岸工程，1：83 - 90.

印萍，路应贤. 2000. 胶州湾的环境演变及可持续利用. 海岸工程，19 (3)：14 - 22.

郑继民，沈渭全. 1986. 胶州湾沉积物工程特性及其开发利用. 海岸工程，5(3)：39 - 47.

郑全安，吴隆业，张欣梅，等. 1991. 胶州湾遥感研究：Ⅰ. 总水域面积和总岸线长度量算. 海洋与湖沼，22(3)：193 - 199.

郑全安，吴隆业，戴懋瑛，等. 1992. 胶州湾遥感研究：Ⅱ. 动力参数计算. 海洋与湖沼，23(1)：1 - 6.

赵全基，刘福寿. 1993. 胶州湾水体缩小是主要环境问题. 海岸工程，12(1)：63 - 67.

中国海湾志编纂委员会. 1993. 中国海湾志(第四分册)·山东半岛南部和江苏省海湾. 北京：海洋出版社.

Bird E C F. 1996. Beach Management. Chichester：John Wiley & Sons.

Carter W R. 1988. Coastal Environments. San Diego：Academic Press.

Chernocoff S, Venkatakrishnan R. 1995. Geology. New York：Worth Publisher Inc.

Gao S, Collins M. 1992. Net sediment transport patterns inferred from grain-size trends, based upon definition of "transport vectors". Sedimentary Geology, 81(3/4)：47 - 60.

Trenhaile A S. 1997. Coastal Dynamics and Landforms. Oxford：Clarendon Press.

Wray R D, Leatherman S P, Nicholls R J. 1993. Historical and future land loss for upland and marsh islands in the Chesapeake Bay, Maryland, U. S. A. Journal of Coastal Research, 11(4)：1195 - 1203.

第五章
胶州湾富营养化的研究现状

5.1 前言

近岸水体的富营养化是受到全球性关注的海洋环境问题，其后果常常是引发赤潮灾害（IOC/SCOR，1999）。近年来，随着人口的持续增加和经济的高速增长，生活污水的排放、工农业排废、人工增养殖自身污染等的影响，我国近海水体富营养化的程度愈来愈严重，赤潮发生的频率显著增加，有害赤潮发生的规模不断扩大。由于生源要素浓度和元素之间比值的改变，引起浮游植物种群结构发生变化，进而影响整个生态系统，并对人类生存环境直接构成威胁。在欧洲与北美的海洋环境污染控制与生态系统健康的一些国际计划中，都将富营养化问题的研究放在十分重要的位置（ECOHAB，1995；EUROHAB，1998；GEO-HAB，2001）。本章在国家自然科学重点基金"胶州湾流域生源要素流失与海湾富营养化演变过程"（编号：40036010）启动前，根据胶州湾的研究资料，综合分析了海湾富营养化的研究进展，探讨了其富营养化的演化特点。

5.2 胶州湾环境概况

胶州湾位于黄海中部、山东半岛西南岸，以团岛头与薛家岛头连线为界与黄海相通，为一扇形的半封闭海湾，湾口最窄处为 2.5 km。海湾面积为 390 km²，其中滩涂面积为 85 km²，占海湾总面积的 1/5。平均水深 6~7 m，最大水深为 64 m。胶州湾周边的年均降雨量为 635 mm。流入胶州湾的河流有十几条，其中以洋河、大沽河、墨水河、白沙河、李村河最重要，这些河流多数为山溪性季节性河流。胶州湾的泥沙来源较少，湾内水体悬沙浓度终年较低，沉积速率较低，悬沙净输运是从湾内指向湾外（高抒和汪亚平，2002），悬浮物中非矿物组分含量达 87%（杨世伦等，2003）。输入胶州湾的泥沙年平均 157 t，其中 95% 从西北部入海，4% 从东北部入海。由于胶州湾沿岸的盐田建设、填湾造地、围垦养殖、开发港口等人为因素的干扰，海湾面积和滩涂面积已分别由 20 世纪 30 年代的 559 km² 和 285 km² 缩小了 30% 和 70%（印萍和路应贤，2000）。

胶州湾水下浅滩地形缓慢倾斜，湾口为大的冲刷槽，向湾内分为 3 支，即沧口水道、中央水道及洋河水道，在中央水道与沧口水道之间，有一近南北向的大型潮流沙脊，把胶州湾分为东西两个部分，黄岛附近海域多小型潮流沙脊及水下暗礁（中国海湾志编纂委员会，1993）。

胶州湾的海流特征为，外海的海水偏西向进入胶州湾外湾口（团岛—薛家岛）后开始分向：一股为偏西南向进入黄岛前湾和海西湾；另一股为主流，绕过团岛咀，偏西北向进入胶州湾内湾口（团岛的小咀边—黄岛的黄山咀）。再分向：一股北偏东向进入沧口水道；一股北偏西向，由中沙礁西侧进入内湾；还有一部分由中央水道北进（中国海湾志编纂委员会，1993）。胶州湾涨潮流占优势，但涨、落潮优势流路平面分异明显：落潮流三角洲中央以落潮优势流为主，两侧涨潮流占优势；涨潮流三角洲中部以涨潮优势流为主，两侧落潮流占优势，涨、落潮优势流在内、外汊道口之间发生交叉（边淑华等，2005）。

胶州湾是我国开展海洋科学研究比较早、研究工作比较深入的地区之一，资料积累相对丰富，除在国内外期刊杂志上发表的大量有关胶州湾的水文、气象、地质、地貌、沉积、泥沙、化学、生物等方面的研究论文外，尚有一系列专著发表，如《胶州湾生态学和生物资源》（刘瑞玉，1992），《胶州湾生态学研究》（董金海和焦念志，1995）等等。在海洋化学领域，顾宏堪等于 1962 - 1963 年较早地对整个胶州湾生源要素，包括溶解氧、PO_4^{3-}、NO_3^-、NO_2^-、NH_4^+、溶解有机氮和总有机氮等（注：当时没有测定 SiO_3^{2-}）的含量、分布、迁移和转化进行了系统的研究（中科院海洋所水化学研究组，1982a，b），后续的对整个海湾的综合调查有：1980 年逐月的综合调查（刁焕祥，1984）；1983 - 1986 年共计 41 个航次的调查（沈志良等，1994）；以 1991 年至今中国科学院海洋研究所胶州湾生态环境监测站进行的季度多学科综合调查（沈志良，1997；Shen，2001）；1997 - 1998 年两个月一次的调查（任玲，1999）。其中，顾宏堪和李国基亦较早地认识到胶州湾沉积物中生源要素的再生对海湾生源要素载荷的影响，沉积物间隙水中生源要素的研究对了解沉积物—水界面生源要素交换过程的重要意义，但由于当时的研究水平和条件限制，仅给出了间隙水中生源要素的分布（顾宏堪和李国基，1979）。到目前，不同作者已对胶州湾生源要素动力学模型进行了研究。这些模型考虑海面太阳辐照度变化、海水与底泥温度变化及营养盐的陆源输入和沉积物—水界面营养盐的交换，建立了水体中无机氮和磷、溶解与颗粒态有机碳及溶解氧的动力学箱式模型（俞光耀等，1999；吴增茂等，1999；任玲，1999；Chen et al.，1999）。相对地，胶州湾缺乏深入的生源要素生物地球化学研究，特别是缺乏详实地对过程的理解，使这些模型的应用受到了限制。

随着人口的增加和经济的增长，工业废水和城市生活污水排放引起了胶州湾有机质和生源要素的含量增加（陈先芬，1991；孙耀等，1993；沈志良等，1994）。20 世纪 60 年代至 90 年代，胶州湾生源要素的浓度和分布发生了显著的变化，东部水域 PO_4^{3-}，NO_3^- 和 NH_4^+ 浓度分别增加了 2.2，7.3 和 7.1 倍（沈志良，1997）。近年来，胶州湾生源要素的结构亦明显改变，浮游植物生长受溶解无机硅制约的可能性显著增大（张均顺和沈志良，1997；杨东方，1999；于志刚，2000）。

5.3 水体中生源要素的分布

尽管胶州湾是开展海洋学研究较早、资料积累相对丰富的地区，但要对所积累的资料进行分析仍不是一件易事。主要问题在于：（1）各次调查站位差异很大，而胶州湾紧邻都市，生源要素空间分布很不均匀。特别是在利用局部区域的调查结果时须十分慎重；（2）生源要素的季节变化显著，不同的调查时间取得的结果难以进行直接地比较。在进行季节和年际生源要素对比分析时，一定要注意采样期间天气、环境等特殊事件的影响。例如，夏季降雨后短时间内海湾硅的浓度往往迅速增加，在分析硅酸盐年际变化时，若仅根据这一数据认为硅酸盐的含量增加则可能与实际情况不符，且有相当大的偏差；（3）对样品本身的处理方式和分析方法不同，也会导致较大的差异，使结果难以进行比较。从不同时期发表的论文中样品的采集与分析方法部分便可以清楚地看出问题的严重性。但不同作者间没有进行过结果的互校，很难评价哪一结果的准确度更高。生源要素样品取样后须及时过滤，否则生物活动会使其浓度发生明显的改变。在质量控制方面，开展样品的互校及分析质量的监督和检查是十分必要的。在我们开始进行胶州湾重点基金研究之前，就胶州湾富营养化现状进行了回顾。为了提高资料的可比和延续性，我们主要采用了中国科学院海洋研究所生态环境监测站多年调查的数据，原因之一在于其数据的延续性较好。

从调查资料看，过去 40 多年来胶州湾生源要素的浓度范围 NO_3^- 小于 4.97 μmol/L，NH_4^+ 为 1.23～15.1 μmol/L、PO_4^{3-} 为 0.11～1.20 μmol/L，SiO_3^{2-} 为 0.02～11.1 μmol/L，其平均值分别为 1.73，6.93，0.361 和 2.55 μmol/L。在无机氮中 NO_3^- 占 15%～25%，NO_2^- 占 5%～10%，NH_4^+ 占 70%～80%（沈志良等，1994；沈志良，1997；Shen，2001）。对各种不同形态磷，总磷（TP）为 0.21～4.29 μmol/L，平均值为 0.89 μmol/L。TP 中溶解有机磷（DOP）占 45%，颗粒磷（PP）占 32%，溶解无机磷（DIP）占 23%（史致丽等，1989）；而海湾东部磷的分析结果则不同于整个海湾的结果，DOP 浓度为 0.73 μmol/L，PP 浓度为 1.65 μmol/L，TP 浓度为 3.26 μmol/L。PP 是磷的主要形式，占总磷的 52%，DOP 占 24%，DIP 占 24%，这一结果远高于整个海湾总磷的平均值 9.89 μmol/L（赵夕旦等，1997）。海湾东部各种不同形态氮的分析表明，溶解有机氮（DON）为浓度 65.4 μmol/L，颗粒氮（PN）浓度为 26.4 μmol/L，总氮（TN）浓度为 75.6 μmol/L。NO_3^- 在秋季为溶解无机氮（DIN）的主要形式，占 68%，其余季节则以 NH_4^+ 居多，年均占 DIN 的 49%。DON 在冬、夏两季为总氮的主要形式，占 66%～69%（赵夕旦等，1998）。

胶州湾营养盐的平面分布特征表现为：冬季 NO_3^-、NO_2^-、NH_4^+ 和 PO_4^{3-} 均以湾东部水域浓度高，西北部水域、湾中央和湾外低。SiO_3^{2-} 则以湾西北部水域浓度较高，东部水域浓度很低，有的乃至低于检出限。春季除了 PO_4^{3-} 分布稍有不同外，NO_3^-、NO_2^-、NH_4^+ 和 SiO_3^{2-} 的浓度均从东北向西南、湾口方向递减。夏季只有 SiO_3^{2-} 的浓度在西北部水域较高，其他地点与春季营养盐的分布相似。秋季营养盐浓度一般也是东北部或东部较高，湾内营养盐的浓度显著地高于湾外（沈志良等，1994）。从胶州湾水域营养盐的平面分布特征可以看出青岛市工业废水和生活污水排放的显著影响，而陆地径流的影响相对较小。一年之中，下半年营养盐的浓度高于上半年，这与8月以后大量降雨有关。

营养盐的垂直分布特征为：冬、春季水体中营养盐浓度的垂直分布均匀，夏、秋季垂直方向上出现一定的浓度梯度，无机氮表层高于底层，而 PO_4^{3-} 表层略低于底层（沈志良等，1994）。无机氮表层高于底层是由于人为活动与降水的影响，PO_4^{3-} 底层略高于表层与底部的再生及沉积物—水界面交换有关。

胶州湾营养盐的季节变化无明显的规律性，每年都有所不同，如1985年营养盐的浓度均是8-12月高，其中 PO_4^{3-} 是7-10月高（沈志良等，1994）；1991-1994年 SiO_3^{2-} 的浓度夏季明显高于其他季节，PO_4^{3-}、NO_3^-、NO_2^- 和 NH_4^+ 的浓度季节变化不明显（沈志良，1997；杨东方，1999）；1997-1998年 PO_4^{3-} 的季节变化不明显，NO_3^- 和 NH_4^+ 均是春季含量低于其他季节，SiO_3^{2-} 秋季明显高于其他季节（Shen，2001）。这些特点可能与胶州湾面积小，人类活动影响显著有关。SiO_3^{2-} 主要受降雨量的影响，其峰值往往出现在降雨后。PO_4^{3-}、NO_3^-、NO_2^- 和 NH_4^+ 则受降雨的影响较小，主要受工农业生产活动及生活污水排放的影响。另外不同作者各自的调查结果亦有明显的差别，任玲（1999）报道的1997-1998年调查结果表明，营养盐的季节分布呈双高值分别在夏季和冬季，与沈志良同年的调查结果不同（Shen，2001）。

叶绿素在水体中的平面分布与营养盐相似，胶州湾西北和东北近岸海域含量较高，湾中部和南部海域较低；叶绿素a年平均含量为2.095.70 mg/m³，多年平均为（3.47±1.92）mg/m³，年际间存在一定范围的波动。胶州湾叶绿素a含量存在着明显的季节变化，冬季（2月）平均含量为（4.72±3.15）mg/m³，是一年中的高峰，夏季次之，7月平均含量为（4.33±2.57）mg/m³，春季平均含量为（2.78±2.43）mg/m³，秋季平均含量最低，仅为（1.95±0.80）mg/m³（吴玉霖等，2004）。营养盐浓度变化与叶绿素a含量的变动未发现明显的相关性，但是在局部海域硅酸盐对冬季浮游植物水华的进一步发展具有一定的限制作用（李超伦等，2005）。

相对胶州湾丰富的生源要素氮、磷、硅的研究成果，碳的研究成果要少得多。胶州湾海水中二氧化碳的数据主要来自1991-1992和1995-1996阶段的调查。海湾二氧化碳系统各组分的浓度总二氧化碳（T_{CO_2}）为1.71~2.35 mmol/L，HCO_3^- 为1.58~2.22 mmol/L，CO_3^{2-} 为0.047~0.260 mmol/L，CO_2 为0.0094~0.123 mmol/L，二氧化碳分压（P_{CO_2}）为 $181×10^{-6}$~$1351×10^{-6}$ atm（1 atm = $1.03×10^5$ Pa）（沈志良和刘明星，1997；刘辉等，1998）。在二氧化碳系统中各组分占 T_{CO_2} 的比例 HCO_3^- 为92.5%~94.3%，CO_3^{2-} 为4.7%~6.9%，P_{CO_2} 为0.7%~1.1%。两个航次的调查结果没有明显的差别。二氧化碳的分布受水温、盐度、海流和生物活动等因素的影响，T_{CO_2} 和 P_{CO_2} 浓度的高值区亦出现在东部和东北部，垂直分布不明显。二氧化碳各组分的季节变化不同，T_{CO_2}和HCO_3^-是夏、冬和春季相近，高于秋季；CO_3^{2-}以秋季最高，夏季其次，且高于冬、春季；P_{CO_2}的从大至小的顺序为夏、春、冬、秋，有明显的季节差异（沈志良和刘明星，1997；刘辉等，1998）。

在胶州湾，关于颗粒态生源要素的研究始于1981年，共进行了两次周年调查。1981－1982年的调查表明，海湾表层海水中颗粒有机碳（POC）为含量0.060～0.790 mg/L，平均为0.225 mg/L，约占总有机碳的13%；POC含量的季节变化明显，初春较高，秋季较低，近岸和河口较高，湾中部较低，湾口最低（孙作庆和杨鹤鸣，1992）。1991－1992年沈志良等（Shen et al.，1997）对POC含量的分析结果略有不同，表层为0.050～1.000 mg/L，平均为（0.298±0.204）mg/L；底层为0.050～0.700 mg/L，平均为（0.265±0.179）mg/L，表层高于底层；POC含量全年平均为（0.282±0.186）mg/L。与10年前相比，春、夏、冬季表层海水中POC含量升高，而秋季略有降低。PN含量表层小于0.16 mg/L，平均为（0.056±0.043）mg/L；底层小于0.13 mg/L，平均为（0.038±0.031）mg/L。PN含量的分布特点与POC含量比较一致（Shen et al.，1997）。

关于胶州湾沉积物中生源要素的研究非常有限，仅可检索到顾宏堪和李国基在20世纪60年代对间隙水中生源要素的分析（顾宏堪和李国基，1979），曹钦臣和俞旭于70年代对沉积物中有机碳进行了分析。沉积物中有机碳的含量为0.32%～3.67%，平均为0.79%。其含量的平面分布以东岸附近最高，西岸次之，湾南部和西北部较少，湾的中部含量最低。反映了东岸污染的严重性。胶州湾东岸沉积物中有机碳的含量主要来自工业和居民区的污染，特别是贯穿青岛市的海泊河，由于沿河两岸工厂林立，居民较为集中，是青岛市的主要排污渠道。故在海泊河和李村河入海口外的沉积物都呈黑色，且具有很浓的沥青臭味，有大量二氧化硫（曹钦臣和俞旭，1985）。

胶州湾的生源要素及有机质污染主要出现在湾东北部的海泊河、李村河和娄山河等河口附近，出现这种分布特点主要源于以下几方面的因素：（1）胶州湾东岸是青岛市工业集中的区域，人口密集，工业门类多，工厂排污量大。工业污水和城市生活污水是其主要来源。例如，在1980年，青岛市区工业废水排放量已经达到7 019.7×10⁴ t/a，生活污水1 438×10⁴ t/a，郊区化肥使用量氮肥39 000 t/a，磷肥16 000 t/a（沈志良，1997）；（2）物理海洋因素的影响：由于胶州湾潮流基本上是南北向往复流，因而在东西岸基本上是沿岸输运，南北岸主要是向岸或背岸输运。东西岸，特别是东岸是污染源集中的地方，污染物转移慢（陈时俊等，1982）。根据对拉格朗日余流的计算结果，胶州湾东北部污染物质搬运能力较弱，自净能力较差（俞光耀和陈时俊，1983）；（3）胶州湾周边的水产养殖业在其养殖废水排放高峰季节也增加了对海湾营养盐污染的程度和范围（孙耀等，1993）。

5.4　胶州湾生源要素40年的变化

在过去的40年中，胶州湾生源要素的浓度发生了明显的变化，且在20世纪60年代到 80 年代期间变化比较显著。在 20 世纪 60 年代到 80 年代期间，PO_4^{3-}、NO_3^-、NO_2^-、NH_4^+ 的浓度分别增加了 2.1、3.7、2.3、3.1 倍；自 60 年代到 90 年代 PO_4^{3-}、NO_3^-、NO_2^-、NH_4^+ 的浓度分别增加了 1.4、4.3、3.9、4.1 倍；而若从 80 年代到 90 年代计算，PO_4^{3-}、NO_3^-、NO_2^-、NH_4^+ 的浓度则分别增加了 0.77、1.1、1.7、1.3 倍（Shen，2001；Liu et al.，2005）。胶州湾生源要素的长期变化反映了人为活动的影响，而且近期上述营养盐含量的增加出现减缓的趋势。

由于过去的研究普遍认为水体中硅酸盐的含量丰富，不会限制浮游植物的生长，因而有关硅的生物地球化学的研究较少。从 20 世纪 80 年代到 90 年代，胶州湾 SiO_3^{2-} 的浓度降低了 17%（Shen，2001）。胶州湾硅的主要来源是陆源输入，近年流入海湾的径流量逐年减少是胶州湾硅浓度降低的主要因素。这可以从海湾多年来盐度的逐步升高得到证实（Liu et al.，2005）。

随着水体中生源要素浓度的变化，生源要素之间的比值亦发生了明显的改变（见图 5.1）。胶州湾水体中 DIN/PO_4^{3-} 的比值从 20 世纪 60 年代到 90 年代逐步增加，60 年代为 15.9，80 年代和 90 年代分别增加至 26.5 和 37.8。在 20 世纪 60 年代，5 次调查中仅有 1 次 DIN/PO_4^{3-} 的比值达到 24.5 高于 16，其余均在 10~15 之间，基本接近浮游植物适宜生长的范围；80 年代，15 次调查中仅有 5 次 DIN/PO_4^{3-} 的比值小于 16，最大比值接近 100；90 年代，25 次调查中仅 1 次 DIN/PO_4^{3-} 的比值小于但接近于 16，最高值近 120（Shen，2001；Liu et al.，2005）。由此表明，随着人类活动的增加，特别是农业生产中氮肥的大量施用，氮的含量迅速增加，这种情况已发生在长江口（顾宏堪等，1981）。自 20 世纪 80 年代以来，胶州湾 Si/DIN 的比值一直小于 1，大多在 0.1~0.3 之间，30 次调查中仅 2 次达到 0.5 以上。SiO_3^{2-}/PO_4^{3-} 比值大多小于 16，31 次调查中仅 4 次超过 16，而且都发生在夏季。可能是降雨后河流输送的迅速增加暂时缓解了硅的相对不足。由此说明胶州湾浮游植物生长的潜在限制性营养元素首先是硅，其次是磷。张均顺和沈志良（1997）通过对 1985－1986 年和 1991－1993 年营养盐的调查，根据生源要素间的比值及浮游植物生长可能的营养盐限制的绝对浓度提出，胶州湾表层海水 DIN 和 PO_4^{3-} 作为浮游植物限制因子的出现率都很小或接近于 0，而 SiO_3^{2-} 作为限制因子的出现几率逐渐增加。

随着全球气候变化和人类活动的影响，流经青岛市区的海泊河、李村河、板桥坊河、娄山河和湾头河等河流基本上断流，上游常年干涸，中、下游实际上已成为青岛市区工业废水、生活污水的排污沟（Liu et al.，2005）。汇入胶州湾的径流减少的现状在近期不会得到改善，湾内硅的浓度将进一步减少。目前仅夏季硅的浓度由于降雨得到补充，春、秋和冬季硅均是浮游植物生长的限制性生源要素（杨东方，1999）。而胶州湾浮游植物细胞数量在冬季达到峰值（孙军等，2000）。胶州湾生源要素的结构已与浮游植物的生长不协调，这将会对胶州湾浮游植物群落结构有显著的影响，直接影响到海湾浮游植物硅藻群落和非硅藻群落的转换，及生物资源的可持续利用（Liu et al.，2008）。过去 40 年来，胶州湾潮间带海洋生物种类多样性下降，海域渔业资源明显下降。20 世纪 90 年代以来赤潮发生频率迅速增加（孙耀等，1993；郝建华等，2000；张永山等，2002）。

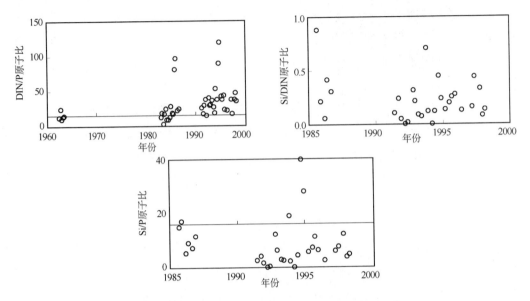

图 5.1　过去 40 年来胶州湾生源要素之间比值的变化

（数据来自 Shen，2001；Liu et al.，2005）

5.5　生源要素的再生

5.5.1　水体中生源要素的再生

有关胶州湾海水中生源要素再生的研究在国家自然科学重点基金启动前（2001），已进行了无机氮的初步研究，磷和硅的相关研究还未开展。焦念志和王荣（1993）通过 4 个季节（1991 年 11 月至 1992 年 7 月）的现场实验观测，用 ^{15}N 同位素示踪方法得出胶州湾 NH_4^+ 的吸收通量为 0.073 μmol/（L·h），再生通量为 0.053 μmol/（L·h），再生通量始终小于吸收通量，吸收通量白天大于夜间，再生通量夜间大于白天等。夏季再生的 NH_4^+ 可满足吸收需求的 87%，春、秋季可满足 42% ~ 48%，冬季则仅满足 11% NH_4^+ 吸收；各季节再生通量从大至小的顺序依次为夏季，春季，秋季，冬季；NH_4^+ 的周转时间最长为 16.34 d（冬季），最短为 0.68 d（夏季）（焦念志和王荣，1993）。浮游植物对营养盐的吸收对光有依赖性，暗吸收占光吸收的 39% ~ 81%，但过强光照对吸收有抑制作用。营养盐的再生与光照之间未发现确定的关系。海洋浮游生物对两种最主要的氮源——NO_3^- 和 NH_4^+ 的吸收有明显差异，NH_4^+ 比 NO_3^- 更易被吸收。这不仅表现在吸收效率上，而且表现在受环境条件的制约上。低温、低光照将大大抑制 NO_3^- 的吸收（如冬季），而 NH_4^+ 受的影响相对要小得多(焦念志，1995)。这些研究结果主要是针对氮的吸收速率与 NH_4^+ 的吸收和再生速率及其影响因子而开展的。对于胶州湾还缺乏更深入的关于营养盐动力学与浮游植物耦合作用的研究，例如不同季节、不同水层营养盐的再生量对浮游植物组成和结构的作用，特别是磷和硅的吸收动力学和再生作用对胶州湾有重要的意义。因硅、磷是胶州湾浮游植物生长的主要限制性营养元素。

5.5.2 沉积物中生源要素的再生

水底沉积物中营养物质的再生，对水体中营养盐的收支和营养盐循环动力学有极其重要的作用。据文献报道，水体中产生的有机质的近50%在沉积物中可被降解(Nixon et al.，1996)。在 Mobile 湾和某些河口区再生的营养盐可提供初级生产所需氮的20% ~94%，磷的10% ~83%(Fisher et al.，1982；Cowan et al.，1996)。马萨诸赛州波上顿港底部营养盐的再生量相当于浮游植物所需氮的40%、磷的29%、硅的60%(Giblin et al.，1997)。

在早期完成胶州湾生源要素的调查研究后，顾宏堪和李国基(1979)于1964年首次进行了海湾沉积物间隙水中生源要素的研究。为了对20世纪60年代底界面生源要素的交换通量有所了解，由其表层(0 ~ 10 cm)间隙水中营养盐的浓度及其前一航次所得底层水中营养盐的浓度，据 Fick 第一扩散定律，计算底界面营养盐的扩散通量：

$$J_0^* = -\Phi_0 \cdot (\partial C / \partial x)_0 \cdot D_s, \tag{5.1}$$

式中，下标0表示沉积物–水界面；负号表示扩散是沿着物质浓度降低的方向进行的；J_0^* 为沉积物–水界面营养盐的交换通量；Φ 为沉积物孔隙率；$(\partial C / \partial x)_0$ 为界面处营养盐的浓度梯度；D_s 为沉积物中溶质的分子扩散系数，D_s 可由下式获得(Ullman and Aller，1982)：

$$D_s = D \Phi^{m-1}, \tag{5.2}$$

式中，D 为无限稀释溶液中溶质的分子扩散系数。现场温度下的无限稀释溶液中溶质的分子扩散系数 D 来自 Li 和 Gregory(1974)；m 为指数因子($\Phi \geq 0.7$ 时 $m = 2.5 ~ 3.0$；$\Phi < 0.7$ 时 $m = 2.0$)。

20世纪60年代沉积物–水界面营养盐 PO_4^{3-}、NO_3^-、NO_2^- 和 NH_4^+ 的分子扩散通量分别为0.041、0.960、0.770和113.800 mmol/(m²·a)(见表5.1)。在 DIN 中，NH_4^+ 的通量较高并与调查期间沉积物所处的强还原条件有关，但 PO_4^{3-} 的通量在还原环境中的高值却没有出现。30年后，张伟据1995年5 – 12月的调查，计算得出胶州湾沉积物–水界面营养盐的分子扩散通量 NO_3^- 为5.76 ~ 12.24 mmol/(m²·a)、NH_4^+ 为134.6 ~ 151.9 mmol/(m²·a)(张伟，1996)，与顾宏堪和李国基(1979)的结果比较，张伟(1996)计算的 NO_3^- 的扩散通量增加了10倍，而 NH_4^+ 的通量没有明显变化。考虑到20世纪60年代的结果表层沉积物厚度为10 cm，而90年代的结果则为3 cm，30年来底界面营养盐的扩散通量变化不显著。但当考虑到沉积物–水界面营养盐扩散通量的时空变化、过去40年采样技术的进步、沉积物类型的变化等，若要客观认识底界面营养盐再生通量的变化及其对海湾营养盐负荷的影响，则有待进一步研究。

表 5.1　胶州湾 20 世纪 60 年代底界面生源要素交换通量的计算数据

	PO_4^{3-}	NO_3^-	NO_2^-	NH_4^+
底层水/$\mu mol \cdot L^{-1}$*	0.16	0.25	0.071	1.43
表层间隙水/$\mu mol \cdot L^{-1}$**	0.34	1.96	1.48	195.6
$D_s / \times 10^{-6} cm^2 \cdot s^{-1}$(22℃)	7.20	17.9	17.5	18.6
J_0/mmol $\cdot m^{-2} \cdot a^{-1}$	0.041	0.960	0.770	114.000

注: * 中国科学院海洋所水化学研究组，1982a，b; * * 顾宏堪和李国基，1979。

5.6　胶州湾生源要素的质量收支

研究生源要素的质量收支可以帮助理解研究区域生源要素的主要来源和归宿。研究海区、海湾或河口等环境生源要素的收支可以采用 LOICZ 生物地球化学模型指南给出的方法（Gordon et al.，1996）。首先根据水量收支，求得研究体系与外界水的净交换量 V_R。水的质量收支方程：

$$dV_1/dt = V_Q + V_P + V_G + V_O + V_{in} - V_E - V_{out}, \tag{5.3}$$

式中，V_Q 为径流量; V_P 为降雨量; V_G 为地下水径流量; V_O 为废水排放量; V_{in} 为进入系统中的水量; V_E 为蒸发量; V_{out} 为从系统中流出的水量。得，

$$V_R = V_{in} - V_{out} = dV_1/dt - V_Q - V_P - V_G - V_O + V_E. \tag{5.4}$$

若设所有淡水输入量与蒸发量之差为 V_{Q*}，则

$$V_R = V_{in} - V_{out} = dV_1/dt - V_{Q*}. \tag{5.5}$$

然后根据盐度质量收支方程求得体系内外的水交换量 V_X，即由

$$d(V_1 S_1)/dt = V_{Q*} S_{Q*} + V_{in} S_2 - V_{out} S_1, \tag{5.6}$$

式中，下标 1 指研究体系，2 指研究体系外的水体。则有：

$$V_X = 1/(S_1 - S_2)(V_1 dS_1/dt - V_R S_R), \tag{5.7}$$

由此，生源要素的质量收支方程为：

$$VdY/dt + YdV/dt = \sum V_{in} Y_{in} - \sum V_{out} Y_{out} + \Delta Y, \tag{5.8}$$

式中，Y 指生源要素; ΔY 指生源要素的源/汇项。

胶州湾的生源要素主要来源于河流输送、大气沉降、海湾与南黄海之间的水交换等。地下水的输入由于缺乏数据没有考虑。由建立的水量和盐量收支，得胶州湾与黄海之间水的净交换为由胶州湾向南黄海输送，其交换量为 712.5×10^6 m³/a。又根据盐度收支，胶州湾与南黄海之间水的混合交换量为 $32\ 215 \times 10^6$ m³/a。胶州湾总水量为 2.44×10^9 m³，水的存留时间约 27 d（Liu et al.，2005）。

由胶州湾营养盐的一维箱式模型，得胶州湾与南黄海之间营养盐的交换无机氮表现为由胶州湾向南黄海的输送，而溶解无机磷和硅则表现为由南黄海向海湾的输送。结果表明，177×10^6 mol/a 的 DIN、8.0×10^6 mol/a 的 PO_4^{3-} 和 232×10^6 mol/a 的 SiO_3^{2-} 净沉降进入沉积物或转变为其他形式（Liu et al.，2005）。

5.7 胶州湾富营养化研究中存在的主要问题

历史上，尽管国内的许多单位已对胶州湾富营养化开展了多年的调查研究，然而这些工作大多是围绕不同时期水体中生源要素的分布和变化开展的，缺乏系统、深入的生源要素循环过程的研究工作，对胶州湾浮游植物生长的限制因子的研究缺乏现场实测数据，而且在数据的质量控制方面还存在严重的问题。这给今后的工作带来了很多困难和障碍，并产生了很大的经济浪费。具体地：

5.7.1 不同研究者所用的生源要素的样品采集、保存及分析方法不统一

由于物理、化学和生物因素（例如：微生物的作用）的影响，生源要素的含量采样后较短时间内迅速变化。采样后除非测定的是水体中生源要素总量，若测定的是溶解态生源要素的含量，则必须尽快过滤，再采取有效方法保存样品（例如：加入氯仿后速冻或加入氯化汞后避光保存），否则测得生源要素的含量与实际有较大出入。另外文献中样品的保存方法大多采用加入氯仿冷冻的方法，但需注意解冻后必须尽快测定，若由于样品没有测定完，第二次冷冻后，生源要素的含量会发生变化。特别是溶解态硅冷冻后发生聚合，直接影响测定结果的准确度。

5.7.2 生源要素通过沉积物－水界面交换向海湾输送方面的工作十分有限

缺乏沉积物－水界面生源要素交换通量的现场观测数据。对界面交换的关键控制过程、界面交换对海湾富营养化演变过程的作用重视不足。而由于环境变化和筑坝等原因引起注入胶州湾的河流径流量减少，湾内生源要素呈现明显的季节变化特点，水－沉积物耦合系统中的内部循环的作用愈来愈显著，同时由于地表水排污的有效控制，生源要素的底界面迁移作用将更加突出。

5.7.3 生源要素通过大气向海湾输运的研究

特别是干沉降的研究亦十分有限。营养盐通过大气干、湿沉降进入水体后，不但引起海湾生源要素含量的增加，亦可引起生源要素的结构发生变化，对浮游植物群落结构和组成有显著的影响。

5.7.4　缺少深入的生源要素循环关键过程的研究

例如水体中生源要素的再生速率和颗粒态的沉降速率等。对大多数已建立的生源要素的动力学模型，十分缺少完整有效的各种参数的现场观测数据。然而这些问题的解决对研究富营养化演变过程却是十分关键的。生态环境演变中关键生物地球化学过程的研究，亦可为海洋资源可持续发展和环境管理服务。

参考文献

边淑华，夏东兴，李朝新. 2005. 胶州湾潮汐通道地貌体系. 海洋科学进展，23(2)：144 – 151.

曹钦臣，俞旭. 1985. 胶州湾沉积物中有机碳、三氧化硫和矿物学的初步研究. 山东海洋学院报，15(1)：73 – 83.

陈先芬. 1991. 胶州湾环境污染调查报告. 海洋通报，10(4)：72 – 77.

陈时俊，孙文心，王化桐. 1982. 胶州湾环流和污染扩散的数值模拟：Ⅱ. 污染浓度的计算. 山东海洋学院学报，12(4)：1 – 12.

刁焕祥. 1984. 胶州湾水域生物理化环境的评价. 海洋湖沼通报，2：45 – 49.

董金海，焦念志. 1995. 胶州湾生态学研究. 北京：科学出版社.

高抒，汪亚平. 2002. 胶州湾沉积环境与潮汐汊道演化特征. 海洋科学进展，20(3)：52 – 59.

顾宏堪，李国基. 1979. 胶州湾底质溶液中的氮和磷. 海洋与湖沼，10(2)：103 – 111.

顾宏堪，熊孝先，刘明星，等. 1981. 长江口附近氮的地球化学：Ⅰ. 长江口附近海水中的硝酸盐. 山东海洋学院学报，11(4)：37 – 46.

郝建华，霍文毅，俞志明. 2000. 胶州湾增养殖海域营养状况与赤潮形成的初步研究. 海洋科学，24(4)：37 – 41.

焦念志. 1995. 海洋浮游生物氮吸收动力学及其粒级特征. 海洋与湖沼，26(2)：191 – 197.

焦念志，王荣. 1993. 胶州湾浮游生物群落 $NH_4^+ - N$ 的吸收与再生通量. 海洋与湖沼，24(3)：217 – 225.

李超伦，张芳，申欣，等. 2005. 胶州湾叶绿素的浓度、分布特征及其周年变化. 海洋与湖沼，36(6)：499 – 506.

刘瑞玉. 1992. 胶州湾生态学和生物资源. 北京：科学出版社.

刘辉，姬泓巍，辛梅. 1998. 胶州湾水体中的二氧化碳体系. 海洋科学，6：44 – 47.

任玲. 1999. 胶州湾生态系统中浮游体系氮循环模型的研究(博士论文). 青岛：岛海洋大学.

沈志良，陆家平，刘兴俊，等. 1994. 胶州湾水域的生源要素. 海洋科学集刊，35：115 – 128.

沈志良. 1997. 胶州湾生源要素的现状和变化. 海洋科学，1：60 – 63.

沈志良，刘明星. 1997. 胶州湾海水中二氧化碳的研究. 海洋学报，19(2)：115 – 120.

史致丽，戴国胜，尤国平. 1989. 胶州湾海水中磷的形态及其分布//青岛海洋大学海洋化学系. 海洋化学论文集——青岛海洋大学海洋化学系建系三十周年专集. 北京：海洋出版社：139 – 146.

孙军，刘东艳，钱树本. 2000. 浮游植物生物量研究：Ⅱ. 胶州湾网采浮游植物细胞体积转换生物量. 海洋学报，22(1)：102 – 109.

孙耀，陈聚法，张友篯 . 1993. 胶州湾海域营养状况的化学指标分析 . 海洋环境科学，12(3/4)：25 – 31.

孙作庆，杨鹤鸣 . 1992. 胶州湾海水中颗粒有机碳含量的分布与变化 . 海洋科学，2：52 – 55.

吴玉霖，孙松，张永山，等 . 2004. 胶州湾浮游植物数量长期动态变化的研究 . 海洋与湖沼，35(6)：518 – 523.

吴增茂，俞光耀，张志南，等 . 1999. 胶州湾北部水层生态动力学模型与模拟：Ⅱ. 胶州湾北部水层生态动力学的模拟研究 . 青岛海洋大学学报，29(3)：429 – 435.

杨东方 . 1999. 生源要素硅、光和水温对浮游植物生长的影响（博士论文）. 青岛：中国科学院海洋研究所 .

杨世伦，孟翊，张经，等 . 2003. 胶州湾悬浮体特性及其对水动力和排污的响应 . 科学通报，48(23)：2493 – 2498.

印萍，路应贤 . 2000. 胶州湾的环境演变及可持续利用 . 海岸工程，19(3)：14 – 22.

俞光耀，陈时俊 . 1983. 胶州湾环流和污染扩散的数值模拟 Ⅲ 胶州湾拉格朗日余流与污染物质的迁移 . 山东海洋学院学报，13(1)：1 – 12.

俞光耀，吴增茂，张志南，等 . 1999. 胶州湾北部水层生态动力学模型与模拟：Ⅰ. 胶州湾北部水层生态动力学模型 . 青岛海洋大学学报，29(3)：421 – 428.

于志刚 . 2000. 胶州湾海洋微表层的生物地球化学研究（博士学位论文）. 青岛：青岛海洋大学 .

张均顺，沈志良 . 1997. 胶州湾生源要素结构变化的研究 . 海洋与湖沼，28(5)：529 – 534.

张永山，吴玉霖，邹景忠，等 . 2002. 胶州湾浮动弯角藻赤潮生消过程 . 海洋与湖沼，33(1)：55 – 61.

赵夕旦，祝陈坚，举鹏，等 . 1997. 胶州湾东部磷的形态及分布 . 海洋科学，6：53 – 56.

赵夕旦，祝陈坚，举鹏，等 1998. 胶州湾东部海水中氮的含量和分布 . 海洋科学，1：40 – 43.

张伟 . 1996. 东海营养盐分布及胶州湾底质无机氮动力学研究（硕士学位论文）. 青岛：青岛海洋大学 .

中国海湾志编纂委员会 . 1993. 中国海湾志（第四分册）·山东半岛南部和江苏省海湾 . 北京：海洋出版社 .

中科院海洋所水化学研究组 . 1982a. 胶州湾海水中氮的地球化学 . 海洋湖沼通报(3)：8 – 17.

中科院海洋所水化学研究组 . 1982b. 胶州湾海水中氮的地球化学(续). 海洋湖沼通报(4)：37 – 45.

Chen C，Ji R，Zheng L，et al. 1999. Influences of physical processes on the ecosystem in Jiaozhou Bay：A coupled physical and biological model experiment. Journal of Geophysical Research，104：29925 – 29949.

Cowan J L W，Pennock J R，Boynton W R. 1996. Seasonal and interannual patterns of sediment-water nutrient and oxygen fluxes in Mobile Bay，Alabama（USA）：regulating factors and ecological significance. Marine Ecology Progress Series，141：229 – 245.

ECOHAB. 1995. The ecology and oceanography of harmful algal blooms：A natural research agenda//ECOHAB Workshop Report. MA：Woods Hole Oceanographic Institution.

EUROHAB. 1998. Harmful algal blooms in European marine and brackish waters. Brussels：EC.

Fisher T R，Carlson P R，Barber R T. 1982. Sediment nutrient regeneration in three North Carolina Estuaries. Estuar Coast Mar Sci，14：101 – 116.

GEOHAB. 2001. Global Ecology and Oceanography of Harmful Algal Blooms Science Plan//Glibert P，Pitcher G. Baltimore and Paris. SCOR and IOC.

Giblin A E，Hopkinson C S，Tucker J. 1997. Benthic metabolism and nutrient cycling in Boston Harbor，Massachusetts. Estuaries, 20 (2): 346 – 364.

Gordon Jr, D C, Boudreau P R, Mann K H, et al. 1996. LOICZ Biogeochemical Modelling Guidelines//LOICZ Reports and Studies 5. Texel: LOICZ.

IOC/SCOR. 1999. GEOHAB: Global Ecology and Oceanography of Harmful Algal Blooms. Report of Joint IOC/SCOR Workshop. Havreholm, Denmark, 13 – 17 October, 43.

Li Y H, Gregory S. 1974. Diffusion of ions in sea water and in deep-sea sediments. Geochimica et Cosmochimica Acta, 38: 703 – 714.

Liu S M, Zhang J, Chen H T, et al. 2005. Factors influencing nutrient dynamics in the eutrophicJiaozhou Bay, North China. Progress in Oceanography, 66: 66 – 85.

Liu S M, Ye X W, Zhang J, et al. 2008. The silicon balance inJiaozhou Bay, North China. Journal of Marine Systems, 74, 639 – 648.

Nixon S W, Ammerman J W, Atkinson L P, et al. 1996. The fate of nitrogen and phosphorus at the land-sea margin of the North Atlantic Ocean. Biogeochemistry, 35: 141 – 180.

Shen Z L. 2001. Historical changes in nutrient structure and its influences on phytoplankton composition in Jiaozhou Bay. Estuarine, Coastal and Shelf Science, 52: 211 – 224.

Shen Z L, Yang H M, Liu Q. 1997. A study on particulate organic carbon in the Jiaozhou Bay. The Yellow Sea, 3: 71 – 75.

Ullman W J, Aller R C. 1982. Diffusion coefficients in nearshore marine sediments. Limnology and Oceanography, 27: 552 – 556.

第六章
半封闭海湾的同位素海洋学
——兼论放射性同位素方法进行胶州湾的海洋学研究

6.1 前言

同位素海洋学是指利用海洋环境中存在的同位素和用人工加入示踪同位素的方法进行海洋学研究工作，包括利用放射性同位素和稳定同位素进行的研究工作。由于同位素方法的独特作用，这种方法几乎已经应用于海洋学研究的各个领域。本章综述了用于近岸海域海洋学研究的放射性同位素与利用海洋环境中存在的放射性核素进行的海湾海洋学研究。对 2000 年以前大亚湾、厦门港、同安湾、湄州湾和胶州湾进行的海洋学研究作了介绍。就胶州湾可以开展的同位素海洋学研究工作进行了探讨。最后论述了同位素海洋学研究中存在的几个问题。

6.2 用于近岸海域海洋学研究的放射性同位素

海洋学研究几乎利用了所有海洋环境存在且当前能够探测到的放射性同位素，近海海洋学研究用的最多的是 ^{137}Cs、^{234}Th、^{210}Pb、^{224}Ra、^{226}Ra 和 ^{228}Ra。

6.2.1 ^{137}Cs

环境中的 ^{137}Cs 是人类利用原子能的产物。是核试验、核事故或核设施正常运行情况下释放的，相对含量较高。由于其半衰期较长（30.17 年），在其他核素已探测不到时，^{137}Cs 却还可探测得到，所以近几十年以来被用作评价原子能利用对环境影响的首选核素，并在地球科学研究中得到广泛应用。^{137}Cs 被重视的另外一个主要原因是人们已掌握了方便可靠的测量方法，与 ^{137}Cs 半衰期及其环境中含量相当的另一种核素 ^{90}Sr 却稍有逊色，原因是 ^{90}Sr 的测量方法非常繁琐。对于远离核实验场或核设施的地区而言，^{137}Cs 总是均匀地散落在地表或海洋表面。局部的富集必然是物理、化学、生物学过程的结果。可以利用 ^{137}Cs 进行沉积物沉积过程研究和沉积速率的计算。在存在 ^{137}Cs 源项的海域还可用来进行水体运动的研究（Kautsky，1988）。

^{137}Cs 测年的主要依据是 1963 年为全球放射性散落物最大沉降年，有报道认为约全球 90% 的放射性散落物在 1959 – 1964 年间沉降，在 1974 年之后仅占 3% (Fuller et al.，1999；Callender and Robbins，1994)。很多报道都证实 1963 年的生物体与地表介质中具有最高的放射性含量(Eisenbud，1997)，这就为利用^{137}Cs 测年提供了一个参考时间。我们的测量结果也证实了这一点(刘广山等，2001)。

6.2.2 ^{234}Th

^{234}Th 主要用于海洋学两个方面的研究工作，其中之一是研究上层水体颗粒物清除过程；其二是研究上层沉积物的混合速率。海水中^{234}Th 的母体铀具有两个明显的特点，(1)以稳定的碳酸铀酰离子 $UO_2(CO_3)_3^{4-}$ 溶解于海水中，难以被颗粒物吸附，主要以溶解态的形式存在于海水中；(2)水平和垂直方向呈均匀分布。^{234}Th 是^{238}U 衰变产物，由于钍是颗粒活性核素，极易吸附于颗粒物表面，由此在海洋中形成这样一种图像，即，均匀分布于海水中的^{238}U 衰变不断产生^{234}Th，后者很快被吸附在颗粒物上并随颗粒物一起沉降，这就为上层水体颗粒物的运移提供了一种研究手段。

若不考虑平流和扩散的影响，当测定的是海水中^{238}U 和总^{234}Th 的活度比 A_U/A_{tTh} 时，则可得到稳态条件下总^{234}Th 的平均停留时间 τ_t 为(陈敏等，1996)：

$$\tau_t = \frac{1}{\lambda_{Th}\left(\dfrac{A_U}{A_{tTh}} - 1\right)}, \tag{6.1}$$

清除速率 V 为

$$V = \frac{A_{tTh}}{\tau_t}.$$

如果分别测定溶解态和颗粒态的^{234}Th，则可得到溶解态和颗粒态的^{234}Th 的停留时间 τ_d 和 τ_p 分别为：

$$\tau_d = \frac{1}{\lambda_{Th}\left(\dfrac{A_U}{A_{dTh}} - 1\right)}, \tag{6.2}$$

$$\tau_p = \frac{1}{\lambda_{Th}\left(\dfrac{A_U - A_{dTh}}{A_{pTh}} - 1\right)}, \tag{6.3}$$

式(6.1) ~ (6.3)中角标 t、d、p 分别表示总、溶解态和颗粒态，A 是核素活度，下标 U 和 Th 分别表示^{238}U 和^{234}Th，λ_{Th}是^{234}Th 的衰变常数。^{234}Th 从溶解相清除到颗粒相的速率 J 和颗粒物载带迁出的速度 P 为：

$$J = \frac{A_{dTh}}{\tau_d}, \tag{6.4}$$

$$P = \frac{A_{pTh}}{\tau_p}. \tag{6.5}$$

^{234}Th 半衰期仅 24.1 d，对于沉积速率为 1 cm/a 左右的近海沉积环境而言，1 cm 深度将使得 ^{234}Th 不再相对于 ^{238}U 过剩，但实际情况并非如此，而是在几厘米甚至达几十厘米深度的沉积物中仍可观察的 ^{234}Th 过剩存在。所以，人们认为当沉积物表层存在扰动混合时，^{234}Th 可以用来作为混合层深度的示踪剂，并定义混合系数 D_m 为（Fuller et al.，1999）：

$$D_m = S_m Z, \tag{6.6}$$

式中，S_m 为沉积速率，Z 是过剩 ^{234}Th 达到的深度。

6.2.3　^{210}Pb

^{210}Pb 是近海海洋沉积物测年研究用的最多的核素。^{210}Pb 半衰期为 22.26 a，适合于 100 a 时间尺度的测年问题研究。由于对沉积物 ^{210}Pb 来源的探索，促进了人们对海水中 ^{210}Pb 含量与分布的研究。^{210}Pb 是 ^{226}Ra 通过中间短寿命子体衰变产生的，所以 ^{210}Pb 的研究总是和 ^{226}Ra 联系在一起。对于用 ^{210}Pb 测年而言，^{226}Ra 半衰期足够长（半衰期 = 1 600 a），可以认为在 ^{210}Pb 可进行的测年时间区间，^{226}Ra 的活度是不变的，用扣除 ^{226}Ra 衰变产生的 ^{210}Pb 方法进行测年研究，所以实际用的测年方法称为 ^{210}Pb 过剩方法或称 ^{210}Pb$_{ex}$ 法。但是海洋沉积物中过剩的 ^{210}Pb 并非仅仅来自海水中 ^{226}Ra 的贡献，另外一个主要来源是由陆地逸出到空气中的 ^{222}Rn 经短寿命子体衰变产生并沉降到海洋的 ^{210}Pb。

除了近海沉积物测年外，^{210}Pb 也用来研究颗粒物的清除过程（陈飞舟，1997）。与 ^{234}Th 法研究颗粒物清除过程所不同的是，用 ^{210}Pb 研究颗粒物清除过程必须考虑大气输入的 ^{210}Pb 通量。总的 ^{210}Pb 停留时间为：

$$\tau_t = \frac{A_{tPb}}{I + \lambda_{Pb}(A_{tRa} - A_{tPb})}. \tag{6.7}$$

如果分别测定溶解态和颗粒态的 ^{210}Pb，则可得到溶解态和颗粒态 ^{210}Pb 的停留时间分别为：

$$\tau_d = \frac{A_{dPb}}{I + \lambda_{Pb}(A_{dRa} - A_{dPb})}, \tag{6.8}$$

$$\tau_p = \frac{A_{pPb}}{I + \lambda_{Pb}(A_{tRa} - A_{dPb} - A_{pPb})}, \tag{6.9}$$

式（6.7）～（6.9）中，A_{pPb}、A_{dPb}、A_{tPb} 和 A_{pRa}、A_{dRa}、A_{tRa} 是海水中颗粒态、溶解态和总的 ^{210}Pb 和 ^{226}Ra 含量；I 是 ^{210}Pb 的大气输入通量；λ_{Pb} 是 ^{210}Pb 的衰变常数。

除了沉积速率与混合速率外，人们也利用沉积物岩心中的 ^{210}Pb 分布探索自然事件、人类活动和水动力对沉积过程的影响（姚建华等，1988；陈卫跃等，1990）。例如：Cochran 等（1998）以 ^{210}Pb 作为示踪剂研究大气输入北威尼斯潟湖的重金属。

6.2.4　镭同位素

海水中可探测到且具有海洋学意义的镭同位素有 ^{223}Ra、^{224}Ra、^{226}Ra 和 ^{228}Ra，它们的半衰期分别为 18.7 d、3.66 d、1 600 a 和 5.75 a。文献中有关 ^{226}Ra 的研究很多，^{228}Ra 次之，

关于 ^{223}Ra 和 ^{224}Ra 的研究较少。^{223}Ra、^{224}Ra、^{226}Ra 和 ^{228}Ra 分别是钍同位素 ^{227}Th、^{228}Th、^{230}Th 和 ^{232}Th 的子体，镭和钍同位素的研究经常被联系在一起。高颗粒活性是钍同位素的基本特性，所以海水中的钍同位素极易吸附在颗粒物上，并随颗粒物沉降到海底，而且沉积物和海洋中固体介质里的钍同位素则不易释入到海水中。但是，由钍同位素衰变来的镭同位素具有较弱的颗粒活性。海水中镭同位素的可能来源为：沉积物中的镭同位素解析到间隙水中并向上覆水体中扩散（谢永臻，1994），陆地径流中溶解态镭可直接进入海洋，径流中颗粒物携带的镭在河口区因水体盐度增大也解析进入海水中，地下水进入海洋携带溶解态的镭进入海洋等。海水中的镭同位素也不像钍同位素那样易于吸附在颗粒物上向海底沉降。另外，镭与钙属同族元素，所以可以被生物体钙质硬组织吸收，Reyss 等（1996）曾用 ^{228}Th/^{228}Ra 方法测量甲壳生物的年龄。

由于地下水中有比海水高的镭同位素含量，所以，可以用镭同位素示踪进入海洋的地下水的通量。

镭同位素的另一个用途是研究海水－沉积物界面和大气－海洋界面附近水体一侧的物质迁移问题。由大洋中表层和底层高和中间层低的 ^{228}Ra 分布，帮助人们确定海底沉积物是 ^{228}Ra 的主要来源，并且 ^{228}Ra 进入海水后随水体运动不断向上扩散（Cochran，1992）。

6.2.5　大气沉降的宇生放射性核素

大气沉降是近岸海域颗粒物的主要来源之一。可以用 ^{210}Pb、^{222}Rn、^{14}C、^{7}Be 进行大气海水界面的物质交换研究，其他宇生核素，像 ^{32}P、^{33}P、^{35}S、^{32}Si、^{26}Al、^{10}Be 也可用来研究大气沉降及其历史演变问题。其中，^{222}Rn 主要用来研究海－气界面海洋物质向大气方向的交换通量问题，其余核素则主要用于研究大气物质的入海通量，尤以 ^{210}Pb 和 ^{14}C 的研究报道为多。有相当的文章认为海水中的 ^{210}Pb 主要来源于大气沉降（陈绍勇等，1988；林以安，1996）。由于测量技术上的问题，其他核素的报道较少。从半衰期上推算，海洋中的 ^{32}P、^{33}P 等短寿命核素只能来源于大气沉降。而长寿命的 ^{14}C、^{10}Be、^{26}Al 则可能通过直接沉降入海洋，也可能是沉降在陆地上经过长时间的循环进入海洋的，而较长寿命的核素，像 ^{7}Be、^{35}S 等核素或者直接进入海洋，或在陆地上作短暂的停留进入海洋，在陆地上经过生物循环再进入海洋的可能性不大。从原理上讲，以上核素的测量方法已经成熟，也已有关于环境中这些核素测量的报道，在我国已有关于大气沉降和海水中 ^{7}Be 测量的报道（卜万成等，1993；李志远，1987）。除了沉积物中的 ^{210}Pb 外，测量以上核素的困难在于环境介质中这些核素的含量很低，准确测定这些核素需要进行大体积样品的富集。

6.3　半封闭海湾的同位素海洋学

6.3.1　厦门港与同安湾

厦门湾又称厦门港，位于福建南部金门湾内，厦门岛西侧和南侧的九龙江入海口处，兼有海湾与河口的两重属性，水域面积 154 km²，大部分水深为 5 ~ 20 m，最大水深为 31 m(中国海湾志编纂委员会，1993d)。厦门岛的东侧和北侧是同安湾，水域面积41 km²，东西南海岸为红土台地，北岸为河中冲积平原，湾内水深分布不均，最大水深为22 m，有东、西溪和官浔溪汇入。厦门港和同安湾相通并环绕厦门岛。

厦门港与同安湾是中国同位素海洋学研究最为广泛的海湾。除在厦门港与同安湾进行了生产力研究外，放射性同位素海洋学研究包括颗粒物运移过程与输出生产力、水体镭同位素分布与通量(陈性保，1996)、水体交换(蔡明刚等，2000)、地下水与海水相互作用、海堤工程对厦门港湾沉积过程的影响(程汉良等，1985)等。

陈飞舟(1997)的研究结果表明，厦门西港和上屿附近海域的整个水柱中溶解态、颗粒态以及总的^{234}Th 均亏损，总^{234}Th$/^{238}$U 活度比在 0.1 左右，最大为 0.239，而其他海域总^{234}Th$/^{238}$U 活度比总是在 1 附近，这可能与该海域悬浮颗粒物浓度高有关。利用^{234}Th$/^{238}$U 活度比方法计算得到上屿海域溶解态、颗粒态和总^{234}Th 的停留时间分别为0.72 ~ 3.99、1.91 ~ 6.83 和3.27 ~ 10.2 d，也都低于其他海域(陈飞舟，1997)。

陈性保的研究结果表明(陈性保，1996)，九龙江河口区水体中的镭同位素含量随径流量变化，其中^{226}Ra 变化与径流量变化一致，且变化幅度较大；^{224}Ra 与^{228}Ra 与之相反，但变化幅度远小于^{226}Ra。

6.3.2　大亚湾

大亚湾位于粤东西部、珠江口东侧，面积 516 km²，水深为 5 ~ 18 m，周边无大的河流输入(中国海湾志编纂委员会，1993a)。20 世纪 80 年代以后，特别是大亚湾核电站立项建设以来，人们对大亚湾的物理、化学、生物海洋学进行了广泛的研究，由于评价核电站环境影响的需要，海湾及其周边环境放射性水平的研究成了人们关注的重点，由此，放射性核素行为特征及其归宿的研究也提上议事日程。林植青等(1993)研究了大亚湾沉积物中的人工放射性核素，计算了^{137}Cs 和^{90}Sr 等 10 种核素在沉积物和海水中的分配系数。作者曾对大亚湾海域海水、海洋生物、沉积物的天然和人工放射性核素的含量及^{137}Cs、^{90}Sr 的行为特征进行了研究(刘广山等，1996，2000)，表明海洋生物中^{137}Cs 与天然放射性核素含量相关性较差；^{90}Sr 与^{238}U、^{226}Ra、^{228}Ra、^{228}Th 含量相关性较好，而与^{40}K 相关性较差。通过大亚湾与南海东北部沉积物中^{137}Cs 含量的比较，说明湾内与湾外海水交换和沉积物运移较慢。黄乃明等(1999)研究了大亚湾西部海区沉积物中天然放射性核素和^{137}Cs 的深度分布，用^{137}Cs 和^{210}Pb 过剩方法测定得沉积速率为 0.94 ~ 1.42 cm/a。并认为混合层穿透深度达 25 cm。

6.3.3 湄州湾

湄州湾位于福建省东海岸中部，水域面积为 217 km^2，湾内大部分水深在 10 m 以上，最大水深为 52 m(中国海湾志编纂委员会，1993c)。附近主要为基岩海岸，局部出现淤泥质、砂质和红树林海岸。湄州湾周围无大的河溪输入。

陈绍勇等(1988)用^{137}Cs、^{210}Pb、^{234}Th 和^{210}Po 对湄州湾沉积物的沉积速率和混合速率进行了研究。在靠近湾顶部的秀屿和湾口部的峰尾设两个研究站位，^{210}Pb$_{ex}$法给出秀屿站和峰尾站的沉积速率分别为 0.53 cm/a 和 1.50 cm/a，用^{137}Cs 法给出的这两个站的沉积速率分别为 0.39 cm/a 和 1.18 cm/a，两种方法得到的沉积速率存在明显的差异。

用^{234}Th$_{ex}$法和^{210}Pb$_{ex}$法得到的秀屿站混合系数分别为 0.49 × 10^{-6} cm^2/s 和 0.10 × 10^{-6} cm^2/s。文中认为这可能是^{234}Th 和^{210}Pb 反应不同的时间尺度的缘故。实际上可能是还存在不清楚的影响^{234}Th 和^{210}Pb 行为的因素(陈绍勇等，1988)。

6.3.4 胶州湾

胶州湾位于胶州半岛南部 35°58′ ~ 36°18′N，120°04′ ~ 120°23′E，海湾面积为 397 km^2，平均水深 7 m，最大水深为 64 m。沿岸以基岩海岸为主，汇入湾内的河流有大沽河和洋河，没有大的河流输入湾内及其邻近海域(中国海洋志编纂委员会，1993b)。

有一些关于胶州湾及其邻近海域放射性同位素研究的报道(陈淑琴，1988；柳宪民等，1988；谢福缘等，1985，1986；邱云殿等，1993；李培泉等，1986；尹毅等，1983；徐明德等，1988)。陈淑琴的研究结果表明胶州湾蛤蜊中的^{137}Cs 含量与渤海基本一致。1988 年柳宪民等对青岛近海的放射性状况调查结果表明，海水中的^{90}Sr、^{137}Cs 和 U 的含量在不同季节的水平分布无明显差异；沉积物中^{137}Cs、U 和 Th 的含量分布变化明显，^{137}Cs 为岸边低外海高，U 和 Th 为岸边高外海低；生物体中的^{90}Sr、^{137}Cs 和 U 含量基本上没有季节性差异。谢福缘等(1985，1986)用^{14}C 方法进行了一些胶州湾样品的测年。邱云殿等(1993)测定了胶州湾海水中的总β放射性水平，指出在丰水期与枯水期胶州湾海水中的总β放射性水平存在显著的差异，由于水体中β放射性水平在一定程度上表示其中颗粒物的浓度，所以丰水期与枯水期胶州湾海水中的总β放射性水平存在显著的差异，说明胶州湾海水中颗粒物的浓度是随季节变化的。李培泉等(1986)测定了胶州湾表层沉积物中 U、Th、Ra、^{40}K 和^{137}Cs 的分布，结果表明，胶州湾表层沉积物中 U、Th 和 Ra 的分布基本一致；从原文图上的采样站位看，东南岸附近站位的 U、Th、Ra 含量稍高于其余海区；^{40}K 分布比较均匀。尹毅(1983)等进行了青岛附近海域沉积物吸附^{137}Cs 的初步研究，表明对不同类型的沉积物，^{137}Cs 在沉积物与海水中有不同的分配系数，从而解释了为什么海水中^{137}Cs 含量水平相同的同一海区的不同站位沉积物中的^{137}Cs含量有明显的差异。徐明德等（1988）研究了青岛近海海水中的悬浮物含量及吸附性能，测定了人工放射性核素^{90}Sr、^{137}Cs、^{106}Ru和^{60}Co在沉积物和海水之间的分配系数，给出青岛附近海域海水中的悬浮物含量很低，仅两万分之一，对^{137}Cs和^{60}Co的浓集系数为10^2。

6.4　胶州湾同位素海洋学研究展望

由以上可知，胶州湾的放射性核素研究比其他海域进行的更多一些，但总体看仍是零星的，不系统的，多数是为了辐射水平监测的目的，与海洋学过程的联系不紧密，而且大部分研究工作在20世纪80年代进行，之前之后的研究报道都很少。

近些年应用同位素的海洋学研究可以分为界面过程和物质输运两方面，包括陆海相互作用和海气交换，颗粒动力学过程和水体中物质的输运，海洋放射年代学与沉积物水界面物质交换等诸方面。预期也可在胶州湾开展以上几方面应用同位素的海洋学研究工作。

6.4.1　陆海相互作用与海气交换

除了水体中存在的天然放射系核素外，海岸浸蚀、径流输入、地下水输入与大气沉降是近岸海域水体中放射性核素来源的主要途径。放射性核素通过以上途径进入海洋，也为陆海和海气相互作用研究提供了工具。

可用同位素示踪的陆海相互作用过程多数是陆源物质进入海洋的过程。由于不同的陆源物质带有不同的，且与海洋生物或海洋自生物质不同的特征，所以同位素可以示踪物源。例如，文献报道胶州湾东部沉积中具有高的天然放射性核素含量（李培泉等，1986），被证明是东部陆地表层土壤天然放射性核素含量较高引起的（刘广山等，2008），并不是由于海湾东部受人类活动影响造成的。

表层海洋中的^{210}Pb主要来源于大气沉降。大气中的^{210}Pb是陆地土壤释放的^{222}Rn衰变产生的，^{222}Rn进入大气后随气流运动并不断衰变产生^{210}Pb、^{210}Bi和^{210}Po。由于半衰期不同，当气流在空中输运经历不同时间时，^{210}Pb、^{210}Bi和^{210}Po将有不同的活度比，所以通过测量大气沉降的3种核素可以估算大气气溶胶的停留时间与输运方式（Moore et al.，1973；Turekian et al.，1977）。胶州湾有大量的大气沉降输入（李安春等，1997），预期用同位素示踪方法进行研究会得到更多的有用信息。

6.4.2　颗粒动力学过程与水体中物质的输运

颗粒动力学研究颗粒物吸附溶解态物质和上层水体中的颗粒物向下层水体迁出问题。颗粒物迁出使颗粒活性物质由上层水向下层水输运，并且最后可能进入沉积物，其重要性在于可以估算真光层碳的输出通量——输出生产力。用^{234}Th作示踪剂，由于^{234}Th半衰期为24.1 d，特别适合于真光层的海洋生物地球化学过程研究，而且由于海洋中的^{238}U活度较高，并因此其子体^{234}Th 的浓度也较高，测量比较容易，因此得到广泛的应用。但是应用同位素示踪的半封闭海湾水体颗粒动力学研究很少（Wei and Murry，1992；陈飞舟，1997），胶州湾还没有相关的报道。

在海洋中，平流和涡动过程也输运溶解态物质。镭同位素主要源于海底沉积物，近岸海域在空间位置上与营养盐和污染物具有接近的源项，可以用来示踪水体中营养盐和污染物的输运。人们在胶州湾积累了多年的营养盐和污染物研究资料，水平输运可能是重要的，可以期望在胶州湾口与黄海的交界处利用镭同位素分布与营养盐、污染物的浓度梯度估算交换通量。

6.4.3 海洋放射年代学与海水–沉积物界面的物质交换

海洋放射年代学的研究重点之一是估算海洋沉积物的沉积速率。其实质是给出通过沉积物水界面由水体进入沉积物的物质通量。已有一些关于胶州湾沉积速率的报道（王文海等，1982，1986；国家海洋局第一海洋研究所，1984；郑安全等，1992；边淑华等，2001；李凤业等，2003；张丽洁等，2003）。但是各个研究者报道的沉积速率范围为0.025~2.5 cm/a，相差较大。就了解胶州湾沉积速率的整体情况而言，多个代表性的采样点沉积速率研究将是必要的。

人们关注的海水沉积物界面的另外一个重要方面是沉积物中溶解态物质向上覆水的输入通量。与之相关的是沉积物混合层厚度，或上覆水与沉积物中溶解态物质的交换深度（Bollinger and Moore，1984）。可以用^{210}Pb 和^{234}Th 估算混合层厚度（陈绍勇等，1988；Fuller et al.，1999）。也有人提出，一些海域仅扩散交换不足以提供海水中过剩的镭同位素，可能存在地下水的输入，可以用镭同位素示踪地下水和营养盐输入通量（Moore，1996；Hwang et al.，2005）。还未看到在胶州湾进行相关研究的报道。

6.5 历史的推论与存在的问题

（1）放射性同位素用于海洋学研究，可以得到海洋沉积物沉积速率、表层沉积物混合层深度、颗粒物在海水中的停留时间、大气颗粒物入海通量、地下水入海通量、海湾海水与外海交换速率；从沉积物岩心放射性核素的分布可以得到海洋环境的历史演变以及海域发生的重要事件。但是在我国，将放射性同位素方法用于海湾海洋学过程研究的报道较少。特别是同时应用多个核素进行海湾海洋学过程综合研究的报道更少。

（2）未受放射性污染的海洋环境中放射性核素含量水平较低，且不同核素含量水平相差很大，再加上不同的放射性核素需要不同的测量仪器和方法，所以，利用放射性同位素进行海洋学研究需要将核辐射测量技术与海洋学的研究内容结合。目前，尽管放射性测量技术在海洋学研究中得到广泛应用，但海洋学研究并非充分利用了放射性测量技术，特别是没有充分及时掌握核辐射测量学家建立并在不断发展的准确可靠的测量方法。

（3）放射性同位素海洋学研究的是海域的生物、物理和化学过程，及其所揭示的海洋生物地球化学意义。放射性核素行为动力学研究本身就是一个重要的研究内容，利用放射性核素的行为来推论生源要素的行为，除了利用所研究元素的同位素进行的内容外，例如利用 ^{14}C 研究 C 的行为，利用 ^{32}P/^{33}P 研究 P，利用 ^{35}S 研究 S，利用 ^{32}Si 研究 Si，如果不是利用所研究元素的同位素示踪海洋学过程，用于示踪的核素与研究元素行为的差异就是一个值得研究的重要内容。另外一个值得提到的问题是放射性核素的半衰期也限制了这些核素不能用于人们关注的很多海洋学过程的研究。

（4）海湾，除了边界条件复杂外，比其他海域人类活动更频繁，人类活动带来的扰动会掩盖真实的海洋学过程，同样增加了研究放射性核素在海湾中的行为困难。比如胶州湾沿岸有大量的盐田，这是有别于其他海湾的地方，而且由于海洋中的大部分放射性核素是陆地输入的，所以盐田的影响显然是不可忽视的。

参考文献

边淑华，胡泽建，韦爱平，等．2001．近 130 年胶州湾自然形态和冲淤演变探讨．黄渤海海洋，19(3)：46－53．

卜万成，毕克娜，宣义仁．1993．环境放射性连续监测．辐射防护通讯，13(3)：14－20．

蔡明刚，陈敏，蔡毅华，等．2000．厦门浔江湾水体交换的 ^{224}Ra 和 ^{2}H 示踪研究．台湾海峡，19(2)：157－162．

陈飞舟．1997．南海东北部和厦门湾海域颗物运移过程与输出生产力的同位素示踪研究（博士学位论文）．厦门：厦门大学：135．

陈敏，黄奕普，陈飞舟，等．1996．真光层的颗粒动力学：Ⅱ．南沙海域上层水体中 ^{234}Th 的清除//南沙群岛海域的同位素海洋化学．北京：海洋出版社：123－133．

陈绍勇，李文权，黄奕普，等．1988．湄州湾沉积物的混合速率和沉积速率的研究．海洋学报，10(5)：565－574．

陈淑琴．1988．青岛沿海 ^{137}Cs 初步研究．海洋环境科学，7(2)：17－19．

陈卫跃，沈健．1990． ^{210}Pb 沉积速率测定法在浅水动力环境中的应用．海洋与湖沼，21(6)：529－535．

陈性保．1996．九龙江河口区、厦门湾水体中 Ra 同位素的分布与通量的研究（硕士学位论文）．厦门：厦门大学：50．

国家海洋局第一海洋研究所．1984．胶州湾自然环境．北京：海洋出版社．

程汉良，曾文义，施文远，等．1985．海堤建成前后厦门港湾沉积速率的变化及其在海洋工程中的意义．台湾海峡，4(1)：45－52．

黄乃明，宋海青，牛广秋，等．1999．大亚湾海底泥中γ放射性核素比活度随深度的变化及底泥沉积速率的估算．辐射防护通讯，19(2)：9－12．

李安春，陈丽蓉，王丕浩．1997．青岛地区一次浮尘过程的来源及向海输尘强度．科学通报，42(18)：1990－1992．

李凤业，宋金明，李学刚，等．2003．胶州湾现代沉积速率和沉积通量．海洋地质与第四纪地质，23(4)：29－33．

李培泉，苗绿田，刘志和.1986. 青岛胶州湾表层沉积物五种重要放射性同位素的测定. 海洋科学，10(6)：18 – 21.

李志远，胡爱英.1987. 就地浓集 – 直接γ能谱法同时测定海水中的 U、Th、^{226}Ra、^{7}Be 和^{95}Zr – ^{95}Nb. 海洋环境科学，6（4）：77 – 83.

林以安.1996. 长江口可溶态^{210}Pb 的来源、分布和逗留时间. 海洋与湖沼，27（2）：145 – 149.

林植青，王建林，郑建禄，等.1993. 大亚湾海洋沉积物的人工放射性核素. 海洋科学，4：61 – 64.

刘广山，陈敏，黄奕普，等.2001. 海洋沉积物岩心放射性核素的γ谱测定. 厦门大学学报（自然科学版），39（3）：669 – 674.

刘广山，李冬梅，易勇，等. 2008. 胶州湾沉积物的放射性核素含量分布与沉积速率. 地球学报，29(6)：769 – 777.

刘广山，周彩芸.2000. 大亚湾不同介质中^{137}Cs 和^{90}Sr 的含量及行为特征. 台湾海峡，19（3）：261 – 268.

刘广山，周彩芸.1996. 大亚湾海洋生态环境放射性水平研究//侯秉政. 中国青年学者论环境. 北京：中国环境科学出版社：800 – 804.

柳宪民，陈懋，赵德兴，等.1988. 青岛近海放射性状况. 黄渤海海洋，6（2）：30 – 38.

邱云殿，衣铭莉.1993. 胶州湾海水中总β放射性水平. 海洋科学，13（1）：70 – 71.

王文海，王润玉，张书欣.1982. 胶州湾的泥沙来源及其自然沉积速率. 海岸工程，1：83 – 90.

谢福缘，刘新霞，蔡德陵，等.1985. ^{14}C 测定年代报告（一）. 黄渤海海洋，3（3）：99 – 102.

谢福缘，刘新霞，蔡德陵，等.1986. ^{14}C 测定年代报告（二）. 黄渤海海洋，4（1）：83 – 84.

谢永臻.1994. 南海及厦门海域镭同位素地球化学的研究（博士学位论文）. 厦门：厦门大学.

徐明德，童钧安.1988. 青岛近海悬浮物含量及吸附性能研究. 黄渤海海洋，6（2）：58 – 62.

杨玉玲，吴永成.1999. 90 年代胶州湾海域的温盐结构. 黄渤海海洋，17（3）：31 – 35.

姚建华，曾文艺.1988. 沉积物中^{210}Pb 特殊剖面与自然事件、人类生产活动的关系. 海洋通报，7（2）：111 – 116.

尹毅，刘光章.1983. 几种近海沉积物吸附^{137}Cs 初步研究. 海洋科学，3（1）：18 – 21.

张洁丽，王贵，姚德，等.2003. 胶州湾李村河口沉积物重金属污染特征研究. 山东理工大学学报（自然科学版），17（1）：8 – 14.

郑全安，吴隆业，戴懋英，等.1992. 胶州湾遥感研究：Ⅱ. 动力参数计算. 海洋与湖沼，23（1）：1 – 6.

中国海湾志编纂委员会.1993a. 中国海湾志第九分册·大亚湾. 北京：海洋出版社：221 – 298.

中国海湾志编纂委员会.1993b. 中国海湾志第四分册·胶州湾. 北京：海洋出版社：157 – 260.

中国海湾志编纂委员会.1993c. 中国海湾志第八分册·湄州湾. 北京：海洋出版社：1 – 48.

中国海湾志编纂委员会.1993d. 中国海湾志第八分册·厦门港. 北京：海洋出版社：165 – 243.

Callender E, Robbins J A. 1994. Transport and accumulation of radionuclides and stable elements in a Missouri River reservoir. Water Resource Research, 29：1787 – 1804.

Cochran J K. 1992. The oceanic chemistry of the uranium-and thorium-series nuclides//Uranium-series Disequilibrium：Application to Earth, Marine, and Environmental Sciences：334 – 395.

Cochran J K, Fragnani M, Salamanaca M, et al. 1998. Lead-210 as a tracer of atmospheric input of heavy metals in northern Venice Lagoon. Marine Chemistry, 65：15 – 29.

Eisenbud M. 1997. Environmental radioactivity from natural, industrial, and military sources, Fourth edition.

San Diego: Academic Press.

Fuller C C, van Geen A, Baskaran M, et al. 1999. Sediment chronology in San Francisco Bay, California, defined by ^{210}Pb, ^{234}Th, ^{137}Cs and $^{239, 240}$Pu. Marine Chemistry, 64: 7 – 27.

Hwang D W, Kim G, Lee Y W, et al. 2005. Estimating submarine inputs of groundwater and nutrients to a coastal bay using radium isotopes. Marine Chemistry, 96: 61 – 71.

Kautsky H. 1988. Determination of distribution process, transport routes and transport times in North Sea and northern North Atlantic using artificial radionuclides as tracers//Radionuclides: A Tool for Oceanography. London and New York: Elsevier Applied Science Publisher: 271 – 280.

Moore H E, Poet S E, Martell E A. 1973. ^{222}Rn, ^{210}Pb, ^{210}Bi, and ^{210}Po Profiles and aerosol residence times versus altitude. Journal of Geophysical Research, 78(30): 7065 – 7075.

Moore W S. 1996. Large groundwater inputs to coastal waters revealed by ^{226}Ra enrichments. Nature, 380: 612 – 614.

Reyss J L, Schmidt S, Latrouite D, et al. 1996. Age determination of crustacean carapaces using ^{228}Th/^{228}Ra measurements by ultra low level gamma spectrometry. Applied Radiation and Isotopes, 47 (9/10): 1049 – 1053.

Turekian K K, Nozaki Y, Benninger L K. 1977. Geochemistry of atmospheric radon and radon products. Annual Review of Earth and Planetary Science, 5: 227 – 255.

Wei C L, Murray J W. 1992. Temporal variations of ^{234}Th activity in the water column of Dabob Bay: particle scavenging. Limnology and Oceanography, 37(2): 296 – 314.

第七章
胶州湾污染物研究概况
——以重金属污染为例

胶州湾位于 $35°38' \sim 36°18'$ N，$120°04' \sim 120°23'$ E，是一个中型封闭的浅海湾，水域总面积约 423 km²，其中潮间带滩涂面积约 125 km²，湾内平均水深 7 m，大部分水深不超过 5 m（中国海湾志编纂委员会，1993）。进入胶州湾的河流大都具有季节性的特点，包括大沽河、洋河、海泊河、李村河、坂桥坊河、娄山河、湾头河、白沙河、墨水河、洪江河等。流经青岛市区的河流上游常年干涸，中、下游则成为市区工业废水和生活污水的主要排放沟（北海分局，1992a；刘瑞玉，1992；中国海湾志编纂委员会，1993）。青岛市 5 条排污河的污染严重程度依次为：海泊河、娄山河、李村河、板桥坊河及湾头河，它们的污染综合指数分别为 7.49、3.66、2.63、1.20 和 0.67，海泊河、娄山河和李村河属于严重污染，板桥坊河属重污染，湾头河属轻污染（北海分局，1992b）。在胶州湾中部、东部海区海泊河的污染分担率占到 30% ~40%（张学庆和孙英兰，2007）。李村河上游自 2001 年综合整治工程后水质明显好转，而中、下游水质仍为劣 V 类水体（牛青山和亓靓，2006）。

7.1　污染物的主要来源

随着城市化和工业化的进展，工业三废和城市污水、垃圾等大量进入胶州湾。青岛市沿海有各类工厂近 800 家，这些工厂通过各水系直接/间接地将各种废水排入海中，据不完全统计，1980 年排入胶州湾废水约 7 015×10⁴ t（见表 7.1），年排放生活污水 1 438×10⁴ t，工业废渣 35×10⁴ t，有害废气烟尘 37×10⁴ t，生活垃圾 33×10⁴ t，煤渣 38×10⁴ t。这些物质主要来自海湾东岸的青岛市区，其中污染很明显的区域占海湾总面积的 5% 以上（马厚进，1986；陈先芬，1991；中国海湾志编纂委员会，1993）。据 1987 年对市区 609 个厂家统计，全年排放废水总量为 14 651×10⁴ t，其中工业废水为 10 055×10⁴ t。工业废水中携带的各类污染物的排放总量为 105 692 t。主要污染物为化学耗氧量、挥发性酚、悬浮物、六价铬、氰化物等。在污染物的检测指标中，化学耗氧量位于首位，等标污染负荷比为 64%。而 1989 年起进行的对市区内 6 条主要河流、12 个排污工厂进行的监测结果表明，其主要污染物与往年相比基本相似，其构成与市区工业结构相符，只是挥发性酚相对于化学耗氧量而言位于首位，等标污染负荷比为 37.2%（北海分局，1992b）。2001 年胶州湾周边重要排污口：团岛污水处理厂、海泊河污水处理厂/海泊河、李村河污水处理厂李村河、板桥坊河、娄山河、墨水河和大沽河的 COD 年排放量分别为 1 178.3，17 727.6，10 318.6，3 213.6，433.2，4 344，25 266 t，其中大沽河的排放量占总排放量的 40.4%，这主要是由于大沽河汇集了流域内农田面源、上游城市生产、生活污水污染物的排放（张学庆、孙英兰，2007）。对比不同年份间污染物排放总量可以发现，近期污染物的排放总量呈逐年增加的趋势，保护胶州湾的生态环境已刻不容缓。

表 7.1 青岛市区工业污染源分布统计

序号	污染源分布	统计工厂		工业废水	
		数量/个	比例/%	排放量/$t \cdot a^{-1}$	分担率/%
	市区合计	251	10.00	70 156 804	100.00
1	海泊河水系	120	47.8	14 237 952	20.29
2	李村河水系	26	10.4	9 511 515	13.56
3	娄山河水系	8	3.2	3 314 783	4.73
4	直接入海厂	28	11.1	41 290 762	58.85
5	市政下水系	61	24.3	1 000 187	1.43
6	坂桥场河	2	0.8	220 000	0.31
7	市郊工厂	6	2.4	581 605	0.83

注：中国海湾志编纂委员会，1993。

除污水排放外，青岛港作为我国五大港口之一，随着港口吞吐量的逐年增加，海损溢油事故和船舶向港内排放含油废水日趋增多，而海难事故的发生往往给海湾造成灾难性污染（马厚进，1986；李德仁，1988；中国海湾志编纂委员会，1993）。胶州湾沿岸每年有上百万吨的城市垃圾堆放在海湾沿岸，是海湾污染物的主要来源。而胶州湾周边农田施用的农药经过陆地径流带入海湾，也给海湾造成了重要污染（中国海湾志编纂委员会，1993）。

胶州湾是个水浅潮差大的海湾，据陈时俊等（1983）的计算结果，在半日潮周期内，通过湾口的累积水量约占胶州湾平均海面以下计算海域水体的 1/3，因此胶州湾具有一定的污染物自净能力。胶州湾内污染物的分布有如下特点：涨潮时的浓度梯度大于落潮时；岸边浓度大于海区中部；动力强的海区污染程度低，相反则较高。冬季由于北风刮起海底的各种污染物，再悬浮过程可使得海水发生二次污染（陈时俊等，1983；中国海湾志编纂委员会，1993）。

7.2 污染物研究概况

胶州湾中的主要污染物质包括：（1）大量的生活污水、工农业废水和养殖废水直接或间接排入胶州湾，其中的氮、磷等营养物质造成局部海水严重富营养化；重要经济鱼类养殖区的活性磷酸盐 100% 超标，引发赤潮，造成严重的经济损失（孙耀等，1993；张均顺和沈志良，1997；郝建华等，2000；卢敏等，2001；姚云和沈志良，2004；蔡少炼，

2005；宋秀贤和俞志明，2007）。营养盐污染是最普遍和最广泛的海洋污染现象，应引起足够的重视。(2)重金属污染主要是指铜、铅、镉、锌、砷、汞、铬等的污染，它们通过电镀、化工、冶金等行业的生产废水直接或间接排入海洋，导致一些近岸海域海水中重金属含量超标，尤其在港口、河口附近海域底质重金属超标情况更加严重；(3)其他污染物，例如农药、有机质污染、微生物等（杨永亮等，2003；周明莹等，2006，2008；徐捷等，2006；刘文新等，2008；王江涛等，2008；赵仕兰等，2008）。上述这些污染物在不同程度上对胶州湾的生态环境造成危害，破坏海洋生态系统的健康。

在本章中，作者拟主要讨论胶州湾的重金属污染问题。随着工业、生活废水排入海洋的重金属铜、铅、镉、锌、砷、汞、铬、锡等，属于过渡性元素。在水生环境中，大多数重金属都是良好的电子接受体，易与酶和活性基团结合，重金属能与生物体内酶的催化活性部分中的巯基结合成难溶解的硫醇盐，抑制酶的活性，妨碍机体的代谢作用（蔡少炼，2005）。重金属易与海水中各种阴离子、有机配体形成络合物和螯合物，并易吸附在矿物和有机物上，不易被微生物降解。它们在水环境中广泛存在，价态变化大，易形成氢氧化物，并可能生成硫化物、碳酸盐等极易沉淀的化合物而进入底沉积物中，底沉积物中重金属的含量往往比上覆水中的含量高得多。因此，沉积物中重金属的含量应受到高度的重视，防止潜在的化学定时炸弹的形成（张丽洁等，2003a）。

7.2.1 汞

环境中汞的存在形态主要有：元素 Hg^0、无机二价汞化合物、有机汞化合物（甲基汞($CH_3 - Hg$)和二甲基汞$[(CH_3)_2Hg]$）。元素 Hg^0 具有高的化学挥发性，是空气中汞的主要存在形态，极易通过大气传输形成全球性的汞污染。无机二价汞的化合物在水体中溶解度较高，但在大气中不稳定，其毒性较大且易形成湿沉降造成局地/区域性污染。有机汞的化合物具有较高的挥发性，易从水体中进入大气继而被光降解，水体中的有机汞则易通过食物链进行传递并对人体构成危害（陈乐恬等，1999）。海水中的汞主要来源于含汞的矿物与岩石的风化产物，随河流和大气进入海洋，海底火山爆发也是其来源之一。人类的生产活动，如含汞农药的喷撒、工厂含汞废水、废渣的排放常常是造成近海、大气汞污染的重要原因。汞易在生物体内富集，最终危及其他动物的生长和人类的生活，自从20世纪60年代初日本发生"水俣病"公害以来，海洋化学家和环境化学家一直十分重视海水中汞的含量，并进行了大量的分析研究工作（陈甫华等，1984；陈惠等，1994；吴世安等，1994；张献鼎，1998；Koster et al.，1996；Olivero and Solano，1998；Liu et al.，2001；Trip et al.，2004）。汞易在沉积物累积并发生甲基化作用，使水体中持续含有毒性更强的甲基汞。河口沉积物由于受到潮汐变化使厌氧沉积物在退潮时暴露于空气中，其中的汞向大气释放（单长青和刘汝海，2007）。

近年来对胶州湾周边沿岸区域和中央海域海水、浮游植物和表层沉积物中汞的含量进行了调查，表7.2给出了胶州湾海水、潮间带海水及其他河口、海湾中汞的含量。由表

7.2 可见，胶州湾海水中溶解态汞的含量比较稳定（除 1979 年 5 月、8 月个别站位相对较高），其平均含量低于国家一类海水水质标准（GB 3097 - 1997，0.05 $\mu g/dm^3$）。但是，在胶州湾东边的大港码头、四方电厂和李村河口等受人为活动影响较严重的区域附近汞的含量较高，甚至超过了国家一类海水水质标准，其污染状况应引起相关部门的重视。由于陆地径流的影响，秋季海水中汞的含量大于春季和冬季。溶解无机汞含量与叶绿素 a 含量密切相关，汞含量随叶绿素 a 含量的增加呈指数下降，显示出浮游植物对溶解态汞含量的控制作用。胶州湾溶解态汞的含量与厦门港（许昆灿等，1985）、长江口杭州湾海域相似，略低于渤海湾（杨东方等，2008）。

表7.2　胶州湾海水、潮间带海水及其他河口、海湾中汞的含量（单位：$\mu g/dm^3$）

样品	采样时间	无机汞	总汞	无机汞/总汞	参考文献
胶州湾	1979 年 5 月		0.11 ~ 0.46(0.19)		杨东方等，2008
	1979 年 8 月		0.03 ~ 1.68		
	1979 年 11 月		0.01 ~ 0.02(0.013)		
胶州湾东部沿岸潮间带海水	1982 年 8 月	0.005 ~ 0.875 (0.119)	0.014 ~ 1.830 (0.250)	6% ~ 93%	张淑美等，1987
胶州湾栈桥边海水	1987 年		(0.011)		陆贤昆和冯晓炬，1989
胶州湾海水	1987 年 5 月、9 月 1988 年 1 月	0.000 63 ~ 0.004 42	0.002 5 ~ 0.040		吕小乔等，1990
胶州湾周边沿岸海水	1993 年 5 月、8 月、10 月		未检出 ~ 0.060 (0.015)		柴松芳，1998
	1994 年 5 月、8 月、10 月		0.015 ~ 0.035 (0.018)		
	1995 年 5 月、8 月、10 月		0.006 ~ 0.076 (0.020)		柴松芳，1998
胶州湾周边沿岸海水	1995 年 4 月、8 月		0.015 ~ 0.050		徐晓达等，2005
	1996 年 4 月、8 月		0.025 ~ 0.065		
	1997 年 4 月、8 月		0.018 ~ 0.045		
	1999 年 4 月、8 月		0.015 ~ 0.022		
渤海湾	20 世纪 70 年代		(0.030)		陈甫华等，1984
长江口、杭州湾			(0.022)		杨洪山等，1990
九龙江口	1980 年 11 月 - 1981 年 7 月	0.000 9 ~ 0.002 8			许昆灿等，1986
大辽河、河口	1989 年 5 月		0.095 ~ 0.55 (0.31)		Liu et al.，2001
鸭绿江、河口	1992 年 8 月		0.030 ~ 2.50 (0.70)		
滦河、河口	1991 年 8 月		3.70 ~ 6.70 (5.70)		
东村河、河口	1991 年 5 月		0.40 ~ 1.00 (0.64)		

注：括号内数字为平均含量。

潮间带海水中的总汞含量比海水中的浓度高十多倍，这说明污染物被排放入海后，大部分汞在潮间带区域滞留，随着与湾内海水的交换，其间的污染物也会对周边海水产生影响。1982年潮间带海水样品中总汞的含量比周家义等报道的1977和1978年胶州湾海水中总汞含量高4~5倍（周家义等，1981），其中在李村河口附近和青岛市南近海中总汞的浓度超过国家规定的水质标准2~3倍，其余地区的汞含量则在渔业水质标准以内。现有的文献中没有查到胶州湾主要入海河流如李村河、墨水河等的汞含量，但从表7.2可见，对于同样受到人为活动影响显著的大辽河口、鸭绿江河口、滦河口及东村河口，其中的总汞含量比胶州湾潮间带海水的含量高许多，尤其是滦河口其浓度高近20倍，这说明人为活动对河流及海洋生态系统的影响是不容忽视的。

表7.3给出了近年来胶州湾表层沉积物中汞含量的研究结果，由表可见胶州湾内表层沉积物中汞的含量在0.007~4.100 mg/kg范围内波动，不同时间不同区域采得样品中汞的含量有所差异。总体上来讲，在胶州湾口、青岛外围的近海等受人为活动影响相对较小的区域内沉积物中汞的含量较低，处于国家一类沉积物标准范围。而在胶州湾东部、红岛、中部水道和西部水道之间的狭长地带含量较高，这种高含量一方面来自周边岩石风化后的沉积，更主要的是由于工业和生活污水的排放（陈正新等，2006）。表层沉积物中汞的含量超过国家一类沉积物标准的地区主要分布在胶州湾东部，从湾顶到团岛污水处理厂以北的地区。而超过二类标准的样品则来自李村河口以北到海泊河口以南的海区（尹相淳等，1981；陈正新等，2006）。虽然李村河口附近的柱状沉积物中汞的含量低于页岩中的平均值，但并不说明李村河口尚未受到汞的污染，因为李村河口沉积物中含有粉砂及黏土质粉砂等，相对于黏土，粉砂对重金属的吸附要差些，这也是沉积物中汞含量较低的可能的原因之一（张丽洁等，2003b）。

表7.3 胶州湾表层沉积物中汞的含量

采样地点	采样时间	含量/mg·kg^{-1}	参考文献
胶州湾		0.01~0.571	尹相淳等，1981
胶州湾		0.02~2.31（0.46）	中国海湾志编纂委员会，1993
李村河口柱状沉积物	2001年	0.03~0.28（0.10）	张丽洁等，2003b
L1: 36°09.344′N, 120°21.157′E;			
L2: 36°09.35′N, 120°21.116′E			
胶州湾近岸	1995-1999年	0.01~0.25（0.043）	徐晓达等，2005
胶州湾（按1 km×1 km的网度采集312个）	2002、2004年	0.007~4.10（0.088）	陈正新等，2006
胶州湾大沽河口（60个）	2003年9月	0.007~0.181（0.036）	董贺平等，2007
胶州湾（33个）	2003年11月	0.018~2.11（0.212）	李玉等，2005
胶州湾东部	2002年6-7月	0.006~0.59（0.59）	王红晋等，2007
青岛前海		0.005~0.145（0.05）	

注：括号内数字为平均含量。

吕小乔等（1990）报道了胶州湾浮游植物中汞的含量范围在 1.1~25.2 $\mu g/kg$（湿重），其变化趋势是以李村河口等近岸海区的高值区向湾中央递减，基本与海水中汞的变化趋势类似。沉积物中汞的含量范围在 20.1~228 $\mu g/kg$（湿重），平均含量为 89.3 $\mu g/kg$（湿重），分布趋势与水体中的汞分布相吻合。浮游植物和沉积物中汞的含量显著高于海水中的汞含量，这表明汞的"颗粒活性"很高，陆源输送的汞进入胶州湾后能迅速地被海水中的无机和有机颗粒吸附富集并沉降到海底。

单长青和刘汝海（2007）通过对李村河口沉积物的光照培养实验发现，沉积物在经过 8 h 光照后，夏、冬两个季节沉积物中的汞向大气的释放率占沉积物汞总量分别为 52% 和 27%。夏、秋季的释放通量在中午 12 点至 13 点时达到最大，分别为 1 793 和 943 $\mu g/(m^2 \cdot h)$，夏季的释放通量约为冬季的两倍，且不同结合态的汞其释放率也不相同，其中有机质结合态的汞释放量最大。这说明沉积物中汞也会对大气环境造成潜在的威胁。单长青等（2006）还研究了海泊河口和李村河口沉积物中的汞向海水的释放，结果发现两种沉积物汞的释放浓度分别为 1.41~5.99 $\mu g/L$ 和 1.06~3.62 $\mu g/L$，最大释放率分别占沉积物中汞含量的 2.7% 和 3.4%，这种释放对潮间带海水水质产生较大影响。

张淑美和郑舜琴（1982）报道了 1979 年 8 月至 1980 年 5 月 4 个季节采样中蛤仔中汞的含量，其浓度范围为 0.005~0.166 $\mu g/g$（湿重）；离岸较近的潮间带中蛤仔含量较高，而离岸远的则含量相对较低，季节性变化不大；胶州湾蛤仔中汞的含量均未超过国家食用卫生标准 0.3 $\mu g/g$。王文琪和章佩群（1999b）报道了 1996 年 11 月和 1997 年 11 月胶州湾红岛、双埠两地蛤仔体内的汞含量，其浓度为 0.031 3~0.212 $\mu g/g$（干重），其中双埠蛤仔中 Hg 的含量已经接近食品卫生标准的上限。徐捷等（2006）报道了胶州湾 2003 年 4-10 月期间 4 次采样的菲律宾蛤仔中汞的含量，其浓度范围为 0.19~0.71 $\mu g/g$（湿重），平均含量为 0.35 $\mu g/g$，相对于 20 世纪 70-90 年代蛤仔中汞的含量已经有明显升高，但此值仍低于《无公害食品水产品中有毒有害物质限量》（NY 5073-2001）中制定的限量标准。

上述结果表明，随着胶州湾沿岸工业的发展，日益增加的工业、生活排污对胶州湾内及潮间带海水及沉积物均产生了较大影响，其无机汞的含量已经接近或超过一类水质和沉积物标准，使该区域的生物受到潜在的影响和污染。因此虽然海洋具有一定的自净能力，但对海洋环境的保护却应引起人们足够的重视。

7.2.2 锡

海洋环境中的无机锡主要来源于陆源岩石风化和工业锡的冶炼加工过程，而其中因人类活动排放的锡高达 240×10^9 g/a，是自然风化速率的 10 倍（Byrd and Andreae，1982）。人类活动的影响主要来自有色金属的开采加工过程和废物的燃烧，无机锡在高温下具有较高的挥发性，在大气中高倍量富集，从而对大气和水体造成污染（程作联，1989a）。环境中的有机锡主要来源于工业生产中的塑料稳定剂、工业催化剂；农业生产中的杀虫剂、木材防腐剂和海洋船只防污涂料，而船舶防污漆的使用是有机锡进入海洋最主要而直接的途径。三丁基锡(TBT)由于其良好的杀藻和防止藤壶、牡蛎等附着在船底的性能而被广泛应用于防污材料中，从 20 世纪 70 年代中期问世以来发展异常迅速。因此，从 20 世纪 80 年代以来，世界锡的生产和消耗已远超过自然风化量(Olivier，1985；陈国立，1993；Harino and Rukushinna，1998)。然而越来越多的研究结果发现，三丁基锡会对水体中的藻类、鱼类等产生毒性效应，表现为抑制个体生长、成体繁殖、致畸、致死、降低生理功能等，它可使雌性荔枝螺、织纹螺雄变，使许多地区的荔枝螺甚至处于消失的危险中(Balder，1970；Kramer，1994；周名江等，1994；全燮等，1995，1997；陈硕和邵秘华，1998；Rüdel，2003；Ueno et al.，2004)。由于有机锡防污漆对海洋生态环境的毒害作用，许多国家已从法律上限制了它的使用。

表7.4 总结了胶州湾海水中各种形态锡的主要研究结果，由表可见，胶州湾内溶解无机锡的含量在 1988 - 1989 年为 1.4 ~ 39 ng/dm³，而 1990 - 1991 年丰水期浓度升高至22 ~ 199 ng/dm³，但仍低于美国的加利福尼亚湾、墨西哥湾和 Cheasapeake 湾(赵丽英等，1990；陆贤昆等，1995)。溶解态无机锡的含量在冬、春季节含量较低，接近于开阔海域中无机锡的水平，而在夏季河流的丰水期浓度则偏高。由溶解无机锡的平面分布可知，锡在海洋环境中是非保守的，其在胶州湾的分布受到陆地排放及海洋生物过程的影响，东岸浓度相对较高；随离岸距离的增加，锡含量下降，且高值与青岛工业排污点相一致(赵丽英等，1990；陆贤昆等，1995)。胶州湾内溶解有机锡的含量为 22 ~ 980 ng/dm³，有机锡是胶州湾海水中锡的主要存在形态，占海水中总锡的 70% ~ 90%。由陆贤昆等(1995)的研究结果来看，在 20 世纪 90 年代初期，胶州湾海水中未检出丁基锡，而单苯基锡的含量为 60 ~ 100 ng/dm³，比三苯基锡对浮游植物的半效应浓度(注：~ 800 ng/dm³)低一个量级(程作联，1989b)，表明胶州湾内毒性有机锡化合物的水平还比较低，污染海域主要集中在旅游码头及其附近，这主要是因为胶州湾内以大型运输船只和渔船为主，丁基锡的污染相对较小，同时胶州湾良好的水动力条件使通过湾口交换的水量在半日潮周期内占胶州湾水体的1/3 左右(陈时俊等，1983)。

表7.4 也给出了中国主要港口水域中丁基锡类化合物的含量，由于船只防腐漆的广泛使用，使得局域海水中的丁基锡类化合物含量严重超标，对水体内的生物造成潜在的危害。由此，加强对胶州湾水体毒性有机锡化合物的监测是非常必要的。

表7.4 胶州湾及其他海域海水中各种形态锡的含量

采样地点	采样时间	所测形态	含量范围/ng·dm⁻³	参考文献
胶州湾	1987 - 1988	无机锡	1.4 ~ 39	赵丽英等，1990
		总有机锡	22 ~ 209	
		有机锡/总锡	70% ~ 90%	
胶州湾东部	1990 - 1991	无机锡	22 ~ 199(丰水期)	陆贤昆等，1995
			2 ~ 50(枯水期)	

采样地点	采样时间	所测形态	含量范围/ng·dm^{-3}	参考文献
		总有机锡	140~980(丰水期)	
		单苯基锡	60~100	
		总甲基锡	5~50	
		丁基锡	未检出	
天津港		甲基锡	72 000~483 000 ng/dm^3	戴树桂，1989
大连港		丁基锡	40.5±2.7	Jiang et al.，2000
		二丁基锡	19.7±2.0	
		三丁基锡	18.8±0.7	
大连新船坞		丁基锡	883.8±56.5	
		二丁基锡	185.5±11.6	
		三丁基锡	203.7±23.0	
天津船坞		丁基锡	243.3±34.0	
		二丁基锡	48.6±3.9	
		三丁基锡	322.4±14.1	
青岛北海船坞		丁基锡	未检出	
		二丁基锡	24.0±0.9	
		三丁基锡	976.9±30.0	
青岛港		丁基锡	未检出	
		二丁基锡	5.0±0.7	
		三丁基锡	49.4±3.4	
墨西哥湾		溶解无机锡	130~980	Seligman et al.，1986
Cheasapeake 湾		三丁基锡	<2~537	Unger et al.，1986

表 7.5 给出了胶州湾及其他海域沉积物及生物体中不同形态锡的含量。胶州湾东部悬浮颗粒物和浮游植物中的总锡含量存在明显的季节性变化特征，悬浮颗粒物中的总锡在丰水期的含量最高，而在 11 月和 5 月出现低值，显示出受到陆源输送的影响。浮游植物体内的总锡含量在冬季含量最高，而春季含量最低，与生物量呈相反的关系。悬浮颗粒物中锡在春季的低含量是由于受到生源颗粒物的稀释作用，而冬季浮游植物中总锡含量的高值并没有对悬浮颗粒态总锡含量形成明显影响，这说明浮游生物对悬浮颗粒态锡的影响仅占次要地位。因此悬浮颗粒物中锡的季节性变化受到外界输入、浮游植物水华、沉积物再悬浮等因素的影响。沉积物中锡的含量与其输入密切相关，受工业和电厂排废影响严重的四方河口和港口总锡的含量最高，其中四方河口沉积物中的锡主要是吸附的无机锡，占 67.8%；而港口区有机锡占绝对比例，达到 90%（陆贤昆等，1995）。锡在近海环境中是一种具有颗粒物活性的元素，颗粒物对锡的富集因子可达 $7.5 \times 10^4 \sim 1.9 \times 10^5$，沉积物中锡的含量比悬浮颗粒物低一个数量级，这可归结于细颗粒沉积物的再悬浮和生物甲基化造

成沉积物中锡的溶解等原因(陆贤昆等,1995)。浮游植物对锡富集的能力可以用生物富集因子来表示,胶州湾浮游植物样品的平均富集因子可达1.5×10^5,远高于沉积物和悬浮颗粒物对锡的积累(赵丽英等,1990)。

表7.5　胶州湾及其他海域生物体及沉积物中各种形态锡的含量

采样地点	样品	所测形态	含量范围	参考文献
胶州湾东部	悬浮颗粒物	总锡	1.4 ~ 87.3 μg/g(干重)	陆贤昆等,1995
	浮游植物	总锡	1.2 ~ 126.0 μg/g(干重)	
	沉积物	总锡	0.28 ~ 2.58 μg/g(干重)	
		无机锡	0.08 ~ 1.75 μg/g(干重)	
		有机锡	0.14 ~ 1.38 μg/g(干重)	
胶州湾	悬浮颗粒物	总锡	1.79 ~ 24.3 μg/g(干重)	赵丽英等,1990
	浮游植物	总锡	22.4 ~ 414 μg/g(干重)	
	沉积物	总锡	0.015 ~ 0.98 μg/g(干重)	
瑞士 Lucere 湖	表层沉积物	三丁基锡	0.6 ~ 230 ng/g(干重)	Fent and Hunn,1991
		三苯基锡	nd ~ 860 ng/g(干重)	
美国 Boston 港	表层沉积物	三丁基锡	94 ~ 518 ng/g(干重)	Makkar et al.,1989
埃及 Maryut 湖	表层沉积物	三苯基锡	249 ~ 2 655 ng/g(干重)	Dahab et al.,1990
		二丁基锡	23 ~ 559 ng/g(干重)	
		单丁基锡	36 ~ 624 ng/g(干重)	
东海	飞鱼肝脏	三丁基锡	56 ~ 220 ng/g(湿重)	Ueno et al.,2004
		总有机锡	81 ~ 330 ng/g(干重)	
		总锡	190 ~ 600 ng/g(干重)	
北太平洋	飞鱼肝脏	三丁基锡	3.6 ~ 63 ng/g(湿重)	
		总有机锡	4.0 ~ 110 ng/g(干重)	
		总锡	10 ~ 290 ng/g(干重)	
瑞士 Lucere 湖	贻贝	三丁基锡	5.89 ng/g(干重)	Wade et al.,1990
		二丁基锡	0.49 ng/g(干重)	
		单丁基锡	0.17 ng/g(干重)	
日本东京湾	贻贝	三苯基锡	4.6 ng/g(干重)	Sgiraishi and Soma,1992

全燮等(1997)通过对比国内、外的文献报道后指出,生物对有机锡的富集系数比沉积物要高。例如,美国东海岸贻贝体内有机锡浓度与沉积物中浓度的比值平均为6.8,而这一比值在墨西哥湾和夏威夷分别为26和57(Wade et al.,1990)。尽管生物富集和降解对于环境净化有一定的积极意义,但由此对生物造成危害却不容忽视。

Ueno 等(2004)报道了亚洲陆架边缘海、西北太平洋等海域中飞鱼肝脏中三丁基锡、总丁基锡(即:一丁基锡、二丁基锡和三丁基锡含量之和)和总锡的含量,结果表明在全球尺度上均广泛存在丁基锡类化合物的污染问题，在指示性生物飞鱼肝脏中均可检出丁基锡类的化合物。东海飞鱼肝脏中丁基锡类化合物的含量明显高于开阔大洋，这是因为陆架边缘海直接受到陆源输送的有机锡污染，从而生物富集的量也较高。而三丁基锡在总丁基锡化合物中的比例和丁基锡在总锡中的比例则比较相似，北太平洋中相应的比例为 59% ~ 81%、38% ~59%，东海相应的比例为 60%、46%（见表 7.5）。

有机锡在生物体内的浓度与其所处的水域及有机锡的浓度水平是密切相关的，当水域中的锡浓度较高时，相应地生物体内浓度也会高。因此，在船只活动频繁的港口和新船只下水的 4 月份，有机锡的积累水平明显高于其他港口和月份（Fent and Hunn，1991）。这说明人为活动输送的丁基锡类污染物是生物体内蓄集锡的主要来源，其对生物的影响不容忽视。

3 种不同取代基数目的丁基锡在生物体内的富集规律为 TBT > DBT > MBT，即毒性最强的 TBT 在生物体内的浓度最高，美国近岸生物体内 TBT 含量占三者总量的 74%（Wade et al.，1990）。而总有机锡的污染水平及各种有机锡化合物的比例则随当地的污染状况、生物种类及所处的环境条件不同而不同。

7.2.3 砷

天然水体中的砷来源于岩石风化、土壤侵蚀、大气沉降、水体中生物体和沉积物释放以及人为活动的影响，其中人为因素造成的砷污染是极其巨大的。长期以来，砷化物主要用于人造农药、杀虫剂、除草剂、木制品的防腐漆，有机砷也作为动物抗病原微生物和促生长类饲料添加剂，美国每年消耗在饲料添加剂中的有机砷达 400 t 左右（Matschullat，2000；严建刚和高峰，2004）。在过去的 100 a 中，由于开矿、金属冶炼、煤碳燃烧、农业除草剂等人类的生产活动向环境中输入的砷不断增加，已经对生态平衡及人类健康造成显著影响，对陆架水生系统中砷的研究已经引起各国科学家的广泛关注（Cullen and Reimer，1989；Nriagu，1994；Kim and Nriagu，2000；Cai et al.，2002）。

砷在天然水体中以多种氧化态及有机砷化合物的形式存在，其各种形态具有相对独立的物理化学性质，在地质环境中的迁移、转化和富集性能不同，其生物可得性不同，并且各种形态间会相互转化。天然水体中的无机砷主要以五价的砷酸盐 [即：As(V)] 和三价的亚砷酸盐 [即：As(Ⅲ)] 的形式存在。砷的毒性在很大程度上依赖于其化学形态；一般地，无机砷的毒性比有机砷高，而三价砷的毒性又比五价砷高得多（王连方，1994）。无机砷的毒性机制很多，例如亚砷酸盐通过阻止含邻位巯基的酶在活性中心作用而表现其急性毒性，而砷酸盐由于其结构与磷酸盐类似，在 ATP 形成过程中可取代磷酸盐而破坏磷酰化作用等（Nriagu，1994；张普敦等，2001）。在海洋中，由于砷酸盐与磷酸盐在结构上的相似性，生物可以通过直接吸收或通过食物链积累砷，并形成毒性较低的有机砷释放入水体，因此海洋生物对无机砷的有机化可以说是自然界的砷解毒过程（Andreae，1979）。

国内许多学者对胶州湾及周边地区的砷进行过研究，表 7.6 给出了胶州湾及其他海域砷的含量。李静等(1981)对胶州湾表层海水中砷的存在形态进行了分析测定,海水中总砷含量范围为 17.42~47.49 μg/L,其中悬浮态的砷占 88%,溶解态砷占 12%;溶解态总砷含量范围为 1.46~4.01 μg/L,其中有机态砷占 51.2%,无机态砷占 48.8%;无机态砷含量范围为 1.23~1.60 μg/L,其中 As(Ⅲ)占 49.6%,As(Ⅴ)占 50.4%。总体而言,胶州湾海水中的砷含量与未污染海水中溶解态砷含量相当,可认为尚未受到砷污染(李静等,1981)。

张洪芹(1982)报道了海水及底质中砷的含量及分布;根据胶州湾的水文状况、污染源和接纳污染物的地点、污染物的扩散趋向和范围,将胶州湾划分为 A、B、C、D 四个区。其中 A 区位于湾口一带,属于清洁区;B 区位于湾的中西部,属于轻污染区;C 区位于湾的东北部,是青岛市的新工业排污区;D 区位于湾的东部,属青岛市的老工业排污区。调查结果表明,在胶州湾的东侧海域(即:C 区和 D 区),海水中砷的含量较高,这主要是由于海域沿岸工厂的排污造成的。沉积物中的砷含量,除了位于四方近岸的 D 区出现个别高值,其他区域的砷含量均在 8.0~12.2 mg/kg,以四方近岸为起点,由岸边向湾中心部位呈扇形递减(张洪芹,1982)。底质中砷的含量并不完全与海水中的砷含量相关,这主要是由于底质沉积物类型和胶州湾潮流特点所决定的;例如 C 区海水中砷的含量最高,但底质中砷的含量却相对较低,调查发现 C 区底质主要是由砂质组成,其对污染物质的吸附滞留作用较弱(张洪芹,1982)。

表 7.6　胶州湾及其他海域海水及沉积物中砷的含量

采样地点	采样时间	样品	所测形态	含量范围	参考文献
胶州湾		海水	总砷	17.23~47.49 (24.49)	李静等,1981
			悬浮态砷	14.73~44.22 (21.55)	
			溶解态总砷	1.46~4.01 (2.94)	
			溶解态有机砷	0.20~2.43 (1.58)	
			溶解态无机砷	1.23~1.60 (1.36)	
			As(Ⅲ)	0.35~1.20 (0.67)	
			As(Ⅴ)	0.34~1.06 (0.69)	
胶州湾 A 区	1980 年 10 月	海水	溶解态砷	1.2~1.5 (1.4)	张洪芹,1982
B 区				1.3~1.7 (1.5)	
C 区				1.8~2.6 (2.2)	
D 区				1.3~2.6 (1.9)	
胶州湾 A 区	1980 年 12 月	沉积物	总砷	7.30~9.27 (8.17)	
B 区				7.88~10.7 (9.20)	
C 区				6.72~11.2 (9.05)	
D 区				9.18~18.8 (11.7)	
胶州湾	1990 年 11 月至	海水	溶解态总砷	0.37~4.5 (1.4)	肖虹滨等,1996
	1991 年 8 月		As(Ⅲ)	0.0~3.1 (0.37)	

续表

采样地点	采样时间	样品	所测形态	含量范围	参考文献
			As(Ⅲ)/As	0~0.70 (0.25)	
		悬浮物	总砷	0~1.46 (0.26)	
		沉积物	酸萃取态砷	0.58~5.50 (3.62)	
		浮游植物	总砷	0.44~3.64 (1.17)	
		雨水(1,2月)	溶解态总砷	6.0, 30.6	
		雨水(其他月均)		3.1	
胶州湾	2002年8-10月	海水	溶解态总砷	0.58~1.90 (1.24)	Ren et al., 2007
			As(Ⅲ)	0.075~0.94 (0.20)	
			As(Ⅲ)/As	0.045~0.68 (0.17)	
胶州湾东部 青岛前海	2002年6-7月	表层沉积物	总砷	4.5~13.6 (8.44) 3.9~23.2 (8.4)	王红晋等,2007
胶州湾	2002、2004	表层沉积物	总砷	2.33~13.6 (7.16)	陈正新等,2006
胶州湾大沽 河口	2003年7月	表层沉积物	总砷	3.07~12 (5.98)	董贺平等,2007
胶州湾	2003年11月	表层沉积物	总砷	21.02~37.84 (30.27)	李玉等,2005
渤海湾	1980-1981年	海水	溶解态砷	1.0~4.5 (1.9)	李全生等,1984
		悬浮物		10.8~31.6	
		沉积物	总砷	8.9~18.1 (13.8)	
			可萃取态砷	2.7~7.0 (4.7) ppm	
		雨水	溶解态砷	0.2~5.1 (2.9)	
粤东拓林湾	2002年8-9月	沉积物	总砷	8.40~13.90(12.23±1.83)	乔永民等,2004
胶州湾李村 河口	2001年2月	沉积物	总砷	4.41~9.93 (7.46)	张丽洁等,2003b

注:括号内数值为平均含量;单位:海水 μg/dm³;沉积物 mg/kg。

肖虹滨等(1996)对1990-1991年期间胶州湾东部水体中溶解态总砷、As(Ⅲ)、As(Ⅴ),以及沉积物和浮游植物中的砷进行了研究(表7.6)。结果发现,胶州湾内溶解态总砷的含量在冬季含量偏高,春季含量偏低,这主要是受到河流径流量改变和冬季取暖燃煤灰尘的影响所致;冬季径流量小,河流中砷的浓度相对富集,而冬季雨水中溶解态总砷含量高于其他月份则可以证明燃煤对胶州湾海水砷含量的影响。海水中As(Ⅲ)占总溶解态砷中的比例在0~0.70范围,平均为0.25,主要受到藻类和沉积物、水体中有机质的还原作用的影响。研究发现水体中As(Ⅲ)的含量与底质中有机质的含量呈很好的相关性(肖虹滨等,1995)。浮游植物总砷的含量在5月份高于8月份,可能与5月份生物活性较高,吸收水体中的砷所致;期间,砷的富集因子在331~11 410范围内变化,平均富集因子为3 320。沉积物对砷的富集因子在297~1 630范围内变化,平均富集因子为777(肖虹滨等,

1995)。

综合上述，根据调查结果，胶州湾海水中溶解态砷的含量在 20 世纪 80 至 90 年代期间没有发生显著性改变，符合国家一类海水水质标准（即：0.05 mg/dm³）。各种形态的砷在胶州湾内的分布一般为东部沿岸和四方近岸较高，说明此区域受到城市排污（例如：燃煤含砷废渣和海泊河印染废水）的影响。砷的含量由近岸向远岸逐渐降低并向湾口方向有舌状分布的特点。由表 7.6 可知，沉积物中砷的平均含量基本稳定在 5.98 ~ 11.7 mg/kg 范围之间。在文献中，李玉等（2005）报道的数据明显地高于其他学者的结果，原因尚不明确。胶州湾沉积物中砷的含量高于黄海近岸沉积环境的含量范围，例如 4.42 mg/kg（注：取自胶州湾外大公岛水下沉积物中 25 ~ 145 cm 范围的含量平均值，孟可和孙延智，1996），说明沉积物已经受到砷的污染。但是，根据近期采集的柱状沉积物中砷的梯度变化可知，表层砷的含量可以小于深层，其中的原因之一可能是砷的污染已经受到了有效的控制（张丽洁等，2003b）。应该注意，沉积物中砷的含量还受到底质类型的影响，一般黏土对砷的吸附较强，而粉砂则结合能力较弱。陆地排放的砷进入胶州湾后，可被浮游植物及沉积物吸收/吸附，并随生物碎屑及悬浮沉积物的运动被带出湾外。

表 7.7 给出了胶州湾及我国其他沿海区域中经济生物体内的砷含量。由表 7.7 可见，胶州湾主要经济贝类体内砷的含量在 2.11 ~ 4.06 μg/g（干重）范围内变动，与乳山湾及中国北方主要沿海采样点中经济生物体内的砷含量相当，低于大亚湾海洋生物体内的砷含量。刘广远等（1996）等的研究结果表明，在北起鸭绿江南至长江口的我国北方沿岸海区经济贝类尚未受到砷的污染，砷的残留量远低于"海洋生物污染评价标准"，但接近于"食品卫生质量标准"。由此可以推测，胶州湾主要贝类体内的砷含量也未受到显著的砷污染。

表 7.7　胶州湾及其他海湾生物体内的砷含量

采样地点	采样时间	样品	含量范围	参考文献
胶州湾团岛		松藻	3.87 ~ 10.8	王文琪和章佩群，2000
汇泉角		石莼	1.45 ~ 1.49	
胶州湾	1996 - 1997 年	蛤仔	2.11 ~ 4.06	王文琪和章佩群，1999a
		贻贝	2.37 ~ 2.76	
		牡蛎	2.92 ~ 3.77	
	2003 年 4 - 10 月	菲律宾蛤仔	0.27 ~ 0.97（0.56）（湿重）	徐捷等，2006
广东沿海	1989 - 1995 年	牡蛎	0.31 ~ 2.51（1.30）（湿重）	贾晓平等，1999
福建海域	2003 年 5 - 10 月	菲律宾蛤仔	0.07 ~ 0.44（0.26）（湿重）	祝立，2004
乳山湾	1995 年 6 月	海水	0.72 ~ 6.8（1.94）	辛福言等，1997
		底质	5.0 ~ 9.6（7.85）	
		牡蛎	1.23 ~ 2.50（2.04）	
		蛤仔	1.94 ~ 3.45（2.66）	

采样地点	采样时间	样品	含量范围	参考文献
大亚湾	1992 - 1993 年	鱼类	0.11 ~ 0.78 (0.45)	贾晓平等，1996
		甲壳类	1.12 ~ 10.2 (4.70)	
		头足类	1.10 ~ 5.09 (2.28)	
		贝类	2.17 ~ 10.8 (5.57)	
北方沿岸	1990 - 1991 年	紫贻贝	0.09 ~ 1.14 (0.69)	刘广远等，1996
		蛤仔	0.38 ~ 6.7 (1.56)	
		毛蚶	0.56 ~ 1.36 (0.96)	
		牡蛎	0.69 ~ 0.87 (0.78)	

注：海水单位为 $\mu g/dm^3$；除非特殊表明，沉积物：mg/kg（干重）；生物体：$\mu g/g$（干重）；括号内数值为平均含量。

7.2.4　其他重金属污染

重金属污染是近年来近海环境污染的公害之一，浓度严重超标的一些重金属离子对生物体有毒害作用，并且通过食物网影响整个生态系统（徐永江等，2004）。例如，铜是生物体必须的微量元素，但是过量的铜能抑制大型藻类的光合作用及造成鱼类的鳃部、消化道受到损害；铅、镉是蓄积性毒物，可分别导致红细胞溶血、肝肾损害，雄性性腺、神经系统和血管等的损害及致畸、致癌、致变作用；锌作为微量元素在生物代谢中有重要作用，但浓度较高时能降低鱼类的繁殖力（蔡少炼，2005）。中国渔业水质标准（即：GB 3097 - 1997）对镉、铅、铜、锌的最高允许浓度规定为 0.001 mg/L、0.001 mg/L 和 0.005 mg/L、0.020 mg/L。国家海洋一类沉积物标准（即：GB 18668 - 2002）对铜、铅、镉、锌的最高允许浓度为 35 mg/kg、60 mg/kg、80 mg/kg 和 160 mg/kg。

表 7.8 给出了胶州湾及其他海域的海水、沉积物及生物体内重金属铜、铅、锌、镉的含量。其中由于受到现有痕量分析技术的限制，胶州湾海水中溶解态重金属含量的报道较少。胶州湾海水中铅、锌的含量由于受到陆地径流排放的影响，具有沿岸区高、湾中心含量较低、等值线与岸线基本平行的特点（孙秉一等，1980；王恕昌等，1980）。在胶州湾，铅除了受到淡、咸水混合的影响外，铅在海域中的迁移主要集中在湾东北部的近岸区，水体中颗粒态铅占总铅的 17% ~ 50%，平均为 30% 左右（孙秉一等，1980）。胶州湾近岸海水中的锌主要以可溶性形态存在，约占 87%，而颗粒态锌仅占 13.0%，而溶解态锌则主要是有机结合态锌（王恕昌等，1980）。徐晓达等（2005）报道了 1994 - 1999 年间胶州湾沿岸海水中溶解态铜、铅、锌的含量，结果表明海水中镉、锌的含量低于国家一类海水的标准，其平均含量分别为国标的 1/5 和 1/2，说明海水中镉、锌的含量处于安全范围内。胶州湾中铅的含量已接近国家一类海水的标准，且有部分站位中铅的含量已超过国家标准 3 倍之多。

表 7.8　胶州湾海水、沉积物及生物体内重金属含量

地点	样品	Cu	Pb	Zn	Cd	参考文献
胶州湾东北部—1979年	海水		总量: 2.0~6.7 (4.0) 颗粒态: 0.40~2.30 (1.2) 不稳定态: 0.19~0.80 (0.37) 弱结合态: 0.23~2.70 (1.1) 结合态: 0.4~3.8 (1.4)	总量: 6.9~39.6 (20.6) 颗粒态: 0.4~6.5 (2.7) 不稳定态: 1.7~9.6 (4.13) 弱结合态+结合态:	2.0~25.8 (9.62)	孙秉一等, 1980; 王惢昌等, 1980
胶州湾东北部—1987年*	蛤仔—潮间带	1.10~3.76	0.33~0.53	10.58~20.96	0.26~0.57	孙耀等, 1992
	蛤仔—潮下带	0.93~1.58	0.18~2.13	10.60~13.51	0.087~0.30	
	鱼类	0.52	0.69	5.45	0.12	
	甲壳类	4.07	0.69	11.9	0.21	
	头足类	6.93	1.15	18.0	0.63	
	贝类	7.84	0.82	17.8	0.65	
胶州湾	表层沉积物	20~420(86.8)		30~300 (67.3)		曹钦臣和涂仁亮, 1982
胶州湾—1980年	表层沉积物	5.0~62.3		20~256.4	0.1~3.75	尹相淳等, 1981
胶州湾—	鱼类	0.50 (114)	0.63 (28)	5.53 (113)	0.11 (97)	崔毅等, 1996
1992年*△	甲壳类	4.07(1170)	0.65 (29)	11.93 (243)	0.15 (133)	
	贝类	3.23 (928)	0.88 (39)	13.88 (284)	0.36 (319)	
	头足类	7.51(2158)	1.27 (56)	19.48 (398)	0.71 (628)	
	海水	3.48	22.72	48.93	1.13	
胶州湾—1979年	蛤仔	0.73~8.67 (1.97)	0.48~2.18 (0.97)	16.4~54.9 (33.9)	0.32~1.38 (0.74)	刘明星等, 1983
胶州湾—1980年	毛蚶	1.85~8.89 (3.87)	0.60~3.73 (1.77)	1.9~31.2 (9.2)	0.04~1.15 (0.30)	刘明星等, 1982
	沉积物	4.65	4.66	28.8	0.83	
胶州湾—1990年	蛤仔	2.83	0.57	33.88	0.31	宋树林和赵德兴, 1991
	贻贝	1.28	0.38	37.42	0.15	
	牡蛎	0.54	0.37	545.9	0.048	

续表

地点	样品	Cu	Pb	Zn	Cd	参考文献
胶州湾—1999年	蛤仔	7.2	1.25	83.5	1.75	王文琪和章偏群, 1999a, b
	贻贝	10.6	1.69	218	1.71	
	牡蛎	272	1.43	887.5	1.76	
胶州湾李村河口—2001年	柱状沉积物	16.3~50.8 (33.3)	10.1~62.8 (27.4)	26.0~92.0 (47.46)	0.00~0.11 (0.024)	张丽洁等, 2003b
胶州湾潮间带及浅水区—1997-1999年	表层沉积物	2.92~127.55(28.0)	0.3~7.12 (2.09)	34.87~201.66 (48.5)	0.48~2.34 (1.17)	殷效彩等, 2001
胶州湾—1995-1999年	海水	0.78~3.22 (2.16)	0.2~3.75 (1.23)	34.87~201.66 (48.5)	0.041~0.344 (0.15)	徐晓达等, 2005
2002年6月	表层沉积物	8~46 (20)	20~39 (25.9)		0.022~0.333 (0.088)	王红晋等, 2007
胶州湾东部—2002年	表层沉积物	10~137 (27.2)	20~63 (30.9)	10~295 (72.6)	0.028~1 (0.15)	
青岛前海—2002年	表层沉积物	6~38 (21.5)	17~39 (27.6)	7~109 (57.6)	0.021~0.168 (0.11)	
胶州湾—2002, 2004年	表层沉积物	4.45~211 (24.93)	12.3~109 (32.3)	10~384 (69.68)	未检出~1.0 (0.0817)	陈正新等, 2005
胶州湾大沽河口—2003年7月	表层沉积物	6.51~31.1 (15.85)	12.3~42.9 (29.5)	21~93.2 (53.1)	未检出~0.164 (0.038)	董贺平等, 2007
胶州湾—2003年11月	表层沉积物	9.74~499 (53.04)	14.19~91.21 (35.17)	47.64~170 (95.88)	0.072~1.94 (0.496)	李玉等, 2005
胶州湾中部—2003年9月	岩心	54.2~87.8 (66.5)	18.2~36.3 (28.9)	49.6~112 (87.2)	0.48~1.79 (0.76)	戴纪翠等, 2006

注: * 表示生物体内金属含量的单位为 μg/g 湿重; ^ 表示括号内数值表示该生物体对重金属的富集因子; 括号内数字如无特殊说明则表示平均含量, 海水: μg/L; 沉积物: mg/kg; 生物体: μg/g 干重。

孙耀等(1992)报道了1987-1988年采集的胶州湾东北部不同鱼类、甲壳类、头足类、贝类等生物体内重金属的含量,结果发现胶州湾水环境中经济生物体内的锌、铅明显高于受排污影响较小的黄海中部海域同种生物体内的含量。通过对比不同个体大小及不同采集季节的同种生物体内重金属含量发现,大个体和秋季生物体内的重金属含量普遍高于小个体和春季生物,且生物体内重金属的含量与距污染源的远近有关(孙耀等,1992)。崔毅等(1996-1997)报道了1992年采集的胶州湾海水及不同动物类群中重金属的平均含量,海水与绝大部分海洋动物体内重金属含量顺序,从大至小依次为锌、铅、铜、镉。由此可见,海洋动物体中重金属含量受环境海水重金属含量支配。对不同动物类群重金属含量也存在一定的差异,例如以沉积物为主要饵料的杂食性底栖动物体内重金属的含量大于鱼类,这是因为陆源径流排放入海的重金属主要沉积在沉积物中,而底栖动物具有选择性摄取重金属的能力(崔毅等,1996)。Kenaga(1980)指出,如果水生生物对某种污染物的富集系数小于1 000,则被认为从生物浓缩的角度讲是没有意义的。崔毅等(1996)计算了不同生物体对重金属的富集因子,其中,铜在甲壳类和头足类体中的浓缩系数大于1 000以上,对于贝类也接近1 000,这说明胶州湾铜对于甲壳类、头足类和贝类存在潜在的积累。海洋生物对铜有较强的浓缩能力,这是因为铜是水生生物生命必需元素,它与某些蛋白结合参与生命过程。

王文琪和章佩群(1999a,b)采集了胶州湾海区4个污染程度不同的地点(即:团岛、汇泉角、双埠和红岛)的蛤仔、牡蛎和贻贝样品。总体而言,蛤仔体内的铝、砷、钡、铈、钴、铬、镍、磷、锑、铷、钪、硒、锶、钐、钛、钒等大多数元素的含量均高于牡蛎体内的含量(见表7.8)。与刘明星等(1983)1979-1980年采集的和宋树林和赵德兴(1991)1990年采集的3种生物体内重金属含量相比,1997年采集的3种生物体内重金属含量均显著升高,说明在20世纪90年代,胶州湾海水、生物体中重金属的污染状况在逐渐严重(刘明星等,1983;宋树林和赵德兴,1991;王文琪和章佩,1999a,b)。对比汇泉角和团岛两地贻贝体内的元素含量可以发现,团岛贻贝体内的镉(含量:2.07 μg/g)、锌(含量:294 μg/g)、铜(含量:11.6 μg/g)含量高于汇泉角贻贝体内的镉(含量:1.34 μg/g)、锌(含量:142 μg/g)、铜(含量:9.5 μg/g)含量,可以看出汇泉角的水质明显优于团岛。团岛附近贻贝体内的镉、铜含量已经超过食品卫生标准,锌的含量则已超过一般底栖动物的最高允许标准(张淑美等,1987;孙耀等,1992;吴耀泉等,1993;王文琪和章佩,1999b)。

胶州湾表层沉积物中的重金属(例如:铜、锌、铅、镉)主要分布在胶州湾东部邻近海域,而重金属的富集地带集中于近岸的排污口和河口附近,其含量甚至超过国家一类沉积物标准,随离岸距离的增大及深度的增加而逐渐减小(徐晓达等,2005;董贺平等,2007)。铜是胶州湾表层沉积物中污染最严重的元素,高于陆源区(29 mg/kg)以及帕里亚湾(7~18 mg/kg)和七里湾(18 mg/kg),而且比胶州湾柱状沉积物的平均值(24 mg/kg)高2.5倍(曹钦臣和涂仁亮,1982;徐晓达等,2005)。张丽洁等(2003b)、戴纪翠等(2006)

通过分析李村河口和胶州湾中部柱状沉积物中重金属的含量发现，青岛的重金属污染始于在 20 世纪 80 年代环胶州湾工农业的迅猛发展时期，而自 20 世纪 90 年代末到 21 世纪初，由于采取了较有力的管理和治污措施，污染已开始大大减轻。其中铜、镉属于二类沉积，污染相对严重，而铅、锌的污染相对较轻，均属一类沉积物。

参考文献

北海分局. 1992a. 胶州湾及其近岸地区环境概况. 海洋通报，11(3)：6-15.

北海分局. 1992b. 胶州湾污染调查与评价—监测与评价方法. 海洋通报，11(3)：16-22.

蔡少炼. 2005. 污染物对海洋生态环境的影响. 中国水产，2：22-24.

曹钦臣，涂仁亮. 1982. 胶州湾沉积物地球化学特征的初步研究. 海洋学报，4(4)：473-482.

柴松芳. 1998. 胶州湾海水中总汞含量及其分布特征. 黄渤海海洋，16(4)：60-62.

陈甫华，王世柏，金朝晖，等. 1984. 汞在渤海湾近海表层海水和底质中的含量分布及在两者间迁移的初步探讨. 海洋环境科学，3(2)：1-7.

陈国立. 1993. 有机锡防污漆限用趋势的发展. 海洋环境科学，12：67-71.

陈惠，刘兰，王丽华，等. 1994. 鱼类对水中低浓度甲基汞的富集作用. 黑龙江水产，57：22-24.

陈乐恬，张晓山，林玉环，等. 1999. 大气环境中汞的存在形态及其分析方法. 环境化学，18(6)：584-588.

陈时俊，方欣华，匡国瑞，等. 1983. 胶州湾物理自净能力的研究. 海洋环境科学，2(2)：11-27.

陈硕，秘华. 1998. 萃取/硝化/石墨炉原子吸收法测定海水中的三丁基锡. 海洋环境化学，17：65-69.

陈先芬. 1991. 胶州湾环境污染调查报告. 海洋通报，10(4)：72-77.

陈正新，王保军，黄海燕，等. 2006. 胶州湾底质痕量元素污染研究. 海洋与湖沼，7(3)：280-288.

程作联. 1989a. 海洋环境中有机锡的研究—丹麦近海水中的有机锡和总锡. 海洋通报，8(1)：30-35.

程作联. 1989b. 有机锡的海洋环境化学. 海洋环境科学，8：41-47.

崔毅，陈碧鹃，宋云利，等. 1997. 胶州湾海水、海洋生物体中重金属含量的研究. 应用生态学报，8(6)：650-654.

崔毅，陈碧鹃，宋云利. 1996. 胶州湾海洋动物体中重金属含量及评价. 海洋环境科学，15(4)：17-22.

戴纪翠，宋金明，李学刚，等. 2006. 人类活动影响下的胶州湾近百年来环境演变的沉积记录. 地质学报，80(11)：1770-1778.

戴树桂. 1989. 天津港口甲基锡化合物的研究. 中国环境研究，8(1)：30-35.

董贺平，邹建军，李广雪，等. 2007. 胶州湾西北部沉积物中重金属元素分布特征及评价. 海洋地质动态，23(8)：4-9.

郝建华，霍文毅，俞志明. 2000. 胶州湾增养殖海域营养状况与赤潮形成的初步研究. 海洋科学，24(4)：37-41.

贾晓平，蔡文贵，林钦，等. 1999. 广州沿海近江牡蛎体砷含量水平、地理分布特点和变化趋势. 中国水产科学，6(2)：97-100.

贾晓平，林钦，蔡文贵，等. 1996. 大亚湾海洋生物体中的砷. 海洋环境科学，15(2)：7-11.

李德仁.1988. 胶州湾环境污染与防治对策初探. 海洋环境科学, 7(2): 44-45.

李静, 张敏秀, 徐潮, 等.1981. 海洋环境地球化学: Ⅲ. 胶州湾表层海水中砷的存在形态. 山东海洋学院学报, 11(3): 32-37.

李全生, 沈万仁, 马锡年, 等.1984. 渤海湾砷的研究. 山东海洋学院学报, 14(2): 27-39.

李玉, 俞志明, 曹西华, 等.2005. 重金属在胶州湾表层沉积物中的分布与富集. 海洋与湖沼, 36(6): 580-589.

刘广远, 韩明辅, 陈则玲.1996. 中国北方沿岸经济贝类砷残留量的调查研究. 海洋环境科学, 15(1): 22-27.

刘明星, 包万友, 张首临.1983. 胶州湾蛤仔中某些痕量金属元素含量季节变化. 海洋与湖沼, 14(1): 22-29.

刘明星, 李国基, 包万友, 等.1982. 渤海湾、胶州湾毛蚶组织中的痕量金属含量. 海洋湖沼通报, 2: 12-17.

刘瑞玉.1992. 胶州湾——生态学和生物资源. 北京: 科学出版社.

刘文新, 胡璟, 陈江麟, 等.2008. 黄海近岸底栖贝类体内典型有机污染物分布. 环境科学, 29(5): 1336-1341.

卢敏, 张龙军, 李超, 等.2001. 1999 年 7 月胶州湾东部赤潮生消过程生态环境要素分析. 黄渤海海洋, 19(4): 43-50.

陆贤昆, 冯晓炬.1989. 在线金汞齐浓集冷原子吸收法测定海水中 pmol/dm³ 级汞. 海洋与湖沼, 20(1): 49.

陆贤昆, 韩峰, 祝惠英, 等.1995. 胶州湾东部锡的输入、形态特征和生物地球化学过程. 海洋学报, 17(2): 51-60.

吕小乔, 孙秉一, 史致丽.1990. 胶州湾中汞的含量及其形态的分布规律. 青岛海洋大学学报, 20(4): 107-113.

马厚进.1986. 胶州湾的石油污染及其防治对策. 海洋环境科学, 5(4): 31-34.

孟可, 孙延智.1996. 胶州湾东岸沉积物重金属含量与污染判别. 曲阜师范大学学报, 1: 77-80.

牛青山, 亓靓.2006. 影响胶州湾海域海水水质的主要污染源分析. 海岸工程, 25: 50-59.

乔永民, 黄长江, 林潮平, 等.2004. 粤东拓林湾表层沉积物的汞和砷研究. 热带海洋学报, 23(3): 28-35.

全燮, 陈硕, 薛大明, 等.1995. 有机锡污染物在海洋沉积物中的迁移和转化. 海洋环境科学, 14(4): 21-26.

全燮, 大明, 赵雅芝, 等.1997. 有机锡的生物富集作用与生物效应. 海洋环境科学, 16(4): 64-70.

单长青, 刘汝海, 单红仙.2006. 胶州湾近岸沉积物-海水汞的释放研究. 海洋湖沼通报, 4: 44-51.

单长青, 刘汝海.2007. 夏冬两季胶州湾李村河口沉积物/大气汞的释放模拟研究. 四川环境, 26(3): 8-11.

宋树林, 赵德兴.1991. 薛家岛湾生物体中有害物质的含量与评价. 环境科学通报, 3: 149-152.

宋秀贤, 俞志明.2007. 胶州湾东北部养殖海域夏季营养盐分布特征及其对浮游植物生长的影响. 海洋与湖沼, 38(5): 446-452.

孙秉一, 史致丽, 王恕昌, 等.1980. 胶州湾东北部海水中铅的存在形态及其分布. 山东海洋学院学报,

10(1)：79 – 87.

孙耀，陈聚法，张友篯．1993. 胶州湾海域营养状况的化学指标分析．海洋环境科学，12(3/4)：25 – 31.

孙耀，杨琴芳，张友篯．1992. 胶州湾生物体内的重金属含量．海洋科学，4：61 – 65.

王红晋，叶思源，杜远生，等．2007. 胶州湾东部和青岛前海表层沉积物重金属的分布特征及其对比研究．海洋湖沼通报，4：80 – 86.

王江涛，李雪莲，赵卫红，等．2008. 胶州湾石油烃的含量变化及其与环境因子的相互关系．中国海洋大学学报，38(2)：319 – 322.

王连方．1994. 环境砷与地方性砷中毒．国外医学地理分册，15(4)：149 – 153.

王恕昌，史致丽，孙秉一，等．1980. 胶州湾东北部海水中锌的存在形态及其分布．山东海洋学院学报，10(1)：65 – 75.

王文琪，章佩群．1999a. 胶州湾贝类体内29种元素含量的分析研究．海洋科学，6：52 – 54.

王文琪，章佩群．1999b. 双壳类指示生物反映下的胶州湾生态环境的研究．海洋与湖沼，30(5)：491 – 499.

王文琪，章佩群．2000. 青岛团岛、汇泉角水域中松藻和石莼体内元素含量的分析研究．海洋科学，24(2)：44 – 46.

吴世安，张桂岑，徐杰，等．1994. 松花江甲基汞污染危害的环境病学研究．中国环境科学，14(4)：268 – 272.

吴耀泉，张宝琳，孙道元，等．1993. 胶州湾菲律宾蛤仔死壳分布与生态环境关系的研究．海洋湖沼通报，4：61 – 65.

肖虹滨，赵夕旦，史致丽．1995. 胶州湾中砷(V)还原的初步研究．青岛海洋大学学报，25(3)：340 – 346.

肖虹滨，赵夕旦，史致丽．1996. 胶州湾东部水体、浮游植物和沉积物中的砷．青岛海洋大学学报，25(3)：338 – 342.

辛福言，马绍塞，崔毅，等．1997. 乳山湾海水、底质及贝类体内砷的研究．海洋水产研究，18(2)：55 – 60.

徐捷，乔庆林，蔡友琼，等．2006. 胶州湾菲律宾蛤仔的污染现状和大肠菌群净化研究．浙江海洋学院学报（自然科学版），25(3)：249 – 253.

徐晓达，林振宏，李绍全．2005. 胶州湾的重金属污染研究．海洋科学，29(1)：48 – 53.

徐永江，柳学周，马爱军．2004. 重金属对鱼类毒性效应及其分子机理的研究概况．海洋科学，28(10)：67 – 70.

许昆灿，吴丽娜，詹秀美．1985. 厦门西港和九龙江口海水的汞浓度及其与叶绿素 a 含量的关系．台湾海峡，4(2)：129 – 133.

许昆灿，吴丽娜，郑长春，等．1986. 海洋浮游植物对汞的摄取规律研究．海洋学报，8(1)：61 – 65.

严建刚，高峰．2004. 有机肿制剂在畜牧生产中的应用与对环境污染问题的探讨．饲料广角，17：11 – 13.

杨东方，曹海荣，高振会，等．2008. 胶州湾水体重金属 Hg：Ⅰ．分布和迁移，海洋环境科学，27(1)：37 – 39.

杨洪山，朱启琴，戴国梁．1990. 长江口杭州湾海区两次赤潮的调查与初步研究．海洋环境科学，9

（1）：25.

杨永亮，麦碧娴，潘静，等.2003.胶州湾表层沉积物中多环芳烃的分布和来源.海洋环境科学，22(4)：38-43.

姚云，沈志良.2004.胶州湾海水富营养化水平评价.海洋科学，28(6)：14-22.

殷效彩，杨永亮，余季金，等.2001.胶州湾表层沉积物重金属分布研究.青岛大学学报，14(1)：76-80.

尹相淳，王桂云，陆塞英，等.1981.胶州湾表层底质中重金属污染调查报告.海洋研究，4：64-70.

张洪芹.1982.胶州湾砷的存在及分布.海洋湖沼通报，3：23-30.

张均顺，沈志良.1997.胶州湾营养盐结构变化的研究.海洋与湖沼，28(5)：529-535.

张丽洁，王贵，姚德，等.2003a.近海沉积物重金属研究及环境意义.海洋地质动态，19(3)：6-9.

张丽洁，王贵，姚德，等.2003b.胶州湾李村河口沉积物重金属污染特征.山东理工大学学报，19(1)：8-14.

张普敦，许国旺，魏复盛.2001.砷形态分析方法进展.分析化学评述与进展，29(8)：971-977.

张淑美，庞学忠，郑舜琴.1987.胶州湾潮间带区海水中的汞含量.海洋科学，2：35-36.

张淑美，郑舜琴.1982.胶州湾沿岸蛤仔的汞含量.海洋科学，1：19-23.

张献鼎译，喻成校.1998.水俣病的40年——科学工作者的责任何在.国外科技动态，4：12-13.

张学庆，孙英兰.2007.胶州湾入海污染物总量控制研究.海洋环境科学，26(4)：347-359.

赵丽英，陆贤昆，孙秉一.1990.胶州湾水体、浮游生物和沉积物中的锡.青岛海洋大学学报，20(4)：132-141.

赵仕兰，高昕，赵骞，等.2008.胶州湾岩心柱状沉积物中有机氯农药的气相色谱法测定.海洋环境科学，27(1)：71-73.

中国海湾志编纂委员会.1993.中国海湾志第四分册·山东半岛南部和江苏省海湾.北京：海洋出版社.

周家义，等.1981.海洋环境地球化学：Ⅱ.海水中汞的存在形态及其在海水-底质间相互交换的研究.海洋文集，1：56-62.

周名江，李正炎，颜天，等.1994.海洋环境中的有机锡及其对海洋生物的影响.环境科学进展，2(4)：67-76.

周明莹，乔向英，崔毅，等.2008.青岛沿海养殖区贝类体内有机氯农药残留量分布和评价.海洋环境科学，27(1)：6-9.

周明莹，乔向英，矫国本，等.2006.胶州湾河流入海口水中HCHs、DDTs含量水平及变化特征.海洋水产研究，27(4)：60-65.

祝立.2004.福建平潭海坛海峡贝类监控区海水、沉积物及贝类体内重金属的分析与评价.福建水产，3：60-63.

Andreae M O. 1979. Arsenicspeciation in seawater and industrial water：the influence of biological-chemical interactions on the chemistry of a trace element. Limnology Oceanography，24：440-452.

Balder S J M. 1970. Theoccurrence of a penis-like outgrowth behind the right tentacle in spent females of Nucella lapilluss（L.）. Proc Malac Soc Lond，39：231-233.

Byrd J T，Andreae M O. 1982. Tin and Methyltin species in seawaters. Science，218：565-569.

Cai Y，Cabrera J C，Georgiadis M，et al. 2002. Assessment of arsenic mobility in the soils of some golf courses in

South Florida. The Science of Total Environment, 291: 123 - 134.

Cullen W R, Reimer K J. 1989. Arsenic speciation in the environ: Tin compounds in sediments of Lake Maryut, Egypt. Environmental Pollution, 63: 329 - 344.

Fent K, Hunn J 1991. Phenyltins in water, sediment and biota of freshwater marinas. Environmental Science and Technology, 25: 956 - 963.

Harino H, Rukushinna M. 1998. Organotin compounds in water, sediment and biological samples from the port of Osaka, Japan. Archives of Environmental Contamination and Toxicology, 5: 58 - 64.

Jiang G B, Liu J Y, Liu J Y. 2000. Speciation analysis of butyltin compounds in Chinese seawater by capillary gas chromatography with flame photometric detection using in-situ hydride derivatization followed by headspace solid-phase microextraction. Analytica Chimica Acta, 421: 67 - 74.

Kenaga E E. 1980. Predicted bioconcentration factors and soil sorption coefficients of pesticide sand other chemicals. Ecotoxicology and Environmental Safety, 4: 26 - 38.

Kim M J, Nriagu J. 2000. Oxidation of arsenic in groundwater using ozone and oxygen. The Science of Total Environment, 247: 71 - 79.

Koster M D, Ryckman D P, Weseloh D V C, et al. 1996. Mercury levels in great lakes herring gull (Larus argentatus) Eggs, 1972 - 1992. Environmental Pollution, 93(3): 261 - 270.

Krammer K J M. 1994. Biomonitoring of coastal waters and estuaries. CRC Press: 205 - 227.

Liu S M, Zhang J, Cun J Z. 2001. Mercury in Four North China Estuaries: the Daliaohe, Yalujiang, Luanhe and Dongcunhe. Journal of Ocean University of Qingdao, 31(1): 136 - 142.

Makkar N S, Kronick A T, Cooney J J. 1989. Butyltins in sediments from Boston Harbor, USA. Chemosphere, 18(9/10): 2043 - 2050.

Matschullat J. 2000. Arsenic in the geosphere—a review. The Science of the Total Environment, 249: 297 - 312.

Nriagu J O. 1994. Arsenic in the environment, part I: cycling and characterization. John Wiley & Sons, Inc.

Olivero J, Solano B. 1998. Mercury in environmental samples from a water body contaminated by gold mining in Colombia, South America. The Science of the Total Environment, 217: 83 - 89.

Olivier F X D. 1985. Behavior of methyltin compounds under simulated estuarine conditions. Environmental Science & Technology, 19: 1104 - 1110.

Ren J L, Zhang J, Li D D, Cheng Y, et al. 2007. Speciation and seasonal variations of dissolved inorganic arsenic in Jiaozhou Bay, North China. Water, Air & Soil Pollution: Focus, 7: 655 - 671.

Rüdel H. 2003. Case study: bioavailability of tin and tin compounds. Ecotoxicology and Environmental Safety, 56: 180 - 189.

Seligman P F, Balkirs A O, Lee R F. Oceans'86, 1189 - 1195.

Sgiraishi H, Soma M. 1992. Triphenyltin compounds in mussels in Tokyo Bay after restriction of use in Japan. Chemosphere, 24(8): 1103 - 1109.

Trip L, Bender T, Niemi D. 2004. Assessing Canadian inventories to understand the environmental impacts of mercury releases to the Great Lakes region. Environmental Research, 95: 266 - 271.

Ueno D, Inoue S, Takahashi S, et al. 2004. Global pollution monitoring of butyltin compounds using skipjack tuna as a bioindicator. Environmental Pollution, 127: 1 - 12.

Unger M A, MacIntyre W G, Greaves J, et al. 1986. GC determination of butyltins in natural waters by flame pho-
tometric detection of hexyl derivatives with mass spectrometric confirmation. Chemosphere, 15: 461 – 470.

Wade T L, Garcia-Romero B, Brooks J M. 1990. Butyltins in sediments and bivalves from US coastal areas.
Chemosphere, 20(6): 647 – 662.

第八章
海洋中溶解 CH_4 和 N_2O 研究进展

8.1 前言

多年的连续观测表明，自工业化时代以来，由于人类活动引起的大气中 CO_2、CH_4、N_2O、CFCs 等温室气体浓度的增加，是全球气候变暖的重要原因（IPCC，2007）。CH_4 和 N_2O 作为大气中仅次于 CO_2 的重要温室气体，也是《京都议定书》中限排的 6 种温室气体中的两种，它们不但能够吸收红外辐射能而产生温室效应，直接影响全球的气候，而且能够参与许多大气化学反应，影响大气中的其他化学成分，从而间接引起全球气候变化（IPCC，2007）。自 1750 年以来，大气中 CH_4 和 N_2O 的体积浓度已分别增加了 $1\,060 \times 10^{-9}$ 和 49×10^{-9}，目前在持续增加（IPCC，2007）。因此它们在环境中的变化引起了世界各国的普遍关注，并导致对其源和汇及其强度变化进行了定期、大量地研究。这些研究为科学地预测大气中 CH_4 和 N_2O 未来的变化趋势及其对气候的影响以及在各国政府制定减排和控制温室气体的政策方面提供了科学依据。研究表明，海洋是大气中 CH_4 和 N_2O 的重要自然源，对大气中 CH_4 的贡献可达 2% ~4%（IPCC，2001）。海洋每年向大气净输送的 N_2O 占大气中年总输入量的 20%（Khalil and Rasmussen，1992；IPCC，2001）。另外，CH_4 和 N_2O 也是海洋中碳和氮循环过程的重要中间环节，因此开展海洋中 CH_4 和 N_2O 的研究是非常有意义的。

目前海洋中溶解 CH_4 和 N_2O 研究已成为国际全球大气化学计划（IGAC）、国际海洋全球变化研究（IMAGES）和上层海洋与低层大气研究计划（SOLAS）的重要内容。国际上的学者已对包括大西洋、太平洋、印度洋等以及北海、阿拉伯海、加利福尼亚湾、黑海等海湾和近岸海区进行了广泛地研究（Cynar and Yayanos，1992；Tilbrook and Karl，1995；Watanabe，1995；Rehder et al.，1998；Upstill-Goddard et al.，1999；Jayakumar et al.，2001；Amouroux et al.，2002；Oudot et al.，2002；Walter et al.，2006；Cornejo et al.，2007），研究内容涉及溶解 CH_4 和 N_2O 的时空分布，影响其分布的因素，它们在海洋中的产生、消耗和迁移过程，它们的海 – 气交换通量和季节变化，并据此进行了关于区域或全球尺度上海洋对大气 CH_4 和 N_2O 贡献的初步估算。

8.2 海洋中溶解 CH_4 研究现状及进展

海洋中溶解甲烷的浓度随时、空变化有很大差异，而且在河口、海湾、陆架和大洋区域之间明显不同。已报道的大洋表层水中甲烷浓度测定值比较接近，一般在 2～3 nmol/L，基本处于轻度过饱和状态（Tilbrook and Karl，1995；Bates et al.，1996；Rehder and Suess，2001）。在大洋水中，溶解 CH_4 的垂直分布常存在一共同特征，即浓度出现次表层极大值。不同研究人员在南加利福尼亚湾（Cynar and Yayanos，1992）、大西洋（Oudot et al.，2002）、太平洋（Tilbrook and Karl，1995；Holmes et al.，2000）、东海（臧家业和王湘琴，1997）、阿拉伯海（Upstill-Goddard et al.，1999；Patra et al.，1998）等海域的大洋区站位上广泛观测到了甲烷于次表层水中出现峰值，但该极大值出现的深度和浓度随时、空不同而发生变化。在次表层水以下，随深度的增加，CH_4 的浓度逐渐降低；在深层水中，典型的浓度剖面显示 CH_4 处于不饱和状态（Tilbrook and Karl，1995）。

在陆架海区，表层海水中溶解 CH_4 的浓度一般要比大洋水中高，一般在 3～5 nmo/L 之间，处于中度过饱和状态（Rehder et al.，1998；Jayakumar et al.，2001；Zhang et al.，2004；2008a）。由于陆架区水深较浅，易受大气（例如：风应力的作用）与河流输入的影响，溶解 CH_4 的垂直分布呈多样性变化（臧家业，1998；Rehder et al.，1998）。陆架区部分站位底层水中发现有高浓度 CH_4 水体存在，可能是 CH_4 从沉积物扩散进入陆架底层水中，而水体中温跃层的存在阻碍了底层水中 CH_4 向上层水体中扩散，从而在底层水中形成积累造成的。

在海湾中，表层海水中 CH_4 的浓度一般都非常高，呈高度过饱和状态。例如，在 Funka 湾中甲烷浓度变化范围较大，约为 8～103 nmol/L（Watanable，1994）。在东京湾夏季的表层海水中，由于短时间内大量淡水的流入，测得的甲烷浓度曾高达 1 825 nmol/L（臧家业和王湘琴，1997）。在 Lions 湾和 Thermaikos 湾，海水中甲烷浓度可达到 1 300 nmol/L（Marty et al.，2001）。海湾区上层水体中高浓度的 CH_4 主要是来自富 CH_4 河流水的输入、现场生物产生和沉积物向底层水的扩散（Karl and Tilbrook，1994；Marty et al.，2001；Watanable，1994）。

通常河口水体中甲烷浓度总是高于与大气达平衡的浓度（2～3 nmol/L），同时其变化范围也很大（4～1 000 nmol/L）。河流输入是河口区水体中甲烷的主要来源，因此河口水体中甲烷浓度通常随盐度升高呈逐渐降低趋势（De Angelis and Lilley，1987；De Angelis and Scranton，1993；Sansone et al.，1999；Upstill-Goddard et al.，2000；Jayakumar et al.，2001；Middelburg et al.，2002）。虽然河口面积只占全球海洋总面积的 0.4%，但据估计全球河口释放的甲烷约为 0.8～3.0 Tg /a（Bange et al.，1994；Upstill-Goddard et al.，2000；Middelburg et al.，2002），占全球海洋释放甲烷总量的 7%～17%。

一般说来，海水中溶解甲烷的来源主要包括现场生物产生、沉积物释放、河流富甲烷水的输入和海底油气资源的泄露等。

在开阔大洋的上层水体中，一般认为现场生物生产是维持混合层中甲烷高度饱和的主要因素（Tilbrook and Karl，1995；Brooks et al.，1981；Cynar and Yayanos，1991）。但是由于产生甲烷的细菌是严格的厌氧菌，一般认为 CH_4 可能在生物排泄物、悬浮颗粒物、浮游动物或其他海洋生物肠道内的缺氧微还原环境产生（Brooks et al.，1981；Tilbrook and Karl，1995；Marty，1993）。但是这些研究结果大多是根据间接地推测，缺乏直接的证据，而且甲烷在上层水体中现场生物产生的确切机理及生物生产对海洋中甲烷的贡献强度目前仍然不十分清楚。

在沿岸海域的表层海水中，除现场生物产生外，富甲烷河水的输入也是其甲烷的主要来源。表8.1给出了已报道的部分河流中甲烷的浓度和饱和度。结果表明，无论河流是否受到人类活动的影响，表层河水中的甲烷均处于高度过饱和状态，河流中甲烷浓度的变化范围很大，约为5~3 700 nmol/L（De Angelis and Lilley，1987；Sansone et al.，1999；Upstill-Goddard et al.，2000；Middelburg et al.，2002）。不同河流中甲烷浓度还有很大的空间差别。但是通常河流中甲烷浓度要远高于河口，因此河流输入是河口甲烷的主要源。河流中甲烷的过饱和主要是由于周围缺氧环境中富甲烷水的输入而不是通过河水中的自身产生，其中地下水输入（Jones and Mulholland，1998）和河水经过湿地和漫滩的输运（Richey et al.，1988）是造成河水中高浓度甲烷的两个主要原因。

表 8.1　已报道的世界部分河流中溶解甲烷浓度和饱和度

河流名称	采样描述	$CH_4/nmol \cdot L^{-1}$	CH_4饱和度/%	参考文献
Oregon Alsea	1979 – 1982 年	22 ~ 729	700 ~ 30，300	De Angelis and Lilley，1987
Yaguina Siletz		276 ~ 1 730	9 500 ~ 59 800	
		500 ~ 1 100	17 500 ~ 38 500	
Amazon	Open water	460 ~ 3 700	16 100 ~ 129 500	Devol et al.，1990
	Flodded forest	830 ~ 2 100	29 000 ~ 73 500	
Amazon	Main stem	180 ± 30	6 300 ± 1 050	Bartlett et al.，1990
Mississippi		107 ~ 366	3 600 ~ 15 200	Swinnerton 和 Lamontagne，1974
Hudson	夏季	98 ~ 940	4 400 ~ 42 400	DeAngelis and Scranton，1993
	春季	101 ~ 303	2 700 ~ 8 100	
Columbia		12 ~ 120		Sansone et al.，1999
Walker creek		140 ~ 950	6 000 ~ 40 000	Sansone et al.，1998
Orinoco	Main stem, Sep. – March	(170)		Smith et al.，2000
Ouse	1996 年 12 月	119 ± 47	3 861 ± 667	Upstill-Goddard，2000
River Tyne	1996 年 12 月	2.6 ~ 146	75 ~ 4 129	Upstill-Goddard，2000
Scheldt		500	17 500	De Wilde and Duyzer，1995
Elbe		60 ~ 120	1 750 ~ 3 500	Wernecke et al.，1994
Douro	1998 年 9 月	63 ~ 128		Middelburg et al.，2002
Rhine	1996 年 10 月 – 1998 年 4 月	37 ~ 1 437		Middelburg et al.，2002

河流名称	采样描述	$CH_4/nmol \cdot L^{-1}$	CH_4饱和度/%	参考文献
Gironde	1996 年 10 月 – 1998 年 2 月	10 ~ 559		Middelburg et al.，2002
Thames	1997 年 4 月	273		Middelburg et al.，2002
Changjiang	2004 年 10 月 – 2005 年 9 月	71.6 ± 36.3		Zhang et al.，2008b

甲烷可以通过细菌作用在富含有机物的缺氧沉积物中产生，并通过沉积物 – 水界面交换扩散到底层海水中（Martens and Klump，1980；Rusanov et al.，2002），而且沉积物中甲烷产生的速率在很大程度上取决于可降解有机物的量。Martens and Klump（1980）研究了甲烷在 Cape Lookout Bight 中沉积物 – 水界面的交换，结果发现夏季甲烷主要是通过扩散迁移和低潮时的气泡溶解从沉积物进入水体中，其扩散输入量和气泡输入量分别可达 163 和 170 $\mu mol/(m^2 \cdot h)$，而此时甲烷通过海 – 空气体交换向大气的释放通量只有 9.1 $\mu mol/(m^2 \cdot h)$。在河口区，由于陆地径流携带大量悬浮物和有机物的注入，其沉积物中有机碳含量通常较高，为甲烷的产生提供了有利条件。通常潮间带沉积物和盐沼产生和释放甲烷的通量较高（Bartlett et al.，1987；Chanton et al.，1989；Kelley et al.，1995），年平均通量变化范围通常在几个 $mmol/(m^2 \cdot d)$。潮流对于潮间带和盐沼的冲刷也可以将大量甲烷水平输运到相邻的河口水体中（Kelley et al.，1995）。如在 Scheldt 和 Sado 河口，甲烷浓度随盐度升高而降低，但在盐度 20 ~ 30 之间甲烷浓度又出现升高，正是由于在这两个河口有潮间带的显著输入（Middelburg et al.，2002）。因此沉积物中甲烷的释放无疑是沿岸海域海水中甲烷的另一主要来源。

在某些近岸海域，例如在墨西哥湾东北部，通过地下水的释放可占水体中甲烷总输入量的83% ~ 99%（Bungna et al.，1996）。在某些海域，沉积物中甲烷水合物的释放和油气资源的泄露也是底层海水中溶解甲烷的来源（Judd et al.，1997）。

海洋中甲烷的汇主要包括两种：表层海水通过海 – 气界面交换向大气的输送和海水中溶解甲烷通过细菌氧化过程的消耗（Ward et al.，1987；Rusanov et al.，2002）。Tilbrook 和 Karl（1995）计算了在北太平洋表层海水中通过细菌氧化损失的甲烷约为 0.01 $\mu mol/(m^2 \cdot d)$，与甲烷在海 – 气界面的净交换通量 0.9 ~ 3.5 $\mu mol/(m^2 \cdot d)$ 相比，所占比例很小；在深层海水中，细菌氧化将消耗大量的甲烷。Devol（1983）研究了 Saanich Inlet 海域的无氧沉积物中的细菌氧化，结果表明虽然在缺氧沉积物中通过细菌作用可以产生大量甲烷，但其中的大部分将因氧化而被消耗掉，显著地减少了甲烷从沉积物向底层海水中的释放。在河口低盐区，水体和沉积物中的甲烷氧化往往非常重要。例如，在 Hudson 河口，De Angelis 和 Scanton（1993）研究发现水体中的甲烷氧化能将甲烷的存留时间变为 1.4 ~ 9 d，但仅限于盐度低于 6 的区域，而在高盐区甲烷氧化速率要低 1 ~ 2 个数量级。

Lilley 等（1996）在 Columbia 河及其河口也进行了甲烷氧化速率测定，结果与 Hudson 河口基本一致。Abril 和 Iversen（2002）在 Randers 河口的低盐区（3～7）沉积物表层观测到强烈的甲烷氧化，导致河口沉积物从河水中净吸收甲烷。但是在盐度 17～23 的区域没有观测到任何甲烷氧化。将这 3 个河口中甲烷氧化和海气交换作为甲烷汇的强度进行比较，其中甲烷释放/氧化比值在 Columbia 河口为 4（Lilley et al.，1996），在 Hudson 河口为 0.4 到 23（De Angelis and Scranton，1993），在 Randers fjord 的低盐区为 0.8 到 5.1（Abril and Iversen，2002）。比值低于 1 仅出现在夏季，此时水体盐度较低而甲烷浓度较高。另外，研究表明：在河口最大浑浊带，较高的悬浮颗粒物能够加快甲烷的氧化过程，从而减少其向大气的释放（Abril et al.，2007）。

海洋表层的海－气界面交换的通量可以根据在不同海区表层海水中观测的甲烷浓度和与大气达到平衡时的浓度差别，利用双层模型粗略估算出（Liss and merlivat，1986）。由于计算通量时所采用的风速和气体交换速率公式不尽相同，因此已报道的不同海域中的甲烷海－气交换通量之间存在有较大差异。一般说来，大洋区表层海水中甲烷与大气的海－气交换通量最低，陆架边缘海等稍高，而海湾、河口等海区最高，而且变化范围也较大（Bange et al.，1994；Watanable，1994；张桂玲和张经，2001）。如：河口区的甲烷通量通常在 2.5 到 1 312 $\mu mol/(m^2 \cdot d)$（De Angelis and Lilly，1987；Abril and Borges，2004）。

关于全球范围海洋－大气之间的甲烷交换，Watanable（1994）根据 Funka 湾的数据推算海洋每年向大气的甲烷释放量为 60 Tg。Bates 等根据自 1987 至 1994 年间，对太平洋进行的 5 个航次调查的结果，估算出全球海洋向大气释放的甲烷总量为 0.4 Tg/a（Bates et al.，1996）。由于这些结果大多是根据某几次调查或对某一特定海域的调查结果来估算全球范围内甲烷的海－气交换通量，估算结果之间的差异性较大，带有很大的不确定性。Bange 等（1994）根据已有的近岸和大洋的测定结果，初步估算了全球海洋向大气释放的甲烷为 11～18 Tg/a。

8.3　海洋中溶解 N_2O 研究现状及进展

研究表明，全球海洋不同海区的海水中 N_2O 浓度、饱和度和海气交换通量有较大的时、空变化。Bange 等（1996）估算了不同海洋环境中 N_2O 饱和度及其向大气中释放的 N_2O 量，边缘海、上升流、河口等近岸海区在全球海洋中所占的比例约为 18.5%，所释放的 N_2O 占整个海洋的 61%（Bange et al.，1996），其中河口区水体中 N_2O 饱和度最高，虽然河口在全球海洋中所占的比例仅约为 0.4%，但它们所释放的 N_2O 占整个海洋的 33%（Bange et al.，1996）。文献报道的世界各河口中溶解 N_2O 浓度变化范围很大（约为 7～1 457 nmol/L）。如：De Bie 等（2002）于 1997 年 5 月到 1998 年 4 月对高氮低氧的 Schelde 河口中 N_2O 的分布进行了逐月研究，结果表明：Schelde 河口 N_2O 最低浓度出现在 11 月，只有 8.7 nmol/L，而最大浓度出现在 8 月，达到 1 457 nmol/L，但 Schelde 河口 N_2O 始终处于过饱和状态，年平均饱和度约为710%，是大气 N_2O 的源。河口水体中 N_2O 浓度较高主要是因为一方面河口受人类活动影响较大，有机质和矿物颗粒的含量相对较高，为水体和沉积物中 N_2O 的生物产生提供了有利条件；同时有机氮和无机氮的大量输入使河口区底层水呈还原环境，可能会导致更高的硝化和反硝化速率，从而使水体和沉积物中 N_2O 的产生速率增加（Seitzinger et al.，1983；Seitzinger and Nixon，1985；Hedmond and Duran，1989；Rnner，1983）。另一方面，河流本身通常也具有较高浓度的 N_2O（表8.2），河流的输入本身也会导致毗邻近海的水体中 N_2O 的浓度增加。河流中溶解 N_2O 浓度和饱和度变化范围较大（3~527 nmol/L），这主要与河流中外部氮源及其输入的氮量有关（De Angelis and Gordon，1985；Cole and Caraco，2001；Dong et al.，2004；Richey et al.，1988；Chen et al.，2008）。

表8.2 已报道的世界部分河流中溶解 N_2O 浓度和饱和度

河流名称	采样时间	站位	N_2O 浓度 /$nmol \cdot L^{-1}$	N_2O 饱和度/%	参考文献
Alsea River	1979年9月	7	8.2~15.6	94~166	De Angelis and Gordon，1985
Potomac River	1977年7-9月	6-22		100~5 000	McElroy et al.，1978
South Platte River	2000年1-2月	4	18~527（59）		Dennehy and McMahon，2000
Arkansas River		4	3.3~5.9（3.6）		
Colne	2001年8月、11		44.2±5.0	272.5±32.1	Dong et al.，2004
Stour	月和2002年2、		53.9±4.5	297.4±25.7	
Orwell	5月	10-16	60.1±5.4	389.1±31.7	
Trent			43.2±3.5	228.4±18.3	
Ouse			39.2±2.9	217.9±16.5	
Hudson River	1998年5月 - 1999年11月		19±8	185%±43%	Cole and Caraco，2001
Millstone River	2002年3-5月		11.45~13.30	104~123	Laursen et al.，2004
Iroquois River	2002年4-6月		13.65~27.67	134~209	Laursen et al.，2004

注：括号中为平均值。

在其他近岸海域，由于受陆源输入和富营养化的影响，海水中溶解 N_2O 浓度和饱和度也较高。如，受污水处理厂排放污水的影响，东京湾表层海水中溶解 N_2O 浓度最高可达 139 nmol/L，饱和度约为1 630%（Hashimoto et al.，1999）。在印度西海岸，研究发现人为增加的硝酸盐及随后发生的反硝化过程会增加水体中 N_2O 的生物产生和向大气的释放（Naqvi et al.，2000）。

在开阔海洋的中心地域，表层海水中 N_2O 的浓度均处于基本与大气平衡的状态（Butler et al.，1989），而上升流等海区 N_2O 的浓度较高，例如，全球开阔大洋表层海水中 N_2O 的平均饱和度约为103%，沿岸上升流海区水体中 N_2O 平均饱和度约为176%（Bange et al.，

1996），这主要是由于在这些上升流海区深层富 N_2O 水的涌升，使表层 N_2O 浓度升高，而且随时空变化很大。如 Bange 等（1996）观测到在西南季风最强期间阿曼沿岸上升流区表层 N_2O 饱和度高达（230±46）%。Law 和 Owens（1990）在西南季风末期观测到该海区表层 N_2O 饱和度约为（187±40）%。在智力中部的陆架海区，由于受上升流的影响，表层海水中 N_2O 饱和度出现季节性变化，且变化范围较大，其中最大饱和度（1 372%）出现在上升流较强的春夏之间，最低饱和度（73%）出现在水体垂直混合的溶解氧较高的冬季（Cornejo et al.，2007）。在非上升流海区，一般表层饱和度明显减小，而且随时空变化也变小。如在阿拉伯海和西北印度洋的非上升流的开阔大洋区，在西南季风期间，表层 N_2O 饱和度为（106±7）%（Upstill-Goddard et al.，1999）。

不同海区之间在水文和生物地球化学特点的差异，影响到 N_2O 在水体中的垂直分布。一般地，N_2O 的垂直分布与水体中的溶解氧含量有关，二者之间在垂向上的分布特点大致呈镜像关系（Ostrom et al.，2000；Oudot et al.，2002）。在阿拉伯海（Lal et al.，1996）、东热带太平洋（Cohen and Gordon，1978）、索马里海盆（De Wilde and Helder，1997）等海域，伴随着缺氧在垂直方向上观测到两个 N_2O 浓度的极大值区，其中水体上部的极大值区一般位于混合层的底部，范围窄而明显，较深的极大值区位于 500~1 000 m 之间，范围更宽一些。例如，在索马里海盆，分别在混和层下方 100~200 m 的次表层和 600~1 000 m 的深度范围观测到两个与溶解氧最小值相对应的 N_2O 浓度极大值区（De Wilde and Helder，1997）。在两个 N_2O 浓度极大值之间，出现了与亚硝酸盐最大浓度相对应的 N_2O 浓度最小值，这是由于 N_2O 因发生反硝化作用而被消耗所致（Cohen and Gordon，1978）。水体中溶解 N_2O 浓度也受硝酸盐和亚硝酸盐等营养盐含量变化的影响。海洋中 N_2O 的垂直分布与 NO_3^- 浓度的垂直分布一般呈正相关关系（Oudot，1990；Oudot et al.，2002）。在沉积物中，NO_3^- 和 NO_2^- 浓度升高会导致沉积物释放 N_2O 的速率加快，从而导致底层水体中 N_2O 浓度的增加（Dong et al.，2002）。此外，海洋中溶解 N_2O 的分布还受海水温度的影响。温度降低会限制海水中硝化和反硝化过程的速率和进程（Garcia-Ruiz et al.，1999），从而导致海水中溶解 N_2O 浓度的减小。而且，N_2O 在海水中的溶解度也要受到海水温度的影响，单位摄氏度的温度改变会导致 N_2O 在海水中的溶解度变化 3%（Weiss and Price，1980）。

海洋中的 N_2O 可以通过生物学过程产生，其中包括：（1）硝化，即将 NH_4^+ 首先氧化为 NO_2^-，进而氧化为 NO_3^- 的过程，N_2O 是其副产物（Bonin et al.，2002）。水体中能够大量产生 N_2O 的相应氧气浓度范围非常窄，当氧气浓度高于这个范围时，硝化过程只能产生中等量的 N_2O，但是当氧气浓度接近于 0 或低于这个范围时，NH_4^+ 氧化过程根本不产生 N_2O（Codispoti et al.，1992）。在沉积物中硝化发生在氧化条件下，对营养盐的沉积物－水界面交换有重要作用。氨来自于有机氮的微生物降解或者直接从水体中扩散到沉积物中。硝化产生的硝酸盐最终被反硝化或者通过交换回到水体中（Bonin et al.，2002）。（2）反硝化，即将 NO_3^- 和 NO_2^- 最终还原为 N_2 的过程，其中 N_2O 是其中间产物或不完全反硝化过程的终产物。反硝化对氧气的浓度非常敏感，这导致在低氧时，尤其是在交替和过渡时期，N_2O 大量积累（Naqvi et al.，2000）。因此氧气对 N_2O 产生的调节作用是非常重要的。另外，铵的浓度，亚硝酸盐浓度，pH，物理环境和微生物群落特性等也决定了最终产生 N_2O 的量和向大气中的释放程度。反硝化通常发生在无氧沉积物的顶部几厘米中，其所需的硝酸盐来自于水体的扩散或有氧沉积物中的硝化过程。另外，在缺氧区 N_2O 也会通过反硝化过程而消耗（Yoshinari et al.，1997）。由于反硝化作用将无机氮转变成了气态的 N_2 和 N_2O 扩散到大气中，从而将沉积物、水体和大气联系起来。反硝化一方面减少了初级生产者可利用的氮，另一方面可以减轻河口、海岸带地区因氮过多造成的富营养化，对高浓度氨起到解毒作用。从全球角度看来，河口接收的氮有超过一半是通过反硝化过程去除的（Nixon et al.，1996）。（3）硝化–反硝化联合作用。硝化和反硝化过程还可以通过共同的中间体 NO 和 NO_2^- 而联合作用产生 N_2O（Naqvi and Noronha，1991；Yoshinari et al.，1997；Chapentier et al.，2007）。在河口等近岸海域，由于整个反硝化过程受控于两个截然相反的环境条件，即反硝化硝酸盐依赖于沉积物缺氧带的微生物还原作用，所需的硝酸盐则依赖于沉积物氧化带中硝化细菌对氨的硝化作用。因此河口沉积物中硝化与反硝化之间有时存在着很强的耦合作用（Jenkins and Kemp，1984）。

在开阔海洋中，N_2O 主要是通过在透光层底部的硝化作用和在深层水中的硝化、反硝化过程产生并交换到上层水体中的（Ronner，1983；Ostrom et al.，2000）。虽然一度认为它不能在真光层内产生，但最近的研究却发现，N_2O 可以在近表层水中通过硝化过程产生（Dore et al.，1998；Morell et al.，2001）。在河口、海湾等近岸海洋环境，由于存在众多的内部和外部来源，硝化和反硝化过程对水体中 N_2O 的相对贡献更难以辨别，既有研究表明反硝化是河口水体中 N_2O 的主要来源（Roninson et al.，1998），也有结果指出硝化过程对河口水体中 N_2O 产生的重要性（Barnes and Owens，1998；De Wilde and De Bie，2000）。总的来说，N_2O 产生和释放决定于特定的研究体系和特定条件，具有很大的时空变化，而且在不同尺度上控制 N_2O 产生的条件是不同的。在全球尺度上，氮负荷是控制水体和沉积物中 N_2O 产生的主要因素（Seitzinger and Kroeze，1998），而在特定水环境中氧气则可能成为 N_2O 产生的主要因素（De Bie et al.，2002）。另外，铵盐和硝酸盐的可获得性的时间变化也是影响 N_2O 产生的因素之一（De Bie et al.，2002）。

通过海–气界面附近的交换向大气的释放是海洋中 N_2O 的重要汇。由于不同文献在测定时存在时间和空间尺度上的差异，而且计算通量时所采用的模型、风速和气体交换速率公式也不尽相同，因此已报道的不同海域中的 N_2O 海–气交换通量之间存在着较大的差异（Bange et al.，1996）。N_2O 的海–气交换通量随时间和空间变化很大，而且上升流、风等物理因素对 N_2O 的海–气交换有显著的影响。以阿拉伯海为例，Upstill-Goddard 等（1999）在西南季风期间，测得沿岸上升流海区和无上升流开阔大洋区的海–气交换通量分别为 $(20.3 \pm 13.9)\ \mu mol/(m^2 \cdot d)$ 和 $(4.7 \pm 4.8)\ \mu mol/(m^2 \cdot d)$，而在季风转向期间，分别为 $(0.6 \pm 0.3)\ \mu mol/(m^2 \cdot d)$ 和 $(1.6 \pm 0.2)\ \mu mol/(m^2 \cdot d)$。

关于全球范围内 N$_2$O 从海洋向大气的释放量，Singh 等(1979)根据在太平洋的调查结果，利用滞膜模型估算出全球海洋年释放 N$_2$O 为 30 Tg/a。Elkins(1989)根据在太平洋和印度洋的两次调查结果，推算出全球海洋年释放 N$_2$O 为 2.2 ~ 4.1 Tg/a。以上结果大多是根据在某个季节，对某一特定海域的调查结果而推算得到的，由于没有充分考虑 N$_2$O 在海 – 气界面附近的交换通量随不同时、空尺度的变化，这些结果具有较大的不确定性，彼此的差异也较明显。Nevison 等(1995)利用双层模型，根据 1977 – 1993 年间，覆盖各季节和全球各大洋的 6 万多次大气和表层海水中 N$_2$O 分压差的测定结果，估算出从海洋向大气释放的 N$_2$O 约为 1.9 ~ 10.7 Tg/a。但是，现有的全球表层 N$_2$O 浓度数据中，40% 以上是在夏季调查中获得的，因此根据这些数据外推得到的全球海洋年释放 N$_2$O 量仍有较大的不确定性。Bange 等(1996)根据已报道的不同海洋环境中(如河口、近岸和陆架边缘海、近岸上升流和大洋等)N$_2$O 饱和度，估算出全球海洋向大气释放的 N$_2$O 约为 10.9 ~ 17.3 Tg/a。

8.4　目前研究中存在的问题

虽然目前国际上已对近岸海区在海洋与大气之间的 CH$_4$ 和 N$_2$O 交换具有的重要性获得了一致的认识，但在对近岸海域溶解 CH$_4$ 和 N$_2$O 的研究中还存在着如下的不足之处。

(1)已研究的海域覆盖范围较小。由于近岸海区溶解 CH$_4$ 和 N$_2$O 的时空分布变化较大，而目前研究所获得的数据有限，因此目前对近岸海洋环境释放 CH$_4$ 和 N$_2$O 通量的估算偏差较大，导致在进行全球尺度上海洋释放温室气体的估算时，影响较大的近岸海区的贡献难以得到准确、充分的体现，必然会影响到全球范围内 CH$_4$ 和 N$_2$O 海 – 气交换通量估算的准确性。

(2)对特定的近岸海洋环境(注：尤其是河口、海湾)中 CH$_4$ 和 N$_2$O 产生与消耗的生物学过程，诸如硝化、反硝化、甲烷生成、甲烷氧化等的相对贡献还缺乏深入的了解。

(3)在河口、海湾等近岸海域，由于受地表径流、生活和工业污水排放等人为活动的影响，水体的富营养化成为普遍关心的问题。人为活动带来的有机质和营养盐的大量输入为 CH$_4$ 和 N$_2$O 的生物产生提供了有利条件，从而可能导致这些海域水体中出现高浓度 CH$_4$ 和 N$_2$O。因此，富营养化和其他的人为活动无疑会增强近岸海区作为大气 CH$_4$ 和 N$_2$O 源的强度和分布范围。然而，目前的研究对富营养化和其他的人为活动对近岸海域释放 CH$_4$ 和 N$_2$O 的影响还缺乏深入的了解。

8.5　我国海水中溶解 CH$_4$ 和 N$_2$O 的研究现状

我国关于溶解 CH$_4$ 和 N$_2$O 的研究工作开展的较晚，直到 1996 年才有文献报道了西北太平洋台湾和菲律宾以东海区上层海水中溶解甲烷的浓度分布特征(夏新宇和王先彬，

1996），1998 年有文献报道了东海陆架与长江口外两个断面秋季溶解甲烷的分布规律和成因（臧家业，1998）。Zhang 等于 2001 年春季对东海、黄海的溶解甲烷的时空分布和影响因素进行了调查。结果表明，东海、黄海表、底层海水中溶解甲烷水平分布受长江冲淡水的影响，呈现舌状由近岸向开阔陆架扩展。利用 LM86 和 W92 公式计算了东、黄海春季的甲烷海－气交换通量，分别为（1.36 ± 1.45） $\mu mol/(m^2 \cdot d)$ 和（2.30 ± 2.36） $\mu mol/(m^2 \cdot d)$（Zhang et al.，2004）。Zhang 等于 2003 年 9 月对夏季东海北部溶解 CH_4 和 N_2O 的垂直分布及海气交换通量进行了研究，发现东海甲烷的垂直分布受水团变化和各种因素的影响表现出较大的空间变化，其中表层海水中甲烷主要受富甲烷的长江冲淡水和贫甲烷的黑潮水的影响；夏季东海 N_2O 的垂直分布特征为 N_2O 浓度由表层到底层逐渐增加，水文条件和生物产生可能是影响水体中 N_2O 浓度分布的重要因素。调查期间，东海大部分站位表层海水中 CH_4 和 N_2O 呈过饱和状态，因此夏季东海是大气 CH_4 和 N_2O 的净源（Zhang et al.，2008a）。Zhang 等对长江和长江口甲烷进行了研究，发现长江口甲烷浓度有明显的季节变化，其中夏季最高，秋季最低，长江口溶解甲烷浓度和海气交换通量远高于邻近海域，长江口是大气甲烷的净源。长江徐六泾水体中甲烷浓度在（$16.2 \sim 126.2$）nmol/L 之间，其年平均为（71.6 ± 36.3）nmol/L。长江输入是长江口甲烷的重要源，其年输入甲烷量可达 71×10^6 mol/a（Zhang et al.，2008b）。徐继荣等（2006a）对大亚湾海水中 N_2O 的分布特征与海－气通量进行了初步研究，指出人类活动对湾内海水中 N_2O 的分布已造成显著地影响。徐继荣等（2006b）还对南海北部 N_2O 的分布与产生机制进行了研究，发现硝化作用是南海水体中 N_2O 产生的主要机制。徐继荣等（2005）还对珠江口溶解 N_2O 的产生过程和沉积物中的硝化和反硝化速率进行了研究。结果表明：珠江口 N_2O 浓度较高，始终处于过饱和状态，是大气 N_2O 的净源。沉积物中的硝化和反硝化是水体 N_2O 的重要源。台湾的学者也在珠江口（Chen et al.，2008）等进行了初步的研究，结果表明：珠江及其河口中 CH_4 和 N_2O 的浓度范围分别为 $23.26 \sim 2\,984$ nmol/L 和 $20.43 \sim 48.57$ nmol/L，由河口向外随着离岸距离增加其浓度迅速降低。王东启等（2006；2007）使用原位静态箱现场采样，对夏季（7－8 月）长江口崇明东滩湿地 CH_4 和 N_2O 的界面通量进行了同步观测，并对长江口潮间湿地 CH_4 和 N_2O 的排放规律和影响机制进行了讨论。夏季崇明东部的低潮滩是大气 CH_4 的排放源，是 N_2O 的吸收汇；中潮滩是上述 2 种温室气体的排放源。

总体上来说，目前国内对海洋溶解 CH_4 和 N_2O 的研究成果比较缺乏，已有的研究结果基本上是基于大面调查的资料，以期获取对中国邻近海域溶解 CH_4 和 N_2O 的分布特征、海－气交换通量及其季节变化规律的初步认识，缺乏对特定海洋环境的连续、系统和深入地研究。我们尚难以正确地认识我国邻近海域对大气 CH_4 和 N_2O 等温室气体的贡献，对我们参与国际非 CO_2 海洋温室气体研究和全球变化研究都十分不利。

参考文献

王东启，陈振楼，王军，等．2006．夏季长江口潮间带反硝化作用和 N_2O 的排放与吸收．地球化学，35

(3)：271 – 279.

王东启，陈振楼，王军，等. 2007. 夏季长江口潮间带 CH$_4$、CO$_2$ 和 N$_2$O 通量特征. 地球化学，36(1)：78 – 88.

夏新宇，王先彬. 1996. 西北太平洋上层海水中溶解甲烷浓度与碳同位素特征研究. 沉积学报，14(4)：45 – 49.

徐继荣，王友绍，殷建平，等. 2005. 珠江口入海河段 DIN 形态转化与硝化和反硝化作用. 环境科学学报，25(5)：686 – 692.

徐继荣，王友绍，张凤琴，等. 2006a. 大亚湾海水中 N$_2$O 的分布特征与通量的初步研究. 热带海洋学报，25(3)：63 – 68.

徐继荣，王友绍，张凤琴，等. 2006b. 南海东北部海水中 N$_2$O 的分布与产生机制的初步研究. 热带海洋学报，25(4)：66 – 73.

臧家业. 1998. 东海海水中的溶存甲烷. 海洋学报，20(2)：52 – 59.

臧家业，王湘芹. 1997. 海湾区海水中的溶存甲烷：Ⅱ. 浓度和海气交换通量. 黄渤海海洋，15(3)：1 – 9.

张桂玲，张经. 2001. 海洋中溶存甲烷研究进展. 地球科学进展，16(6)：829 – 835.

Abril G, Iversen N. 2002. Methane dynamics in a shallow non-tidal estuary (Randers Fjord, Denmark). Mar Ecol Prog Ser, 230：171 – 181.

Abril G, Borges A V. 2004. Carbon dioxide and methane emissions from estuaries// Tremblay A, et al. Greenhouse Gas Emissions：Fluxes and Processes, Hydroelectric Reservoirs and Natural Environments. Berlin：Springer：187 – 207.

Abril G, Commarieu M-V, Guerin F. 2007. Enhanced methane oxidation in an estuarine turbidity maximum. Limnol Oceanogr, 52(1)：470 – 475.

Amouroux D, Roberts G, Rapsomanikis S, et al. 2002. Biogenic gas (CH$_4$, N$_2$O, DMS) emission to the atmosphere from near-shore and shelf waters of the north-western Black Sea. Estuarine. Coastal and Shelf Sci, 54：575 – 587.

Bange H W, Rapsomanikis S, Andreae M O. 1996. Nitrous oxide in coastal waters. Global Biogeochem. Cycles, 10：197 – 207.

Bange H W, Bartell U H, Rapsomanikis S et al. 1994. Methane in the Baltic and North Seas and a reassessment of the marine emissions of methane. Global Biogeochem. Cycles, 8：465 – 480.

Barnes J, Owens N J P. 1998. Denitrification and nitrous oxide concentrations in the Humber estuary, UK, and adjacent coastal zones. Mar Pollution Bulletin, 37 (3/7)：247 – 260.

Bartlett K B, Crill P M, Bonassi J A, et al. 1990. Methane flux from the Amazon River floodplain：Emission during rising water. J Geophy Res, 95：16773 – 16788.

Bartlett K B, Barlett D S, Harris R C, et al. 1987. Methane emissions along a salt marsh salinity gradient. Biogeochemistry, 4, 183 – 202.

Bates T S, Kelly K C, Johnson J E, et al. 1996. A reevaluation of the open ocean source of methane to the atmosphere. J Geophys Res, 101：6953 – 6961.

Bonin P, Tamburini C, Michotey V. 2002. Determination of the bacterial processes which are sources of nitrous oxide production in marine samples. Water Res, 36: 722 – 732.

Brooks J M, Rein D F, Bernad B B. 1981. Methane in the upper water column of the Northwestern Gulf of Mexico. J Geophy Res, 86: 11029 – 11040.

Bungna G C, Chanton J P, Cable J E, et al. 1996. The importance of groundwater discharge to the methane budgets of nearshore and continental shelf waters of the northeastern Gulf of Mexico. Geochimica et Cosmochimica Acta, 60(3): 4735 – 4746.

Butler J H, James J W, Thompson T M. 1989. Tropospheric and dissolved nitrous oxide of the west Pacific and east Indian Ocean during the E1 Nino southern oscillation event of 1978. J Geophy Res, 94: 14865 – 14877.

Chanton J P, Martens C S, Kelly C A. 1989. Gas transport from methane – saturated tidal freshwater and wetland sediments. Limnol Oceanogr, 34: 807 – 819.

Charpentier J, Farias L, Yoshida N, et al. 2007. Nitrous oxide distribution and its origin in the central and eastern South Pacific Subtropical Gyre. Biogeosciences, 4: 729 – 741.

Chen C T A, Wang S L, Lu X X, et al. 2008. Hydrogeochemistry and greenhouse gases of the Pearl River, its estuary and beyond. Quatern Int, 186: 79 – 90.

Codispoti L A, Elkins J W, Yoshinar T, et al. 1992. On the nitrous oxide flux from productive regions that contain low oxygen waters//Desai BN. Oceanography of the Indian Ocean. New Delhi: Oxford and IBH, 271 – 284.

Cohen Y, Gordon L I. 1978. Nitrous oxide in the oxygen minimum of the eastern tropical North Pacific: evidence for its consumption during denitrification and possible mechanisms for its production. Deep-Sea Res, 25: 509 – 524.

Cole J J, Caraco N F. 2001. Emission of nitrous oxide from a tidal, freshwater river, the Hudson River, New York. Environmental Science and Technology, 35: 991 – 996.

Cornejo M, Farias L, Gallegos M. 2007. Seasonal cycle of N_2O vertical distribution and air-sea fluxes over the continental shelf waters off central Chile (~36°S). Progress in Oceanography, 75: 383 – 395.

Cynar F J, Yayanos A A. 1992. The distribution of methane in the upper waters of the southern California Bight. J Geophy Res, 97(C7): 11 269 – 11 285.

De Angelis M A, Scranton M I. 1993. Fate of methane in the Hudson River and Estuary. Global Biogeochem. Cycles, 7: 509 – 523.

De Angelis M A, Gordon L I. 1985. Upwelling and river runoff as sources of dissolved nitrous oxide to the Alsea estuary, Oregon. Estuarine, Coastal and Shelf Sci, 20: 375 – 386.

De Angelis M A, Lilley M D. 1987. Methane in surface waters of oregon estuaries and rivers. Limnol Oceanogr, 32: 716 – 722.

De Bie M J M, Middelburg J J, Starink M, et al. 2002. Factors controlling nitrous oxide at the microbial community and estuarine scale. Marine Ecology Progress Series, 240: 1 – 9.

De Wilde H P J, De Bie M J M. 2000. Nitrous oxide in the Schelde estuary: production by nitrification and emission to the atmosphere. Mar Chem, 69: 203 – 216.

De Wilde H P J, Helder W. 1997. Nitrous oxide in the Somali Basin: the role of upwelling. Deep-Sea Res, 44 (6/7):1319 – 1340.

De Wilde H P J, Duyzer J. 1995. Methane emissions of the Dutch coast: air-sea concentration difference versus atmospheric gradients// Jahne B, Monahan E C. Air-Water Gas Transfer, Hamburg: AVEON – Verlag: 763 – 773.

Dennehy K F, McMahon P B. 2000. Concentrations of nitrous oxide in two western rivers// Proceedings of the American Geophysical Union 2000 Spring Meeting, May 30 – June 3. Washington D C: S187.

Devol A H. 1983. Methane oxidation rates in the anaerobic sediments of Saanich Inlet. Limnol. Oceanogr, 28: 738 – 742.

Devol A H, Richey J E, Forsberg B R, et al. 1990. Seasonal dynamics in methane emissions from the Amazon River floodplain to the troposphere. J Geophy Res, 95: 16417 – 16426.

Dong L F, Nedwell D B, Colbeck I, et al. 2004. Nitrous oxide emission from some English and Welsh rivers and estuaries. Water, Air & Soil Pollution, 4(6): 127 – 134.

Dong L F, Nedwell D B, Underwood G J C, et al. 2002. Nitrous Oxide Formation in the Colne Estuary, England: the Central Role of Nitrite. Appl Environ Microbiol, 68(3): 1240 – 1249.

Dore J E, Popp B N, Karl D M, et al. 1998. A source of atmospheric nitrous oxide from subtropical Pacific Surface waters. Nature 396: 63 – 66.

Elkins J W. 1989. State of the research for atmospheric nitrous oxide in 1989. Contribution for the Intergovernmental Panel on Climate Change (IPCC), NOAA, Boulder Colo.

García-Ruiz R, Pattinson S, Whitton B A. 1999. Nitrous oxide production in the river swaleouse, north – east England. Water Res, 33(5): 1231 – 1237.

Hashimoto S, Gojo K, Hikota S, et al. 1999. Nitrous oxide emissions from coastal waters in Tokyo Bay. Marine Environmental Research, 47: 213 – 223.

Hemond H F, Duran A P. 1989. Fluxes of N$_2$O at the sediment-water and water-atmosphere boundaries of a nitrogen-rich river. Water Resour Res, 25: 839 – 846.

Holmes M E, Sansone F J, Rust T M, et al. 2000. Methane production, consumption and air-sea exchange in the open ocean: an evaluation based on carbon isotopic ratios. Global Biogeochem Cycles, 14(1): 1 – 10.

IPCC. 2001. Climate Change 2001: The Scientific Basis// Houghton J T, Ding Y, Griggs D J, et al. Contribution of Working Group I to the Third Assessment Report of the Intergovernmental Panel on Climate Change. Cambridge, United Kingdom and New York: Cambridge University Press: 881.

IPCC. 2007. Summary for Policymakers// Solomon S, Qin D, Manning M, et al. Climate Change 2007: The Physical Science Basis. Contribution of Working Group I to the Fourth Assessment Report of the Intergovernmental Panel on Climate Change. Cambridge, United Kingdom and New York: Cambridge University Press.

Jayakumar D A, Naqvi S W A, Narvekar P V, et al. 2001. Methane in coastal and offshore waters of the Arabian Sea. Mar Chem, 74: 1 – 13.

Jenkins M C, Kemp W M. 1984. The coupling of nitrification and denitrification in two estuarine sediments. Lirnnol Oceanogr, 29: 609 – 619.

Jones J B, Mulholland P J. 1998. Methane input and evasion in a hardwood forest stream: effects of subsurface flow from shallow and deep pathways. Limnol Oceanogr, 43: 1243 – 1250.

Judd A G, Davies G, Wilson J, et al. 1997. Contribution to methane by natural seepages on the UK continental shelf. Marine Geology, 137 (1/2): 165 – 189.

Karl D M, Tilbrook B D. 1994. Production and transport of methane in oceanic particulate organic matter. Nature 368: 732 – 734.

Kelley C A, Marteens C S, Ussler W Ⅲ. 1995. Methane dynamics across a tidally flooded riverbank margin. Limnol Oceanogr, 40: 1112 – 1129.

Khalil M A K, Rasmussen R A. 1992. The global sources of nitrous oxide. J Geophys Res, 97: 14, 651 – 14, 660.

Lal S, Chand D, Patra P K, et al. 1996. Distribution of nitrous oxide and methane in the Arabian Sea. Current Science, 71(11): 894 – 899.

Laursen A E, Seitzinger S P. 2004. Diurnal patterns of denitrification, oxygen consumption and nitrous oxide production in rivers measured at the whole-reach scale. Freshwater Biology, 49(11): 1448 – 1458.

Law C S, Owens N J P. 1990. Significant flux of atmosphere nitrous oxide from the northwest Indian ocean. Nature, 346: 826 – 828.

Lilley M D, de Angelis M A, Olson E J. 1996. Methane concentrations and estimated fluxes from Pacific northwest rivers. Mitt Int Ver Theor Angew Limnol, 25: 187 – 196.

Liss P S, Merlivat L. 1986. Air-sea gas exchange rates: Introduction and synthesis//The role of air-sea exchange in geochemical cyclings, NATO ASI Series. New York: Reidel Publishing Company, 185: 113 – 127.

Martens C P, Klump J V. 1980. Biogeochemical cycling in an organic-rich coastal marine basin – Ⅰ methane sediment-water exchange processes. Geochimica et Coschimica Acta, 44: 471 – 490.

Marty D, Boninb P, Michoteyb V, et al. 2001. Bacterial biogas production in coastal systems affected by freshwater inputs. Continental Shelf Research, 21: 2105 – 2115.

Marty D G. 1993. Methanogenic bacteria in seawater. Limnol Oceanogr, 38: 452 – 456.

McElroy M B, Elkins J W, Wofsy S C, et al. 1978. Production and release of N_2O from the Potomac Estuary. Limnol Oceanography, 23: 1168 – 1182.

Middelburg J J, Nieuwenhuize J, Iversen N, et al. 2002. Methane distribution in European tidal estuaries. Biogeochemistry, 59: 95 – 119.

Morell J M, Capella J, Mercado A. 2001. Nitrous oxide fluxes in Caribbean and tropical Atlantic waters: evidence for near surface production. Mar Chem, 74: 131 – 143.

Naqvi S W A, Noronha R J. 1991. Nitrous oxide in the Arabian Sea. Deep-Sea Research, 38: 871 – 890.

Naqvi S W A, Jayakumar D A, Narvekar P V, et al. 2000. Increased marine production of N_2O due to intensifying anoxia on the Indian continental shelf. Nature, 408: 346 – 349.

Nevison C D, Weiss R F, Erickson D J. 1995. Global oceanic emissions of nitrous oxide. J Geophy Res, 100 (C8): 15809 – 15820.

Nixon S W, Ammerman J W, Atkinson L P, et al. 1996. The fate of nitrogen and phosphorus at the land-sea margin of the North Atlantic Ocean. Biogeochemistry, 35: 141 – 180.

Ostrom N E, Russ M E, Popp B, et al. 2000. Mechanisms of nitrous oxide production in the subtropical North Pacific based on determinations of the isotopic abundances of nitrous oxide and di-oxygen. Chemosphere-Global Change Science, 2: 281 – 290.

Oudot C. 1990. N_2O production in the tropical Atlantic Ocean. Deep-Sea Research 37: 183 – 202.

Oudot C, Jean-Baptiste P, FourréE, et al. 2002. Transatlantic equatorial distribution of nitrous oxide and methane, N_2O production in the tropical Atlantic Ocean. Deep-Sea Res I, 49: 1175 – 1193.

Patra P K, Lal S, Venkataraman S, et al. 1998. Seasonal variability in distribution and fluxes of methane in the Arabian Sea. J Geophy Res, 103: 1167 – 1176.

Rehder G, Suess E. 2001. Methane and pCO_2 in the Kuroshio and the South China Sea during maximum summer surface temperatures. Mar Chem, 75: 89 – 108.

Rehder G, Keir R E, Suess E, et al. 1998. The multiple sources and patterns of methane in North Sea waters. Aquatic Geochemistry, 4: 403 – 427.

Richey J E, Devol A H, Wofsy S C, et al. 1988. Biogenic gases and the oxidation of carbon in Amazon River and floodplain waters. Limnol Oceanogr, 33: 551 – 561.

Robinson A D, Nedwell D B, Harrison R M, et al. 1998. Hypernutrified estuaries as sources of N_2O emission to the atmosphere: the estuary of the River Colne, Essex, UK. Mar Ecol Prog Ser, 164: 59 – 71.

Ronner U. 1983. Distribution, production and consumption of N_2O in the Baltic Sea. Geochim et Cosmochimica Acta, 47: 2179 – 2188.

Rusanov I I A, Lein Yu, Pimenov N V, et al. 2002. The biogeochemical cycle of methane on the northwestern shelf of the Black Sea. Microbiology, 71(4): 479 – 487.

Sansone F J, Holmes M E, Popp B N. 1999. Methane stable isotopic ratios and concentrations as indicators of methane dynamics in estuaries. Global Biogeochemical Cycles, 13(2): 463 – 474.

Sansone F J, Rust T M, Smith S V. 1998. Methane distribution and cycling in Tomales Bay, California. Estuaries, 21(1): 66 – 77.

Seitzinger S P, Kroeze C. 1998. Global distribution of nitrous oxide production and N inputs in freshwater and coastal marine ecosystems. Global Biogeochem Cycles, 12: 93 – 113.

Seitzinger S P, Pilson M E Q, Nixon S W. 1983. Nitrous oxide production in nearshore marine sediment. Science, 222: 1244 – 1246.

Seitzinger S P, Nixon S W. 1985. Eutrophication and the rate of denitrification and N_2O production in coastal marine sediments. Limnology and Oceanography, 30: 1332 – 1339.

Singh H B, Louis J S, Shigeishi H. 1979. The distribution of nitrous oxide in the global atmosphere and the Pacific Ocean. Tellus, 31: 313 – 320.

Smith L K, Lewis W M, Chanton J P, et al. 2000. Methane emissions from the Orinoco River floodplain, Venezuela. Biogeochemistry, 51: 113 – 140.

Swinnerton J W, Lamontagne R A. 1974. Oceanic distribution of low-molecular-weight hydrocarbons: baseline measurements. Environ Sci Technol, 8: 657 – 663.

Tilbrook B D, Karl D M. 1995. Methane sources, distributions and sinks from California coastal waters to the oligotrophic North Pacific gyre. Mar Chem, 49: 51 – 64.

Upstill-Goddard R C, Barnes J, Owens N J P. 1999. Nitrous oxide and methane during the 1994 SW monsoon in the Arabian sea/northwestern Indian ocean. J Geophy Res, 104(C12): 30067 – 30084.

Upstill-Goddard R C, Barnes J, Frost T, et al. 2000. Methane in the southern North Sea: Low-salinity inputs, estuarine, and atmospheric flux. Global Biogeochem Cycles, 14: 1205 – 1216.

Walter S, Bange H W, Breitenbach U, et al. 2006. Nitrous oxide in the North Atlantic Ocean. Biogeosciences, 3: 607 – 619.

Ward B B, Kilpatrick K A, Novelli P C, et al. 1987. Methane oxidation and methane fluxes in the ocean surface layer and deep anoxic waters. Nature, 327: 226 – 229.

Watanabe S. 1994. Annual variation of methane in seawater of Funka Bay, Japan. J Oceanogr, 50: 415 – 421.

Watanabe S. 1995. Methane in the western North Pacific. J Oceanogrm, 51: 39 – 60.

Weiss R F, Price B A. 1980. Nitrous oxide solubility in water and seawater. Marine Chemistry, 8: 347 – 359.

Wernecke G, Floser G, Korn S, et al. 1994. First measurements of methane concentration in the North Sea with a new in situ device. Bull Geol Soc Denmark, 41: 5 – 11.

Yoshinari T, Altabet M A, Naqvi S W A, et al. 1997. Nitrogen and oxygen isotopic composition of N_2O from suboxic waters of the eastern tropical North Pacific and the Arabian Sea—measurement by continuous – flow isotope-ratio monitoring. Marine Chemistry, 56: 253 – 264.

Zhang G L, Zhang J, Ren J L, et al. 2008a. Distributions of Methane and Nitrous Oxide in the North East China Sea in Summer. Marine Chemistry, 110 (1/2): 42 – 55.

Zhang G L, Zhang J, Liu S M, et al. 2008b. Methane in the Changjiang (Yangtze River) Estuary and its adjacent marine area: Riverine input, sediment release and atmospheric fluxes. Biogeochemistry, 91 (1): 71 – 84.

Zhang G L, Zhang J, Kang Y B, et al. 2004. Distributions and fluxes of dissolved methane in the East China Sea and the Yellow Sea in spring. J Geophy Res, 109(C7): C07011, 10. 1029/2004JC002268

第九章
胶州湾浮游植物研究的历史回顾

胶州湾位于山东半岛东南海岸，外临黄海，是北方重要的经济港口与养殖海湾。因此，我国海洋科学家很早就展开了对胶州湾水域的研究工作。胶州湾浮游植物的最早研究可追溯到 1936 年，金德祥先生对青岛近海的浮游植物进行了 8 个月的定期观测，首次对胶州湾浮游植物的种类组成和数量变化进行了研究（金德祥，1951）。此后李冠国和黄世玫（1956）、李冠国（1958）、钱树本等（1983）、郭玉洁和杨则禹（1992）、郭玉洁（1992）、吴玉霖和张永山（1995）、吴玉霖等（2004）、Jiao 和 Gao（1992）、焦念志（2000）、孙军等（1999，2000）等众多学者先后从分类学和生态学等角度对胶州湾的浮游植物进行了持续的研究。本章在前人工作的基础上，对胶州湾浮游植物不同时期的研究工作进行了比较与分析，以期了解近 70 a 来胶州湾浮游植物群落结构的变化，为开展进一步的工作奠定基础。

9.1 胶州湾浮游植物种类组成特征

浮游植物作为水域中重要的初级生产者和食物链的基础环节，在营养盐的收支动态平衡过程中起着重要的调节作用，其群落结构的组成及现存量的变化，能够敏感地反映复杂环境因子的变动，因此其物种组成与数量的研究是海洋生态学研究的基础。胶州湾浮游植物群落中硅藻、甲藻的物种研究开展较早，统计以往历史资料，共发现硅藻 153 种 45 属、甲藻 24 种 8 属。在这些调查研究中，多以网采（ > 76 μm）浮游植物的种类作为主要研究对象。研究表明，硅藻是胶州湾浮游植物种类和数量最多的门类。以个体数量来看，主要以角毛藻属（*Cheatoceros*）、菱形藻属（*Nitzschia*）、骨条藻属（*Skeletonema*）、细柱藻属（*Leptocylindrus*）、直链藻属（*Melosesira*）、星杆藻属（*Asterionella*）、圆筛藻属（*Coscinodiscus*）、盒形藻属（*Biddulphia*）、弯角藻属（*Eucampia*）和根管藻属（*Rhizosolenia*）为优势类群。优势种类随季节和年际的变化而有所不同。有些种类几乎全年出现，如圆筛藻（*Coscinodiscus* sp. ）、中肋骨条藻（*Skeletonema costatum*）、柔弱角毛藻（*Chaetoceros deblis*）等；但有些种类的分布则有着明显的季节性特点，如日本星杆藻（*Asterionella japonica*）、加氏星杆藻（*Aster. kariana*）多在冬、春两季出现；而浮动弯角藻（*Eucampia zodiacus*）、旋链角毛藻（*Chae. curvisetus*）、拟旋链角毛藻（*Chae. pseudocurvisetus*）常成为夏季的优势种类（钱树本等，1983；郭玉洁等，1992；刘东艳等，2002）。甲藻为仅次于硅藻的第二大类群。胶州湾的甲藻主要以角藻属（*Ceratium*）和原多甲藻属（*Properidinium*）的种类为主，常见种类有三角角藻（*Cera-*

tium tripos)、梭角藻(*Cer. fusus*)、长角角藻(*Cer. macroceros*)、扁形原多甲藻(*Properidinium depressum*)等。它们从数量上不容易形成优势,多在夏、秋两季出现。但也有曾经在胶州湾发生赤潮的甲藻种类,如:微型原甲藻(*Prorocentrum minimum*)、夜光藻(*Noctiluca scintillans*)和锥状斯克里普藻(*Scrippsiella trochoidea*)(韩笑天等,1999)。

随着海洋生态学研究的发展和电子显微镜等技术的广泛应用,微型和超微型浮游植物因其在生态系统中的重要作用而日益受到重视。Jiao 和 Gao(1995)通过采水样的方法,首次对胶州湾的微型浮游硅藻(2~20 μm)进行了较详细的研究,记录了83种微型浮游硅藻,其中53种在胶州湾属于首次被记录。此外,蓝藻门中超微型的聚球藻(*Synechococcus sp.*)为主要优势类群。除硅藻、甲藻外,胶州湾其他浮游藻的分类研究开展的相对较少,如仅高玉等(1992)的研究发现绿藻9属,蓝藻1属,金藻4属。

胶州湾浮游植物物种的生态类型以海洋暖温性近岸种和广温广布种为主,例如:浮动弯角藻(*E. zodiacus*)、劳氏角毛藻(*Chae. Lorenzianus*)、中肋骨条藻(*S. costatum*)、尖刺菱形藻(*Nitzschia pungens*)、旋链角毛藻(*Chae. curvisetus*)等。夏、秋季会出现少数热带近岸种和半咸水种,如:萎软几内亚藻(*G. flaccida*)、泰吾士扭鞘藻(*Streptotheca thamensis*)等;冬季常有一些冷水种类出现并形成优势,如:日本星杆藻(*Aster. japonica*)、加氏星杆藻(*Aster. kariana*)、诺氏海链藻(*Thalassiosira nordenskioldi*)等等。但近年来,由于船舶的运输、压舱水排放等原因,一些热带外洋性的种类也出现在胶州湾,如豪猪棘冠藻(*Corethron hystrix*)(郭玉洁和杨则禹,1992;郭玉洁,1992)。本章将以上所述种类列于表9.1,供研究者参考。

表9.1 胶州湾浮游植物物种调查记录

序号	种名	金德祥 1936年	李冠国 1956年	钱树本 1978年	郭玉洁 1981年*	吴玉霖等 1997年*	孙松等 1999年*	刘东艳等 2003–2004年
	硅藻门 Diatom							
1	标志星杆藻 *Asterionella* (*Asterionellopsis*) *notata*			●				●
2	冰河拟星杆藻 *A. glacialis*(*japonica*)	●	●		●		●	●
3	加氏星杆藻 *A. kariana*			●				●
4	美丽辐杆藻 *Bacteriastrum delicatissima*							●
5	变异辐杆藻 *B. varians*							●
6	透明辐杆藻 *B. hyalinum*	●						●
7	地中海辐杆藻 *B. mediterraneum*							●
8	窄细角毛藻 *Chaetoceros affinis*		●	●				●
9	扁面角毛藻 *Ch. Compressus*			●				●
10	缢缩角毛藻 *Ch. Constrictus*		●					●
11	卡氏角毛藻 *Ch. Castracanei*							●
12	发状角毛藻 *Ch. crinitus*			●				●

续表

序号	种名	金德祥 1936年	李冠国 1956年	钱树本 1978年	郭玉洁 1981年*	吴玉霖等 1997年*	孙松等 1999年*	刘东艳等 2003-2004年
13	旋链角毛藻 *Ch. Curvisetus*	●	●	●	●	●	●	●
14	柔弱角毛藻 *Ch. Debilis*			●	●	●	●	●
15	密联角毛藻 *Ch. Densus*		●		●	●	●	●
16	皇冠角毛藻 *Ch. Diadema*			●				
17	双孢角毛藻 *Ch. Dydimus*	●	●	●	●	●	●	●
18	垂缘角毛藻 *Ch. Laciniosus*			●	●			●
19	洛氏角毛藻 *Ch. Lorenzianus*	●		●	●	●	●	●
20	牟氏角毛藻 *Ch. Muelleri*			●				
21	日本角毛藻 *Ch. Nipponica*			●				
22	拟旋链角毛藻 *Ch. pseudocurvisetus*	●	●	●				
23	秘鲁角毛藻 *Ch. peruvianus*			●				●
24	塔形角毛藻 *Ch. Teres*	●	●	●				
25	窄细角毛藻绕孢变种 *Ch. affinis* var. *circinalis*		●	●				
26	窄细角毛藻威尔变种 *Ch. affinis* var. *willei*	●	●					
27	桥联角毛藻 *Ch. anastomosans*			●				
28	短孢角毛藻 *Ch. brevis*	●	●					
29	绕孢角毛藻 *Ch. cinctus*			●	●			
30	双脊角毛藻 *Ch. costatus*		●					
31	丹麦角毛藻 *Ch. danicus*		●					
32	并基角毛藻 *Ch. decipiens*	●	●					
33	并基角毛藻单胞变型 *Ch. decipiens* f. *singularis*			●				
34	齿角毛藻 *Ch. denticulatus*			●				
35	远距角毛藻 *Ch. distans*			●	●			
36	罗氏角毛藻 *Ch. lauderi*			●				
37	艾氏角毛藻 *Ch. eibenii*		●	●				
38	窄面角毛藻 *Ch. paradoxus*			●	●			
39	暹罗角毛藻 *Ch. siamense*			●				
40	聚生角毛藻 *Ch. socialis*			●				
41	冕孢角毛藻 *Ch. subsecundus*	●			●			
42	细弱角毛藻 *Ch. subtilis*			●				
43	扭链角毛藻 *Ch. tortissimus*			●				
44	范氏角毛藻 *Ch. vanheurcki*			●				
45	相似角毛藻 *Ch. similis*			●				
46	虹彩圆筛藻 *Coscinodiscus oculus-iridis*		●					●

续表

序号	种名	金德祥 1936年	李冠国 1956年	钱树本 1978年	郭玉洁 1981年*	吴玉霖等 1997年*	孙松等 1999年*	刘东艳等 2003-2004年
47	蛇目圆筛藻 C. argus			●				
48	弓束圆筛藻 C. curvatulus	●		●				●
49	偏心圆筛藻 C. excentricus	●	●					●
50	线形圆筛藻 C. lineatus	●	●	●				●
51	格氏圆筛藻 C. granii			●				●
52	有翼圆筛藻 C. bipartitus			●				●
53	星脐圆筛藻 C. asteromphalus	●	●		●	●		
54	小眼圆筛藻 C. oculatus			●				
55	中心圆筛藻 C. centralis	●		●				
56	琼氏圆筛藻 C. jonesianus	●		●	●			
57	相异圆筛藻 C. divisus			●				
58	具边圆筛藻 C. marginatus	●		●				
59	巨圆筛藻 C. gigas	●	●					
60	整齐圆筛藻 C. concinnus				●			
61	孔圆筛藻窄细变种 C. perforatus var. pavillardii				●			
62	辐射圆筛藻 C. radiatus	●	●	●				
63	有棘圆筛藻 C. spinosus				●			
64	苏里圆筛藻 C. thorii	●		●				
65	双凹梯形藻 Climacodium biconcavum	●		●	●			
66	扭鞘藻 Streptotheca thamensis			●	●	●	●	●
67	环纹娄氏藻 Lauderia borrealis (annulata)			●	●			●
68	丹麦细柱藻 Leptocylindrus danicus	●		●	●			●
69	细柱藻 L. minimus							●
70	地中海细柱藻 L. mediterraneus				●			●
71	亚的里亚细柱藻 L. adriaticus							
72	波状石鼓藻 Lithodesmium undulatum			●			●	●
73	长耳盒形藻 Biddulphia. aurita			●				
74	可疑盒形藻 B. dubia			●				
75	高盒形藻 B. regia (Odontella regia)			●	●	●	●	●
76	中华盒形藻 B. sinensis (O. sinensis)	●		●	●			●
77	活动盒形藻 B. mobiliensis (O. mobiliensis)	●		●				●
78	颗粒盒形藻 B. granulata			●				●
79	柔弱根管藻 Rhizosolenia delicatula			●	●	●	●	●
80	斯氏根管藻 Rh. stolterfothii	●		●				●

续表

序号	种名	金德祥 1936年	李冠国 1956年	钱树本 1978年	郭玉洁 1981年*	吴玉霖等 1997年*	孙松等 1999年*	刘东艳等 2003-2004年
81	粗根管藻 *Rh. robusta*			●				●
82	刚毛根管藻 *Rh. setigera*	●		●	●	●	●	●
83	钝根管藻半刺变型 *Rh. hebetata f. semispina*			●				
84	笔尖形根管藻 *Rh. styliformis*			●		●	●	
85	覆瓦根管藻 *Rh. imbricata*			●				
86	覆瓦根管藻细径变型 *Rh. imbricatavar. schrubsolei*			●	●			
87	刚毛根管藻 *Rh. setigera*		●					
88	翼根管藻 *Rh. alata*			●				●
89	翼根管藻原型 *Rh. alata f. genuina*			●				
90	翼根管藻纤细变型 *Rh. alata f. gracillima*			●				
91	翼根管藻印度变型 *Rh. alata f. indica*	●		●				
92	距端根管藻 *Rh. calcar-avis*			●		●		
93	中肋骨条藻 *Skeletonema costatum*	●		●	●	●	●	●
94	塔形冠盖藻 *Stephanopyxis palmeriana*	●		●				●
95	具槽帕拉藻 *Melosira（Paralia）sulcata*	●		●				●
96	中华半管藻 *Hemiaulus sinensis*	●						
97	霍氏半管藻 *H. hauckii*		●	●				
98	膜质半管藻 *H. membranaceus*	●						
99	波状幅裥藻 *Actinoptychus undulatus*	●	●	●		●		●
100	辣氏辐环藻 *Actinocyclus ralfsii*	●		●				
101	菱软几内亚藻 *Guinardia flaccida*	●		●	●			●
102	圆海链藻 *Thalassiosira rotula*			●				
103	海链藻 *Thal. decipiens*			●				
104	密链海链藻 *Thal. condensata*			●				
105	细弱海链藻 *Thal. subtilis*			●				●
106	诺氏海链藻 *Thal. nordenskioldi*		●					
107	条斑小环藻 *Cyclotella striata*	●						
108	扭曲小环藻 *C. comta*	●		●				
109	扇形星脐藻 *Asteromphalus flabellatus*		●					●
110	布氏双尾藻 *Ditylum brightwellii*	●		●				●
111	太阳双尾藻 *D. sol*	●		●				
112	浮动弯角藻 *Eucampia zodiacus*	●		●	●			●
113	角状弯角藻 *E. cornicum*	●						●
114	蜂窝三角藻 *Triceratium favus*	●	●					●

续表

序号	种名	金德祥 1936 年	李冠国 1956 年	钱树本 1978 年	郭玉洁 1981 年*	吴玉霖等 1997 年*	孙松等 1999 年*	刘东艳等 2003-2004 年
115	柏氏角管藻 Cerataulina beraoni							●
116	颗粒直链藻 Melosira granulata							●
117	尤氏直链藻 M. juergensi							●
118	念珠直链藻 M. moniliformis							●
119	豪猪棘冠藻 Corethron hystrix	●	●	●				●
120	新月菱形藻 Nitzschia closterium	●	●	●	●			●
121	粗点菱形藻 N. punctata							●
122	奇异菱形藻 N. paradoxa	●	●	●	●			●
123	N. seriata	●						
124	洛氏菱形藻 N. lorenziana			●				●
125	尖刺伪菱形藻 Pseudo-nitzschia pungens	●		●			●	●
126	柔弱菱形藻 N. delicatissima	●		●				●
127	长菱形藻 N. longissima	●	●	●				●
128	佛氏海毛藻 Thalassiothrix frauenfeldii	●	●	●		●		●
129	长海毛藻 Th. longissima	●						
130	菱形海线藻 Th. nitzschioides	●		●	●			●
131	近缘斜纹藻 Pleurosigma affine			●	●			
132	P. fasciola			●				
133	美丽斜纹藻 P. formosum	●						
134	宽角斜纹藻 P. angulatum	●						
135	诺马斜纹藻 P. normanii	●						
136	翼茧形藻 Entomoneis alata							●
137	鼻翼状藻 Proboscia alata							●
138	短纹楔形藻 Licmophora abbreviata							●
139	针杆藻 Synedra sp.	●		●				●
140	脆杆藻 Fragilaria striatula	●						
141	波状斑条藻 Grammatophora undulata			●				●
142	海生斑条藻 G. marina			●				●
143	双壁藻 Diploneis splendica							●
144	蜂腰双壁藻 D. bombus			●				●
145	施氏双壁藻 D. schmidtii							●
146	近圆双壁藻 D. suborbicularis							●
147	黄蜂双壁藻 D. crabro							●
148	优美施罗藻 Schrodella delicatula			●	●			

续表

序号	种名	金德祥 1936 年	李冠国 1956 年	钱树本 1978 年	郭玉洁 1981 年*	吴玉霖等 1997 年*	孙松等 1999 年*	刘东艳等 2003–2004 年
149	布纹藻 *Gyrosigma balticum*	●		●	●			●
150	方格舟形藻 *Navicula cancellata*	●	●	●				●
151	长舟形藻 *N. longa*	●						
152	*N. crabro*	●						
153	*N. smithii*	●						
154	美丽舟形藻 *N. spectabilis*	●						
155	交织舟形藻 *N. praetexta*	●						
156	星形明盘藻 *Hyalodiscus stelliger*			●				●
157	细弱明盘藻 *H. subtilis*			●				
158	厚辐环藻 *Actinocyclus crassus*			●				
159	爱氏辐环藻 *A ehrenbergi*							
160	环状劳氏藻 *Lauderia annulata* (*borrealis*)							
161	伏氏梯形藻 *Climacodium frauenfeldianum*	●	●	●				
162	*Surirella gemma*							
	甲藻门 Pyrrophyta							
163	角状角藻 *Ceratium furca*			●				●
164	粗刺角藻 *C horridum*			●				
165	梭形角藻 *C. fusus*			●	●	●	●	●
166	线形角藻 *C. lineatum*			●	●			
167	大角角藻 *C. macroceros*			●	●	●	●	●
168	柔软角藻 *C. molle*			●				
169	三角角藻 *C. tripos*			●	●	●	●	●
170	五角原多甲藻 *Protoperidinium pentagonum*			●				●
171	夸尼原多甲藻 *P. quarnerense*			●				●
172	阿氏原多甲藻 *P. abei*			●				
173	原多甲藻 *P. claudicans*			●				
174	灵巧原多甲藻 *P. vanustum*			●				
175	青岛原多甲藻 *P. tsingtaoensis*			●				
176	宽阔原多甲藻 *P. latissimum*			●				
177	赛裸原多甲藻 *P. subinerme*			●				
178	缺陷原多甲藻 *P. deficiens*			●				
179	厚甲原多甲藻 *P. crassipes*			●				
180	锥形原多甲藻 *P. conicum*			●				●
181	原多甲藻 *P. aliferum*			●				

序号	种名	金德祥 1936年	李冠国 1956年	钱树本 1978年	郭玉洁 1981年*	吴玉霖等 1997年*	孙松等 1999年*	刘东艳等 2003-2004年
182	矮胖原多甲藻 *P. humile*			●				
183	原多甲藻 *P. leonis*			●				
184	雷氏原多甲藻 *P. marielebourae*			●				
185	卵形原多甲藻 *P. ovum*			●				
186	光甲原多甲藻 *P. pallidium*			●				
187	灰甲原多甲藻 *P. pellucidum*			●				
188	实角原多甲藻 *P. solidicone*			●				
189	勃氏原多甲藻 *P. brochi*			●				
190	原多甲藻 *P. ventricum*			●				
191	微小原多甲藻 *P. minutum*			●				
192	*P. thorianum*			●				
193	*P. excentricum*			●				
194	*P. asymmetrica*			●				
195	二角原多甲藻 *P. bipes*							●
196	点刺原多甲藻 *P. puncutatum*							●
197	扁平原多甲藻 *P. depressum*			●	●			●
198	原多甲藻 *P. oblongum*							●
199	锥形原多甲藻 *P. conicum*			●				●
200	原多甲藻 *P. aliferum*			●				
201	矮胖原多甲藻 *P. humile*			●				
202	原多甲藻 *P. leonis*			●				
203	雷氏原多甲藻 *P. marielebourae*			●				
204	卵形原多甲藻 *P. ovum*			●				
205	光甲原多甲藻 *P. pallidium*			●				
206	灰甲原多甲藻 *P. pellucidum*			●				
207	实角原多甲藻 *P. solidicone*			●				
208	勃氏原多甲藻 *P. brochi*			●				
209	原多甲藻 *P. ventricum*			●				
210	微小原多甲藻 *P. minutum*			●				
211	*P. thorianum*			●				
212	*P. excentricum*			●				
213	*P. asymmetrica*			●				
214	二角原多甲藻 *P. bipes*							●
215	点刺原多甲藻 *P. puncutatum*							●

续表

序号	种名	金德祥 1936年	李冠国 1956年	钱树本 1978年	郭玉洁 1981年*	吴玉霖等 1997年*	孙松等 1999年*	刘东艳等 2003-2004年
216	扁平原多甲藻 *P. depressum*			●	●			●
217	原多甲藻 *P. oblongum*							●
218	渐尖鳍藻 *Dinophysis acuminata*							●
219	倒卵形鳍藻 *Dinophysis fortii*			●				
220	*D. sphaerica*							●
221	新月卵甲藻 *Dissodnium lunula*			●				●
222	微小原甲藻 *Prorocentrum minimum*							●
223	海洋原甲藻 *P. marina*							●
224	闪光原甲藻 *P. micans*					●	●	●
225	*P. gracile*							●
226	东海原甲藻 *P. dentatum*							●
227	新月梨甲藻 *Pyrocystis lunula*							●
228	锥状斯比藻 *Scrippsiella trochoidea*							●
229	夜光藻 *Noctiluca scintillans*			●	●	●		●
230	锥状斯比藻 *Scrippsiella trochoidea*							●
231	夜光藻 *Noctiluca scintillans*			●	●	●	●	●
232	斯氏扁甲藻 *Pyrophacus steinii*				●			●
233	钟扁甲藻斯氏变种 *P. horologicum* var. *steinii*			●				
234	醉藻 *Ebria tripartita*							●
235	联营亚历山大藻 *Alexandrium catenella*							●
236	塔玛亚历山大藻 *A. tamarensis*			●				●
237	具刺膝沟藻 *Gonyaulax spinifera*			●				●
238	多纹膝沟藻 *G. polygramma*			●				●
239	*G. monocantha*							●
240	底刺膝沟藻 *G. spinifera*			●				
241	粗刺膝沟藻 *G. digitale*			●				
242	多边膝沟藻 *G. polyedra*							●
243	尖甲藻 *Oxytoxum tesselatum*							●
244	盾翼藻 *Diplopalopsis orbicularis*							●
245	螺旋裸甲藻 *Gymnodinium spirale*							●
246	*Heterocapsa* sp.							●
	绿藻门 Chlorophyta							
247	四尾栅藻 *Scenedesmus quadricauda*			●		●	●	
248	塔胞藻 *Pyramimonas* sp.			●				

续表

序号	种名	金德祥 1936年	李冠国 1956年	钱树本 1978年	郭玉洁 1981年[*]	吴玉霖等 1997年[*]	孙松等 1999年[*]	刘东艳等 2003－2004年
249	扁藻 *Platymonas* sp.				●			
250	小球藻 *Chlorella* sp.				●			
251	盐藻 *Dunaliella* sp.				●			
252	微胞藻 *Macromonas* sp.				●			
253	肾藻 *Nephroselmis* sp				●			
254	盘星藻							●
	金藻门 Chrysophyta							
255	六异刺硅鞭藻 *Distephanus speculum*							●
256	小等刺硅鞭藻 *Dictyocha fibula*							●
257	赭球藻 *Ochromonas* sp.				●			
258	无孔拟球胞藻 *Paraphysomonas imperforata*				●			
259	双盘拟球胞藻 *P. bisorbulina*				●			
260	疏篮拟球胞藻 *P. simplexocorbita*				●			
261	刺球金色藻 *Chrysochromulina ericina*				●			
262	疣突金色藻 *C. papillata*				●			
	蓝藻门 Cyanophyta							
263	铁氏束毛藻 *Trichodesmium thiebautii*							●
264	聚球藻 *Synechococcus* sp.					●	●	●

注：* 文章中无种名录，故只记录文中提到的物种；

** 因为部分种名已发生更改，为了方便查阅，仍沿用原文中的名称，但括号中做出注释。

9.2 胶州湾浮游植物生物量特征

在以往的多数研究中，浮游植物的生物量多以细胞数量（个/m³）和叶绿素 a 浓度（mg/m³）来表达。胶州湾浮游植物细胞数量的年变化数量级范围一般在 $10^4 \sim 10^8$ 个/m³ 之间，叶绿素 a 年平均含量为 2.09 ~ 5.70 mg/m³（刘东艳，2004；吴玉霖等，2004）。但赤潮发生时，胶州湾局部水域浮游植物的细胞数量可以达到 10^9 个/m³ 左右，叶绿素 a 浓度可高达 36.4 mg/m³（霍文毅等，2001；刘东艳等，2006）。胶州湾浮游植物的生物量随季节变化呈双周期型的特点，一年中会出现两个浮游植物高峰。但在历史上也出现过一次单周期型的记录（李冠国和黄世玫，1956），并且历次调查中出现细胞数量高峰的月份也有差异。如：1977 年的调查 2 月和 8 月出现高峰；1956 年的调查仅 9 月份出现高峰；1995 年的调查 1 月和 9 月出现高峰。一方面这与调查的频度及当年的物理、水文、化学条件相关，但另一方面也是缺乏有关种群数量变动规律的正确理论基础和研究途径。但多数研究结果显示,胶州湾在冬季到早春之间会有一个生物量高峰,持续时间较长,叶绿素 a 平均含量为 $(4.72 \pm 3.15)\,mg/m^3$(吴玉霖等,2004);夏末到秋初形成第二个生物量高峰,平均含量为 $(4.33 \pm 2.57)\,mg/m^3$(吴玉霖等,2004),但是夏季湾内化学、水文等物理条件容易受到降雨、河流排放等因素的影响,水环境体系的不稳定性增强,故高峰持续时间较短;通常两次高峰的细胞数量都可以达到 $10^7 \sim 10^8$ 个/m^3(刘东艳,2004)。胶州湾浮游植物数量的低峰通常出现在晚春和早夏(5 – 6 月份左右),细胞数量在 $10^4 \sim 10^6$ 个/m^3 之间;叶绿素 a 的浓度平均在 $(2.78 \pm 2.43)\,mg/m^3$(刘东艳,2004;吴玉霖等,2004)。根据黄世玫(1983)和肖贻昌等(1992)的调查结果,胶州湾浮游动物的高峰期通常出现在 6 – 7 月份,因此较高的摄食压力可能是控制浮游植物生物量的重要因素之一。

由于受到物理、化学条件的影响,胶州湾不同区域浮游植物的生物量分布并不均衡。历史资料研究表明,浮游植物细胞数量与叶绿素 a 浓度总的平面分布趋势表现为湾边缘海域高于湾中央,湾北部海域高于湾南部,湾口区最低(钱树本等,1979;郭玉洁,1992;孙军等,1999;刘东艳,2004)。营养盐的不均匀分布和水交换能力被认为是导致引起浮游植物数量分布不均匀的重要原因。如:胶州湾边缘海区受人为活动影响比较大,水交换速度较慢,尤其是北部边缘水域,工业废水、生活污水以及海产养殖动物废水大量排放入海,而边缘水域与外海水的交换又不够充分,故造成胶州湾边缘水域营养盐浓度高于其他水域,浮游植物生长旺盛,甚至引发赤潮等高生物量现象(郝建华等,2000;霍文毅等,2001;沈志良,2001,2002;张利永等,2004)。此外,吴玉霖等(2005)对胶州湾浮游植物细胞数量的长期变化做了研究,发现自 1954 年以来,浮游植物数量总体上有增加的趋势,特别是在胶州湾滤食性贝类养殖业衰退以后,同时,胶州湾水体的长期富营养化、水域面积减少以及水体自净能力下降被认为是引发浮游植物生物量增加的重要原因。

胶州湾浮游植物的初级生产力一般利用叶绿素 a 浓度进行估算或用 ^{14}C 示踪法进行测定。郭玉洁等(1992)在 1984 年首次利用叶绿素 a 浓度变化对胶州湾的初级生产力进行了估算,测得初级生产力年平均为 421.96 $mg/(m^2 \cdot d)$(以碳计,后同),其他学者陆续开展了相关研究(吴玉霖和张永山,1995;王荣等,1995;焦念志,2002;孙松等,2005)。其中孙松等(2005)利用 ^{14}C 示踪法在 2003 – 2004 年的逐月调查结果显示,胶州湾初级生产力的变化范围在 $27.6 \sim 1\,503.6\,mg/(m^2 \cdot d)$,年平均为 367.95 $mg/(m^2 \cdot d)$;夏季形成高峰值,平均为 835.7 $mg/(m^2 \cdot d)$;春、秋次之,平均分别为 286 $mg/(m^2 \cdot d)$ 和 247.8 $mg/(m^2 \cdot d)$;冬季最低,平均为 102.3 $mg/(m^2 \cdot d)$。从数值来看,胶州湾初级生产力并没有增加的趋势,但因测量方法的差异,亦很难做出初级生产力下降的判断。

9.3 胶州湾浮游植物群落的结构特征

从物种组成的角度来看,胶州湾浮游植物的群落结构以硅藻为主,细胞数量可以占到总细胞数量的 95% ~ 99%;甲藻的细胞数量仅占到总细胞数量的 2% ~ 3%(钱树本等,

1983；郭玉洁和杨则禹，1992；郭玉洁，1992；刘东艳等，2002；刘东艳，2004）。然而，随着对微微型浮游植物研究的增多，发现超微型的蓝藻也在浮游植物群落结构中占有一定的比例（Jiao and Gao，1992；吴玉霖等，2004），但因其个体微小，细胞数量庞大，难以从细胞数量上估计其占有比例。胶州湾浮游植物群落结构的物种组成因调查时间的长短、调查站位的多少以及自然环境的变化等多方面的因素形成较大年际间差异，因此本章选取 4 个典型的调查案例，分析浮游植物群落结构中优势种的组成特点（见表 9.2）。从 90 年代前后的调查结果可以看出，中肋骨条藻（*S. costatum*）、拟旋链角毛藻（*Chae. pseudocurvisetus*）、浮动弯角藻（*E. zodiacus*）、尖刺菱形藻（*Nitzschia pungens*）在胶州湾的历史调查中始终保持优势地位，出现的季节比较稳定。如：中肋骨条藻（*S. costatum*）和尖刺菱形藻（*Nitzschia pungens*）几乎全年都有分布；拟旋链角毛藻（*Chae. pseudocurvisetus*）、浮动弯角藻（*E. zodiacus*）主要出现在夏末秋初（6～9 月）。然而，有的种类在 90 年代以后数量上减少不再成为优势，如：双孢角毛藻（*Chae. didymus*）；有的种类成为新增加的优势种，如：加氏星杆藻（*Aster. kariana*）和冰河原甲藻（*Properidinium gracile*）。

从叶绿素 a 粒级组成特征来看，胶州湾浮游植物群落结构是以微型浮游植物（2～20 μm）为主（陈怀清和钱树本，1992；吴玉霖和张永山，1995；吴玉霖等，2004）。吴玉霖等（2004）对长期观测资料的研究发现微型浮游植物（2～20 μm）对叶绿素 a 总量的贡献最大，平均占到 51.3%；小型浮游植物（>20 μm）次之，平均占到 35.8%；微微型浮游植物（0.2～2 μm）的贡献最小，平均为 12.9%（陈怀清和钱树本，1992；吴玉霖和张永山，1995；吴玉霖等，2004）。

9.4　结语和建议

毫无疑问，在过去几十年里胶州湾浮游植物研究的显著成绩为进一步开展工作打下了良好的基础。同时，随着研究的深入，胶州湾浮游植物的研究正从描述性阶段逐步转移到了机理性的研究中。这对于深入了解浮游植物－海洋的初级生产者在整个生态系统中的动态变化过程具有重要意义。在以往的研究基础上，提出以下两点建议：

（1）在过去几十年的海洋浮游植物生态研究中，多以网采浮游植物做为主要调查对象，疏忽了对微型浮游植物的研究。进入 20 世纪 90 年代以后，很多学者开展了这方面的研究工作，但还是远远不够，至今尚未能完全从定量和定性两个方面去解释微型浮游植物在生态系统中的功能。胶州湾微型浮游植物的分类研究是生理生态学研究的基础，如果种类鉴定有问题，可能使生态调查结果的准确性和代表性受到很大的限制。除硅藻、甲藻以外，其他门类的海洋浮游植物分类研究开展太少（如绿藻、金藻、裸藻等），而这些种类很多都属于微型浮游植物。此外，浮游植物生活史及其生活习性的进一步研究尚不足，而对于种群变动的解释具有重要意义。

（2）近 70 年来，胶州湾浮游植物群落结构随环境的改变而发生一些变化，部分优势种

表 9.2　不同年代胶州湾浮游植物的物种数目及优势种组成

比较项目		调查时间			
		1977 年 2 月—1978 年 1 月（钱树本等，1983）	1980 年 6 月—1981 年 11 月（郭玉洁等，1992）	1997—1998 年（吴玉霖等，2002）	2003—2004 年（刘东艳，2004）
物种数目	硅藻	152 种	100 种	117 种	91 种
	甲藻	24 种	15 种	12 种	32 种
优势种类组成特征	春季	日本星杆藻 *Asterionella japonica* 扁面角毛藻 *Chaetoceros compressus* 冕孢角毛藻 *Ch. subsecundus* 窄细角毛藻 *Ch. affinis* 刚毛根管藻 *Rhizosolenia setigera*	日本星杆藻 *A. japonica* 扁面角毛藻 *Ch. compressus* 冕孢角毛藻 *Ch. subsecundus* 窄细角毛藻 *Ch. affinis*	尖刺菱形藻 *N. pungens* 加拉星杆藻 *A. kariana* 日本星杆藻 *A. japonica* 窄细角毛藻 *Ch. affinis*	中肋骨条藻 *S. costatum* 窄细角毛藻 *Ch. affinis* 冰河原甲藻 *P. gracile* 新月菱形藻 *N. closterium* 诺氏海链藻 *Th. nordenskioldi*
	夏季	浮动弯角藻 *Eucampia zodiacus* 丹麦细柱藻 *Leptocylindrus danicus* 诺氏海链藻 *Thalassiosira nordenskioldi* 旋链角毛藻 *Ch. curvisetus*	旋链角毛藻 *Ch. curvisetus* 双突角毛藻 *Ch. didymus* 浮动弯角藻 *E. zodiacus* 柔弱根管藻 *Rh. delicatula*	中肋骨条藻 *S. costatum* 旋链角毛藻 *Ch. curvisetus* 圆筛藻 *Coscinodiscus* sp.	新月菱形藻 *N. closterium* 中肋骨条藻 *S. costatum* 浮动弯角藻 *E. zodiacus* 诺氏海链藻 *Th. nordenskioldi* 尖刺菱形藻 *N. pungens* 圆海链藻 *Th. rotula*
	秋季	拟旋链角毛藻 *Ch. pseudocurvisetus* 浮动弯角藻 *E. zodiacus* 中肋骨条藻 *Skeletonema costatum* 扁面角毛藻 *Ch. compressus* 尖刺菱形藻 *Nitzschia pungens* 奇异角毛藻 *Ch. paradoxus*	浮动弯角藻 *E. zodiacus* 奇异菱形藻 *N. paradoxa* 丹麦细柱藻 *L. danicus* 新月菱形藻 *N. closterium* 中肋骨条藻 *S. costatum*	柔弱角毛藻 *Ch. debilis* 笔尖根管藻 *Rh. styliformis* 中肋骨条藻 *S. costatum* 扁面角毛藻 *Ch. compressus*	旋链角毛藻 *Ch. curvisetus* 中肋骨条藻 *S. costatum* 加拉星杆藻 *A. kariana* 冰河原甲藻 *P. gracile* 圆海链藻 *Th. rotula*
	冬季	中肋骨条藻 *S. costatum* 扁面角毛藻 *Ch. compressus* 柔弱角毛藻 *Ch. debilis* 旋链角毛藻 *Ch. curvisetus*	日本星杆藻 *A. japonica* 中肋骨条藻 *S. costatum* 尖刺菱形藻 *N. pungens* 扁面角毛藻 *Ch. compressus*	日本星杆藻 *A. japonica* 加拉星杆藻 *A. kariana* 尖刺菱形藻 *N. pungens* 中肋骨条藻 *S. costatum*	中肋骨条藻 *S. costatum* 加拉星杆藻 *A. kariana* 诺氏海链藻 *Th. nordenskioldi* 园海链藻 *Th. rotula*

群发生了演替，有的优势种类已经不再具有优势；尽管已有部分数据，但浮游植物的生物量和初级生产力的变化尚不十分明了。在海水富营养化和区域性气候变化的影响下，浮游植物群落结构变动的机制和方向究竟是什么？这些变化对生态系统的稳定性和生源要素的收支平衡产生何种影响是值得进一步研究的问题。

参考文献

陈怀清，钱树本．1992．青岛近海微型、超微型浮游藻的研究．海洋学报，14（3）：105－113.

高玉，曾呈奎，郭玉洁．1992．微型浮游生物//胶州湾生态学和生物资源．北京：科学出版社：203－219.

郭玉洁，杨则禹．1992．初级生产力，胶州湾生态学和生物资源．北京：科学出版社：110－126.

郭玉洁．1992．胶州湾浮游植物//胶州湾生态学和生物资源．北京：科学出版社：136－169.

韩笑天，邹景忠，张永山．1999．胶州湾赤潮生物种类及其生态分布特征//国家自然科学基金赤潮重大项目论文集．

郝建华，霍文毅，俞志明．2000．胶州湾增养殖海域营养状况与赤潮形成的初步研究．海洋科学，24（4）：37－40.

黄世玫．1983．胶州湾的浮游动物．山东海洋学院学报，13：43－60.

霍文毅，俞志明，邹景忠，等．2001．胶州湾中肋骨条藻赤潮与环境因子的关系．海洋与湖，32(3)：311－318.

焦念志．2002．海湾生态过程与持续发展．北京：科学出版社．

金德祥．1951．厦门的海产浮游硅藻（附我国他处的记录）．厦门水产学报，1(6)：145－229.

李冠国，黄世玫．1956．青岛近海浮游硅藻季节变化研究的初步报告．山东大学学报，25(4)：119－143.

李冠国．1958．胶州湾口浮游生物的变化．山东大学学报，2：27－35.

刘东艳，孙军，唐优才，等．2002．胶州湾北部水域浮游植物研究：Ⅰ．种类组成和数量变化．青岛海洋大学学报，30(1)：67－72.

刘东艳．2004．胶州湾浮游植物群落结构演替及其百年沉积物中的硅藻（博士学位论文）．青岛：中国海洋大学．

钱树本，王筱庆，陈国蔚．1983．胶州湾的浮游藻类．山东海洋学院学报，13(1)：39－56.

沈志良．2002．胶州湾营养盐结构的长期变化及其对生态环境的影响．海洋与湖沼，33(3)：322－331.

孙军，刘东艳，钱树本．1999．浮游植物生物量研究：Ⅰ．浮游植物生物量细胞体积转换法．海洋学报，21(1)：114－121.

孙军，刘东艳，钱树本．2000．浮游植物生物量研究：Ⅱ．胶州湾网采浮游植物细胞体积转换生物量．海洋学报，22(1)：101－109.

孙松，张永山，吴玉霖，等．2005．胶州湾初级生产力周年变化．海洋与湖沼36(6)：481－486.

王荣、焦念志、李超伦，等．1995．胶州湾的初级生产力和新生产力//胶州湾生态学研究．北京：科学出版社：125－136.

吴玉霖，张永山 . 1995. 胶州湾叶绿素 a 和初级生产力的分布特征//胶州湾生态学研究 . 北京：科学出版社：137 – 149.

吴玉霖，张永山 . 2002. 浮游植物与初级生产力//海湾生态过程与持续发展 . 北京：科学出版社：96 – 104.

吴玉霖，孙松，张永山，等 . 2004. 胶州湾浮游植物数量长期动态变化的研究 . 海洋与湖沼，35(6)：518 – 523.

吴玉霖，孙松，张永山 . 2005. 环境长期变化对胶州湾浮游植物群落结构的影响 . 海洋与湖沼，36(6)：487 – 498.

肖贻昌，高尚武，张河清 . 1992. 浮游动物//胶州湾生态学和生物资源 . 北京：科学出版社：170 – 202.

张利永，刘东艳，孙军，等 . 2004. 胶州湾女姑山水域夏季赤潮高发期浮游植物群落结构特征 . 中国海洋大学学报，34(6)：997 – 1002.

Jiao N Z, Gao Y H. 1995. Ecological Studies on Nanoplanktonic Diatoms in Jiaozhou Bay, China//胶州湾生态学研究 . 北京：科学出版社 .

Liu D, Sun J, Zou J, et al. 2006. Phytoplankton succession during a Red Tide of skeletonema costatum in Jiaozhou Bay of China. Marine Pollution Bulletin, 50：91 – 94.

Shen Z. 2001. Historical changes in nutrient structure and its influences on phytoplankton composition in Jiaozhou Bay. Estuarine, Coastal and Shelf Science, 52：211 – 224.

第十章
海洋异养浮游细菌生态作用的研究现状

10.1 前言

海洋异养浮游细菌是指存在于海水中以溶解有机质为主要碳源的自由生活的细菌。过去认为，异养细菌在海洋环境中主要是以吸附在有机颗粒物上的形式存在，它们的主要功能是将颗粒性有机碳（particulate organic carbon，POC）转化为溶解性有机碳（dissolved organic carbon，DOC）（Zobell，1964；Seki et al.，1972）。随着荧光显微镜在海洋微生物研究领域的成功应用（Hobbie et al.，1977），人们发现，只有不到1%的海洋细菌能在培养基上生长，这部分即是过去所能检测到的异养细菌类群，而其余99.5%~99.9%的种类至少至今是不可培养的，它们不仅在数量上占优势，也是海洋浮游生态系统中结构和功能组成的关键性成分，这类细菌的活性往往决定着海洋生态系统的功能（Del Giorgio et al.，1997），在海洋生态系统的能量流动和物质循环中发挥着重要作用（Gasol et al.，1997）。近几年由于海洋微生物观测技术和实验技术的不断提高，使我们对异养浮游细菌在海洋生态系统中的作用和影响因素有了新的认识，微生物在海洋生态系统中作用的重要性日益被人们所了解，关于微生物生态学方面的研究已经成为有关领域最为关注的课题之一，对海洋微生物生态学意义的研究和认识也有了空前的发展（Fuhrman and Azam，1980；Duarte，1997；Del Giorgio and Cole，1998；Bernard et al.，2000；Martin et al.，2004；Fouilland et al.，2007；Van Wambeke et al.，2008）。一些国际海洋研究项目如全球海洋生态系统动力学研究（即：GLOBC），全球海洋通量联合研究（即：JGOFS）和陆－海相互作用研究（即：LOICZ）等，都把海洋细菌的研究作为主要内容之一，我国学者也相继开展了相关领域的研究工作（肖天，2000；肖天等，2001；郑天凌等，2002；赵三军等，2003；Bai et al.，2005；Bai et al.，2007）。

异养浮游细菌具有不同的运输通道，可以有效地吸收各种有机和无机物营养物质。在海洋有机物被异养微生物分解利用的同时，有机物中的氮、磷等营养元素被分解成氨盐、磷酸盐等，完成对有机物的矿化和营养盐的再生过程，再生的营养盐进而被浮游植物所利用。新近研究表明，异养细菌在氮、磷的生物地球化学循环中扮演着重要的双重角色（Wheeler et al.，1986；Richard，1997）。

10.2　海洋异养浮游细菌在微食物环中的作用

细菌将水体中的有机质分解利用转化为自身生物量的过程称为细菌生产力或二次生产力（Cole and Pace，1988）。在细菌生产过程中，细菌将生物营养转化中遗失的溶解性有机物（Dissolved organic material，DOM）吸收利用，合成自身细胞成份，经浮游动物摄食进入上一营养级，这个过程叫微食物环（即：microbial loop）（Azam et al.，1983）。微食物环的发现，使人们不得不重新考虑海洋生态系统中能量流动和物质循环过程中的生态效率问题，因为初级生产过程中合成的有机物大约有30%被释放出来；通过微食物环途径，可将水体中这些浓度极低的烃类、氨基酸、有机酸等溶解性有机物同化为高浓度、高营养的细菌生物量，将高营养级生物不能利用的DOM转化为可直接被其他生物利用的高质量的颗粒性有机物（particulate organic material，POM），极大地提高了海洋生态系统的生态效率。因此，异养微生物也是海洋环境中DOM重要的汇（Cole and Pace，1988；Azam，1992；Rivkin and Anderson，1997）。1980年美国科学家Fuhman用〔甲基－3H〕胸腺嘧啶核苷示踪法估计海洋异养浮游细菌的生产力，发现实验水域的细菌生产力相当于初级生产力的20%（Fuhman and Azam，1980），Azam等则认为海洋异养细菌的二次生产力相当于初级生产力的20%~30%（Azam et al.，1983），美国科学家Cole认为海洋浮游细菌生产力相当于真光层初级生产力的31%左右（Cole and Pace，1988）。但近期的研究表明，在近岸生态系统中，光合作用所固定的碳有25%~60%可通过细菌进入食物网，在个别海区可达90%以上（Del Giorgie et al.，1997；Michael et al.，1999），而在开阔海域细菌生物量通常比浮游植物生物量高2~3倍（Del Giorgie et al.，1997；Kirchman and Rich，1997）。在一些海区，异养浮游细菌的生产需要的DOC往往超过净初级生产力可提供的DOC，因而需要外源有机碳补充，可见，细菌对水中溶解态有机物及初级生产力的利用非常可观，是大洋生物量的主要生产者（肖天，2000）。Ducklow研究认为，3~10 μm的微型浮游动物可摄食12%~67%的海洋浮游细菌，可将大量遗失的初级生产力组入浮游食物网（Ducklow and Hill，1985）。

10.3　异养浮游细菌在碳循环中的作用及对海洋生物泵效应的影响

海洋是地球上三大有机碳库之一，海洋异养浮游细菌在将DOC转化为自身颗粒有机碳的同时，还能将DOM和POM分解转化为无机营养盐返回再循环，完成有机质的矿化过程，在贫营养海区，异养浮游细菌可将近86%的初级生产力返回（Cho and Azam，1990）。

有机物通过生产、消费、传递、沉降和分解等一系列生物学过程构成的碳从表层向深层的转移称为"生物泵"。"生物泵"作用可促进大气CO_2向海水中扩散，使表层水体为恢复碳平衡而吸收更多大气中的CO_2（Paul et al.，1997）。由于海洋异养浮游细菌在有机物矿化过程中同时释放 CO_2，直接影响了"生物泵"的作用，减少表层海水碳含量的效果，进而会影响到海洋对大气中 CO_2 的吸收量。因此，海洋异养浮游细菌通过显著影响"生物泵"的作用效果，可能对气候变化产生重要影响(David et al.，1992)。

10.4 异养浮游细菌对含氮营养盐的作用

10.4.1 对含氮有机物的矿化作用

异养浮游细菌对含氮有机质的矿化主要经氨化过程和硝化过程来完成，氨化过程是氨氧化菌将海水中的蛋白质、氨基酸等含氮有机物分解成氨的过程，释放到海水中的氨大部分以铵离子的形式存在；硝化作用是指在亚硝化菌的作用下将氨化过程所形成的氨生成亚硝酸盐，再经硝化细菌的作用将亚硝酸盐氧化成硝酸盐的过程，由此完成对含氮有机质的矿化过程。

10.4.2 对含氮无机营养盐的去除作用

对含氮无机营养盐的去除作用也称为反硝化作用或脱氮作用，它将 NO_2^- 和 NO_3^- 经 N_2O 最终还原为 N_2，实现海水中溶解无机氮向气态氮的转化的过程，是以细菌为媒介、在水 – 固界面进行的厌氧反应(Gantzer and Rittmann，1988)；反硝化作用与硝化作用间的耦合性很高，例如在 Patuxen 河口春季硝化作用产生的硝酸盐 99% 以上能够通过反硝化作用生成 N_2O(Jenkins and Kemp，1984)。因此，反硝化过程的研究有助于了解海区氮循环通量和环境自净能力，对进一步研究氮的生物地球化学循环有着重要意义(Nixon，1995；Devol et al.，2006)。

10.4.3 对含氮无机营养盐的吸收作用

异养细菌一般是首先利用氨基酸 – N 作为氮源，但它对 NH_4^+ – N 的吸收并不作为氨基酸 – N 缺乏时的替代氮源，而且异养细菌是对氨氮吸收量及变化范围都非常大的生物群落。有研究认为，在异养浮游细菌数量较少的海区细菌对氨盐的吸收量应为小于 1% ~ 26%，在细菌数量较大的近岸或河口，吸收率最大可达 35%，甚至可达 90%，但多数认为细菌对氨盐的吸收率平均为 31%(<5% ~ 40%)，还有人认为原核微生物对 NH_4^+ – N 的吸收占 NH_4^+ – N 总吸收率的 47% ~ 70%。此外，约有 5% 的异养细菌以 NH_4^+ 作为自己的唯一氮源(Kirchman and Wheeler，1998；Middleburg and Nieuwenhuize，2000；Cochlan and Deborah，2001)。

尽管异养细菌更倾向于利用有机氮(例如：氨基酸)和铵盐，但新近研究结果表明，异养细菌也能够利用硝酸盐作为氮源，对 NO_3 – N 具有一定的吸收作用，其利用硝酸盐的能力可能比人们设想的要高得多，甚至可能大于对氨盐的吸收能力，平均32%（<5% ~ 60%）（Kirchman and Wheeler，1998；William，1998；Middleburg and Nieuwenhuize，2000；Cochlan and Deborah，2001），而对其他有机氮源的吸收作用相对较小，认为吸收硝酸盐对支持细菌的生长比以前人们设想的更为重要（Kirchman and Wheeler，1998）。近期有研究报道，在海洋异养细菌 DNA 中发现了与吸收利用硝酸盐有关的基因，并指出该基因普遍存在于海洋异养细菌遗传物质中（Allen，2001）。我国学者研究发现，东、黄海异养细菌丰度高值区与硝酸盐浓度高值区相重叠，并且表层、20 m 层、底层硝酸盐浓度和异养细菌丰度之间存在着极显著的相关性，其最高值可达0.82，且水体异养细菌生物量与水体硝酸盐浓度之间也有显著的相关性（赵三军等，2003 年）。由此可见，异养浮游细菌在氮的生物地球化学循环中发挥着重要而又极为复杂的对含氮有机质矿化和无机营养盐吸收的双重作用。

10.5　异养浮游细菌对无机磷酸盐的作用

10.5.1　对磷酸盐的再生作用

海洋异养浮游细菌主要通过对有机物的矿化产生无机磷酸盐（例如 $PO_4 - P$）。在细菌的细胞质膜外含有将有机物转化为无机物的酶物质，其中碱性磷酸酶和5'核苷酸酶是在海洋细菌中发现的两种主要的酶类（Ammerman，1985）。实验研究证明，通过这些酶，细菌可以很容易地降解环境中的多磷酸盐、磷酸酯和核苷酸类物质（Bjorkmanl，1994）。由于细菌是异养型原生动物的主要食物来源，在其对异养浮游细菌大量捕食和消化过程中会伴随对 DOM 的释放和对无机盐的再生，这个过程可将细菌生物量中20% ~ 90%的颗粒态磷转化为溶解态（Jurgens，1990；Eccleston - Parry，1995），这些溶解态磷主要是无机磷酸盐，也有部分有机磷形成（Jurgens，1990），因此，细菌对营养盐再生作用受微型浮游动物摄食活动的显著影响（Cochlan，1993）。

10.5.2　对磷酸盐的吸收作用

近期的研究表明，由于异养细菌具有较小的 C：N：P 比值、较大的比表面积、对营养盐的高亲和性和有多种运输系统等生理特点，对无机磷酸盐具有很强的吸收能力（Lee 1987；Katarina，2002），再加上异养细菌可在细胞内储存磷，可加速磷酸盐的吸收过程，因此，其对磷的吸收作用在磷的生物地球化学循环中的重要程度并不亚于对营养盐的再生作用（William，1998）。

此外，由于细菌有时具有很高的磷吸收率，会与浮游植物形成明显的对无机营养盐的竞争，从而影响浮游植物的生长（Kirchman 1994；Suttle，1990；Tsuneo，2004）。营养盐的缺乏可导致浮游植物的生长和分裂受到抑制，但此时光合作用还在不断进行，因此造成浮游植物大量分泌 DOC (Karl, 1998), 可进一步刺激细菌的生物活性, 加速细菌对营养盐的吸收和利用, 从而也加剧了浮游植物因营养缺乏所带来的影响。

10.6 异养浮游细菌在硫的生物地球化学循环中的作用

多种细菌和植物含有特殊酶类, 可从水及沉积物中的硫酸盐获得硫, 以硫氢基 (-SH) 的形式生成胱氨酸、蛋氨酸等含硫有机物。细菌可经氨化作用分解海洋动、植物残骸及其排泄物中的含硫有机物, 这些有机物大部分都能被曲霉属 (*Aspergillus*) 和脉孢菌属 (*Neurospora*) 中的真菌和细菌所矿化生成硫化氢等简单硫化物, 在厌氧条件下还可直接被属于埃希氏杆菌属 (*Escherichia*) 和变形杆菌属 (*Proteus*) 的细菌降解为硫化物, 也可被降解为元素硫, 如在有机物丰富的浅海水域, 硫酸盐还原细菌还原硫酸盐时可产生大量硫化氢 (Sievert et al., 1999; Friedrich et al., 2001)。硫氧化菌可将硫化氢、硫代硫酸钠或硫等氧化生成硫酸盐, 被浮游植物生长所利用。贝氏硫细菌 (*Beggiatoa*) 等无色的硫细菌可把硫化氢氧化为元素硫, 而硫杆菌 (*Thiobacillus*) 则可把它氧化为硫酸盐。硫氧化菌一般是专性需氧或微氧的异养型细菌。几乎所有硫酸盐还原菌的菌株都能利用各种含硫有机物, 包括蛋白质、糖类、淀粉、碳氢化合物、油脂及脂肪酸等, 该类细菌在硫循环方面和有机质的转化方面均起着极为重要的作用 (José, 1999)。科学家研究发现海洋是大气二甲基硫 (Dimethyl Sulfide, DMS) 的主要贡献者, DMS 主要由藻类释放的前体物二甲基硫丙酸盐 (Dimethyl Sulfoniopropioate, DMSP) 经海洋浮游细菌分解后形成 (Kathleen et al., 1993); 进入海水中的 DMS 一旦生成, 又立即在多种作用下被转化、降解或排放到大气中, 而微生物的降解是海洋 DMS 去除的主要途径 (Kiene, 1992), 在太平洋的热带海域, DMS 的微生物降解速率比海气交换速率大 3~340 倍 (Kiene and Bates, 1990)。

10.7 异养浮游细菌生态作用的研究展望

在水生生态系统中, 食物网结构中占优势的生物群落的比例决定着系统的能量流动和物质循环 (Verity and Smetacek, 1996), 要了解诸如水体富营养化及气候改变等环境变化对水生生态系统功能的影响, 必须先搞清影响食物网结构的机制, 目前已知营养盐的循环过程极大地影响着浮游生态系的食物网结构 (Legendre and Rassoulzadegan, 1995)。由于微生物组成了浮游生态系总生物量的 50% 以上 (Gasol, 1997), 因此, 认为微生物是决定浮游生态系功能的基础 (Azam, 1998; Del Giorgio and Bouvier, 2002; Hoppe et al., 2002)。

我们目前关于浮游微食物网的组成机制了解仍然很少, 无法完全弄清微食物网不同功能群或不同种类的时间和空间变化规律, 也无法预测其对未来环境变化的响应 (Samuelsson et al., 2002)。因此, 解决不同的微食物网过程如何影响生态系的结构和功能已经成为海洋微生物生态学研究领域的挑战之一 (Pace, 1997)。

在海洋中，细菌可能是决定浮游生物群落生物量转换的最为关键的因素（Simon et al.，1992），由于能够有效利用溶解有机物，水体中细菌的生长速率和生产力增长速度往往要大于浮游植物（Del Giorgio and Cole，1998），将可能直接影响海洋生态系统的结构和功能，以致对气候变化产生重要影响（David et al.，1992）。关于海洋浮游细菌的生态作用及与营养盐和浮游藻类之间的关系研究目前已成为研究的热点问题（Hobbie，1993；Duarte et al.，1997），但在国内这方面的研究相对不足。随着对硝化和反硝化作用认识的深入，硝化和反硝化细菌也成为研究焦点（Nixon，1995；Devol et al.，2006）。由于反硝化细菌广泛分布于50多个种群，不能用通用的16S-rRNA引物进行扩增，只能针对功能基因（如nirK、nirS、norB和nrfA）的特有DNA序列进行相关研究，而不同微生物群落在反硝化过程中发挥的作用存在很大差异，因此，对不同海域硝化、反硝化细菌的群落特征、作用机制和环境效应的探讨也将是研究的重点。

参考文献

肖天. 2000. 海洋细菌在微食物环中的作用. 海洋科学，24(7)：4–6.

肖天，王荣，岳海东. 2001. 东海异养细菌生产力的研究. 海洋与湖沼，32：157–163.

赵三军，肖天，岳海东. 2003. 秋季东、黄海异养细菌（*Heterotrophic Bacteria*）的分布特点. 海洋与湖沼，34(3)：301–305.

郑天凌，王斐，徐美珠，等. 2002. 台湾海峡海域细菌产量、生物量及其在微食物环中的作用. 海洋与湖沼，33(4)：415–422.

Allen A E，Booth M G，Friseher M E. 2001. Diversity and detection of nitrate assimilation genes in marine bacteria. Appl Environ Microbiol Bol，67(11)：5343–5348.

Ammerman J W，Azam F. 1985. Bacterial 5′–nucleotidase in aquatic ecosystems：A novel mechanism of phosphorus regeneration. Science，227：1338–1340.

Azam F，Fenchel T，Field J G，et al. 1983. The ecological role of water-column microbes in the sea. Mar Ecol Prog Ser，10：257–263.

Azam F. 1992. Bacterial transformation and transport of organic mattle in the southern California Bight. Prog in Oceanogr，30(4)：151–166.

Azam F. 1998. Microbial control of oceanic carbon flux：the plot thickens. Science，280：694–696.

Bai Jie，Li Kuiran，Zhang Jing，et al. 2005. Distribution of Biomass of Heterotrophic Bacterioplankton in the Bohai Sea. Chinese Journal of Oceanology and Limnology，23(4)：427–431.

Bai Jie，Li Kuiran，Liu Dongyan，et al. 2007. Seasonal variation of inorganic nutrient uptake by heterotrophic bacterioplankton in Jaozhou Bay，North China. Water，Air and Soil Pollution：Focus，7(6)：673–681.

Bernard L，Courties C，Servais P，et al. 2000. Relationships among bacterial cell size，productivity，and genetic diversity in aquatic environments using cell sorting and flow cytometry. Microb Ecol，40(2)：148–158.

Bjorkman K，Karl D M. 1994. Bioavailability of inorganic and organic phosphorus compounds to natural assemblages of microorganisms in Hawaiian coastal waters. Mar Ecol Prog Ser，111：265–273.

Cho B C, Azam F. 1990. Biogeochemical significance of bacterial biomass in the ocean's euphoticzone. Mar Ecol Prog Ser. 63: 253.

Cochlan W P, Wikner J, Steward G F. 1993. Spatial distribution of viruses, bacteria, and chlorophyll – a in neritic, oceanic and estuarine environments. Mar Ecol Prog Ser, 92: 77 – 87.

Cochlan W P, Deborah A B. 2001. Nitrogen uptake kinetics in the Ross Sea, Antarctica. Deep-Sea Research Ⅱ, 48(19/20): 4127 – 4153.

Cole J, Pace M. 1988. Bacteria production in fresh and saltwater ecosystems: a cross-system overview. Mar Ecol Prog Ser, 43: 1 – 10.

David C S, Meinhard S, Alice L A, et al. 1992. Intense hydrolytic enzyme activity on marine aggregates and implications for rapid particle dissolution. Nature, 359: 139 – 142.

Del Giorgio P A, Cole J J, Cimbleris A. 1997. Respiration rates in bacteria exceed phytoplankton production in unproductive aquatic systems. Nature, 385: 148 – 151.

Del Giorgio P A, Cole J J. 1998. Bacterial growth efficiency in natural aquatic systems. Annu Rev Ecol Syst, 29: 503 – 541.

Del Giorgio P A, Bouvier T C. 2002. Linking the physiologic and phylogenetic successions in free-living bacterial communities along an estuarine salinity gradient. Limnol Oceanog, 47: 471 – 486.

Devol, A H, Uhlenhopp A G, Naqvi S, et al. 2006. Denitrification rates and excess nitrogen gas concentrations in the Arabian Sea oxygen deficient zone. Deep-Sea Research Ⅰ, 53: 1533 – 1547.

Duarte C M, Gasol J M, Vaque D. 1997. Role of experimental approaches in marine microbial ecology. Aquat Microb Ecol, 13: 101 – 111.

Ducklow H W, Hill S M. 1985. The growth of heterotrophic bacteria in the surface waters of warm core rings. Limnol Oceanogr, 30: 239 – 259.

Eccleston-Parry J, Leadbeater B S. 1995. Regeneration of phosphorus and nitrogen by four species of heterotrophic nanoflagellates feeding on three nutritional states of a single bacterial strain. Appl and Environ Microb, 61: 1033 – 1038.

Fouilland E, Gosselin M, Rivkin R B, et al. 2007. Nitrogen uptake by heterotrophic bacteria and phytoplankton in Arctic surface waters. Journal of Plankton Research, 29(4): 369 – 376.

Friedrich C G, Rother D, Bardischewsky F. 2001. Oxidation of reduced inorganic sulfur compounds by bacteria. Applied and Environmental Microbiology, 67: 2873 – 2882.

Fuhrman J A, Azam F. 1980. Bacterioplankton secondary production estimates for coastal waters of British Columbia, and California. Appl Environ Microbial, 39(6): 1085 – 1095.

Gantzer C J, Rittmann B E. 1988. Herricks E E. Mass transport of streambed biofilms. Water Research, 22(6): 709 – 722.

Gasol J M, Del Giorgio P A, Duarte C M. 1997. Biomass distribution in marine planktonic communities. Limnol Oceanogr, 42: 1353 – 1363.

Hobbie J E. 1993. Introduction//Handbook of Methods in Aquatic Microbial Ecology. Boca Raton: Lewis Pub: 1 – 5.

Hobbie J E, Daley R J, Jasper S. 1977. Use of Nucleopore filters for counting bacteria by fluorescence microscopy. Appl Environ Microbiol, 33: 1225 – 1228.

Hoppe H G, Gocke K, Koppe R, et al. 2002. Bacterial growth and primary production along a north-south transect of the Atlantic Ocean. Nature, 416: 168 – 171.

Jenkins M, Kemp C. 1984. The coupling of nitrification and denitrification in two estuarine sediments. Limnol Oceanogr, 29: 609 – 619.

José M G, Kiene R P, Moran M A. 1999. Transformation of sulfur Compounds by an abundant lineage of marine bacteria in the α-Subclass of the class Proteobacteria. Appl Environ Microbiol, 65(9): 3810 – 3819.

Jurgens K, Gude H. 1990. Incorporation and release of phosphorus by planktonic bacteria and phagotrophic flagellates. Mar Ecol Prog Ser, 59: 271 – 284.

Karl D M, Hebel D V, Bjorkman K, et al. 1998. The role of dissolved organic matter release in the productivity of the oligotrophic North Pacific Ocean. Limnol Oceanogr, 43: 1270 – 1286.

Katarina V, Mikal H, Svein N, et al. 2002. Elemental composition (C, N, P) and cell volume of exponentially growing and nutrient-limited bacterioplankton. Applied and Environmental Microbiology, 68 (6): 2965 – 2971.

Kathleen M Ledyard, Edward F DeLong, John W H, et al. 1993. Characterization of a DMSP – degrading bacterial isolate from the Sargasso Sea. Archives of Microbiology, 160(4): 312 – 318.

Kiene R P, Bates T S. 1990. Biological removal of dimehty autphide from seawater. Nature, 345: 702 – 705.

Kiene R P. 1992. Dynamics of dimehtyl sulphide and dimethytsulfoniopropioaate in ocean water samptes. Mar Chem, 37: 29 – 52.

Kirchman D L. 1994. The uptake of inorganic nutrients by heterotrophic bacteria. Microb Ecol, 28: 255 – 271.

Kirchman D L, Rich J H. 1997. Regulation of bacterial growth by dissolved organic carbon and temperature in the Equatorial Pacific Ocean. Microb Ecol, 33: 11 – 20.

Kirchman D L, Wheeler P A. 1998. Uptake of ammonium and nitrate by heterotrophic bacteria and phytoplankton in the sub-Arctic Pacific. Deep-Sea Research, 145: 347 – 365.

Lee S, Fuhrman J A. 1987. Relationships between biovolume and biomass of naturally derived marine bacterioplankton1. Appl Environ Microbiol, 53: 1298 – 1303.

Legendre L, Rassoulzadegan F. 1995. Plankton and nutrient dynamics in marine waters. Ophelia, 41: 153 – 172.

Martin W H, Peter S, Qinglong L W, et al. 2004. The filtration-acclimatization method for isolation of an important fraction of the not readily cultivable bacteria. Journal of Microbiological Methods, 57: 379 – 390.

Michael J R F, Philip W B, Graham S. 1999. Modeling the relative contributions of autotrophs and heterotrophs to carbon flow at a Lagrangian JGOFS station in the Northeast Atlantic: the importance of DOC. Limnol Oceanogr, 44(1): 80 – 94.

Middleburg J J, Nieuwenhuize J. 2000. Nitrogen uptake by heterotrophic bacteria and phytoplankton in the Nitrate-rich Thames estuary. Marine Ecology Progress Series, 203: 13 – 21.

Nixon S. 1995. Coastal marine eutrophication: a definition, social causes, and future concerns. Ophelia, 41: 199 – 219.

Pace N R. 1997. A molecular view of microbial diversity and the biosphere. Science, 276: 734 – 740.

Paul A, Del Giorgio, Jonathan J C, et al. 1997. Respiration rates in bacteria exceed phytoplankton production in unproductive aquatic system. Nature, 385: 148 – 151.

Richard B R. 1997. Inorganic mutrient limitation of oceanic bacterioplankton1. Liminol Oceanogr, 42(4): 730 – 740.

Rivkin R B, Anderson M R. 1997. Inorganic nutrient limitation of oceanic bacterioplankton. Limnol Oceanogr, 42: 730 – 740.

Samuelsson K, Berglund J, Haecky P. 2002. Andersson Agneta. Structural changes in an aquatic microbial food web caused by inorganic nutrient addition. Aquatic Microbial Ecology, 29: 29 – 38.

Seki H, Koike I, Matsumoto E, et al. 1972. Study on the distribution of total bacteria, bacterial aggregates and heterotrophic bacteria in the sea. Journal of the Oceanographical Society of Japan, 28: 103 – 108.

Sievert S M, Brinkhof T, Muyzer G. 1999. Spatial heterogeneity of bacterial populations along an environmental gradient at a shallow submarine hydrothermal vent near Milos Island(Greece). Applied and Environmental Microbiology, 65: 3834 – 3842.

Simon M, Cho B C, Azam F. 1992. Significance of bacterial biomass in lakes and the ocean: comparison to phytoplankton biomass and biogeochemical implications. Mar Ecol Prog Ser, 86: 103 – 110.

Suttle C A, Fuhrman J A, Capone D G. 1990. Rapid ammonium cycling and concentration-dependent partitioning of ammonium and phosphate: Implications for carbon transfer in planktonic communities. Limnol Oceanogr, 35: 424 – 433.

Tsuneo T, Fereidoun R. 2004. Orthophosphate uptake by heterotrophic bacteria, cyanobacteria, and autotrophic nanoflagellates in Villefranche Bay, northwestern Mediterranean: Vertical, seasonal, and short-term variations of the competitive relationship for phosphorus. Limnol Oceanogr, 49(4): 1063 – 1072.

Van Wambeke F, Bonnet S, Moutin T, et al. 2008. Factors limiting heterotrophic bacterial production in the southern Pacific Ocean. Biogeosciences (5): 833 – 845.

Verity P G, Smetacek V. 1996. Organism life cycle, predation, and the structure of marine pelagic ecosystems. Mar Ecol Prog Ser, 130: 277 – 293.

Wheeler P A, Kirchman D L. 1986. Utilization of inorganic and organic nitrogen by bacteria in marine systems. Limnol Oceanogr, 31: 998 – 1009.

Zobell C E. 1964. Marine microbiology, Chronica Botanica, Waltham.

第 二 篇

胶州湾的富营养化的演变过程

第十一章
胶州湾周边地下水向海湾营养盐输送

11.1 研究区自然地理概况

11.1.1 地理位置

胶州湾的地理坐标为 35°58′~36°18′N，120°04′~120°23′E 之间（国家海洋局第一海洋研究所港湾室《胶州湾自然环境》编写组，1984）。它是半封闭型的海湾，岸线延及青岛市区、城阳区、黄岛区、胶州市及胶南市。东西最大跨度25 km，南北最大跨度为 32 km，水域面积为 390 km²。胶州湾北部和西北部为平原，东部为崂山山脉，南和西南为小珠山脉。本章研究区域的地理坐标为：36°00′~36°25′N，120°00′~120°30′E，涉及的行政区划是胶南市、胶州市、即墨市、崂山区、城阳区、黄岛区，研究区地理位置见图 11.1。

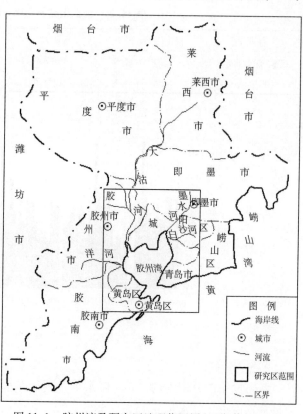

图 11.1 胶州湾及研究区地理位置图（王淑英，2004）

11.1.2 气象

青岛市属华北暖温带季风型大陆气候，由于海洋环境的调节，受来自洋面上的东南季风及海流、水团的影响，具有明显的海洋性气候特点，即空气湿润，气候温和，雨量较多，四季分明，具春迟、夏凉、秋爽、冬长的气候特征（青岛市水利局，青岛海洋大学等，1990）。

11.1.2.1　气温

据1898年以来青岛100多年气象资料，年平均气温12.2℃，春季-0.6~11.1℃，夏季21~26℃，秋季7~20℃，冬季-2.5~0.2℃，极端最高气温为36.2℃(8月)，极端最低气温为-16.4℃(1月)。全年以8月份最热，1月份最冷(青岛市水利局，青岛海洋大学等，1990)。

11.1.2.2　降水

(1)降水量的年际变化和年内分配

a. 年际变化

据观象山站自1898年以来100余年的观测资料，青岛市降水量年际变化大，年最大降水量1 272.7 mm(1911年)是年最小降水量299.5 mm(1981年)的4.2倍，平均年降水量675.9 mm(1899-2001年)。青岛市观象山站历年降水情况见图11.2。不同保证率下的降水量见表11.1。

表11.1　观象山站不同保证率下的降水量

保证率	偏丰年 P=20%	平水年 P=50%	偏枯年 P=75%	枯水年 P=95%
降水量/mm	814.1	657.9	537.7	402.3
代表年份	2000年	1958年	1942年	1992年

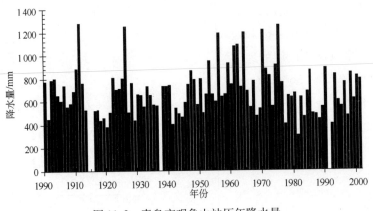

图11.2　青岛市观象山站历年降水量

b. 年内分配

降雨量年内分配不均，春冬降水少，夏秋降水多，据多年平均降水量，春夏秋冬四季雨量分别占全年降水量的15%，58%，22%，6%，其中70%~75%的降水量集中在汛期(6-9月)(见图11.3)，有些年份又主要集中在一两次大雨上。7月和8月降水量最多，多年月平均降水量分别达到了155.4 mm和155.1 mm；1月和2月最少，多年月平均降水量只有11.2 mm和11.5 mm。降水量年际、年内分配不均，造成年内春、夏初的少雨，易发生旱灾，夏、初秋的雨水多易发生洪涝灾害。

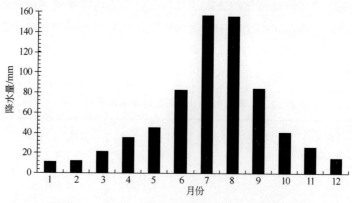

图 11.3 1899－2001 年青岛市月平均降雨量分布

（2）降水量的地区分布

青岛市降水量在地域上分布不均，年降水量的地带分布与地理纬度、海陆位置及地形有着密切的联系。

青岛市降水量的纬度地带性较为明显，体现在同一经度上年降水量自南向北呈递减趋势，即随着纬度的升高而减小，见表 11.2。年降水量的纬度地带性主要是由于热力气候条件的纬度差异形成的。

表 11.2 相同经度自南至北雨量站平均降水量表

经度	降水量/mm			
	肖家庄站	王台站	胶州站	平度站
120°00′E	795.6	750.5	690.7	641.5
经度	降水量/mm			
	李村站	崂山站	即墨站	岚西头站
120°30′E	743.5	728.0	713.6	664.5

注：1956－1987 年资料（青岛市水利局，青岛海洋大学等，1990）。

另外，青岛市东南濒临黄海，由于海陆分布而带来气温干湿的差异，年降水量的地带分布也有经度地带的变化，即同一纬度上各站的年降水量有自东向西减少的趋势（表 11 - 3）。

表 11.3 相同纬度自东向西雨量站平均降水量表

纬度	降水量/mm			
	崂山站	上马站	胶州站	高密站
36°20′N	728.0	722.5	690.7	656.2
纬度	降水量/mm			
	莱阳站	黄同站	大田站	北昌村站
37°00′N	726.2	725.7	707.3	569.6

注：1956－1987 年资料（青岛市水利局，青岛海洋大学等，1990）。

由于经度地带性和纬度地带性的影响，青岛市多年平均降水量等值线的走向呈西南—东北走向，即青岛市降水由东南沿海向西北内陆呈递减趋势。尽管如此，但地形的变化对降水量也有很大的影响，即年平均降水在垂直高度上也有变化，一般随着海拔高度的升高而增加，见表11.4。

表11.4 青岛市崂山不同高程年降水量对比表

站名	至崂顶的距离/km	高程/m	多年平均年降水量/mm	各站与流亭站降水量比值	资料年限
崂顶	0	1 133	1 240.0	1.709	1964 – 1966
蔚竹庵	3.9	550	1 265.0	1.743	1964 – 1981
北九水	5.3	298	1 092.8	1.506	1955 – 1984
乌衣巷	10.6	69	841.7	1.160	1960 – 1984
崂山水库	17.1	32	732.6	1.009	1955 – 1984
流亭	23.8	15	725.7	1.000	1956 – 1984

注：资料引自青岛市水利局、青岛海洋大学等(1990)。

崂山顶部是青岛市的降水中心，崂山北九水多年平均值为1 086.7 mm，平度仅为632.4 mm。对于研究区，根据各站多年平均降水量，可知白沙河流域降水量最大(791.9 mm)，随后依次是墨水河(698.8 mm)、洋河(696.7 mm)、大沽河(682.2mm)流域(青岛市水利局水资源办公室等，2000)。

11.1.2.3 蒸发

青岛市多年年平均水面蒸发量为900 ~ 1 300 mm(E601)，水面蒸发量等值线呈西南—东北走向，由东南沿海的900 mm向西北内陆逐渐增加到1 300 mm。

南村站1976 – 2001年多年平均水面蒸发量为983.4 mm，最大年水面蒸发量为1 238.7 mm(1978年)，最小年水面蒸发量为787 mm(1990年)，南村站历年蒸发量见图11.4；蒸发量在年内分布不均，月平均最高值为128.9 mm(5月)，最低值为33 mm(12月)，蒸发量以4 – 8月为最大，多年月平均蒸发量分布见图11.5。

11.1.3 水文特征

注入胶州湾的河流主要有：大沽河、墨水河、白沙河、洋河等。均为季风区雨源河流，地表径流时空变化很大，径流与降水量分布趋势基本一致，总趋势是由东南向西北递减。由于年径流受降水和下垫面因素的影响，其不均匀性比降水量表现的更明显和更集中，夏秋水量丰富，春冬季断流，各条河流的主要特征见表11.5。

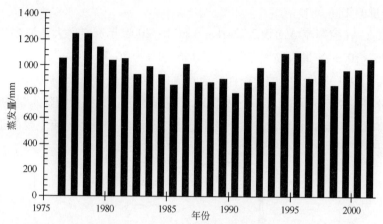

图 11.4　南村站 1976 – 2001 年水面蒸发量(作者据观测资料绘制)

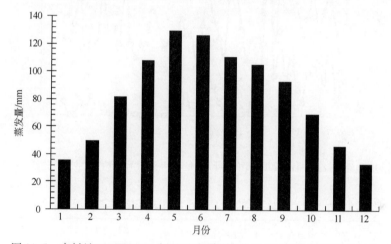

图 11.5　南村站 1976 – 2001 年月平均蒸发量分布(作者据观测资料绘制)

表 11.5　流入胶州湾河流的主要特征(作者据资料统计)

河流名称	干流长度/km	流域面积/km²	水利设施
大沽河	179.3	6 131.3	上游多座水库,下游 1998 年修筑地下截渗坝
白沙河	33.0	215.0	1958 年崂山水库
洋河	49.0	303.0	上游山洲水库

11.1.3.1　大沽河

大沽河流域位于胶东半岛西部,约在 36°10′ ~ 37°12′N, 120°03′ ~ 120°25′E 之间。干流全长 179.9 km,流域面积 4 631.3 km²。大沽河是青岛最大河流,源于招远阜山,于胶州南码头村注入胶州湾。上游于 1959 和 1960 年建有产芝、尹府两座大型水库和多座中小型水库,1998 年在下游修建地下截渗坝以阻止海水入侵。

（1）径流量的年际变化

据南村水文站（控制流域面积 3 724 km²）1951－2001 年资料，大沽河多年平均断面年径流量为 $4.35 \times 10^8 m^3$，最大断面年径流量（1964 年）为 $26.7 \times 10^8 m^3$，最小年径流量为 0，年际变化较大，1951－2001 年的年断面径流量见图 11.6。

不同年份地表径流量见表 11.6。从图 11.6 可以看出：其流量随降水量的变化而变化，降水量为峰值时一般流量也为峰值，且变化趋势基本一致，说明径流主要源于降水，受降水的影响明显。

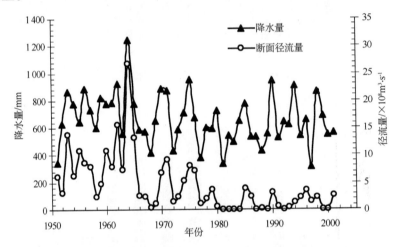

图 11.6　南村站 1951－2001 年的年降水量和年平均流量（作者据观测资料绘制）

表 11.6　大沽河南村站不同年份地表径流量统计表（作者据观测资料统计）

时间	统计年限/a	平均年径流量/$\times 10^8 m^3$	平均径流天数/d	降水量/mm
1951－1965 年	15	9.65	300	757
1966－1980 年	15	3.59	200	643
1981－2001 年	21	1.12	小于 100	605

注：1981 年、1983 年、1984 年、1989 年、1992 年和 2000 年全年断流，1985 年的径流时间只有 77 d。

由表 11.6 可知，不同年份的平均年径流量相差很大，而期间的降水量虽然也有所减少，但没有径流量变化如此剧烈，其原因主要有二，一是中上游产芝、尹府等水库的修建对大沽河地表径流有很大的影响，例如产芝水库，1972 年发生建库后最大洪水时，削减洪峰 96%，1985 年 9 号台风时，流域内平均降雨 391 mm，洪水总量 $1.93 \times 10^8 m^3$ 全部被水库拦截；二是自 1981 年开始，在大沽河地下水库大规模开采地下水，使地表径流补充地下水而使径流量大幅度降低。

（2）径流量的年内分配

大沽河河流径流量补给主要依靠降水，故年径流的年内分布变化十分剧烈。汛期洪水暴涨暴跌，容易形成水灾，枯水期径流量很小甚至干枯。表 11.7 为大沽河干流南村站历年逐月天然径流量统计，1951－1987 年间汛期的径流量占全年的 76.3% 以上，而 1987 年 10 月至翌年 4 月基本无径流，6－9 月占全年径流量高达 98.6%。个别年份仅 8 月有几天径流，甚至全年断流。

表 11.7　大沽河南村站典型年天然径流量（$\times 10^8 \text{m}^3$）月分配表

时间	1960 年($P=10\%$)		2001 年($P=50\%$)		1999 年($P=85\%$)		1951－1987 年平均		1987－2001 年平均	
	水量	比例/%	水量	比例/%	水量	比例/%	水量	比例/%	水量	比例/%
1 月	0.064 3	0.6	0	0	0	0	0.110 0	1.6	0	0
2 月	0.016 0	0.1	0	0	0	0	0.109 0	1.6	0	0
3 月	0.027 5	0.2	0	0	0	0	0.240 0	3.5	0	0
4 月	0.256 6	2.3	0	0	0	0	0.234 2	3.5	0	0
5 月	0.142 8	1.3	0	0	0	0	0.267 6	4.0	0.014 7	1.29
6 月	0.595 6	5.3	0	0	0	0	0.274 7	4.0	0.036 0	3.15
7 月	5.534 2	49.6	0.377 7	14.6	0	0	1.651 1	24.4	0.294 2	25.69
8 月	3.122 2	28.0	2.212 4	85.4	0.087 6	100	2.205 7	32.6	0.693 5	60.55
9 月	0.618 8	5.5	0	0	0	0	1.034 4	15.3	0.106 0	9.26
10 月	0.268 9	2.4	0	0	0	0	0.286 9	4.2	0	0
11 月	0.233 7	2.1	0	0	0	0	0.207 4	3.1	0.000 7	0.06
12 月	0.285 6	2.6	0	0	0	0	0.148 5	2.2	0	0
全年	11.166 2	100	2.590 0	100	0.087 6	100	6.772 0	100	1.1453	100
6－9 月	9.870 8	88.4	2.590 0	100	0.087 6	100	5.165 9	76.3	1.129 8	98.64

注：作者据观测资料统计。

　　根据南村站河水位与地下水位的观测资料（见图 11.7），1982 年以前，地下水位均高于河水位 0.24～2.28 m，而此时地下水尚没有进行工业大规模的开采，地下水的补给是大沽河在 1982 年以前能够常年保持径流的原因。1982 年以后，由于地下水大规模开采，至 1985 年共开采地下水达 $1.486 \times 10^8 \text{m}^3$，南村地下水位下降至 10 m 左右，虽然 1985 年 9 号台风使地下水得到补给，但地下水位随着开采的进行而不断下降，使河水补给地下水，因此在降水较少的非汛期，河水经常断流。

11.1.3.2　白沙河

　　白沙河源于崂山最高峰"巨峰"北麓，干流长 33 km，流域面积 215 km²，上游 1958 年修建了崂山水库。白沙河出崂山水库后西行夏庄、黄埠、流亭，在港东、西后楼处入胶州湾。主要支流有晖流河、五龙河、石门河、峪河、曹村河、南寨河、黄埠河、小水河。崂山水库以上河段，多由裸露的基岩或粗砂砾石组成河床，长年有水；白沙河下游段河床为细砂，河道较顺直，冬春断流。多年平均径流量是 $0.48 \times 10^8 \, \mathrm{m}^3$，下游段地下水丰富，水质优良，是青岛市市区供水的主要水源地之一。自 1919 年建白沙河水源地后，建有黄埠水厂、流亭水厂和崂山水库水厂，多年平均向市区供水 $6\,028 \times 10^4 \, \mathrm{m}^3$。

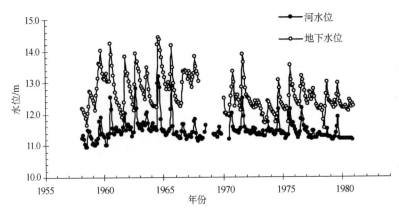

图 11.7　大沽河南村站的河水位与地下水位历时曲线图（作者据观测资料绘制）

11.1.3.3　墨水河

墨水河发源于崂山惜福镇三标山和即墨石门乡莲花山西南麓，两源在前留村汇流后经大韩村、西城汇、城阳区皂户村注入胶州湾。干流全长 42.3 km，流域面积 317.2 km^2。上游建有书院水库、石棚水库，多年平均径流量为 $0.21 \times 10^8 \, \mathrm{m}^3$。

11.1.3.4　洋河

洋河是胶南与胶州的界河，发源于胶南的吕家和金草沟一带，于王台镇五河头注入胶州湾。上游胶州建山洲水库，下游胶州建拦河闸引水工程。全长 49 km，流域面积 303 km^2。

11.2　地质及水文地质条件

11.2.1　地形与地貌

研究区地貌类型相当复杂，从平原到山地，均有发育（见图 11.8）。

大沽河流域属于鲁东低山丘陵区，地形总的变化是自北向南逐渐降低。下游河谷两侧为剥蚀堆积 – 准平原，基底岩性是白垩系王氏群砂页岩，上覆有较薄的残坡积层，有的基岩直接出露地表，地势比较平坦，地面标高在 33 ~ 4 m，以不足 1×10^{-3} 的坡度由北向南倾斜，河谷宽度一般 6 km，最宽处在 10 km 以上。

白沙河、墨水河中下游地区位于崂山西麓、胶州湾东岸，是冲洪积平原区。地形总的是由东北向西南向胶州湾倾斜。海拔高程一般小于 20 m，由山口向沿海逐渐展开，形成扇状山前冲洪积平原。地形平坦，微向河床、沿海倾伏，坡降约 2×10^{-3} 左右。堆积物厚 15 ~ 20 m。东南部的崂山山区属构造剥蚀低山区，地势陡峭，高程变化大，地面标高为

433.8～50 m；东部是以凤山为主的丘陵地带，地势稍缓和，地面标高为140～20 m；西部地势平坦，地面标高为20～3 m。

洋河河床两侧发育有高出河床2～4 m的河流阶地，地面坡度1×10⁻³～2×10⁻³。冲积海积平原分布在洋河、漕汶河、岛耳河下游王家滩、王家岛耳河一带，地面极平坦，微向海倾伏，海拔高程一般小于5 m。

洋河河床两侧发育有高出河床 $2 \sim 4$ m 的河流阶地，地面坡度 $1 \times 10^{-3} \sim 2 \times 10^{-3}$。冲积海积平原分布在洋河、漕汶河、岛耳河下游王家滩、王家岛耳河一带，地面极平坦，微向海倾伏，海拔高程一般小于 5 m。

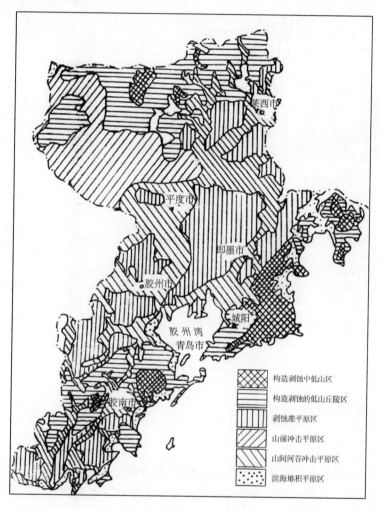

图 11.8　青岛市地貌图(青岛海洋大学等，1990)

11.2.2　地层及侵入岩

研究区处于新华夏隆起带次级构造单元——胶南隆起区东北缘和胶莱凹陷区中南部。区内缺失整个古生界地层及部分中生界地层，但白垩系青山群火山岩层发育充分，在本市出露广泛。胶州湾周边主要出露地层自老至新有元古界胶南群(Pt)、中生界白垩系(K)、新生界第四系(Q)分布广泛，侵入岩十分发育(见图11.9)。

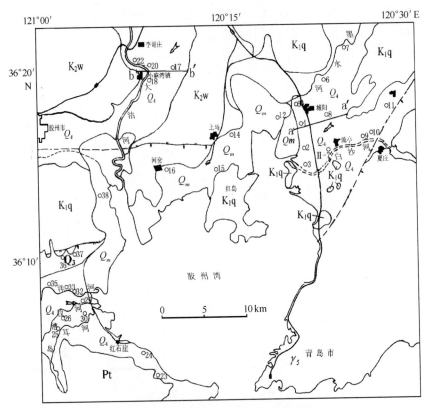

图 11.9　胶州湾周边地质图(王淑英，2004)

Pt—元古界胶南群，K_1q—白垩系青山群，K_2w—白垩系王氏群，Q_3—更新统，

Q_4—全新统，Q_m—第四系海相沉积物，γ_5—I 侵入岩，a-a′—地质剖面编号，

○25—观测孔及编号，┗╍┓—断裂

11.2.3　水文地质概况

11.2.3.1　地下水类型

胶州湾周边地区地下水含水层有 3 种类型：第四系松散岩类孔隙水、碎屑岩类孔隙裂隙水和基岩裂隙水。第四系松散岩类孔隙水是该区主要的含水类型，可分为丘陵山麓残坡积孔隙水和山间河谷洪冲积、冲洪积孔隙水，后者为主要含水层，分布于大沽河、洋河和白沙河下游。

11.2.3.2　主要含水层特征

(1)白沙河－墨水河区

位于崂山西麓、胶州湾东岸的白沙河－墨水河平原区，面积大于 100 km^2，第四系厚度 2~25 m，主要由第四系冲积物，洪积物和坡积物组成，其东侧为花岗岩山区，西侧为白垩系安山玄武岩构成的低山丘陵区。本区的含水层一般为双层结构，夹有不连续的厚度小于 5 m 的亚砂土、亚黏土层。沉积物成因控制含水层结构，本区按成因分坡洪积区、冲

洪积区和洪冲积区(见图11.10)。现分述如下:

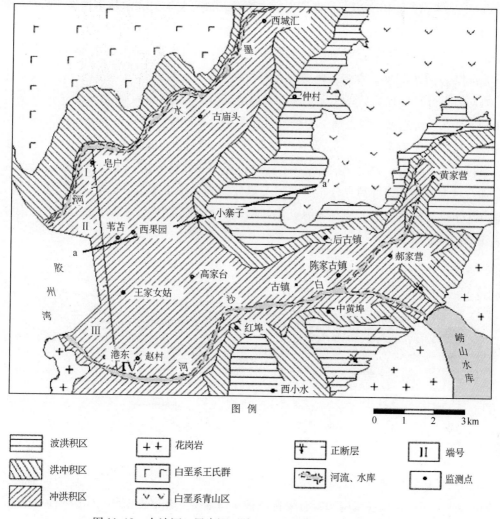

图 例

波洪积区   花岗岩   正断层   Ⅱ 端号

洪冲积区   白垩系王氏群   河流、水库   监测点

冲洪积区   白垩系青山区

图 11.10 白沙河—墨水河下游地区地质图(朱新军等, 2005)

a. 坡洪积区

以坡积为主的坡洪积区主要分布于仲村—小寨子东北一带,地面高程为12.5~20 m,岩性以亚砂土、砂砾为主,泥质砾石和黏土组成底部,砾石分选较差,第四系厚度0~10 m,含水透水性差。

b. 洪冲积区:

以洪积为主的洪冲积区分布在坡洪积区周边和皂户西北,地面高程为10~12.5 m,上部是亚黏土,下部为细砂土和砂砾,第四系厚度为12~20 m,含水层厚度为5~10 m,含水透水性一般。

c. 冲洪积区

以冲积为主的冲洪积区主要分布在西城汇—小寨子—后古镇一线西南和白沙河两侧。

地面高程一般在 10 m 以下。流亭以东白沙河两侧 1 400 ~ 2 500 m 范围内，第四系厚度大于 20 m，砂层厚度为 10 ~ 20 m，地层岩性以砾石和砂砾为主，含水透水性强。流亭（高家台）以东其他地方第四系厚度为 15 ~ 20 m，含水层厚度为 5 ~ 10 m。流亭（高家台）以西苇苫以南，第四系的厚度大于 20 m，含水层厚度为 12.5 ~ 15 m，局部大于 15 m；苇苫以北第四系厚度为 12 ~ 20 m，含水层厚度为 5 ~ 12.5 m。

垂向岩性分布：顶部是黏性土层，以亚黏土、黏土为主，以中部西果园一带较厚；黏性土层下部为砂砾石层，自上而下由粉砂过渡为中砂、砂砾，卵石普遍分布；再向下是第二黏性土层，厚度为 3 ~ 6 m，主要岩性为亚黏土，苇苫以北此层位不稳定，向南王家女姑、赵村一带不稳定，为断续状透镜体；最下部是第二砂砾石层，主要是砾砂，局部为粗砂，卵石普遍分布，大量黏土分布于两河交界处的砾砂中。第二砂砾层是主要的含水层，也是与海水连通的最好通道，在入海处底板抬高，第四系的厚度变小（图 11.11）（朱新军等，2005）。

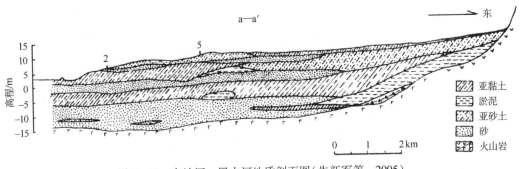

图 11.11　白沙河—墨水河地质剖面图（朱新军等，2005）

（2）大沽河区

大沽河地区地层简单，除第四系外，只有白垩系地层。第四系主要是晚更新统和全新统冲积、冲洪积物，仅在东南边缘有少量海相和海陆交互相淤泥沉积。

冲积、冲洪积层充满整个大沽河古河谷，一般为双层结构。上部以黏质砂土为主，局部为砂质黏土和黏土，厚度一般 2 ~ 5 m，厚处可达 7 ~ 8 m；沿现代河床局部地段上部土层被侵蚀，形成若干"天窗"。下部为不同粒度的砂和砂砾石，厚度一般 5 ~ 8 m，最厚可达 15 m；砂砾石的变化规律是：从北向南渐细，由浅至深变粗，但规律性不强，分选性较差。河谷边缘上覆土层及中间泥质夹层增厚增多，砂层厚度变薄，分叉以至尖灭，出现多层或单层（无砂）结构（见图 11.12）。

地下水主要赋存于冲积、冲洪积层下部的砂和砂砾石中。含水砂砾石的分布严格受大沽河古河谷形态的控制，河谷底部和边缘均为白垩系王氏群的黏土岩和粉砂岩组成，成为良好的隔水底板，有利于地下水的积聚。

（3）洋河区

冲积平原分布在洋河谷地及现代河谷两侧，呈带状沿山谷迂回弯曲展布，上游窄、下游较宽,宽度由数百米至数千米。在河流与支流交汇处,往往形成较为开阔平坦的掌心地,或在河流下游山前地带形成小型扇状冲积平原。河流冲积物厚10 m左右,个别地段可达20 m。具双层结构,上部多为黏质砂土,河床内为砂砾石,下伏为砂砾石层。洋河、漕汶河、岛耳河下游王家滩、王家岛耳河一带,分布有冲积海积物,由冲积和海积层相互穿插叠加而成。因中全新世区内受到海侵,全新统海相地层厚达6 m左右,地表岩性为粉砂、粉砂质黏砂土和淤泥质粉砂等。第四系堆积物厚20余米。

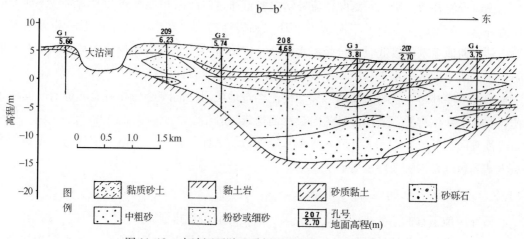

图11.12　大沽河下游地质剖面图(Liu et al.,2007)

综上所述,主要含水层赋存规律如下:(1)堆积厚度5~20,个别30,从上游至下游变厚;(2)含水层为双层结构,岩性以砂砾石和砂为主,夹有少量的黏土;(3)地下水类型为潜水(微承压水)。

11.2.3.3　下游含水层的透水性

根据钻探和抽水试验成果,各主要含水层的渗透系数和各断面的宽度见表11.8。由表11.8可以看出:大沽河下游渗透性最强,而白沙河的苇苫段渗透性较差,3条河流大沽河断面最窄,白沙河最宽。

表11.8　白沙河、大沽河、洋河各断面水文地质参数表

河流断面	白沙河				大沽河	洋河下游
	皂户段(Ⅰ)	苇苫段(Ⅱ)	王家女姑(Ⅲ)	港东(Ⅳ)	截渗坝处	
$K/m \cdot d^{-1}$	34.3	23.4	29.0	44.7	105.0	31.5
B/m	1 475	3 250	2 350	600	3 750	4 625

11.2.4　地下水的补给、径流、排泄条件

11.2.4.1　地下水的补给

本区地下水补给主要是大气降水入渗补给、侧向径流补给和河道入渗补给及灌溉回归

补给。

大气降水入渗补给：年大气降水总量、包气带的岩性和厚度、地形是影响大气降水补给地下水的因素。青岛市降水量年内分布不均匀，春冬季节降水量少，夏秋季节降水多，降水入渗补给多发生在 7－9 月，其他月份由于降雨量少且地下水水位埋深大，对地下水的入渗补给作用不是太大，这与地下水水位的动态变化是相符的。胶州湾周边地区，地形平坦，含水层以砂砾石和砂为主，上覆黏土层薄，透水性好，有利于降水入渗补给。

侧向径流补给：研究区侧向径流补给主要是通过白沙河和墨水河、大沽河、洋河上游径流补给，补给的多少受上下游地下水动态和岩性控制。在白沙河平原下游和大沽河下游，枯水期地下水位较低时也接受海水补给。1998 年在大沽河下游修建了截渗坝，有效地防止了大沽河地区海水进一步入侵，也使上游地下水难以向海排泄。

河道入渗补给：它与河流的湿周、河流经过地层岩性的渗透性和河流的过水时间成正比，与地下水位有关，当河流断流时没有河道入渗补给。

灌溉回归补给：它和大气降水入渗补给相似均为面状补给，灌溉回归量与灌水量、灌溉方式和包气带岩性及厚度等有关。

11.2.4.2　地下水的径流与排泄

研究区地下水的主要排泄为人工开采、蒸发和向海洋排泄。

据地下水等水位线图可知，天然情况下研究区内地下水径流与地形、含水层岩性结构有密切联系，地下水流向与研究区地形基本一致，即由山前平原向海湾地带径流；当地下水超采时，就会形成区域的水位下降漏斗，使地下水由漏斗边缘向中心径流，如果漏斗中心靠近海边则引起海水入侵。

11.2.5　地下水的动态特征

11.2.5.1　地下水动态的影响因素

研究区内地下水是潜水，影响大沽河下游地区和白沙河－墨水河地区地下水动态的因素主要是降水、河流和人工开采，而洋河地区则主要是受降水、河流的影响。

11.2.5.2　白沙河－墨水河地下水动态特征

降水和开采是本区地下水水位动态的主要影响因素。降水随季节的变化引起地下水水位年内也呈周期性变化。本区是青岛的蔬菜种植基地，开采地下水主要是用于农业灌溉，因此人工开采与降雨量和季节有关，使地下水水位变化加剧，变幅增大。

从多年资料看来，地下水位先是持续下降后又缓慢恢复，本区各阶段地下水水位变化如下：

(1)20 世纪 60 年代中期，开始出现开采漏斗，中心在城阳小寨子一带。此时的地下水水质良好。

(2)20 世纪 70 年代末期，漏斗扩展到海边(见图 11.13)，开始出现海水入侵。与 20

世纪70年代初相比，水位下降5 m多，出现了面积约25×10⁴m³的降落漏斗，漏斗中心在小寨子(8号)，最低水位−9 m。在1985年9号台风影响下，带来大量雨水，1985−1986年地下水位有所回升，海水入侵情况有所缓和，1986年以后继续扩展，1988年水位最低处不到−8 m，以苇苫(4号)一带扩展最快，其他地段幅度较小。

（3）20世纪90年代，由于工业区扩大，农田减少，水厂停采等原因使地下水位回升，至1994年原海水入侵区上游的降落漏斗平复，其后地下水位连年上升，地下水位已高出海水面(图11.13)。

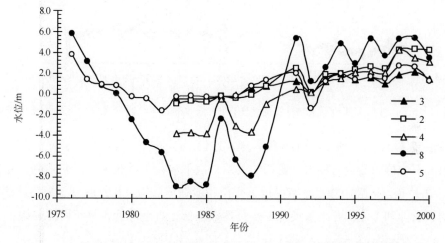

图11.13　白沙河地区枯水期地下水位(Liu et al.，2007；观测孔位置见图11.9)

从图11.14和图11.15可以看出，20世纪90年代以来，1992年6月底地下水位最低，随后地下水位逐渐上升，1996−1998年间，由于降水较丰富，地下水位达到最高，1999−2001年水位基本保持平稳，自2002年开始地下水位有下降的趋势，至2003年5月底地下水位降至1992年以后的最低点，8月底获降水补给水位又回升。

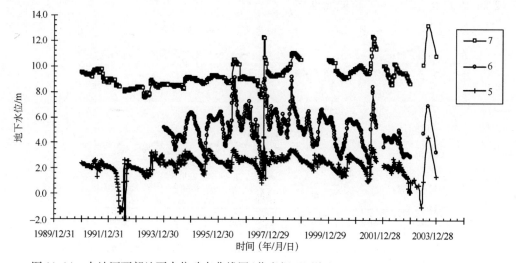

图11.14　白沙河西部地下水位动态曲线图(作者据观测资料绘制，观测孔位置见图11.9)

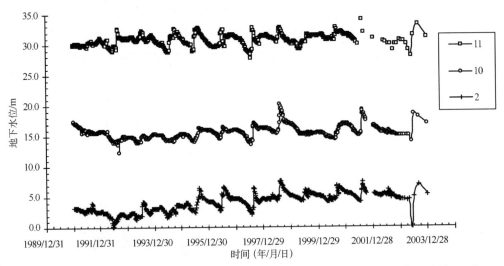

图 11.15　白沙河东部地下水位动态曲线图(作者据观测资料绘制,观测孔位置见图 11.9)

西城汇(7 号)由于上游即墨的污染,地下水已经不开采,因此地下水位一直较高。

年内地下水位的变化与降水有密切的关系,地下水在 5 月底至 7 月初达到一年的最低水位,7 - 9 月是该区集中降水季节,地下水位一般在 7 月初至 8 月底升至最高,然后由于没有补给,农业和工业的开采致使地下水位逐渐降低,直至最低,每年周而复始。

11.2.5.3　大沽河地下水动态特征

1981 年为解决百年不遇大旱(年降水量 308 mm),由于大量集中开采向青岛市供水,在青胶公路附近形成面积 10 km² 的降落漏斗,1982 年 6 月底漏斗中心水位由采前的 - 1.09 m 降到 - 3.22 m,降落漏斗面积扩展到 40 km²,至 1984 年 6 月底降至最低点,漏斗中心水位 - 8.18 m(见图 11.16),漏斗面积近 80 km²,0 m 等水位线已扩展到距青胶公路 12 km 以北处,漏斗中心也向北推移。

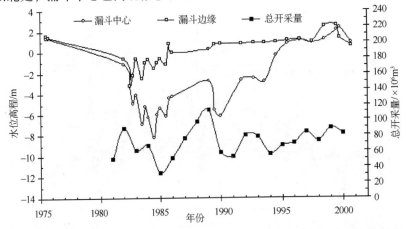

图 11.16　大沽河下游 1975 年以来地下水水位与开采量图(作者据观测资料绘制)

1985 年 8 月 18 – 21 日受 9 号台风的影响，大沽河流域连降暴雨，平均次降水量 320 mm，河流出现 70 a 来最大洪水，河流水位暴涨，受此影响，全流域地下水位出现大幅度回升，至 1985 年 12 月底，全区较开采前 1981 年 12 月底水位平均只下降 0.37 m。但 1985 年下游仍存在降落漏斗，漏斗中心水位和漏斗边缘（青胶公路以南 1.25 km 处）水位及开采情况见图 11.16。

1986 年以后至引黄济青供水（1992 年）前地下水继续加大开采（图 11.16），地下水位又开始下降，1988 年海水入侵比 1981 年向北推移 750 m。1992 年末引黄济青工程建成后，大沽河下游水源地地下水开采量减少，水位得以恢复及涵养；但直到 1997 年，地下水下降漏斗才基本填平，地下水也开始向海排泄。

1998 年 4 月为防止海水入侵在青胶公路南侧修建了地下截渗坝，其渗透性很小（$K = 2.33 \times 10^{-3}$ m/d），由于下游的开采减少，使地下水位普遍升高。1998 年建坝以后，截渗坝两侧地下水位变化情况见图 11.17。

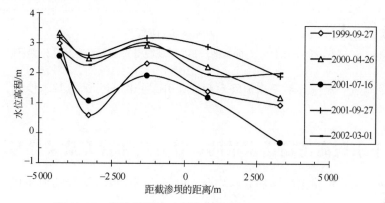

图 11.17　截渗坝附近地下水位变化（Liu et al.，2007）

横坐标代表观测点到截渗坝的距离，截渗坝上游距离用负值表示，截渗坝下游用正值表示，截渗坝位于 0 m 处，坝顶高程为 0 m

11.2.5.4　洋河地下水动态特征

洋河地下水主要用于农业灌溉和当地生活用水，开发利用程度较小，1991 年以来的地下水动态情况见图 11.18。

洋河与其他河流一样，在 1992 年 6 月底地下水位最低，反映了该年全区气候较干旱，降水量 20 世纪 90 年代最少，加上农业的用水，使水位最低；1995 年 6 月底地下水位次低，也是因为该年降水量在 20 世纪 90 年代次低的结果；其他年份每年的最低水位均在 1 m 以上。

由多年水位变化可以看出，在 1998 年以后丰水期水位均较前几年高，这也是由于胶南 1998 年以后降水量一直较大的缘故。

地下水年内动态一般在每年的 6 月底至 7 月初降至最低，在丰水期由于降水的集中补给，地下水位于 8 月底至 9 月初升至最高，然后由于消耗而缓慢下降，4 月份以后由于降水少，农业用水加大开采而使水位急剧下降，至 6 月地下水位又降至最低，每年如此周期性波动。

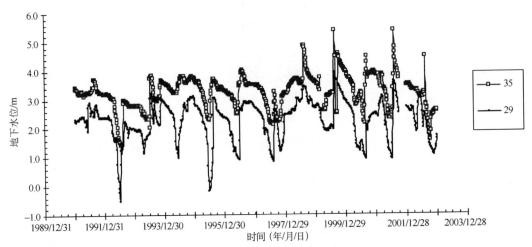

图 11.18　洋河下游地下水位动态曲线图(作者据观测资料绘制，观测孔位置见图 11.9)

总之，洋河地下水位基本受当地降水和农业开采的影响，动态基本稳定。

11.3　地下水向海湾输送水量的计算方法和营养盐采样与测试方法

地下水向海湾输送量由断面法和水均衡法确定，其中断面法分陆地间和陆海间两种。

11.3.1　陆地间断面法

由于含水层为潜水含水层，其公式为(朱新军等，2005)：

$$SGD = KB\frac{h_1^2 - h_2^2}{2L} = KIB\frac{h_1 + h_2}{2} = KIB\bar{h},\qquad(11.1)$$

式中，SGD 为向海输送水量；K 为渗透系数；B 为断面宽度；I 为水力梯度；h_1 和 h_2 为断面上、下游潜水含水层的厚度，$\bar{h}$ 为平均过水断面厚度。

11.3.2　陆海间断面法

公式同式(11.1)。式中，I 为水力梯度，即陆侧潜水位与海湾地下水出露处(海平面)之间的水力梯度；$\bar{h}$ 为地下水出露处含水层厚度；其他与式(11.1)相同。

因海平面受波浪、潮汐等影响，海面时刻都在变化。青岛验潮站据 1952 – 1979 年验潮资料计算确定青岛验潮站近年平均海平面为 2.429 m，即我国现行的高程基准。最低海平面(1 月)与最高海平面(8 月)相差 45 cm。各月海平面的高程见表 11.9。

表 11.9　各月海平面的高程(陈宗镛, 1994)

月份	1	2	3	4	5	6	7	8	9	10	11	12
测潮高度/cm	221	223	228	237	244	255	262	266	262	250	237	225
海平面高程/cm	−21.9	−19.9	−14.9	−5.9	1.1	12.1	19.1	23.1	19.1	7.1	−5.9	−17.9

注: 黄海零基准的高度为 242.9 cm。

11.3.3　水均衡法

白沙河是一独立的水文地质单元, 其水量均衡方程为(朱新军等, 2005):

$$X_f + Y_f + Q_f + Q_c - (Z + Q + SGD) = \mu\Delta hF, \tag{11.2}$$

式中, X_f 大气降水入渗量; Y_f 河流渗漏量; Q_f 灌溉入渗量; Q_c 侧向径流量; Z 潜水蒸发量; Q 人工开采量; SGD 向海输送量; $\mu\Delta hF$ 地下水储存量变化量。

其中, X_f 由降水入渗系数 a 和降水量确定; Q_f 由灌溉试验确定的回归系数 β 和灌溉量确定; Q_c 根据断面法确定; Z 由阿维杨诺夫潜水蒸发公式进行估算; Y_f 和 $\mu\Delta hF$ 根据动态观测资料确定。

11.3.4　营养盐采样、保存、测试及数据处理

2000 年以前的地下水营养盐, 每年丰水期(8 月 30 日)和枯水期(6 月 30 日)采样, 样品采集后立即送到实验室分析, 地表水和地下水的分析方法及精密度等见表 11.10。

表 11.10　2000 年以前营养盐的分析方法及精密度(Liu et al., 2007)

营养盐	分析方法	采用标准	检测限/mg·L^{-1}	精密度/%
氨氮	纳氏试剂比色法	DZ/T 0064－1993	0.040	6.0
亚硝酸盐氮	分光光度法	DZ/T 0064－1993	0.004	14.2
硝酸盐氮	酚二磺酸分光光度法	DZ/T 0064－1993	0.200	1.7
磷酸盐	钼酸铵分光光度法	DZ/T 0064－1993	0.04	2.2
可溶性二氧化硅	硅钼黄光度法	DZ/T 0064－1993	1.30	0.5

2001 年开始在研究区布设了 31 个营养盐监测孔(见图 11.9), 地下水营养盐于每年的枯水期(6 月)、丰水期(8 月)和平水期(12 月)各采样 1 次, 另有靠海的 10 个监测孔自 2002 年 5 月－2003 年 8 月每月采取一次水样。

样品采集于 1 L 的聚乙烯瓶中, 加入氯仿 4 mL, 密封, 送到实验室立即用 0.45 μm 的醋酸纤维膜过滤, 然后在滤液内加入饱和 $HgCl_2$ 进行固定, 摇匀后, 置于 4℃ 冰箱内保存待分析。

采用营养盐自动分析仪(型号: SAN^{plus} System)对地下水中的营养盐进行分析, 营养盐分析精度见表 11.11。

表 11.11　营养盐自动分析仪的检出限及相对误差

分析项目	亚硝酸盐氮	氨氮	硝酸盐氮	磷酸盐	可溶性二氧化硅
检出限/ $\times 10^{-3}$	2	2	2	2	2
相对误差/%	1.98	-0.74	1.55	-0.99	-0.34
相对标准偏差/%	1.47	0.73	3.51	1.43	2.05

将各监测点丰、枯水期的数据取平均值作为该点的年平均浓度,将各河流下游各点的平均浓度再平均作为河流向海输送的年平均浓度。

11.4　地下水向胶州湾的水量及营养盐输送

11.4.1　白沙河地区地下水及营养盐向胶州湾输送

11.4.1.1　天然状态

20 世纪 60 年代以前该区地下水丰富,水质良好,地下水向海排泄。但因无历史监测资料,其输送量难以准确确定。

11.4.1.2　海水入侵时期

20 世纪 70 年代海水入侵开始(见图 11.13),直到 20 世纪 80 年代末地下水不向海输送。

11.4.1.3　向海输送时期

20 世纪 90 年代,由于工业区扩大,农田减少,水厂停采等原因使地下水位回升,地下水开始向海输送。

(1)水量均衡法

由水量均衡方程(11.2)计算的各均衡年的均衡项及根据均衡方程计算出白沙河流域地下水的年入海量见表 11.12。

表 11.12　白沙河流域各均衡项计算结果(单位: $\times 10^{6} m^{3}$)(朱新军等,2005)

均衡项	1991 年	1992 年	1993 年	1994 年	1995 年	1996 年	1997 年	1998 年	1999 年	2000 年
X_f	11.95	9.27	11.53	12.93	12.00	12.50	12.58	15.40	10.95	13.10
Q_f	2.41	2.26	2.08	1.91	1.74	1.38	1.88	1.03	1.64	1.63
Q_c	0.53	0.50	0.65	0.58	0.76	0.69	0.60	0.87	0.76	0.66
Y_f	0.90	0.52	1.85	0.75	1.35	1.10	0.76	0.66	0.75	0.87
Z	0.69	0.12	0.64	0.53	0.86	1.72	1.39	2.01	0.64	1.46
Q	18.82	17.96	10.12	12.76	10.76	8.43	13.30	10.05	12.46	12.87
$\mu \Delta hF$	-4.83	-6.65	3.52	1.17	2.21	3.08	-1.46	3.28	-1.35	-0.64
SGD	1.11	1.14	1.82	1.71	2.03	2.44	2.60	2.63	2.35	2.57

从表 11.12 可以看出，地下水入海量具有升高的趋势；大气降水入渗补给及人工开采对地下水入海量产生的影响最大。枯水年大气降水补给少而且地下水的开采量大，因此地下水入海量较少，而在丰水年大气降水补给多，开采量较少，虽潜水蒸发量有所升高，但地下水入海量仍升高。

（2）陆地间断面法

利用地下水位画出每年丰、平、枯水期的等水位线图，根据等水位线求出下游的水利梯度 I，利用表 11.8 的参数，根据方程（11.1）通过陆地断面法计算各段断面上的地下水月向海输送水量（见图 11.19）。

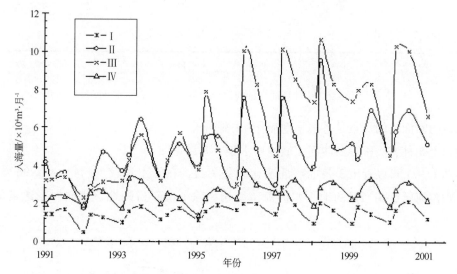

图 11.19　陆地间断面法计算的白沙河流域地下水月入海量（朱新军等，2005）

由图 11.19 可以看出，通过苇苫段（Ⅱ）和王家女姑（Ⅲ）上的地下水入海量较通过皂户段（Ⅰ）、港东（Ⅳ）段上的入海量大，且各断面丰水期的入海量均高于枯水期；其原因是前者过水面积较大，而且丰水期上游水位较下游水位升高快造成丰水期水力梯度较其他时间大。

这种方法对 SGD 的估算主要依赖于含水层厚度和渗透系数的确定，研究较少的地区很难获得这些参数的最佳约束值。但前人对白沙河流域已经进行了较多的研究，加上大量的野外抽水试验，可以获得准确的参数值。该种方法计算的地下水入海量的准确度也较高。

（3）陆海间断面法

考虑海平面的变化对地下水输送的影响，应用陆海间断面法对白沙河下游的四个断面的丰、平、枯水期进行计算，其结果如图 11.20 所示。SGD 以苇苫段（Ⅱ）和王家女姑（Ⅲ）输送量大，皂户（Ⅰ）段、港东（Ⅳ）段输送量小。丰水期虽然海平面有所升高但由于大气降水补给地下水，使地下水位有更大幅度的变化，因而丰水期地下水入海量较高。且近年来由于工业区的扩建，灌溉用水量减少，地下水位整体升高，地下水入海量也呈现升高的趋势。

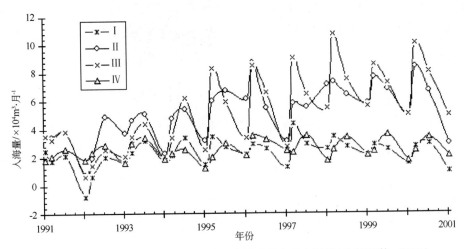

图 11.20　陆海间断面法计算的白沙河流域地下水月入海量(朱新军等，2005)

陆海间断面法的优点是考虑了潮流作用的影响。

由以上 3 种方法所得白沙河流域地下水年入海量见图 11.21。

由图 11.21 可以看出 3 条曲线的变化趋势一致，在降水量较少的年份(1992 年)*SGD* 较少，白沙河已有相当量的地下水向海湾输送，除个别年份外地下水向海输送量呈递增趋势。

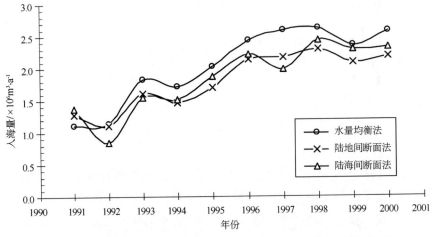

图 11.21　3 种方法计算的白沙河地区地下水年入海量(朱新军等，2005)

11.4.1.4　水质及营养盐输送

白沙河下游段 1982 年其 NO_3^- 含量接近和超过饮用水标准(1 429 μmol/L)，1988 年 NO_3^- 含量上游为 494 μmol/L，下游 1 860 μmol/L。

由图 11.22 知 1990 年以来的监测表明，地下水中硝酸盐氮的含量均很高，在 4 000 ~

5 000 μmol/L 之间，该区硝酸盐氮一直处于上升趋势。亚硝酸盐氮含量较低，为 0.3 ~ 3 μmol/L 之间；磷酸盐也较低，一般 0.32 μmol/L。可溶性二氧化硅一般在 300 ~ 400 μmol/L，水源地内部个别达 600 μmol/L，总体上比较稳定。

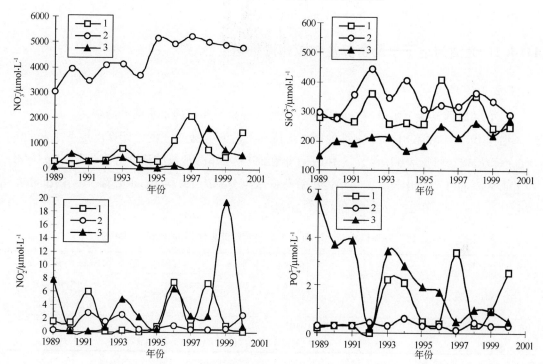

图 11.22　1989 年以来胶州湾周边地下水营养盐状况（Liu et al.，2007）

1：大沽河下游，2：白沙河下游，3：洋河下游

各类营养盐向海湾输送量由下式计算：

$$Q_{ij} = 1\ 000 \times SGD_j \times c_{ij}, \tag{11.3}$$

式中，Q_{ij} 为第 i 类营养盐第 j 年的入海量（mol/a）；c_{ij} 第 i 类营养盐第 j 年下游的平均浓度（μmol/L）；SGD_j 为地下水第 j 年的入海量（$\times 10^6 \mathrm{m}^3/\mathrm{a}$）。

白沙河地区是胶州湾淡水的主要补给区，地下水携带大量的营养盐入海。自 1991 年以来，该地区地下水及营养盐向海湾输送量见表 11.13。

表 11.13　1991 – 2003 年白沙河地区地下水及营养盐向海输送量（Liu et al.，2007；刘贯群等，2007）

项目	1991年	1992年	1993年	1994年	1995年	1996年	1997年	1998年	1999年	2000年	2001年	2002年	2003年
$SGD/\times 10^6\,\mathrm{m}^3$	1.33	1.11	1.50	1.58	1.68	1.96	2.06	2.22	2.05	2.18	2.06	1.78	2.30
硝酸盐氮$/\times 10^6\,\mathrm{mol}$	4.64	4.53	6.21	5.80	8.70	9.70	10.74	11.11	10.05	8.19	6.64	4.31	6.00
亚硝酸盐氮$/\times 10^3\,\mathrm{mol}$	3.86	1.78	3.82	0.69	1.02	1.97	0.80	0.98	1.31	5.58	5.58	3.30	2.45
磷酸盐$/\times 10^3\,\mathrm{mol}$	0.42	0.46	0.47	0.99	0.53	0.61	0.30	0.92	0.64	0.68	0.18	0.25	7.88
可溶性二氧化硅$/\times 10^6\,\mathrm{mol}$	0.47	0.49	0.52	0.64	0.52	0.63	0.65	0.80	0.69	0.63	1.04	0.60	0.65

注：输送水量为本文中所采用的 3 种方法计算结果的平均值。

由表 11.13 可见，地下水中硝酸盐氮普遍含量较高，向胶州湾输送量是相当可观的，每年有 $4 \times 10^6 \sim 11 \times 10^6$ mol 硝酸盐氮和 $4.7 \times 10^5 \sim 8.0 \times 10^5$ mol 的可溶性二氧化硅进入胶州湾，对胶州湾的水环境产生很大的影响，而亚硝酸盐氮和磷酸盐仅有 $0.69 \times 10^3 \sim 5.58 \times 10^3$ mol 和 $0.3 \times 10^3 \sim 0.99 \times 10^3$ mol 输送入海。

11.4.2 大沽河地下水及营养盐向胶州湾输送

11.4.2.1 开采前

1976 年以前，地下水虽有农业开采，下游无降落漏斗，地下水向海湾输送。

根据 1976 年和 1981 年平水期的地下水位和下游营养盐的浓度，计算出地下水和营养盐向海湾的输送量见表 11.14，其中 1976 年和 1981 年硝酸盐氮的浓度分别为 32.2 μmol/L 和 254.9 μmol/L，变化较大，可溶性二氧化硅浓度分别为 291.4 μmol/L 和 331.4 μmol/L，磷酸盐浓度分别为 0.21 μmol/L 和 1.35 μmol/L。

表 11.14 开采供水前大沽河地下水向胶州湾输送（Liu et al.，2007）

年份	监测点 J40	监测点 J43	距离 /km	I /$\times 10^{-3}$	B /m	$\bar{h}$ /m	K /m·d^{-1}	输水量 /$\times 10^6$ m^3·a^{-1}	营养盐输送量/$\times 10^4$ mol·a^{-1} 硝酸盐氮	磷酸盐	可溶性二氧化硅
1976	7.08	3.66	5.25	0.65	3750	8.77	105.0	0.82	2.64	0.017	23.89
1981	6.40	3.46	5.25	0.56	3750	8.77	105.0	0.71	18.10	0.096	23.53

11.4.2.2 开采期

自 1981 年大规模开采地下水以来，虽有 1985 年 9 号台风的迅速补给，也有引黄济青（1992 年）工程建成后地下水开采量减少，但直到 1997 年，下游漏斗一直存在，地下水仍未向海排泄（见图 11.16）。

11.4.2.3 修建截渗坝后

1998 年建截渗坝后，加上上游开采减少开始恢复向海输送（见图 11.17）。

表 11.15 截渗坝建成后地下水及营养盐向海输送量（Liu et al.，2007；刘贯群等，2007）

时间	输送水量 /m³·a^{-1}	营养盐（浓度为 μmol/L，输送量为 mol/a） 硝酸盐氮 浓度	硝酸盐氮 输送量	亚硝酸盐氮 浓度	亚硝酸盐氮 输送量	磷酸盐 浓度	磷酸盐 输送量	可溶性二氧化硅 浓度	可溶性二氧化硅 输送量
1999 年	894	84	75.1	0.4	0.4	0.1	0.1	340	304.0
2000 年	789	29	22.9	0.2	0.2	0.3	0.2	350	276.2
2001 年	910	2 187	1 990.2	2.2	2.0	1.1	1.0	352	320.3
2002 年	1 460	1 240	1 810.4	2.7	3.9	2.7	3.9	329	480.3
2003 年	1 070	1 458	1 560.1	1.9	2.0	2.8	3.0	290	310.3

由图11.16和图11.17可知，地下水1999年开始向海湾输送，其输水断面为坝顶到潜水面之间的断面，即0 m至潜水面，渗透系数为坝顶中粗砂及黏质砂土渗透系数的加权平均值$K=0.5$ m/d，地下水及营养盐输送量见表11.15。

11.4.2.4 水质及营养盐输送情况

该区可溶性二氧化硅变化不大，20世纪70年到90年代均在250～330 μmol/L之间，个别达500 μmol/L。

硝酸盐氮由20世纪70年代的60～160 μmol/L上升到80年代的160～1 600 μmol/L，90年代增至170～2 000 μmol/L(见图11.22)。

亚硝酸盐氮由20世纪70年代的0～2.6 μmol/L升至80年代的0～210 μmol/L之间，90年代又降至0～8 μmol/L。

磷酸盐20世纪70年代为0～0.42 μmol/L之间，80年代一般小于3.2 μmol/L，个别(漏斗中心)较高达19.5 μmol/L，90年代为0.01～3.4 μmol/L。

由表11.16可知，大沽河地区地下水中硝酸盐氮和可溶性二氧化硅均有随时间升高的趋势，亚硝酸盐氮和磷酸盐在20世纪80年代海水入侵时期较高，其他时间变化不大。

表11.16 大沽河地区地下水不同年代营养盐变化范围(单位：μmol/L)(Liu et al., 2007)

组分时间段	硝酸盐氮		亚硝酸盐氮		磷酸盐		可溶性二氧化硅	
	区间	均值	区间	均值	区间	均值	区间	均值
1967	60～100	80	0～3.0	2.0	0	0	160～230	200
1970－1979	60～160	100	0～2.6	2.0	0～0.4	0.2	160～250	220
1980－1988	160～1 600	440	0～210	50.0	1～19.5	4.5	160～330	280
1989－2000	170～2 000	710	0～7.5	2.3	0.01～3.4	1.1	240～400	290
2001－2003	1240～2 187	1628	1.6～2.7	2.3	1.1～2.8	2.2	280～350	320

由于大沽河地下水向胶州湾输送的水量很少，因此由地下水带入胶州湾的营养盐也很少。修地下截渗坝后的1999年和2000年，大沽河地下水(见表11.15)每年仅有300～400 mol的营养盐入海，以可溶性二氧化硅和硝酸盐氮输送为主。

地下水硝酸盐氮和可溶性二氧化硅较大沽河河水分别高出10和2倍以上，见表11.16和表11.17。但由于河水输送水量总体较多(年际变化很大，部分年断流)，地下水向海输送的营养盐仍然较河流少。

11.4.3 洋河地下水向胶州湾输送

洋河中、下游地下水主要作为乡村居民的生活用水和农业灌溉用水，地下水位埋深较浅，主要靠河水及水库放水补给。

由图11.22可知：洋河地下水硝酸盐氮含量较白沙河地下水低，一般在50～500 μmol/L之间，个别达2 750 μmol/L；亚硝酸盐氮含量较低，一般小于3 μmol/L，个别达

19.5 μmol/L；磷酸盐较其他地区高，一般小于 3 μmol/L，个别达 6 μmol/L，可溶性二氧化硅在 3 条河流中最低，在 150~250 μmol/L 之间，比较稳定。

表 11.17　大沽河河流向海湾输送水量和营养盐量（Liu et al.，2007）

年份	输送水量/ ×10⁶m³·a⁻¹	硝酸盐氮		亚硝酸盐氮		可溶性二氧化硅	
		浓度/ μmol·L⁻¹	输送量/ ×10⁴mol·a⁻¹	浓度/ μmol·L⁻¹	输送量/ ×10⁴mol·a⁻¹	浓度/ μmol·L⁻¹	输送量/ ×10⁴mol·a⁻¹
1967	239.0	309.52	7 397.6	4.76	113.8	114.00	2724.6
1981	断流						
1982	2.4	0.00	0.0	178.57	42.5	133.00	31.7
1983	断流						
1984	断流						
1985	391.0	23.93	935.6	3.14	122.9	133.00	5 200.3
1986	6.0	19.43	11.7	1.14	0.7	133.00	79.8
1987	5.8	73.43	42.5	2.36	1.4	133.00	77.0
1988	11.9	21.00	24.9	1.57	1.9	133.00	157.6
1989	断流						
1997	148.4	64.52	957.5	5.43	80.6	133.00	1 973.7
1998	219.2	35.00	767.2	1.89	41.5	133.00	2 915.4
1999	8.8	73.33	64.2	5.71	5.0	133.00	116.5
2000	断流						
2001	258.9	182.86	4 734.2	8.36	216.4	133.00	3 443.4

　　洋河地下水向胶州湾输送的水量及营养盐较白沙河地下水少，除 1998 年暴雨影响致使地下水硝酸盐氮输送量较高外，其对胶州湾的补给基本处于天然状态。1990 年以来洋河地下水向胶州湾的输送量及营养盐输送量见表 11.18。

表 11.18　1991-2003 年洋河地下水及营养盐向海输送量（Liu et al.，2007；刘贯群等，2007）

项目	1991 年	1992 年	1993 年	1994 年	1995 年	1996 年	1997 年	1998 年	1999 年	2000 年	2001 年	2002 年	2003 年
输水量	17.3	7.96	16.06	16.48	11.6	16.02	13.76	19.67	18.91	13.87	10.74	9.53	10.52
硝酸盐氮	52.7	22.6	68.0	9.22	4.13	25.4	17.52	319.9	146.2	76.93	54.44	35.47	33.56
亚硝酸盐氮	0.02	0.05	0.79	0.38	0.05	1.04	0.34	0.48	3.69	0.11	0.09	0.22	0.14
磷酸盐	0.65	0.01	0.54	0.45	0.22	0.26	0.07	0.19	0.17	0.07	0.43	0.59	0.42
可溶性二氧化硅	33.16	17.00	33.90	27.47	21.27	40.27	29.35	51.23	41.23	37.76	31.69	20.88	21.34

注：输水量单位为 ×10⁴m³/a；营养盐单位为 ×10³mol/a。

　　洋河地下水输送水量和营养盐量远小于白沙河地区，白沙河地下水的年输送水量是洋河地下水的 8~15 倍，年输送硝酸盐氮量是洋河地下水的 35~400 倍，年输送亚硝酸盐氮量是洋河地下水的 2~20 倍，年输送磷酸盐量是洋河地下水的 0.6~5 倍，年输送可溶性二氧化硅量是洋河地下水的 14~30 倍。

11.5　影响地下水和营养盐输送的因素

11.5.1　气象水文的影响

地下水向海输送量随降水量的增多而增大，降水量大的年份，地下水向海输送量大，如降水量较高的 1998 年白沙河和洋河地下水向海输送量都较大，而降水量较少的 1992 年地下水向海输送量低；年内丰水期输送量大、枯水期小，洋河 1992 年枯水季节海水反而入侵含水层。地表水在下游均补给地下水，由于上游修建水库，使地下水补给量减少，海底地下水排泄减少。

胶州湾周边河流均为季节性河流，丰水季节河水补给地下水，增加了地下水的补给来源，这也是丰水季节地下水入海量升高的原因之一。

海平面动态因素的影响，海平面及海水的物理性质的变化也会影响地下水入海量。在波浪、潮汐、海流等因素的影响下，海平面时刻都处于动态的变化过程中，地下水的入海量随海平面降升而增减。

大气降水中均含有一定量的营养盐（刘素美等，1993），1988—1990 年青岛市大气降水中硝酸盐氮为 115 μmol/L，氨氮高达 1 470 μmol/L，亚硝酸盐氮在检出限附近，磷酸盐为 17 μmol/L，可溶性二氧化硅小于 7~50 μmol/L。大沽河地下水中硝酸盐氮浓度 20 世纪 70 年代低于 90 年代的降水，说明降水中的硝酸盐氮由于化石燃料的用量升高而增加，90 年代地下水中的硝酸盐氮均远高于降水。可溶性二氧化硅和亚硝酸盐氮降水中较地下水低，而磷酸盐由于土壤的吸附地下水中含量低于降水。

综上所述，大气降水和地表水的入渗不仅增加了地下水入海通量，而且其携带的营养盐含量较低，地下水中的营养盐主要来源为溶滤和农业施肥及其他污染。

11.5.2　地形地貌

地形地貌对地下水的输送影响也较大，胶州湾西岸的残坡积物，由于地形和含水层底板较高，海水无法入侵，地下水一直向海输送，而各河下游地形平坦标高较低，容易发生海水入侵和海水顺河上溯倒灌。

11.5.3　水文地质条件

含水介质、含水层类型和含水层厚度岩性均对地下水入海量产生影响。

向胶州湾地下水的输送主要发生在松散的孔隙介质中，而裂隙介质向胶州湾地下水的输送很小。

含水层厚度、规模和透水性越大地下水输送量越大，大沽河、白沙河和洋河地区，由于大沽河含水层的渗透系数是其他的 3.3 倍，含水层厚度也最大，断面宽度虽窄，在其他条件下相同时大沽河地下水向海输送水量应是最大的，白沙河地区次之，洋河最小。

白沙河地区在皂户段 I、港东段 IV 上含水层的透水性较大，但因其厚度和宽度较小，通过该断面的地下水入海量也相对较小。

沉积物来源和地下水的循环时间对地下水中营养盐尤其是可溶性二氧化硅含量影响较大，白沙河流域的沉积物主要来源于安山岩和花岗岩，虽然地下水的流经途径短但可溶性二氧化硅含量高。洋河沉积物来源于片麻岩，循环途径又短，可溶性二氧化硅含量最低。

11.5.4 人为影响

开采的影响：地下水的开采量及开采位置对 *SGD* 影响很大。白沙河 20 世纪 70 年代、大沽河 20 世纪 80 年代的过量开采均导致了该区的海水入侵，20 世纪 90 年代白沙河由于工业区扩大，农田减少，水厂停采等原因使地下水位回升，地下水向海湾输送增大；大沽河的开采总量变化不大，下游减少开采使海水入侵量减少。

农业污染的影响：白沙河下游是青岛市蔬菜种植基地，从 60 年代始由于大量施用化肥和农药致使地下水中硝酸盐氮远高于以粮食为主的大沽河和洋河地区，在港东、皂户等菜田密集处地下水中硝酸盐氮最高。因此，地下水中的硝酸盐氮主要来源为农业化肥和农药的入渗。

大沽河下游修筑的截渗坝阻止了海水入侵，同时使地下水的输送也减少。

11.6 结论

大沽河地下水 1981 年尤其是 1976 年以前，向胶州湾输送水量较大；1976 和 1981 年达到 $70 \times 10^4 \sim 80 \times 10^4 m^3/a$，除可溶性二氧化硅输送量较高达 $24 \times 10^4 mol/a$ 外，硝酸盐氮输送量较少，亚硝酸盐氮和磷酸盐输送量更少；1981 - 1996 年由于过量开采在沿海形成降落漏斗，海水入侵使地下水难以输送入海；1998 年截渗墙建成后，地下水向胶州湾输送受到限制，但仍能从坝顶以上通过而向海湾输送，输送水量仅 $800 \ m^3/a$。

大沽河河水由于地下水的开发，总体上流量是减少的，还经常全年断流，但由于其输送水量有时相对地下水来说很大，虽然河水营养盐含量不如地下水高，但营养盐输送量个别年很大，输送量变化大，不稳定。

白沙河 20 世纪 70 年代以前，向胶州湾输送水量较大，营养盐浓度低；20 世纪 70 年代以后，因过量开采使海水入侵；20 世纪 90 年代由于市区扩大，菜田面积缩小，地下水位抬升，向海排泄逐年增加。由于硝酸盐氮污染严重，其输送量很高，每年有 $4 \times 10^6 \sim 11 \times 10^6 mol$ 入海；可溶性二氧化硅含量稳定，输送量在 $0.5 \times 10^6 \sim 0.8 \times 10^6 mol/a$，其他营养盐输送量较低。

洋河基本上属于天然状况，工农业利用量少，随季节不同对胶州湾的输送量不同，由于其含水层规模较白沙河小，其输送量也相应较小。

在天然条件下大沽河地下水向海输送水量是最大的，白沙河地区次之，洋河地区最小。海水入侵时期（白沙河 1976－1990 年，大沽河 1981－1996 年）只有洋河地区地下水仍向海输送。进入 1990 年后，大沽河地下水向海湾输送很少，白沙河和洋河地区较高，尤其是白沙河地区，其地下水输送水量是洋河的 8～15 倍，输送硝酸盐氮是洋河的 35～400 倍，为营养盐主要输送地区。

影响向海输送水量的因素有大气降水和地表水的入渗、海平面动态和水文地质条件、地形地貌及人为的影响。地下水开采是影响地下水入海量的主要因素，化肥农药的施用是引起地下水硝酸盐氮升高的主要原因。

致谢

在研究过程中，青岛市水利局程桂福高级工程师和青岛市环境水文地质站刘建霞高级工程师提供了大量资料，在此表示衷心地感谢。本研究是在国家自然科学基金（编号：40036010）资助下完成的。

参考文献

陈宗镛. 1994. 中国沿海平均海面变化. 中国科学院院士咨询报告，总第 1 号. 北京：科学出版社.

国家海洋局第一海洋研究所港湾室《胶州湾自然环境》编写组. 1984. 胶州湾自然环境. 北京：海洋出版社.

刘贯群，叶玉玲，袁瑞强，等. 2007. 近年胶州湾陆源 SGD 及其营养盐输送. 海洋环境科学，26(6)：510－513.

刘素美，黄薇文，张经，等. 1993. 青岛地区大气沉降物中化学成分研究. 海洋环境科学，12(3/4)：89－98.

青岛海洋大学，等. 1990. 青岛市基岩地下水资源评价(75－57－02－04－02－03). [出版地、出版者不详].

青岛市水利局，青岛海洋大学，等. 1990. 青岛市水资源供需现状、发展趋势和战略研究(75－57－02－04－02). [出版地、出版者不详].

青岛市水利局水资源办公室，山东省青岛建筑工程学院. 2000. 青岛市水资源可持续利用研究. [出版地、出版者不详].

山东省环境水文地质总站. 1989. 青岛市白沙河－城阳河下游地区海水入侵勘查报告. [出版地、出版者不详].

山东省青岛环境水文地质站，青岛市水资源规划办公室. 1986. 青岛市大沽河水源地地下水开采试验动态监测报告. [出版地、出版者不详].

王淑英. 2004. 胶州湾周边地下水及营养盐向海湾的输送(硕士论文). 青岛：中国海洋大学.

朱新军，刘贯群，王淑英，等. 2005. 白沙河流域地下水及营养盐向海湾输送. 中国海洋大学学报(自然科学版)，35(1)：67 – 72.

Liu G Q，Wang S Y，Zhu X J，et al. 2007. Groundwater and nutrient discharge into Jiaozhou Bay，North China. Water，Air and Soil Pollution：Focus，7(6)：593 – 605.

第十二章
胶州湾悬浮颗粒物的组成和浓度变化

12.1 前言

对近岸水体中悬浮颗粒物（即：suspended sediment 或 suspended particulate matter）的组成、浓度和输移规律的认识有助于深化很多相关领域的研究（Lindsay et al.，1996）。这些领域包括以悬浮颗粒物中的有机物质作为食物来源的动物生态、悬浮颗粒物对初级生产力的抑制作用（即：extinction effect）、悬浮颗粒物作为载体对营养物与污染物的结合（例如：吸附）和迁移，以及和悬浮颗粒物运动本身导致的海岸侵蚀和港口、航道淤积等。在近海地区，水体中的悬浮颗粒物浓度通常具有涨落潮、大小潮和季节周期的时间变化以及垂向、平面的空间变化（Gelfenbaum，1998；Vale and Sundby，1987；Fettweis et al.，1998；Ridderinkhof et al.，2000；张铭汉，2000；Hassen，2001；Schoellhamer，2002），对产生这些变化的规律和机制的认识是沉积动力学的重要内容。迄今为止，针对悬浮颗粒物的研究成果大多产生于浊度较高的河口湾（Schubel，1968；Uncles and Stephens，1993；Wolanski et al.，1996；Yang et al.，2000；Orton and Kineke，2001），而受河流影响较小的低浊度海湾的研究成果则相对较少。

总体而言，胶州湾是中纬度地区的一个低浊度的海湾。由于在过去几十年中的流域入湾泥沙的急剧减少和沿岸倾倒垃圾的增多（国家海洋局第一海洋研究所，1984；中国海湾志编纂委员会，1993），后者已经取代前者成为胶州湾主要的沉积物来源。这可能导致胶州湾悬浮颗粒物的成分和沉积动力学特性发生变化而有别于已有的、从其他近岸环境获得的认识。前人对胶州湾底质沉积物已进行过详尽的调查（例如：国家海洋局第一海洋研究所，1984；中国海湾志编纂委员会，1993；郑继民和沈渭全，1986；李凡等，1992）。相比之下，对悬浮颗粒物沉积学特性的研究较少，而对悬浮颗粒物的非矿物特性的研究成果尚鲜有报道。在胶州湾与黄海之间的泥沙交换和泥沙净输移方面，虽然前人做过不同程度的探讨（王文海等，1982；刘学先和李秀亭，1986；赵全基和刘福寿，1993；高抒和汪亚平，2002），但尚未达成共识。就潮汐和波浪在何种程度上控制悬浮颗粒物浓度的时间变化，亦尚需深入研究。本章主要探讨胶州湾悬浮颗粒物的组成及其浓度变化同波、潮动力之间的关系，旨在加深对低浊度海湾环境中悬浮颗粒物的的动力学方面的认识。

12.2　研究区概况

　　胶州湾位于山东半岛南部，是一个典型的半封闭海湾。它南北长 33 km，东西宽 28 km，口门最窄处仅 3.1 km（图 12.1），目前水域面积 388 km^2（印萍和路应贤，2000）。尽管胶州湾平均潮差 2.8 m，大潮期间的潮差近 4 m（Gao and Wang，2002），但湾内潮流较弱，主要是因为该海湾呈圆形且潮间带较窄。近底流速通常小于 20 cm/s，表层流速通常小于 40 cm/s；即使在大潮期间，近底和表层最大流速也分别只有 60 cm/s 和 80 cm/s（Yang et al.，2004b）。相比之下，长江口潮差略小于胶州湾，但流速却是胶州湾的 2~3 倍（Yang et al.，2000）。胶州湾平均水深约 7 m，水深从湾口向湾顶递减（图 12.1）。海湾口门两侧和东部有山体作为屏障、北部和西北部为冲击平原，湾中波浪以就地风生浪占绝对优势，波能较低，各站各向平均波高 0.1~0.4 m，最大波高 1.9 m（国家海洋局第一海洋研究所，1984）。湾底从口门向西北、北和东北变浅，平均水深 7 m 左右。虽然有十余条小河流注入海湾，但入湾的径流总量与海湾的纳潮量相比微乎其微。据对文献资料（刘学先和李秀亭，1986）换算：平均而言，一个潮周期的入湾径流量不足纳潮量的 2×10^{-3}。因此，从动力学角度讲，胶州湾是一个潮控性海湾。在 20 世纪的 50－70 年代，每年由河流进入湾的泥沙约有 2.0×10^6 t（李善为，1983；李凡等，1992；乔彭年等，1994），湾底淤积速率为每年几个毫米（胡泽建等，2000）。1980 年代以后，流域建坝和抽水使河流带入湾的泥沙不足原来的 3%（Yang et al.，2004b），湾底淤积基本停止（胡泽建

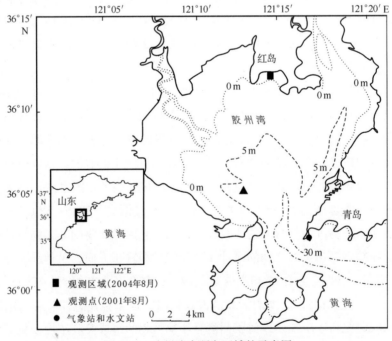

图 12.1　胶州湾内研究区域的示意图

等，2000）。虽然胶州湾沉积物类型繁多（注：既有砾石、砂砾－砾砂、粗砂、砂、细砂、黏土粉砂质砂、粉沙黏土质砂，也有砂黏土质粉砂、黏土质粉砂、粉砂质黏土），但粉砂和黏土为主的沉积物覆盖了海湾大部分面积（国家海洋局第一海洋研究所，1984；郑继民和沈渭全，1986；李凡等，1992；汪亚平等，2002；中国海湾志编纂委员会，1993）；而与黄海沟通的峡道床底主要是基岩和砾石（汪亚平，2000）。总体上，胶州湾中的沉积物的粒度组成有从湾口向北和从岸边向湾中央变细的趋势。胶州湾中的悬浮颗粒物浓度通常很低，只有每升数毫克至数十毫克；悬浮颗粒物浓度具有从湾口向湾顶增大的趋势（汪亚平，2000）。作为对比研究的杭州湾是一个喇叭型海湾，口门附近（即：对比观测点）平均潮差约3.2 m，平均波高约1 m，最大流速3 m/s左右，悬浮颗粒物浓度（即：SPC）通常为500～2 000 mg/L（上海市海岸带和海涂资源综合调查报告编写组，1988）。

12.3　采样与分析方法

2001年8月13－28日在胶州湾西南部（位置：36°05.072′ N，120°13.113′ E）设锚系观测点，观测点平均水深19.2 m。在不同的潮流阶段（例如：涨、落急和涨、落憩）采集表、中、近底层（即：床底之上0.5 m左右）水样2～2.5 L。同时，于观测期间采底质表层样（<5 cm）一次。观测期间（即：从小潮到大潮），在表层和近底层分别悬挂一个美国YSI公司生产的环境监测系统用以监测浊度和盐度等的变化（注：设定时间间隔为10 min），并用美国Sontek公司生产的ADP（Acoustic Doppler Profiler）以同样的时间间隔观测流速大小、方向。在2001年8月30－31日沿海湾做综合现场踏勘，以了解沿岸排污和近岸的浊度、底质状况。为了同高浊度海湾进行对比，于2003年2月在杭州湾口门附近做大潮（18－19日）和小潮（24－25日）定点（位置：30°46.100′ N，121°55.217′ E）观测。观测点平均水深10 m。整点按6点法（即：表层、0.2H、0.4H、0.6H、0.8H、近底层，其中H为水深）取水样600 mL；用青岛海洋仪器厂生产的直读海流计测流速流向；用美国生产的OBS－5在涨、落急和涨、落憩做实时的准同步垂直剖面观测（注：数据取样间隔为1 s）和固定层次的连续观测（注：数据取样间隔1 min），并对浊度进行现场标定。

此外，2004年8月17－24日在胶州湾北部潮滩上用OBS－3A和ADP－XR观测水深、浊度、水平和垂直流速、回声强度、波浪、盐度、水温等水文要素的变化，同时采集了悬浮颗粒物和底沙样品做粒度分析。用现场采集的样品对浊度进行标定，并建立浊度和回声强度之间的回归关系，把浊度和回声强度转化为悬浮颗粒物浓度。野外工作期间，固定观测点布置在小潮低潮线附近。用OBS－3A观测水深（注：压力）、浊度、盐度和温度进行测量，探头距滩面高度30 cm。用ADP－XR观测水深、波浪以及5层（注：分别距滩面30、50、70、90 cm和110 cm或以上，当水深超过110 cm时第五层代表水面）的水平流速流向、垂向流速和回声强度。OBS数据采集间隔为1 min（时间：2004年8月17－24日），ADP数据采集间隔为1 min（时间：2004年8月17－18日）和8 min（时间：2004年8月

21－24 日）。同时在观测点的三脚架上绑 5 个 600 mL 水样瓶（注：分别距滩面 10、30、50、100 和 150 cm），采集悬浮颗粒物样本。

在实验中，现场的水样用 0.45 μm 的滤膜过滤，然后在 60℃ 的温度下烘干称重。对胶州湾中部过滤留在滤膜上的悬浮颗粒物经偏光显微镜（注：德国生产的 LEITZ WETZLAR ORTHOLUX Ⅱ POL－BK 型）做颗粒的矿物成分鉴定。鉴定时在滤膜上选一代表性视域，其中的颗粒数达到 100 左右。由于胶州湾的含沙量较低，从每张滤膜上分离下来的 SPM 颗粒数量都不足以用来做粒度分析。同时，为了便于了解悬浮颗粒物同底床沉积物在粒径上的总体差异，分别将表层和近底层样品集中同底床沉积物一道进行粒度分析。在本章中，颗粒物的粒径用 Φ 值表示（注：$\Phi = -\log_2 D$，其中 D 为直径，单位是 mm）（Krumbein，1934）。泥沙粒径用 Coulter LS 100Q（测量范围 $0 \sim 12\Phi$）测量。沉积物的粒度分析使用美国 Coulter 公司生产的 LS 100Q 型粒度仪。根据取样时间和层次相同或相近的原则建立 YSI 浊度和悬浮颗粒物浓度之间的统计关系。在本章中，大、中、小潮的划分参照 Fettweis 等（1998），即最大潮差和最小潮差之间的差值 R 除以 3，最小潮差加 $R/3$ 为"小潮"和"中潮"之间的分界，而最大潮差减 $R/3$ 为"中潮"和"大潮"的分界。

在实验室用现场采集的悬浮颗粒物样品对 OBS 浊度数据进行标定。标定时将浊度探头没入混有泥沙的水中，OBS 数据采样间隔设为 1 s，待读数趋于稳定后，连续读 10 个数据；然后用 600 mL 水样瓶取水样，对水样进行过滤、烘干、称重，建立浊度和含沙量之间的回归关系。

现场记录的浊度数据中有个别出现异常，这可能与淹没期间漂浮物（注：包括游泳动物）接触或近距离经过浊度探头有关。这些数据在推算悬浮颗粒物浓度时被作为无效数据处理。ADP 接收到的回声强度受悬浮颗粒物的影响（Gordon，1996），可以用来推算悬浮颗粒物浓度（汪亚平等，1999）。通过建立 ADP 回声强度同 OBS 浊度的关系以及 OBS 浊度同悬浮颗粒物浓度的关系，将回声强度转化成悬浮颗粒物浓度。观测期间风的资料搜集自青岛气象站。

12.4 研究结果和讨论

12.4.1 悬浮颗粒物的组成

12.4.1.1 矿物和非矿物组成

一般地，高浊度海湾悬浮颗粒物中矿物组分占绝对优势，例如 2003 年 2 月在杭州湾的采样表明：悬浮颗粒物中的矿物性颗粒含量平均达 98.7%，大、小潮和表、底层之间并无明显差异。上述特点符合河口海岸环境悬浮沉积物的一般特征（Dyer，1986）。但是，在胶州湾中部（即：在胶州湾具有代表性的地区）水体的悬浮颗粒物中，矿物组分含量平均为 13%，最大也只有 28%，最小仅 6%。换句话说，非矿物组分的含量平均达 87%，最大达 94%，最小也有 72%。在非矿物颗粒中，植物碎屑的含量平均占总颗粒数的 32%，最大可达59%；钙质生物(例如：贝壳、有孔虫、超微化石等)平均占总颗粒数的18%，最大可达46%；硅质生物(例如：硅藻、放射虫等)平均占总颗粒数的7%左右，最大可达39%；垃圾性杂质(例如：塑料、纸屑等)平均占总颗粒数的30%，最大可达56%(表12.1)。考虑到植物碎屑中有些来自生活的垃圾，可占总颗粒数的1/3以上。在观测中，悬浮颗粒物中的矿物性颗粒以长石、石英和片状矿物等轻矿物为主。总体上，悬浮颗粒物的相对组成随涨、落潮和大、小潮的变化不大(见表12.2)。另一方面，垃圾性颗粒的含量在表层略大于近底层，而植物碎屑、硅质和钙质生物颗粒则相反(见表12.2)。与悬浮颗粒物相比，胶州湾底质沉积物样品以矿物组分占绝对优势(>90%)，仅在顶部数毫米的沉积活动层中非矿物性颗粒含量较高。

表12.1　胶州湾中部(20 m 水深处)悬浮颗粒物中不同组分含量的变化范围(%)

特征值	非矿物颗粒					矿物(含岩屑)颗粒	样品数
	植物碎屑	垃圾类杂质	钙质生物	硅质生物	合计		
最大	59	56	46	39	94	28	1
最小	4	8	2	1	72	6	1
平均	32	30	18	7	87	13	130

注：采样时间：2001 年8 月13 – 28 日，采样地点：36°05.072′N, 120°13.113′E。

导致胶州湾中部悬浮颗粒物中非矿物组分占优势的原因可能有两个方面：一是来自陆源和海域的细颗粒泥沙(即：矿物性颗粒)较少，而波浪和潮流的动力较弱，底床沉积物再悬浮作用不强，以致胶州湾由矿物性颗粒组成的背景含沙量小。根据现场观测，在正常天气下胶州湾的波高小于0.3 m，实测最大流速仅79 cm/s。在具有强潮特点的杭州湾，实测的最大流速达到220 cm/s。其次，胶州湾沿岸有大量"杂质"(例如：非矿物性颗粒)通过排污和垃圾倾倒的形式进入胶州湾。20 世纪80 年代以来，青岛市工业和居民产生的固体垃圾和污水中的悬浮颗粒物达 $0.52 \times 10^6 \sim 1.61 \times 10^6$ t/a，从沿岸各处排入海湾的生活垃圾和市政排污达 $1.611\ 5 \times 10^6$ t/a(武桂秋和高振华，1986；汪亚平，2000)。在2001 年的沿岸调查中发现，胶州湾有些岸段仍是垃圾成山、污水成溪。而同期河流来沙、海崖侵蚀和大气降尘为胶州湾提供的泥沙来源总量据估计只有 1.34×10^5 t/a(刘昌荣和张耆年，1984；李安春，1997；胡泽建等，2000)，比上述污染物来源小一个数量级。胶州湾口门附近的悬浮颗粒物通量计算表明：胶州湾有向外海的泥沙净输出，而不是净的输入(高抒和汪亚平，2002)。Alber(2000)指出，在自然状态下的河口湾悬浮颗粒物可分为能沉降(即：settleable) (注：静水沉降速度大于0.006 cm/s)和不能沉降(即：non-settleable) (注：静水沉降速度小于0.006 cm/s)两部分，后者的生物地球化学特性明显不同于前者。例如，所谓"不能沉降"的悬浮颗粒物中的POC 和叶绿素的含量都成倍地高于前者(Alber，2000)。

表 12.2　胶州湾中部不同潮况和层次悬浮颗粒物组分含量(%)统计(平均值 ±均方差)

潮况	层次	非矿物组分					矿物(含岩屑)组分	样品数
		植物碎屑	硅质生物	钙质生物	垃圾类杂质	合计		
小潮 (13 – 16 日)	表层	32.3 ±5.1	6.5 ±3.0	11.8 ±8.4	37.6 ±7.7	87.2 ±2.4	12.8 ±2.4	14
	近底层	32.4 ±8.1	6.4 ±3.5	14.8 ±8.6	34.1 ±7.9	87.7 ±1.7	12.3 ±1.7	14
中潮 (16 – 19 日)	表层	34.0 ±3.5	6.2 ±2.0	12.8 ±8.1	35.0 ±6.8	88.2 ±1.74	11.8 ±1.7	14
	近底层	38.9 ±5.9	5.6 ±3.3	15.3 ±11.6	27.0 ±7.4	88.1 ±1.8	11.9 ±1.8	13
大潮 (19 – 22 日)	表层	31.6 ±5.3	6.3 ±3.3	19.7 ±7.5	28.4 ±8.1	86.0 ±3.6	14.1 ±3.6	16
	近底层	32.3 ±6.7	8.4 ±5.5	20.3 ±6.1	26.5 ±9.3	87.8 ±2.1	12.2 ±2.1	13
中潮 (22 – 25 日)	表层	32.8 ±7.3	7.2 ±4.6	23.3 ±8.5	24.5 ±8.3	87.8 ±2.6	12.2 ±2.6	11
	近底层	27.4 ±8.4	5.3 ±3.1	22.8 ±9.8	27.6 ±8.6	85.7 ±3.0	14.3 ±3.0	7
小潮 (25 – 28 日)	表层	28.5 ±6.0	6.6 ±2.0	20.2 ±11.2	30.9 ±10.4	86.7 ±2.8	3.3 ±2.8	15
	近底层	31.5 ±9.7	9.7 ±7.0	21.1 ±9.5	24.3 ±8.7	85.4 ±3.6	14.6 ±3.6	13
平均	表层	31.8 ±5.5	6.4 ±7.1	17.3 ±10.5	31.5 ±9.6	87.0 ±2.7	13.0 ±2.7	70
	近底层	32.9 ±8.2	7.3 ±4.5	18.8 ±9.7	28.1 ±8.9	87.1 ±2.6	12.9 ±2.6	60

注：采样时间：2001 年 8 月 13 – 28 日；采样地点：36°05.072′N, 120°13.113′E。

12.4.1.2　粒径特征

胶州湾中部的悬浮体中，非矿物性颗粒的粒径大小差异悬殊，平均粒径明显比矿物性颗粒粗。这种差异反映在以非矿物性颗粒为主的悬浮体和以矿物颗粒为主的底质沉积物的粒径对比上。例如，颗粒物的平均粒径 $Mz(\Phi)$ 和中值粒径 Φ_{50} 均为表层悬浮颗粒物小于近底层悬浮颗粒物，近底层悬浮颗粒物小于底质沉积物，即表层的颗粒比近底层粗，近底层颗粒比底床沉积物粗。这种垂向变化与通常含沙量较高的情况(Dyer，1986)相反。例如，在杭州湾中悬浮颗粒物自表层向近底层逐渐增粗(Mz 和 Φ_{50} 逐渐减小)，而底床沉积物又明显较近底层粗(图 12.2)。胶州湾出现"反向"粒度变化趋势的原因是悬浮颗粒物样品(注：特别是表层水体样品)中含有一部分相当粗的颗粒。如图 12.3 所示，表层和近底层悬浮颗粒物的粒径频率曲线上分别在 0.95Φ(即：518 μm)和 2.1Φ(即：233 μm)出现一个最大峰值。两个峰区覆盖了从细砂(粒度：125 ~ 250 μm)到粗砂(粒度：500 ~ 1 000 μm)的粒径范围。根据沉积物的水力学特性，在研究区小于 0.3 m 的波高、小于 0.8 m/s 的流速和近

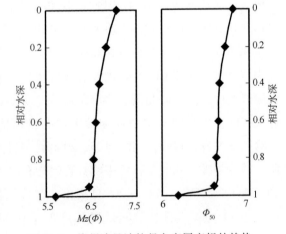

图 12.2　杭州湾悬沙粒径向底层变粗的趋势
(大、小潮涨、落憩和涨、落急
共 8 组样品的平均值)

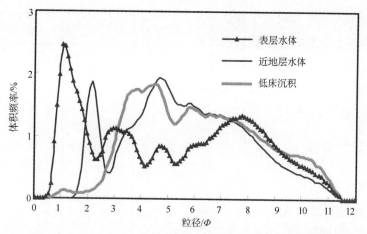

图 12.3　胶州湾悬浮颗粒和底床沉积物的粒径频率曲线（观测时段平均值）对比

采样时间：2001 年 8 月 13 - 28 日；采样地点：36°05.072′N, 120°13.113′E

20 m 的水深条件下，中 - 粗砂矿物颗粒是不可能从底床被再悬浮至表层水体的；或者说，中 - 粗砂矿物颗粒是不可能保持悬浮在水体的表层而不沉降到底床。所以，这些粗颗粒必定是比重很小、难以沉降的非矿物颗粒（注：特别是植物碎屑和垃圾性杂质）。如图 12.4 所示，表层水体中的悬浮颗粒物含有一些相当粗的颗粒（注：颗粒最粗者达 2 mm，即 -1Φ）。镜下鉴定证实，这些粗颗粒的物质既不是单纯的矿物，也不是矿物颗粒的集合体。虽然就黏土矿物絮凝的最适盐度存在分歧，但大多数实验结果变化于 1 ~ 15（Krone，1978；Gibbs，1983；Dyer，1986；陈邦林等，1988；邱佩英等，1988）。海上观测期间，胶州湾中部（例如：取样点）的水体盐度变化于 25 和 31 之间，平均 28.76。图 12.4 中所示的样本的盐度为 29.98，接近正常海水盐度。鉴于此，絮凝不可能不是造成胶州湾悬浮颗粒物普遍粗化的唯一原因。近底层悬浮颗粒物粒径属于底床沉积物和表层悬浮颗粒物之间的过渡类型（图 12.3），反映床底和下层水体之间存在一定程度上的沉积物交换。

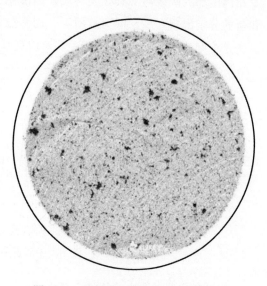

图 12.4　胶州湾中部典型悬浮颗粒物样品在滤膜上的形态

中潮表层，2001 年 8 月 23 日 21：00；滤膜直径 60 mm

胶州湾北部红岛附近的潮滩悬浮颗粒物中值粒径为 6.7 Φ 到 7.1 Φ，比该潮滩底床沉积物（即：中值粒径 5.8 Φ）细。但是，粒径频率曲线和累计频率曲线表明，悬浮颗粒物和底床沉积物大部分粒径是重叠的。例如，粒径大于 4 Φ（即：比 4 Φ 细）的颗粒在悬浮颗粒物和底沙中分别占 99% 和 92%，这反映悬浮颗粒物和底床沉积物之间进行着活跃地交换。悬浮颗粒物粒径的垂向分布剖面显示应属

于高浊度杭州湾和低浊度胶州湾中部的过渡
类型。该潮滩悬浮颗粒物粒径明显较底质粒
径细，与杭州湾相似；但悬浮颗粒物中于表
层较次表层略粗，一定程度上反映了表层非
矿物性轻颗粒物的存在(图12.5)。

12.4.2 水动力条件

12.4.2.1 潮流

胶州湾中部观测站的 ADP 记录的水平
流速(注：数据采集间隔 10 min)在表层大、
小潮期间分别为不大于 79 cm/s 和不大于
49 cm/s，近底层大、小潮分别不大于
61 cm/s和不大于 30 cm/s。潮周期平均水平
流速表层大、小潮分别为 33 cm/s 和 19 cm/s，
近底层大、小潮分别是 19 cm/s 和 9 cm/s。
胶州湾中部的潮波通常具驻波性质，即涨憩

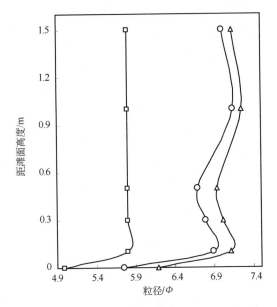

图 12.5 胶州湾北部红岛潮滩悬沙和底质粒径
(观测期间平均值)的对比

圆：中值粒径；三角形：平均粒径；方形：众值粒径

和落憩分别出现在高、低潮位附近，而涨急和落急出现在中潮位附近(见图12.6)。大潮
流速是小潮流速的 1.7 ~ 2.3 倍，涨潮流速是落潮流速的 1.1 ~ 1.6 倍。

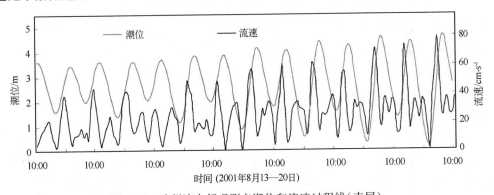

图 12.6 胶州湾中部观测点潮位和流速过程线(表层)

胶州湾北部潮滩水平流速总体上较小。潮周期平均流速在大潮和小潮分别只有 8 cm/s
和 3 ~ 4 cm/s；1 min 和 8 min 间隔(注：数据分别代表 1 min 和 8 min 内的平均值)的近底
最大流速观测值分别只有 26.1 cm/s 和 14.2 cm/s，1 min 和 8 min 间隔的表层最大流速分
别为 31.4 和 22.9 cm/s 。水平流速小的主要原因是该潮滩窄。研究区潮滩从大潮低潮线
到大潮高潮线仅 500 m 宽，涨潮周期为 6 h 左右。如果水流在 6 h 内流过 500 m 的距离，
平均流速只有 2.3 cm/s。当然，其间流向的变化或沿岸流成分的出现可导致观测到的流速
绝对值平均大于上述值；而潮周期中涨急—涨憩—落急—落憩的周期变化更可引起远大于

平均流速的极大流速。法国的 Brouge 潮滩潮差与胶州湾相似，但潮滩宽达几千米，其近底水平流速（注：距滩面 32 cm，数据采集间隔为 1 min，均与本研究相似）可达 0.6 m/s（Bassoullet et al.，2000），是本研究的 2 倍多。平均而言，水平流速有自表层向下变小的趋势（见图 12.7），反映床底对水流的摩擦作用。但是，瞬时（例如：1 min 间隔）流速变化复杂，最大和最小流速可出现在垂向上的任一层。这种变化可能是重力作用下水体发生垂向交换的结果（Gargett et al.，2004）。在观测中，以 1 min 间隔测量的水平流速随时间变化频繁，当数据采样间隔延长至 8 min 时，流速依然呈现出波动（见图 12.8）。通常情况下，一个潮周期中潮滩的最小流速发生在高、低潮时，最大流速出现在中潮时（Ridderinkhof et al.，2000；Yang，2003），图 12.8 的观测结果基本符合这一模式。但是，由于研究区域潮流较弱，风可以改变流速在一个潮周期内的变化格局。潮流流速通常随潮差的增大而增大（Bassoullet et al.，2000）。本区水平流速和潮差回归关系显著（$P < 0.05$）。然而，不少数据点偏离趋势线，这说明存在其他因素（例如：风和风成浪）的影响。观测期间研究区的风速风向变化比较大，由于水体流速小，风和风引起的波浪对流速的改变可能很明显。

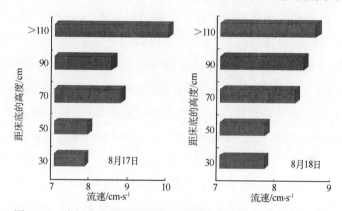

图 12.7　胶州湾北部潮滩两个潮周期垂向各层水平流速的比较

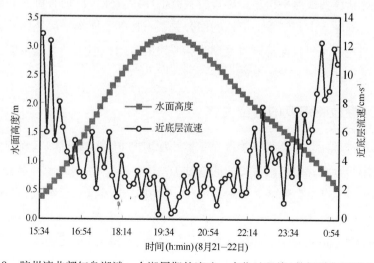

图 12.8　胶州湾北部红岛潮滩一个潮周期的流速、水位过程线（数据采集间隔 8 min）

12.4.2.2 波浪

当 ADP – XR 数据采样间隔为 8 min 时，仪器同时记录波浪的信息。8 月 21 – 24 日在胶州湾北部潮滩实测 1/3 有效波高 0 ~ 20 cm。通过对比发现，波浪的大小与风速、风向和水深都有关。在观测期间，胶州湾的风速 0 ~ 6 m/s，风向 2/3 以上为离岸风（即：北风和偏北风），离岸风的风速均为大于 5 m/s。20 cm 的最大波高出现在 8 月 22 日的 17 时前后，当时为少见的向岸风（即：南风）时段，风速 4 m/s，观测地点处于涨潮初期，水深 1.0 m。观测期间，波浪总体较小，除了与较为隐蔽的半封闭海湾环境有关外，还与观测期间离岸风盛行和风速较小有关。

12.4.2.3 垂向流速

Gargett 等（2004）在美国的新泽西浅海地区曾观测到 5.3 cm/s 的最大向上流速和 6.4 cm/s 的向下流速。我们在胶州湾北部的红岛潮滩观测到的最大向上和向下流速分别为 6.1 cm/s 和 7.9 cm/s。同新泽西浅海一样，本观测的向下流速大于向上流速。这种现象系由重力作用引起，在海岸水域环境中可能是一种普遍现象（Gargett et al.，2004）。考虑到采样间隔越长所获极值流速越小（注：仪器的采样设置是取采样间隔时间内的平均值）。本研究在胶州湾测得的垂向流速应大于新泽西浅海的垂向流速，因为胶州湾的采样间隔为 1 min 而新泽西浅海为 1 s；此外，水深的差异也是影响垂向流速不同的原因。在胶州湾潮滩的水深变化为 0 ~ 3.2 m，而新泽西浅海观测点水深为 15 m（Gargett et al.，2004）。特别是当流速很小时（例如：胶州湾），潮滩地区水流的垂向交换可能主要由波浪引起。尽管研究区垂向流速同水平流速在一定程度上成正相关，但回归关系未达到显著程度（即：$P >$ 0.05）。这说明水平流动可能不是导致水体垂向交换的主要原因，而波浪才可能是控制性因子。当水深小于 1/2 波长时，波浪引起的垂向搅动变得更为显著（Trenhaile，1997）。本研究潮滩水深比新泽西浅海小得多，尽管后者波浪作用较强，但仍有可能是前者的垂向搅动较强。此外，潮滩上潮差同垂向流速的回归关系不如潮差同水平流速的关系好。可以推断，虽然垂向流速和水平流速都同时受潮汐和波浪的影响，但水平流速可能主要受潮汐控制，而垂向流速可能主要受波浪制约。

12.4.3 悬浮颗粒物浓度的时空变化

对在胶州湾中部用 YSI 测得的浊度系数同相应时间和层次取得的水样的悬浮颗粒物浓度（SPC）进行回归分析，得出两者之间的线性关系为：

$$SPC(\text{mg/L}) = 0.95\,3T + 2.180\,7, \quad r = 0.803, \quad n = 61, \quad p = 1.4 \times 10^{-17},$$

$$(12.1)$$

式中，T 代表浊度（turbidity），单位为 NTU；r、n 和 p 分别为相关系数、样品数和显著性水平。根据这一关系，可以将 YSI 的浊度信息转换为 SPC。

在胶州湾北部的红岛潮滩，OBS 浊度和悬浮颗粒物浓度之间的关系近似于"S"型曲线。曲线可分为 3 段，每段都可拟合出非常显著的回归关系（图 12.9）。3 段的差异可能反映了悬浮颗粒组成成分的不同。例如，当浊度小于 60 NTU 时悬浮颗粒物浓度的增长率较小，可能是因为轻颗粒（例如：贝壳碎片、植物碎屑等）含量较高，悬浮颗粒物浓度相对较低（Yang et al.，2004a）。鉴于浊度与悬浮颗粒物浓度的关系密切，ADP 回声强度和 OBS 浊度之间的回归关系可转换成回声强度同悬浮颗粒物浓度的回归关系：

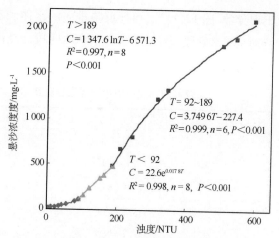

图 12.9　胶州湾北部红岛潮滩悬浮颗粒物浓度和 OBS-3A 浊度之间的统计关系

$$C = 3.2996 e^{0.0382E}, \quad r = 0.81, \quad n = 535, \quad P < 0.001, \tag{12.2}$$

式中，C 为悬浮颗粒物浓度（mg/L），E 为回声强度（dB），r 为回归系数，n 为数据组数，P 为显著性水平。

12.4.3.1　悬浮颗粒物浓度的垂向变化

平均而言，胶州湾中部近底层悬浮颗粒物浓度为表层的 2.5～2.7 倍（见表 12.3）。在一个潮周期中，胶州湾悬浮颗粒物浓度的最大和最小垂向差异分别出现在涨、落急时段（注：近底和表层比值为 3～7）和涨、落憩时段（注：近底和表层比值仅为 1～2）。发生这种现象的主要原因可能是，波浪（即：波高小于 0.3 m）和潮流（即：流速小于 0.8 m/s）动力均较弱，水体扰动小，底层再悬浮物质多停留在下层而不易到达表层，以致表层悬浮颗粒物浓度随急流和憩流变化不大（注：急流悬浮颗粒物浓度不到憩流悬浮颗粒物浓度的 2 倍），而近底层急流悬浮颗粒物浓度可达憩流悬浮颗粒物浓度的 5～6 倍。相反，杭州湾悬浮颗粒物浓度的最大垂向差异出现在涨、落憩时段（注：近底和表层悬浮颗粒物浓度比值平均为 10）而最小垂向差异出现涨、落急时段（注：近底和表层悬浮颗粒物浓度比值平均为 3）。杭州湾的观测数据表明，急流时段流速大，水体垂向混合强，表、底悬浮颗粒物浓度差异缩小；而涨、落憩时段悬浮颗粒物下沉，表层悬浮颗粒物浓度急剧下降，近底层得到上层悬浮颗粒物的补充而使悬浮颗粒物浓度的减小不明显。上述对比说明，悬浮颗粒物浓度垂向差异的大小及其与潮相的关系受易沉降的矿物性颗粒的沉降－再悬浮作用的强度控制。胶州湾悬浮颗粒物浓度比杭州湾（注：表层平均 1034 mg/L，近底层平均 4446 mg/L）低 2～3 个数量级，其根本原因是矿物性颗粒来源有限以及水体扰动较弱。

类似地，在胶州湾北部的红岛潮滩，潮周期平均悬浮颗粒物浓度有从表层向底层增加的趋势（图 12.10），近底层约为表层的 2 倍。但是，瞬时的悬浮颗粒物浓度垂向变化有时出现异常(图 12.11),可能反映垂向的水体和泥沙交换。这种异常发生在强烈扰动之时,特别是浅水阶段。在平静天气的深水时段,悬浮颗粒物浓度从表层向底层递增的分层现象则较清晰。

表 12.3　胶州湾中部悬浮颗粒物浓度的垂向变化(2001 年 8 月 13 - 28 日)

层次	(平均值 ± 均方差)/mg·L^{-1}	变化范围/mg·L^{-1}	样品数 n	时间跨度
表层	6.1 ±2.9	1.2 ~16.7	14	13 - 16 日
	7.1 ±3.1	1.2 ~24.3	58	13 - 28 日
中层	11.5 ±4.6	6.1 ~22.7	14	13 - 16 日
近底层	16.4 ±4.8	6.8 ~30.6	14	13 - 16 日
	17.9 ±6.6	6.8 ~63.8	58	13 - 28 日

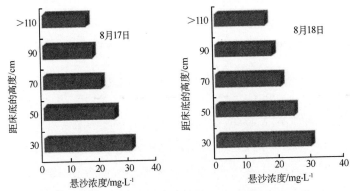

图 12.10　胶州湾红岛潮滩潮周期平均悬浮颗粒物浓度(SSC)的垂向变化(>110 cm 层代表表层)

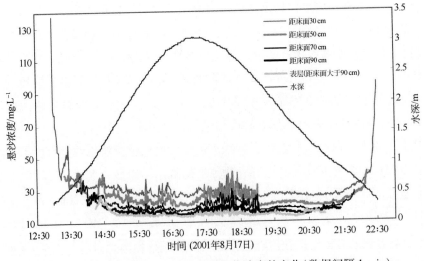

图 12.11　一个潮周期中各层悬浮颗粒物浓度的变化(数据间隔 1 min)

12.4.3.2　悬浮颗粒物浓度的时间变化特点

胶州湾中部近底层悬浮颗粒物浓度具有明显的涨、落潮周期循环，其峰值与流速峰值基本上重合（见图 12.12）。悬浮颗粒物浓度与流速之间呈良好的线性统计关系：$r = 0.671$，$n = 978$，$P < 0.001$。这说明，近底悬浮颗粒物浓度的变化受潮流周期性变化引起的沉降－再悬浮过程控制。表层悬浮颗粒物浓度的涨、落潮周期循环在大潮明显，但在小潮不够明显。与近底层不同的是，表层的悬浮颗粒物浓度峰值一般出现在落潮末至涨潮初的低流速阶段（见图 12.13），反映悬浮颗粒物浓度的变化主要受平流作用控制。汪亚平（2000）借助李炎和李京（1999）的方法处理卫片资料后得出：胶州湾表层悬浮颗粒物浓度的平面分布具有从湾口的深水区向湾顶的浅水区增大的趋势。由于观测点水深达 20 m 左右，一个潮周期中的表层最大流速低于 80 cm/s，床底泥沙难以被掀起到达表层，故推断，表层的悬浮颗粒物浓度的变化主要受平流作用支配。

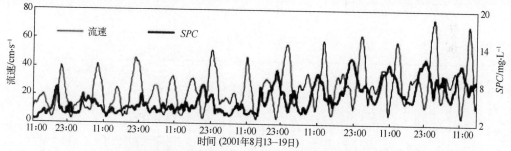

图 12.12　胶州湾中部近底层流速和悬浮颗粒物浓度（50 min 滑动平均）的时间序列

在平静天气下，胶州湾中部悬浮颗粒物浓度具有明显的大、小潮周期变化规律。大潮平均悬浮颗粒物浓度约为小潮的 1.5 倍左右（表 12.4），该比值与潮况相近的 Scheldt 河口湾的情况（Fettweis et al.，1998）类似。这是因为大潮流速的增强使更多的床底泥沙进入悬浮状态（Grabemann et al.，1997）。然而，强风的出现可能打破这种大、小潮之间的悬浮颗粒物分布格局。如表 12.5 大潮后的中潮悬浮颗粒物浓度高于大潮悬浮颗粒物浓度。在杭州湾观测期间，大潮正值无风或风速小于 1 级的天气，而小潮出现 4~5 级风，结果小潮平均悬浮颗粒物浓度竟略大于大潮（即：1.02 倍）。

表 12.4　胶州湾中部不同潮差和风况条件下悬浮颗粒物浓度的变化（2001 年 8 月 13 – 28 日）

		小潮 （13 – 16 日）	中潮 （16 – 19 日）	大潮 （19 – 22 日）	中潮 （22 – 25 日）	小潮 （25 – 28 日）
悬浮颗粒物浓度/mg·L^{-1}	表层	5.2 ± 2.0	6.6 ± 3.0	8.2 ± 4.2	8.6 ± 2.9	6.1 ± 1.6
	近底层	16.6 ± 5.7	18.3 ± 4.3	19.4 ± 4.3	21.3 ± 11.8	17.4 ± 9.1
样品数 n		16	10	14	8	10
平均潮差/cm		190	295	390	293	210
风况		平静	平静	平静	曾发生大风	平静

胶州湾北部红岛的潮滩近底悬浮颗粒物浓度在一个潮周期中的变化规律性较强。通常高浓度发生在涨潮初期和退潮末期的浅水阶段(图12.13、图12.14)。在涨潮阶段，悬浮颗粒物浓度开始是从高值迅速减小，当水深达到1 m左右后，悬浮颗粒物浓度基本上稳定下来，直到退潮阶段水深降至小于1 m后悬浮颗粒物浓度又迅速增加。这样，在一个潮周期内，悬浮颗粒物浓度的时间变化曲线呈"U"形。涨潮初和落潮末的浅水阶段的悬浮颗粒物浓度可比水深大于1 m的深水阶段大1～2个数量级(图12.14)。

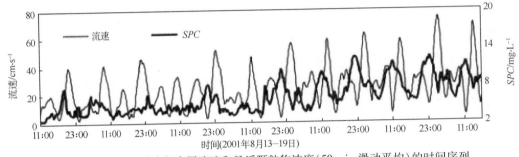

图12-13　胶州湾中部表层流速和悬浮颗粒物浓度(50 min滑动平均)的时间序列

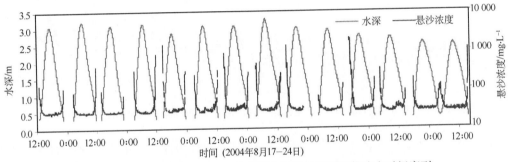

图12-14　胶州湾北部红岛潮滩水深和近底悬浮颗粒物浓度时间序列

12.4.4　悬浮颗粒物浓度对波、潮动力变化的响应

许多潮汐环境的悬浮颗粒物浓度受流速控制，最大悬浮颗粒物浓度出现在涨、落急，最小悬浮颗粒物浓度出现在涨、落憩(Lindsay et al., 1996; Bassoullet et al., 2000; Ridderinkhof et al., 2000)。胶州湾中部由于水深较大(例如：20 m)，而湾中波浪又较弱，因此波浪的扰动难以达到床底，悬浮颗粒物浓度的变化受潮流控制。然而，在海湾北部的红岛潮滩，由于水深浅(注：水深的变化为0～3.2 m)，波浪和潮流的共同作用造成近底悬浮颗粒物浓度过程线呈"U"形的模式。胶州湾的潮滩地区高潮位阶段流速小(见图12.8)；同时因水深增大，波浪作用于床底而引起再悬浮的能力下降。观测期间波长通常小于3 m，即当水深大于1.5 m(注：1/2波长)时波浪对床底的作用可以忽略。因此，在高潮位阶段，观测点的流速和波浪都不利于引起或维持高悬浮颗粒物浓度。相反，在浅水阶段，流速有所增大，波浪也能有效地作用于床底，故能引起并维持近底较高的悬浮颗粒物浓度。考虑到流速仍然较低(注：通常小于20 cm/s)，涨潮初和落潮末的近底高悬浮颗粒物浓度应主

要归因于波浪的作用。

风浪对潮滩泥沙再悬浮作用的大小除了与风速和水深有关外，还与风向有关。在我们于一周观测期间内，最大风速为 10 m/s（时间：2004 年 8 月 19 日 15：00 – 19：00），但因正直离岸风掌控时期，尽管时跨涨潮浅水阶段，悬浮颗粒物浓度却未创最高纪录。观测期间的最大悬浮颗粒物浓度出现在 8 月 22 日 17 时前后（见图 12.14）。如前所述，其时为观测期间少见的向岸风，尽管风速只有 4 m/s，却创造了最大波高纪录。

在潮流占主导作用的环境，悬浮颗粒物浓度通常从大潮向小潮减小。例如，在 Forth 河口湾，最大悬浮颗粒物浓度出现在大潮，最小悬浮颗粒物浓度出现在小潮（Lindsay et al.，1996）。如前所述，胶州湾中部也观测到上述现象。在对位于红岛附近的潮滩的观测中，尽管小潮流速比大潮减小了 30% ~ 40%，但悬浮颗粒物浓度并没有从大潮（即：8 月 17 – 19 日）向小潮（即：8 月 22 – 24 日）减小的趋势（见图 12.14），这可能与风浪的干扰有关。对风的观测资料显示，大潮期间盛行离岸风，而在小潮期间有 1/3 是以向岸风为主。

12.5　结语

胶州湾在总体上属于低浊度的近海环境。虽然造成胶州湾悬浮颗粒物浓度低的原因有波、潮的动力较弱、入湾河流中细颗粒泥沙的供给贫乏，以及通过潮汐汊道同海湾进行交换的口外海域浊度较低等，海湾中的底床沉积物再悬浮不够活跃应该是主要原因。由于悬浮颗粒物背景浓度较低，从沿岸（注：特别是青岛市区）污水排放和垃圾倾倒中输入的比重较小、难沉降的非矿物性颗粒能显著地改变湾中，特别是表层水体悬浮颗粒物的成分和粒径特征。

胶州湾目前受陆域淡水的影响较小，盐度与开阔的黄海表层水相差不大，故絮凝作用对悬浮颗粒物行为的影响可能比较弱。尽管胶州湾具中 – 强潮差，但湾顶潮滩因以丘陵为发育背景，宽度小、坡度大，导致潮流流速较小（注：近底流速通常小于 20 cm/s）。半封闭的海湾环境基本上杜绝了开阔海洋涌浪的传入；因周边地形的阻挡，风浪也较弱（注：研究期间潮滩观测点波高小于 20 cm）。因此，当水深超过 1 m（注：尤其是在高潮位）时，潮滩流和浪对底床的扰动都很小，使悬浮颗粒物浓度很低，近底层和表层分别只有 26 mg/L 和 13 mg/L。但是，在涨潮初期和落潮末期的浅水阶段，悬浮颗粒物浓度可高达 100 ~ 1 000 mg/L，反映水体扰动较强。这种"浅水效应"主要源自波浪作用同水深的关系。这样，在一个潮周期中，近底悬浮颗粒物浓度过程线呈"U"形的变化特点。这可能代表了潮差大而潮流弱的淤泥质潮滩在正常天气条件下的悬浮颗粒物浓度变化的一般模式。

将从海湾中部与在潮滩观测数据的对比、以及对潮滩上一个潮周期中不同阶段的悬浮颗粒物浓度变化的分析可知，水深是影响波、潮共同的动力作用下泥沙沉降/再悬浮有效性的重要因子。

致谢

本章工作得到国家自然科学基金重点项目(No. 40036010)和教育部优秀创新团队项目(No. IRT0427)资助。参加室内外工作的还有孟翊、薛元忠、陈洪涛、朱骏、魏皓、刘哲、吴瑞明、王玲香、杨华、王亮。

参考文献

陈邦林，吴玲，邱佩英. 1988. 长江口南港南槽地区悬移质絮凝机理研究//陈吉余，沈焕庭，恽才兴. 长江河口动力过程和地貌演变. 上海：上海科技出版社：276－282.

高抒，汪亚平. 2002. 胶州湾沉积环境与潮汐汊道演化特征. 海洋科学进展，20 (3)：52－59.

国家海洋局第一海洋研究所. 1984. 胶州湾自然环境. 北京：海洋出版社.

胡泽建，边淑华，赵可光. 2000. 半封闭海湾淤积灾害预测关键技术研究——以胶州湾为例. 青岛：国家海洋局第一海洋研究所.

李安春. 1997. 青岛地区一次浮尘的来源及向海输尘强度. 科学通报，2(18)：1900－1992.

李凡，张铭汉，宋怀龙. 1992. 沉积环境//刘瑞玉. 胶州湾生态学和生物资源. 北京：科学出版社：4－19.

李善为. 1983. 从海湾沉积物特征看胶州湾的形成演变. 海洋学报，5(3)：328－339.

李炎，李京. 1999. 基于海面－遥感器光谱反射率斜率传递现象的悬浮泥沙遥感算法. 科学通报，44 (17)：1892－1897.

刘昌荣，张耆年. 1984. 胶州湾东北部沉积物的工程地质特征的初步研究. 黄渤海海洋(1)：44－53.

刘学先，李秀亭. 1986. 胶州湾寿命初探. 海岸工程，5(3)：25－30.

钱宁，万兆惠. 1991. 泥沙运动力学. 北京：科学出版社.

乔彭年，周志德，张虎男. 1994. 中国河口演变概论. 北京：科学出版社.

邱佩英，周菊珍，陈邦林. 1988. 长江河口细颗粒泥沙絮凝机理探讨//陈吉余，沈焕庭，恽才兴. 长江河口动力过程和地貌演变. 上海：上海科技出版社：283－290.

上海市海岸带和海涂资源综合调查报告编写组. 1988. 上海市海岸带和海涂资源综合调查报告. 上海：上海科学技术出版社.

沈焕庭，茅志昌，朱建荣. 2003. 长江河口汗水入侵. 北京：海洋出版社.

汪亚平，高抒，贾建军. 2000. 胶洲湾及邻近海域沉积物分布特征和运移趋势. 地理学报，55(4)：449－458.

汪亚平，高抒，李坤业. 1999. 用 ADCP 进行走航式悬浮颗粒物浓度测量的初步研究. 海洋与湖沼，30 (6)：758－763.

汪亚平. 2000. 胶州湾及邻近海区沉积动力学. 青岛：中国科学院海洋研究所.

王文海，王润玉，张书欣. 1982. 胶州湾的泥沙来源及其自然沉积速率. 海岸工程，1：83－90.

武桂秋，高振华. 1986. 论胶州湾岸滩和航道的治理. 海岸工程，5 (3)：76－80.

杨世伦, 陈启明, 朱骏. 2003. 半封闭海湾潮间带部分围垦后纳潮量计算的商榷——以胶州湾为例. 海洋科学, 27(8): 43 – 46.

印萍, 路应贤. 2000. 胶州湾的环境演变及可持续利用. 海岸工程, 19 (3): 14 – 22.

张铭汉. 2000 胶州湾海水中悬浮体的分布及其季节变化. 海洋科学集刊, 42: 49 – 54.

赵全基, 刘福寿. 1993. 胶州湾水体缩小是主要环境问题. 海岸工程, 12(1): 63 – 67.

郑继民, 沈渭全. 1986. 胶州湾沉积物工程特性及其开发利用. 海岸工程, 5(3): 39 – 47.

中国海湾志编纂委员会. 1993. 中国海湾志(第四分册): 山东半岛南部和江苏省海湾. 北京: 海洋出版社.

Alber M. 2000. Settleable and non-settleable suspended sediments in the Ogeechee River estuary, Georgia, U. S. A. Estuarine. Coastal and Shelf Science, 50 (6): 805 – 816.

Alvareza L G, Jones S E. 2002. Factors influencing suspended sediment flux in the upper Gulf of California. Estuarine, Coastal and Shelf Science, 54: 747 – 759.

Bassoullet P, Hir P L, Gouleau D, et al. 2000. Sediment transport over an intertidal mudflat: field investigations and estimation of fluxes within the "baie de marennes-Oleron" (France). Continental Shelf Research, 20: 1635 – 1653.

Carter W R. 1988. Coastal Environments. San Diego: Academic Press.

Christie M C, Dye K R. 1998. Measurements of the tubid tidal edge over the Skeffling mudflats//Black K S, Paterson D M, Cramp A. Sedimentary Processes in the Intertidal Zone, Geological Society Special Publication. Vol. 139. London: The Geological Society: 45 – 55.

Dyer K R. 1986. Coastal and Estuarine Sediment Dynamics. Chichester: John Wiley & Sons.

Dyer K R, Christie M C, Feates N, et al. 2000. An investigation into processes influencing the morphodynamics of an intertidal mudflat, the Dollard Estuary, the Netherlands: I. Hydrodynamics and Suspended Sediment. Estuarine, Coastal and Shelf Science, 50: 607 – 625.

Eisma D. 1998. Intertidal Deposits. Boca, Raton, Florida: CRC Press.

Fettweis M, Sas M, Monbaliu J. 1998. Seasonal, neap-spring and tidal variation of cohesive sediment concentration in the Scheldt Estuary, Belgium. Estuarine, Coastal and Shelf Science, 47: 21 – 36.

First Institute of Oceanography, SOA. 1984. Physical environments of Jiaozhou Bay. Beijing: China Ocean Press.

Folk R L, Ward W. 1957. Brazos River Bar: A study in the significance of grain size parameters. Journal of Sedimentary Petrology, 27: 3 – 26.

Gargett A, Wells J, Tejada-Martinez A E. et al. 2004. Langmuir supercells: a mechanism for sediment resuspension and transport in shallow seas. Science, 306: 1925 – 1928.

Gelfenbaum G. 1983. Suspended-sediment response to semidiurnal and fortnightly tidal variations in a mesotidal estuary: Columbia River, U. S. A. Marine Geology, 52: 39 – 57.

Gibbs R J. 1983. Coagulation rates of clay minerals and natural sediments. Journal of Sedimentary Petrology, 53: 1193 – 1203.

Gordon R L. 1996. Acoustic Doppler Currents Profiler principles of operation: a practical primer (second edition for Brand Band ADCPs). R D Instrumentsm USA: 29 – 32.

Grabemann I, Uncles R J, Krause G. 1997. Behaviour of turbidity maxima in the Tamar (U. K.) and Weser

(F. R. G.) Estuaries. Estuarine, Coastal and Shelf Science, 45 (2): 235 – 246.

Grabemann I, Uncles R J, Krause G, et al. 1997. Behaviour of Turbidity Maxima in the Tamar (U. K.) and Weser (F. R. G.) Estuaries. Estuarine, Coastal and Shelf Science, 45: 235 – 246.

Green M O, Vincent C E, McCave I N, et al. 1995. Storm sediment transport: observations from the British North Sea shelf. Continental Shelf Research, 15 (8): 889 – 912.

Hassen M B. 2001. Spatial and temporal variability in nutrients and suspended material processing in the Fier d'Ars Bay (France). Estuarine, Coastal and Shelf Science, 52: 457 – 469.

Kawaanisi K, Yokosi S. 1997. Characteristics of suspended sediment and turbulence in a tidal boundary level. Continental Shelf Research, 17: 859 – 875.

Krone R B. 1978. Aggregation of suspended particles in estuaries//Kjerfve B. Estuarine Transport Processes. Columbia: University of South Carolina Press: 177 – 190.

Krumbein W C. 1934. Size frequency distributions of sediments. Journal of Sedimentary Petrology, 4: 65 – 77.

Lindsay P, Balls P W, West J R. 1996. Influence of tidal range and river discharge on suspended particulate matter fluxes in the forth estuary (scotland). Estuarine, Coastal and Shelf Science, 42: 63 – 82.

Mckee B A, Wiseman Jr W J, Inoue M. 1992. Salt-water intrusion and sediment dynamics in a bar-built estuary. ECSA22/ERF Symposium, Plymouth (UK), September 13 – 18.

Meade R. 1967. Relation between suspended matters and salinity in estuaries of Atlantic seaboard. USA Inter. Assoc Sci Hydrology (4): 96 – 109.

Orton P M, Kineke G C. 2001. Comparing calculated and observed vertical suspended-sediment distributions from a Hudson River Estuary turbidity maximum. Estuarine, Coastal and Shelf Science, 52 (3): 401 – 410.

Reineck H E, Singh I B. 1973. Depositional Sedimentary Environments – with Reference to Terrigenous Clastics. Berlin: Springer-Verlag.

Ridderinkhof H, van der Hama R, van der Lee W. 2000. Temporal variations in concentration and transport of suspended sediments in a channel-flat system in the Ems-Dollard estuary. Continental Shelf Research, 20 (12/13): 1479 – 1493.

Ridderinkhof H. 1998. Sediment transport in intertidal areas//Eisma D. Intertidal Deposits: River Mouths, Tidal Flats, and Coastal Lagoons. Florida: CRC Press: 345 – 362.

Ridderinkhof H, van der Hama R, van der Lee W. 2000. Temporal variations in concentration and transport of suspended sediments in a channel-flat system in the Ems-Dollard estuary. Continental Shelf Research Volume, 20(12/13): 1479 – 1493.

Schoellhamer D H. 2002. Variability of suspended-sediment concentration at tidal to annual time scales in San Francisco Bay, USA. Continental Shelf Research, 22 (11/13): 1857 – 1866.

Schoellhamer D H. 2002. Variability of suspended-sediment concentration at tidal to annual time scales in San Francisco Bay, USA. Continental Shelf Research, 22: 1857 – 1866.

Schubel J R. 1968. Turbidity maximum of the northern Chesapeake Bay. Science, 161: 1013 – 1015.

Trenhaile A S. 1997. Coastal Dynamics and Landforms. Oxford: Clarendon Press.

Uncles R J, Stephens J A. 1993. StephensNature of the Turbidity Maximum in the Tamar Estuary, U K. Estuarine, Coastal and Shelf Science, 36 (5): 413 – 431.

Uncles R J, Stephens J A. 2000. Observations of currents, salinity, turbidity and intertidal mudflat characteristics and properties in the Tavy Estuary, U K. Continental Shelf Research, 20: 1531 –1549.

Vale C, Sundby B. 1987. Suspended sediment fluctuations in the Tagus estuary on semi-diurnal and fortnight time scales. Estuarine, Coastal and Shelf Science, 25: 495 –508.

Wang Y P. 2000. Sediment dynamics of Jiaozhou Bay and its adjacent areas. Doctoral Thesis of Institute of Oceanology. Qingdao: Chinese Academy of Science.

Wang Y P, Gao S, Li K Y. 1999. A preliminary study on the suspended sediment concentration measurements using a vessel-mounted ADCP. Oceanologia et Limnologia Sinica, 30: 758 –763.

Whitehouse R I S, Mitchener H J. 1998. Observations of the morphodynamic behaviour of an intertidal mudflat at different timescales//Black K S, Paterson D M, Cramp A. Sedimentary Processes in the Intertidal Zone, Geological Society Special Publication. Vol. 139. London: The Geological Society: 255 –271.

Wolanski E, Huan N N, Dao L T. 1996. Fine-sediment Dynamics in the Mekong River Estuary, Vietnam. Estuarine, Coastal and Shelf Science, 43 (5): 565 –582.

Yang S L, Eisma D, Ding P X. 2000. Sedimentary processes on an estuarine marsh island in the turbidity maximum zone of the Yangtze Estuary. Geo-marine Letters, 20(2): 87 –92.

Yang S L. 1987. Characteristics of sediments in seashore salt marshes. Scientia Geographica Sinica, 7 (4): 382 –386.

Yang S L. 1999. Sedimentation on a growing intertidal island in the Yangtze River Mouth. Estuarine, Coastal and Shelf Science 49: 401 –410.

Yang S L. 2003. An introduction to coastal environments and geomorphological processes. Bejing: Ocean Press.

Yang S L, Meng Y, Zhang J, et al. 2004a. Suspended Particulate Matter in the Jiaozhou Bay: Properties and Variations in Response to Hydrodynamics and Pollution. China Science Bulletin, 49(1): 91 –97.

Yang S L, Zhang J, Zhu J. 2004b. Response of suspended sediment concentration to tidal dynamics at a site inside the mouth of an inlet: Jiaozhou Bay (China). Hydrology and Earth System Sciences, 8(2): 170 –182.

Zhang W, Yang S, Li P, et al. 2004. Vertical and Tidal Changes in SSC in Turbidity Maximum in the Yangtze River Mouth. Proceedings of the Ninth International Symposium on River Sedimentation. Beijing: Tsinhua University Press, Vol. 4: 1882 –1887.

第十三章
胶州湾营养元素的动力学

13.1 前言

由于自然变化和人类活动引起物质通过河流和大气沉降的输送发生变化，从而引起毗邻近海的富营养化、食物网的改变及低氧事件（Turner and Rabalais，1994；Humborg et al.，1997；Turner et al.，1998，Turner，2002）。陆 – 海交汇处初级生产力较高，同时易受到人文活动的影响（Nixon et al.，1986；Cloern，2001），且河口过程影响营养盐由陆源向海洋的输送，从而影响近岸生态系统的可持续发展，并可能通过较长时间影响海洋生态本身。与外海的水交换亦是影响近岸生态系统的重要因素之一（Aubry and Acri，2004）。

胶州湾是一个典型的半封闭海湾，周边为青岛市区。胶州湾面积为 390 km^2，平均水深为 6 ~ 7 m，与黄海相连，口门最窄处仅为 2.5 km。年降雨量 340 ~ 1 243 mm，平均为 635 mm。潮汐属正规半日潮，最大潮差为 5.1 m，平均潮差为 2.7 ~ 3.0 m。受较强的潮混合作用的影响，胶州湾温度和盐度呈垂直均匀分布，仅夏季径流量最大时略呈分层状态（Liu et al.，2004c）。汇入胶州湾的大小河流有十几条，且主要为季节性河流，主要的有大沽河、洋河、墨水河、白沙河和李村河。随着经济的发展和人口的增加，这些河流已成为工业和农业的排污沟。

有关胶州湾的化学海洋学观测可以追溯到 20 世纪的 60 年代，近 40 年来胶州湾无机氮和磷酸盐的浓度增加了，而自 1980 年以来 SiO_3^{2-} 的浓度却降低了；DIN/P 比值增加，而 Si/DIN 一直处于较低水平（张均顺和沈志良，1997；Liu et al.，2005a，2007；Shen，2001）。由于人文活动的干扰，营养盐的结构和浮游植物的组成发生了变化，且赤潮频发（Liu et al.，2005a）。

胶州湾是我国开展海洋科学研究比较早、研究工作比较深入的地区之一。对海湾营养盐的含量和变化开展了大量的调查，认识到胶州湾浮游植物生长的限制元素是硅和磷（Liu et al.，2005a，2007，2008；Qi et al.，2011）。然而对于海湾营养盐的来源、沉积物中有机质的降解和再生、湾内外的交换等内容还不清楚。在国家自然科学重点基金（40036010）支持下，以海湾富营养化演变过程为核心，对胶州湾周边主要河流进行了枯、丰水期的多次调查。分析了胶州湾不同季节不同形态营养盐、颗粒态磷和生物硅的动态变化及主要影响因子。基于现场调查、模拟实验认识海湾溶解态营养盐的收支和颗粒态磷和硅的循环问题。

13.2 材料与方法

13.2.1 样品的采集

2001 年 8 – 10 月、2002 年 10 月和 2003 年 5 月，分别在大、小潮期间对胶州湾覆盖全湾的 14 个站位做了大面调查，调查的具体资料列于表 13.1，采样站位见图 13.1。此外，在 2001 年 8 月第一和第二航次大面调查后均进行了约 6 ~ 12 h 的追踪调查以分析水团运动对营养盐的影响(Liu et al.，2005a)。2001 年 8 月 13 – 28 日，在胶州湾西南部设锚系观测站(M 站)(图 13.1)进行连续 16 d 的有关溶解态营养盐的观测且分别在大、小潮做了 3 次 24 h 的对颗粒态磷和生物硅的连续观测，在观测期间，每隔 3 h 采集一次水样。2002 年 10 月 13 – 14 日，在位于湾口处的 D4 – 2 站做了 24 h 连续观测。2003 年 5 月分别在大、小潮期间在湾口 D4 – 1 和 D4 – 3 站进行 25 h 连续观测。具体的站位布设情况参看图 13.1。在采样站位用 5 L 的 Niskin 采水器采集表、底层海水，采集的水样立即用 0.45 μm 的醋酸纤维滤膜过滤(注：滤膜经过 pH = 2 的盐酸溶液浸泡，用 Milli – Q 水洗净，45℃下烘干后称重)，得到的滤液加 $HgCl_2$ 避光保存，用来测定溶解态营养盐；过滤后得到的滤膜立即在 –20℃冷冻保存，并在分析之前于 45℃烘干称重，用来测定含沙量、颗粒态磷和生物硅的含量。水样亦用 GF/F 滤膜过滤用以测定悬浮颗粒物中的 POC/N。

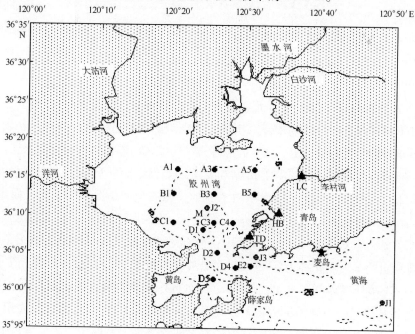

图 13.1　胶州湾采样站位图

大面站(●)、锚系站 M (×)、沉积物 – 水界面营养盐交换通量培养站 J1、J2 和 J3 (⊕)、海泊河(HB)、李村河
(LC)和团岛(TD)污水处理厂(▲)，以及海湾周边主要河流：大沽河、洋河、墨水河、白沙河和李村河

表 13.1　胶州湾各主要航次的采样时间及潮汐情况

年份	日期	季节	潮汐
2001	8 月 13 – 14 日	夏季	小潮
	8 月 21 – 22 日	夏季	大潮
	8 月 27 – 28 日	夏季	小潮
	10 月 21 – 22 日	秋季	大潮
2002	10 月 13 – 14 日	秋季	小潮
2003	5 月 9 – 10 日	春季	小潮
	5 月 19 – 20 日	春季	大潮

2002 年 3 月和 8 月与 2004 年 4 月和 8 月,分别对胶州湾周边的 5 条主要入海河流进行了调查,测量枯、丰水期的溶解态营养盐、颗粒态磷和生物硅的含量。表 13.2 给出了这些河流的流域面积、径流量和含沙量。在研究工作期间,也采集了海泊河和团岛污水处理厂排出的污水样品(见图 13.1)。水样处理的方法同海水样品。

表 13.2　胶州湾周边主要河流的长度、流域面积、径流量和含沙量

河流	长度/km	流域面积/km^2	径流量/ $\times 10^8 m^3 \cdot a^{-1}$	含沙量/ $\times 10^4 t/a$
大沽河	179	5634.2	5.35	95.92
白沙河	35	202.9	0.29	0.51
墨水河	42.3	356.2	0.29	4.76
洋河	41	87.2	0.56	25.8
李村河	14.5	108	0.11	2.94

注:表中数据来自刘福寿,王揆洋(1992),其中大沽河的径流量数据来自 Liu 等(2005a)。

2001 年 8 月和 11 月,2002 年 3 月在覆盖全湾的 14 个站位采集表层沉积物,采集的样品立即在 –20℃冷冻保存,分析之前冷冻干燥,用来测定颗粒态磷和生物硅。在 J1、J2 和 J3 站采集柱状沉积物,进行碳、氮、磷、硅的分析和间隙水的制备以根据间隙水营养盐剖面估算沉积物 – 水界面扩散通量,其中在 J2 站和 J3 站进行沉积物 – 水界面交换通量的培养实验。

柱状沉积物采用多管采样器采集,在采样时注意避免扰动沉积物表面,使用的有机玻璃管内径为 9 cm,外径为 10 cm。样品采集后立即进行现场分层切割(0 ~ 2 cm 是 0.5 cm/层,以下是 1 或 2 cm/层)取得不同层次的样品,在 4 000 r/min 条件下离心 15 min,离心出的溶液用孔径为 0.45 μm 的醋酸纤维滤膜过滤,过滤后装入聚乙烯瓶中,加入饱和 HgCl$_2$暗处保存(Liu et al.,2003a)。在野外观测期间,柱状沉积物在采集后立即在甲板上进行培养试验。管中沉积物上方缓慢加入现场用 CTD 采水器采的底层过滤海水。在聚氯乙烯箱中进行避光培养,箱中有现场海水连续流过,以保持培养实验的温度和现场温度一致。分别向培养柱上方通入氮气和空气,以研究不同氧化还原条件下沉积物中营养盐再生特点(注:通氮气培养的溶解氧为 0.31 ~ 1.45 mg/L,通空气培养的溶解氧为 7.07 ~

7.35 mg/L）。实验中，每隔 5～8 h 取出培养柱内上覆海水，用 0.45 μm 的醋酸纤维滤膜过滤，滤液中加入 HgCl₂ 避光保存。同时向培养柱中加入同体积该站位底层过滤海水，以维持沉积物上方水的体积在整个培养过程中不变。连续培养约 50 h。根据上覆水中营养盐浓度随时间变化的速率计算沉积物–水界面营养盐的交换通量（Aller et al.，1985；Liu et al.，2003b，2004a，b）。在计算结果中，通量为负值表示溶质进入沉积物中，而正值表示溶质由沉积物释放进入水体中。

13.2.2 样品的分析

水样中的营养盐含量用自动分析仪进行测定，测定精密度小于 3%（Liu et al.，2005a）。沉积物中生物硅的测定采用 Mortlock 和 Froelich（1989）的碱性化学提取法与 DeMaster（1981）的黏土矿物校正法相结合（Liu et al.，2002）。沉积物样品冷冻干燥一夜、压碎后，称取 130～140 mg 样品于 50 mL 塑料离心管中。称取的样品量应确保所含的纯生物硅量不超过 25 mg。加 5 mL 10% H₂O₂ 溶液，混匀，30 min 后加 5 mL 1:9 的 HCl 混匀，静置 30 min 后加 20 mL 去离子水，离心，倾去上清液，样品于烘箱中 60℃ 干燥过夜。干燥后的样品加 40.0 mL 2 mol/L Na₂CO₃ 提取液，盖盖后混匀，放置在 85℃ 水浴中加热提取。每隔 1 h 取出离心，取 125 μL 上清液测定硅浓度（Mortlock and Froelich，1989），连续提取 8 h。离心后的样品放入水浴前应混匀，取上清液的过程要迅速。沉积物中生物硅含量的计算公式如下：

$$Si\% = 112.4 \times (CS/M), \tag{13.1}$$

式中，CS 表示提取液中硅浓度（mmol/L），M 表示称取的样品重量（mg）。以测得的 Si% 含量数据和对应的提取时间点作图，曲线直线部分的反向延长线与 Y 轴的交点为样品的生物硅含量。生物硅的含量表示为 $SiO_2 \cdot 2H_2O$。对生物硅高含量样品（例如：太平洋深海沉积物）的测定结果：生物硅含量为 $8.1\% \pm 0.1\%$（$n=5$），相对标准偏差为 1.4%；生物硅低含量样品测得：生物硅含量为 $0.56\% \pm 0.01\%$（$n=5$），相对标准偏差为 1.7%。

悬浮颗粒物中的生物硅含量采用 1992 年 SO–JGOFS 计划推荐的 Kamatani 和 Takano 用铝校正的方法。具体步骤为：将膜按 1/4 对折，放入 10 mL 塑料离心管中，加 10 mL 5% Na₂CO₃ 混匀，在 100℃ 水浴中连续提取 100 min，取出，冷至室温。上清液过滤后测定硅、铝含量。提取液中硅酸盐的含量采用 Mortlock 和 Froelich（1989）的光度法分析。铝采用荧光法分析（Ren et al.，2001）。黏土矿物释放的非生物硅根据提取液中铝含量来校正（Kamatani and Takano，1984）。校正公式为：

$$BSiO_2\% = TSiO_2\% - 2.5 \times Al_2O_3\%,$$

在实验中，平行测定了 6 个采自胶州湾的样品，测得 PBSi 平均含量为：0.40%（$SiO_2\%$，$n=6$），标准偏差为 0.05%。

沉积物与悬浮颗粒物中 BSi 的分析方法不同，因为实验结果表明沉积物中 BSi 的测定中合适的固液比为 1 ~ 5 g/L(即 40 ~ 200 mg 沉积物加入 40 mL 提取液)(Liu et al.，2002)。而悬浮颗粒物样品的质量大多仅为 20 mg 左右。Ragueneau 等(2001)对比了不同提取液，包括0.2 mol/L，0.5 mol/L 和 1 mol/L 的 NaOH 溶液，1%、2% 和 5% 的 Na_2CO_3 溶液测定 BSi 的含量，得到的结果是一致的。

POC 和 PN 的含量采用元素分析仪测定(型号：Vario EL Ⅲ，Elementar Analysensysteme GmbH)，样品预先用 HCl 去除碳酸盐，精密度为小于 5% ~ 10%。

颗粒态磷用 Aspila 等(1976)的方法测定。颗粒态无机磷(PIP)用 1 μmol/L HCl 提取 16 h，离心后取出上清液，盛装于 50 mL 的三角瓶中，用 40% 的 NaOH 调节提取液的 pH 值。颗粒态总磷(TPP)在 550℃ 下灼烧 2 h，然后进行提取，提取方法与 PIP 相同。利用磷钼蓝法对提取液中的磷进行分析。TPP 与 PIP 之差即为颗粒态有机磷(POP)浓度。对国家近海海洋沉积物标样(GBW07314)进行分析，实际所测 TPP 含量为(19.68 ± 0.08) μmol/g，精密度为 0.5% ($n = 5$)，在该标样给定值(20.85 ± 1.97) μmol/g 范围之内。PIP 测定的精密度为 0.1% ($n = 5$)。

13.3 胶州湾的营养盐

13.3.1 胶州湾营养盐的状况

研究期间，夏、秋、春季节海湾硝酸盐和亚硝酸盐的含量北部高于南部，夏季表层高于底层，秋季垂直混合较均匀，春季表层略高于底层。铵的含量亦呈北高南低的分布特点，且水平和垂直分布都较均匀。磷酸盐的含量亦为北高南低。硅酸盐的浓度在不同航次、不同层次之间出现明显的差异。夏季小潮期间由于暴雨和淡水输入的增加，硅酸盐的浓度西部高于东部，而其余航次北部高于南部(见图 13.2)。胶州湾营养盐的浓度在北部，特别是东北和西北部高于南部主要与以下的因素有关。首先，东岸是一工厂集中且人口聚集的区域，集中了各种工业的排放污水(李德仁，1988)。其次，西岸是主要的贝类养殖区。第三，湾内为南北向的往复流，在东、西岸为沿岸输送，在南北向为向岸和离岸输运；东、西岸，特别是东岸是污染源集中的地方，东西向交换和混合受潮汐影响较小(陈时俊等，1982；俞光耀和陈时俊，1983)。总体来说，胶州湾营养盐的浓度北部高于南部，反映了河流输入、污水排放和潮汐的影响。垂直分布上，秋季垂直混合均匀，春季和夏季表层高于底层。

胶州湾营养盐的浓度受潮汐的影响较大，2002 年秋季 D4-2 站和 2003 年大、小潮期间的 D4-1 和 D4-3 站均观测到潮汐的影响，即高潮时浓度较低，低潮时浓度较高(见图 13.3)。2003 年小潮期间 NO_3^-、NO_2^-、DON 和 NH_4^+ 的浓度高于大潮期间的浓度，其余元素的浓度大、小潮相似。这主要是由于陆源输送是胶州湾营养盐的主要来源，且氮是由海湾向外输出，其余元素向海湾输入(Liu et al.，2007)。

图13.2 胶州湾营养盐浓度的水平分布(μmol/L)

以2001年8月13-14日小潮(a)和2002年10月13-14日小潮(b)航次为例

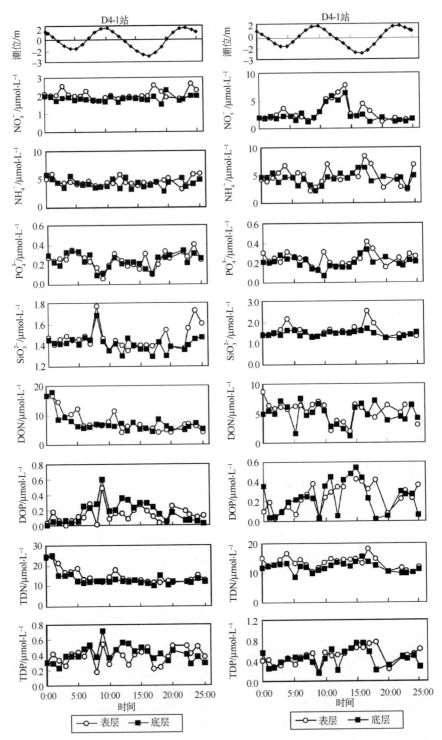

图 13.3　胶州湾湾口连续站潮位、营养盐浓度的变化

以 2003 年 5 月 19 日大潮期间的观测为例

图 13.4 给出了锚系站 16 d 连续观测期间的潮位、盐度和营养盐浓度的变化。在锚系站，硝酸盐和亚硝酸盐的浓度表层高于底层，最大差别达 4 倍，而且开始调查时由于暴雨和淡水输入硝酸盐浓度高达约 40 μmol/L，相应的盐度较低，约 25～26。初始时铵和磷酸盐的浓度较低，分别约为 1 μmol/L 和 0.1 μmol/L，但 7 d 后分别增加了 2 和 3 倍。表底层铵和磷酸盐含量相似。硅酸盐的浓度变化不明显，除前 3 d 表层较底层低外，基本上均为表层高于底层。盐度、硝酸盐、亚硝酸盐和硅酸盐均与潮位显著相关，即高潮时盐度高，但 3 种营养盐的浓度低，而磷酸盐和铵的浓度似与潮位无关。硝酸盐和亚硝酸盐的浓度随盐度增加而明显降低，随盐度增加铵和磷酸盐的浓度增加，而硅酸盐降低（Liu et al.，2005a）。这反映了陆源输入是海湾高氮的主要来源，而由于径流量小硅酸盐浓度变化较小。

由追踪调查的航迹看，大、小潮期间湾中心的水团均向西北流动然后返回，北部的水团向西南流动然后返回西北，湾口的水团涨潮时向湾内流动、继而向北流动，然后返回（见图 13.5）。8 月 13－14 日小潮时 Z 点附近的水团在前 7 个小时，盐度增加然后随着潮位降低，营养盐浓度略增加。8 月 21－22 日大潮期间 DZ 点附近的水团 2 h 后盐度降低，铵、亚硝酸盐和硅酸盐的浓度变化不大，而硝酸盐和磷酸盐浓度明显降低。AZ 点附近，5 h后盐度增加然后降低，铵和硝酸盐含量降低，而其他营养盐没有明显变化。ZZ 点附近，盐度降低，营养盐浓度略有增加。盐度与潮位变化不完全一致。由此可以看出营养盐浓度随着盐度变化且变化速率与航迹有关（Liu et al.，2005a），表明营养盐含量在追踪过程中随着时间和水团变化。某一水团中营养盐的浓度随潮位的变化取决于水团的位置，当水团向高营养盐区（例如：东北部）流动时营养盐浓度增加。

2001 年夏季亚硝酸盐占无机氮的 8%，而 2001 年秋季上升到 22%，2002 年秋季为小于 4%～8%。硝酸盐夏季占无机氮的比例表层为 60%，底层为 47%，而秋季表、底层均占 30%。铵占无机氮的比例表层为 35%±13%，底层为 47%±10%，2002 与 2003 年铵占无机氮的 60%～70%。无机氮中较高的铵浓度主要与污水排放有关。另外，海湾高强度的贝类养殖亦引起有机质沉降量的增加并促进氮循环的异化过程，从而引起氮的浓度的增加（Liu et al.，2007）。在 2002 和 2003 年的观测中，我们同时分析了溶解有机氮和磷。结果表明，2002 年秋季 DON 占 60%，2003 年 DON 占总溶解氮的 40%，说明氮的循环在胶州湾生态系统中起重要的作用。此前在 Brantas 河口亦有类似的结果报道：有机氮在近岸食物网和氮循环中起到的作用比以往人们认识的更重要（Jennerjahn et al.，2004）；无机磷占总溶解磷的 70%～80%。

胶州湾中硝酸盐、亚硝酸盐和铵的浓度高于渤海、黄海、东海，而硅的浓度前者低于后三者，磷酸盐的浓度相似（见表 13.3）。2001 年 4 个航次 DIN/DIP 比为 134，且由夏季到秋季降低，2002 年 DIN/DIP 为 20，2003 年 DIN/DIP 约为 40。Si/DIN 比 2001 年和 2003 年均约为 0.2，2002 年为 0.7。Si/DIP 比 2001 年为 19，2002 年为 12，2003 年为 7。胶州湾硅藻占浮游植物种类组成的 60%～82%，硅藻丰度占浮游植物总量的 95% 以上（刘东艳等，2003b；刘东艳，2004；孙松等，2002）。营养元素之间的比值说明硅和磷而非氮是浮游植物生长的可能限制元素。考虑到雨水中 DIN/PO_4^{3-} 比为 62～9 310，Si/DIN 比小于 0.6，Si/PO_4^{3-} 比为 16～373（张金良等，2000），说明湿沉降相对 DIN 带来较少的 PO_4^{3-} 和 SiO_3^{2-}，特别是春季沙尘和降雨量大的时期。

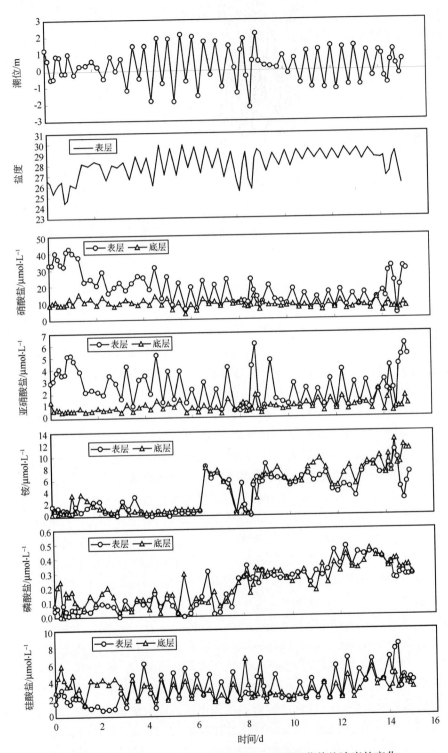

图 13.4　锚系站 16 d 连续观测的潮位、盐度和营养盐浓度的变化

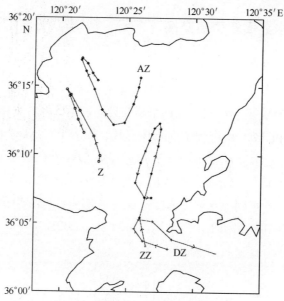

图 13.5　胶州湾 4 次追踪调查的航迹

DZ、ZZ、Z 和 AZ 为每次开始追踪的位置

表 13.3　胶州湾水体中的营养盐浓度(μmol/L)

航次	深度	NH_4^+	NO_2^-	NO_3^-	PO_4^{3-}	SiO_3^{2-}	DON	DOP
g1	表层	9.8±6.5	4.1±1.6	32.2±10.9	0.1±0.1	1.4±1.0		
	底层	9.5±3.8	1.7±1.3	15.6±11.2	0.2±0.1	3.1±1.0		
g2	表层	10.3±5.0	2.9±2.5	18.0±11.7	0.4±0.3	8.2±6.2		
	底层	10.8±5.8	1.3±1.1	10.2±5.5	0.3±0.2	4.6±2.7		
g3	表层	8.7±6.1	3.1±2.2	15.2±8.1	0.3±0.3	4.3±3.3		
	底层	10.6±5.1	1.2±0.6	7.6±2.4	0.4±0.3	4.6±1.9		
g4	表层	9.6±3.9	4.1±1.6	6.4±3.5	0.5±0.3	8.2±2.7		
	底层	8.3±3.3	4.2±1.6	6.1±2.8	0.4±0.2	7.8±2.4		
g5	表层	5.7±4.5	0.60±0.50	3.4±3.2	0.42±0.25	4.7±2.7	11±1	0.23±0.18
	底层	5.6±4.0	0.77±0.48	3.7±3.3	0.43±0.21	5.3±1.7	12±1	0.16±0.17
g6	表层	12±10	0.70±0.54	5.1±3.0	0.42±0.31	2.7±1.9	8.6±1.5	0.13±0.09
	底层	10±9	0.50±0.50	4.5±3.0	0.38±0.26	2.7±1.0	8.1±1.4	0.13±0.10
g7	表层	18±13	1.3±1.1	6.8±4.3	0.56±0.33	4.9±3.3	7.5±3.3	0.11±0.07
	底层	14±11	1.0±1.1	5.6±4.4	0.44±0.30	4.5±2.3	7.1±2.0	0.18±0.11

注：g1：2001 年 8 月 13－14 日小潮，g2：8 月 21－22 日大潮，g3：8 月 27－28 日小潮，g4：10 月 20－21 日大潮，

　g5：2002年10月13－14日小潮，g6：2003 年 5 月 9－10 日小潮，g7：5 月 19－20 日大潮。表中给出的是平均值

　和标准偏差(±)。数据来自 Liu 等(2005a，2007)。

13.3.2　沉积物-水界面营养盐交换

由船基培养实验的结果表明，在 J2 站充氧条件下，NO_3^- 和 SiO_3^{2-} 由沉积物向水体迁移，而 NH_4^+、NO_2^- 和 PO_4^{3-} 由水体向沉积物迁移；缺氧条件下，NH_4^+、PO_4^{3-} 和 SiO_3^{2-} 由沉积物向水体迁移，而 NO_3^- 和 NO_2^- 由水体向沉积物迁移(图 13.6)。在湾口 J3 站，在有氧和缺氧条件下均为 NO_3^- 和 SiO_3^{2-} 由沉积物向水体释放，而 NH_4^+、NO_2^- 和 PO_4^{3-} 向沉积物中迁移。而由沉积物间隙水营养盐浓度剖面计算的底界面营养盐扩散通量表明，在 J1、J2 和 J3 站，除 J1 和 J3 站 NO_2^- 外，所有营养盐均由沉积物向水体扩散(图 13.6)。显然，直接观测的底界面通量均低于据间隙水浓度梯度计算的扩散通量，表明由沉积物间隙水释放的营养盐可能被底栖藻类和底层初级生产利用(Liu et al.，2005a)。

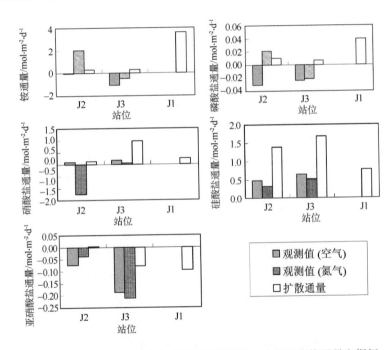

图 13.6　船基充氮和空气培养得到的沉积物-水界面交换通量和据间隙水营养盐梯度变化计算的底界面扩散通量

正值表示由沉积物进入水体中，而负值表示由水体进入沉积物中

13.3.3　河流输入

有关胶州湾周边河流营养盐浓度的研究非常有限。表 13.4 给出了近期得到的海湾周边主要河流营养盐浓度数据。在表 13.4 中，营养盐的浓度变化较大，取决于调查河流(例如：李村河和大沽河)和元素种类。2002 年调查期间，枯、丰水期营养盐的浓度 NO_3^- 相差达 100 倍，NH_4^+、PO_4^{3-} 和 SiO_3^{2-} 差别达 1～12 倍(Liu et al.，2005a)。2004 年枯、丰水期

营养盐的浓度 NO_3^- 相差 13 倍，NH_4^+、PO_4^{3-}、SiO_3^{2-} 和 DOP 差别 3~5 倍，DON 相差达 50 倍(Liu et al.，2007)。2002 年与 2004 年调查的河流营养盐浓度有较大差别，例如在枯水期 2004 年大沽河 NO_3^- 浓度是 2002 年的 7 倍，而洋河则降低了 2 倍。人文活动对河流营养盐的浓度影响较大，在观测期间发现，由于流域中的即墨和城阳市的污水排放，墨水河呈黑色且发出难闻的气味。

表 13.4　胶州湾周边主要河流中的营养盐浓度(μmol/L)

河流	NH_4^+	NO_3^-	NO_2^-	PO_4^{3-}	SiO_3^{2-}	DON	DOP	N/P	Si/N
				枯水期(2002 年 3 月)					
李村河	60.1	3.1	2.1	90.1	370.8			0.7	5.7
大沽河	25.4	34.2	0.7	0.1	12.7			626	0.1
洋河	26.6	163.9	1.2	0.1	21.0			3566	0.1
墨水河	156.1	436.1	0.3	33.5	280.4			18	0.5
白沙河	58.0	304.2	18.4	1.9	30.1			205	0.1
				丰水期(2002 年 8 月)					
李村河	274.6	4.0	0.6	60.5	333.7			4.6	1.2
大沽河	19.6	1.4	0.0	0.7	156.5			31.2	7.4
洋河	5.3	6.2	0.3	0.3	71.1			43.2	6.0
墨水河	1081	4.0	0.3	63.9	285.9			17.0	0.3
白沙河	18.9	221	9.6	0.6	55.7			400.0	0.2
				枯水期(2004 年 4 月)					
李村河	244.6	6.6	0.9	29.2	94.7	343.5	3.0	8.6	0.4
大沽河	7.8	251.5	0.6	0.1	19.7	310.2	0.4	4333	0.1
洋河	9.7	70.7	0.3	0.1	26.7	27.6	2.1	564	0.3
墨水河	257.4	14.8	0.1	46.3	265.0	736.6	35.7	5.9	1.0
白沙河	7.0	320.4	0.9	0.4	10.5	96.8	1.8	821	0.0
				丰水期(2004 年 8 月)					
李村河	205.6	2.0	0.1	35.8	169.4	618.4	0.2	5.8	0.8
大沽河	11.9	311.7	1.2	0.5	45.7	6.0	2.3	668	0.1
洋河	8.2	59.1	0.3	0.2	20.2	13.0	0.5	369	0.3
墨水河	183.5	189.6	2.6	10.2	81.8	168.6	5.8	37	0.2
白沙河	24.4	161.0	2.5	1.1	39.4	80.2	4.0	172	0.2

注：表中数据来自 Liu 等(2005a，2007)。

河流向海湾营养盐的输送通量可以由河流径流量和营养盐的浓度积估算出。考虑到河流的季节性特点和人文活动的影响，结果的不确定性估计为 80%(见表 13.5)。就营养盐向海湾的输送通量而言，硅酸盐中 67%~74% 来自大沽河，铵和磷酸盐通量墨水河分别为 42%~53% 和 57%~61%。硝酸盐进入海湾的通量中 34%~92% 来自大沽河。

表 13.5 胶州湾周边主要河流向海湾营养盐的输送通量($\times 10^6 \ mol/a$)

河流	NH_4^+	NO_3^-	NO_2^-	PO_4^{3-}	SiO_3^{2-}	DON	DOP
			2002 年				
李村河	1.84	0.039	0.015	0.83	3.87		
大沽河	12.0	9.51	0.19	0.21	45.3		
洋河	0.89	4.76	0.041	0.009	2.58		
墨水河	17.9	6.38	0.009	1.41	8.21		
白沙河	1.11	7.62	0.41	0.036	1.24		
合计	33.8±27.0	28.3±22.6	0.66±0.53	2.49±1.99	61.2±49.0		
			2004 年				
李村河	2.48	0.047	0.005	0.357	1.45	5.29	0.018
大沽河	5.27	150.7	0.48	0.146	17.5	84.6	0.718
洋河	0.50	3.63	0.016	0.009	1.31	1.14	0.073
墨水河	6.39	2.96	0.039	0.820	5.03	13.1	0.602
白沙河	0.46	6.98	0.048	0.022	0.72	2.57	0.084
合计	15.1±12.1	164±131	0.59±0.47	1.35±1.08	26.0±20.8	107±85	1.49±1.20

注：表中数据来自 Liu 等(2005a，2007)。

胶州湾周边河流流域营养盐的产率由营养盐浓度与径流量的积和流域面积的商估算不同流域营养盐的产率变化较大，取决于营养元素的种类和径流量(表 13.6)。

表 13.6 胶州湾周边主要河流流域营养盐的产率$[\ mmol/(\ m^2 \cdot a)\ ]$

河流	NH_4^+	NO_3^-	NO_2^-	PO_4^{3-}	SiO_3^{2-}	DON	DOP
			2002 年				
李村河	17.0	0.36	0.14	7.67	35.9		
大沽河	2.13	1.69	0.033	0.036	8.03		
洋河	10.3	54.6	0.47	0.11	29.6		
墨水河	50.4	17.9	0.025	3.97	23.1		
白沙河	5.49	37.6	2.00	0.18	6.13		
合计	85.3±68.2	112.2±89.8	2.67±2.14	12.0±9.6	102.7±82.2		
			2004 年				
李村河	22.9	0.44	0.050	3.31	13.5	49.0	0.16
大沽河	0.94	26.7	0.085	0.026	3.10	15.0	0.13
洋河	5.73	41.7	0.18	0.10	15.1	13.0	0.83
墨水河	17.9	8.32	0.110	2.30	14.1	36.8	1.69
白沙河	2.25	34.4	0.24	0.11	3.56	12.6	0.41
合计	49.8±39.8	112±89	0.66±0.53	5.85±4.68	49.3±39.4	127±101	3.23±2.58

注：表中数据来自 Liu 等(2005a，2007)。

13.3.4　污水排放

青岛市共有 8 个污水处理厂，其中有 3 个直接排入胶州湾，即海泊河、李村河和团岛污水处理厂（见图 13.1）。污水中营养盐的浓度，特别是铵和磷酸盐的浓度较高（表 13.7）。由污水排放量和营养盐浓度计算的污水向海湾的营养盐排放通量 NO_3^- 为（6.77 ±2.03）×10^6 mol/a，NH_4^+ 为（314±94）×10^6 mol/a，NO_2^- 为（0.41±0.12）×10^6 mol/a，PO_4^{3-} 为（2.57±0.77）×10^6 mol/a，SiO_3^{2-} 为（13.8±4.1）×10^6 mol/a。在胶州湾，污水排放会引起海湾北部，特别是东北部铵和磷酸盐的浓度增加，且较南部高。

表 13.7　胶州湾周边直接排入湾中的污水处理厂污水中的营养盐浓度（μmol/L）、

pH 和污水排放量（×10^4 m³/d）

污水厂	NH_4^+	NO_3^-	NO_2^-	PO_4^{3-}	SiO_3^{2-}	pH	污水量
海泊河	11 307.3	2.8	1.3	84.1	279.3	8.58	7.52
团岛	75.6	167.1	9.3	4.1	153.4	8.36	5.96
李村河	110.3	(167.1)	(9.3)	9.3	(153.4)		5.01

注：表中数据来自 Liu 等（2005a）。

13.3.5　营养盐输送

利用走航 ADP 在胶州湾口的观测表明，水量在北部由黄海进入胶州湾，在南部由海湾流出。在胶州湾口的观测结果表明，余流在北部指向湾内，在南部和中部流出湾口进入黄海（Liu et al.，2007）。在连续站，沿东西向（F_u）和南北向（F_v）整个水柱营养盐的瞬时通量分别为：

$$F_u = \int_0^z (V \times \sin\theta \times C),$$

$$F_v = \int_0^z (V \times \cos\theta \times C),$$

式中，V 和 θ 分别为流速和流向，z 为水深，C 为营养盐浓度。$\sin\theta$ 和 $\cos\theta$ 分别为向湾内（即：向西）、向湾外（即：向东）与向北、向南分量值。

2002 年胶州湾口向西的营养盐输送为向东输送的 1.6~2.0 倍。NO_3^-、NH_4^+ 和 DOP 向北的通量为向南通量的 1.3~1.5 倍，其余营养元素南、北向输送量相当（见图 13.7）。2003 年小潮期间，在 D4-1 站营养盐西向输送量是东向的 1.5~2.5 倍，在 D4-3 站除 DOP 外，其余元素的东、西向输送量相似。在两个站位，南北向营养盐主要为向北输送（见图 13.7）。2003 年 5 月大潮期间，在 D4-1 站营养盐的西向输送量为东向的 1~2 倍，在 D4-3 站营养盐东向输送量为西向的 3 倍（见图 13.7）。这些结果表明，大潮期间营养盐在北部向湾内输送，在南部向湾外输出。南北方向上，在 D4-1 站营养盐的北向输送量为南向的 1~3 倍，在 D4-3 站营养盐的南向输送量为北向的 1~2 倍。

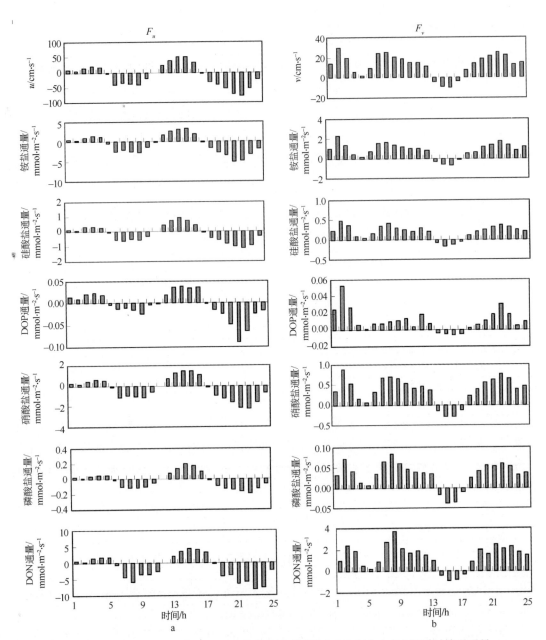

图 13.7　2003 年 5 月 D4 – 1 连续站营养盐沿东西向（a）和南北向（b）的瞬时输送通量

东向与北向为正值，西向与南向为负值

13.3.6　营养盐收支和主要影响因素

采用 LOICZ 生物地球化学模型指南给出的稳态箱式模型，基于营养盐的分布和水量收支与盐量平衡建立营养盐收支（Gordon et al.，1996）。输入胶州湾的河流径流量（V_Q）为 768×10^6 m³/a，降雨量（V_P）为 248×10^6 m³/a，蒸发量（V_E）为 371×10^6 m³/a，污水排放量

(V_O)为$67.5 \times 10^6 \ \mathrm{m^3/a}$。根据水量收支海湾内外的净交换量$(V_R)$为由胶州湾向黄海输出$712.5 \times 10^6 \ \mathrm{m^3/a}$。假设降雨、蒸发、河流径流的盐度均为0，则由盐量平衡得到湾内外的混合交换量(V_x)为从黄海到胶州湾$32\ 215 \times 10^6 \ \mathrm{m^3/a}$。由胶州湾的海水总体积$(V_S)$为$2.44 \times 10^9 \ \mathrm{m^3}$，则海湾总的水交换时间$(\tau)$为27 d。Liu等（2004c）根据数值模拟结果，指出胶州湾中水体的平均存留时间为52 d，是我们得到结果的约2倍。但是，这两个结果均在文献报道的结果5~80 d范围内（刘哲，2004）。

营养盐通过河流向胶州湾的输送量据2002和2004年的观测结果进行估计。其中，污水排放向海湾溶解无机态营养盐的输入量在前面已给出，但没有溶解有机态营养盐的观测数据。考虑到李村河和墨水河已成为污水排放沟，在计算污水向海湾溶解有机态营养盐的输送量时，假设污水中有机态营养盐的浓度为李村河和墨水河的平均值。根据2004年4月至2005年3月在青岛伏龙山对雨水和气溶胶的观测，营养盐的大气沉降通量，NO_3^-为$(29.2 \pm 4.0) \times 10^6 \ \mathrm{mol/a}$，$NH_4^+$为$(26.8 \pm 3.2) \times 10^6 \ \mathrm{mol/a}$，$PO_4^{3-}$为$(0.42 \pm 0.07) \times 10^6 \ \mathrm{mol/a}$，$SiO_3^{2-}$为$(0.93 \pm 0.18) \times 10^6 \ \mathrm{mol/a}$，DON为$(29.0 \pm 5.8) \times 10^6 \ \mathrm{mol/a}$，DOP为$(0.19 \pm 0.04) \times 10^6 \ \mathrm{mol/a}$（Liu et al.，2007）。

根据文献中的数据（焦念志等，2001）和本项目研究可知胶州湾营养盐的浓度，NO_3^-为$4.81 \ \mathrm{\mu mol/L}$，$NH_4^+$为$7.13 \ \mathrm{\mu mol/L}$，$PO_4^{3-}$为$0.36 \ \mathrm{\mu mol/L}$，$SiO_3^{2-}$为$5.20 \ \mathrm{\mu mol/L}$，DON为$9.62 \ \mathrm{\mu mol/L}$，DOP为$0.18 \ \mathrm{\mu mol/L}$。黄海营养盐$NO_3^-$、$NH_4^+$、$PO_4^{3-}$、$SiO_3^{2-}$、DON和DOP的浓度分别为$3.52 \ \mathrm{\mu mol/L}$、$0.95 \ \mathrm{\mu mol/L}$、$0.45 \ \mathrm{\mu mol/L}$、$10.2 \ \mathrm{\mu mol/L}$、$3.84 \ \mathrm{\mu mol/L}$和$0.60 \ \mathrm{\mu mol/L}$（KORDI，1998；Liu et al.，2003b，2005a，2007）。图13.8给出了胶州湾营养盐的收支。输入海湾的营养盐，磷酸盐主要来自河流输入和污水排放，两者分别占总输入量的52%；硝酸盐主要来自河流输入，占总输入的73%，其次为大气沉降占20%；铵主要来自污水排放，占总输入的86%；硅酸盐主要来自河流输入，占总输入量的75%；DON主要来自河流输入，占总输入的64%，其次为污水排放（19%）和大气沉降（17%）；DOP主要来自河流输入（61%），其次为污水排放（31%）。由胶州湾向黄海营养盐的净输送量远小于输入湾内的量，湾内外的混合交换量向湾外输送大量的硝酸盐、铵和DON；而磷酸盐、硅酸盐和DOP是由黄海输入湾内。营养盐的质量收支结果表明，$163 \times 10^6 \ \mathrm{mol/a}$的$NH_4^+$、$87.7 \times 10^6 \ \mathrm{mol/a}$的$NO_3^-$、$7.52 \times 10^6 \ \mathrm{mol/a}$的$PO_4^{3-}$、$214 \times 10^6 \ \mathrm{mol/a}$的$SiO_3^{2-}$、$15.7 \times 10^6 \ \mathrm{mol/a}$的DOP被埋藏进入沉积物或转变为其他形态（例如：成为浮游植物的细胞组分或颗粒物）；而$23.3 \times 10^6 \ \mathrm{mol/a}$的DON进入胶州湾内。沉积物－水界面营养盐的交换通量分别为NH_4^+－$5.84 \times 10^6 \ \mathrm{mol/a}$、$NO_3^-$ $13.8 \times 10^6 \ \mathrm{mol/a}$、$PO_4^{3-}$－$4.41 \times 10^6 \ \mathrm{mol/a}$和$SiO_3^{2-}$ $67.8 \times 10^6 \ \mathrm{mol/a}$。氮的收支与营养盐的吸收和转移过程（例如：反硝化和初级生产）一致。由铵和硝酸盐的收支和底界面交换通量，说明部分氮被转变为有机氮或氮气。

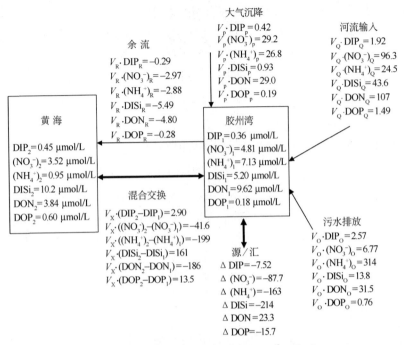

图 13.8　胶州湾营养盐的收支（×10⁶ mol/a）

正值表示输入湾中，负值表示从湾中输出。图中亦提供了沉积物－水界面交换通量

C：营养盐浓度，1：胶州湾，2：黄海

13.3.7　海湾营养盐的历史变化

　　基于胶州湾生态环境监测站的多年调查数据（焦念志等，2001；Shen，2001）和在本项目实施期间的观测结果，我们在此对海湾营养盐的长期变化进行初步的分析。与世界上许多生态系统相似（Boesch，2002；Turner et al.，2003），在过去的 40 年来，特别是前 20 年，胶州湾营养盐的浓度发生了显著的变化（见图 13.9）。20 世纪 60－80 年代，PO_4^{3-}、NO_3^-、NO_2^- 和 NH_4^+ 的浓度分别增加了 2.1、3.7、2.3 和 3.1 倍，而 60－90 年代则分别增加了 1.4、4.3、3.9 和 4.1 倍，反映了人文活动的影响。从 1962 年到 2002 年期间，青岛市的人口从 4.6×10^6 增加至 7.2×10^6，青岛市工业生产总值增加了 80 倍。特别是胶州湾东岸是青岛市工业集中的区域，集中在该区的河流，海泊河、李村河、娄山河等已成为市区工业废水和生活污水的排污河。例如在 1980 年，青岛市区工业废水排放量为 70.2×10^6 t/a，生活污水 14.4×10^6 t/a，到 2002 年，废水总量增加到 230.2×10^6 t/a，其中工业废水 93.0×10^6 t/a，生活污水 137.2×10^6 t/a（戚晓红，2005）。1980 至 1997 年，化肥施用量增加了 3 倍（戚晓红，2005）。海湾北部和西部养虾塘面积达 2 276 亩（1 亩 = 1/15 hm²），其向近岸输送大量的 DIN 和磷酸盐（印萍和路应贤，2000）。

　　由于历史上曾经认为胶州湾中硅酸盐丰富，不会限制浮游植物的生长（Shen，2001），在 20 世纪的 70 年代以前，文献中几乎没有硅酸盐的数据。近来的研究表明，营养盐的比值和硅酸盐的含量变化显著影响初级生产和浮游植物的种类组成（Dortch et al.，2001）。许多淡水和海水体系硅的生物地球化学循环的改变均会影响食物网和营养结构（Conley et al.，1993；Turner et al.，1998；Turner，2002）。许多海水体系的硅限制已经得到直接实验事实的验证（Brzezinski and Nelson，1996；Nelson et al.，2001）。在20世纪60-90年代期间，由于径流量的降低，胶州湾硅酸盐的浓度降低了17%，相应的海湾盐度逐渐增加（图13.9）。

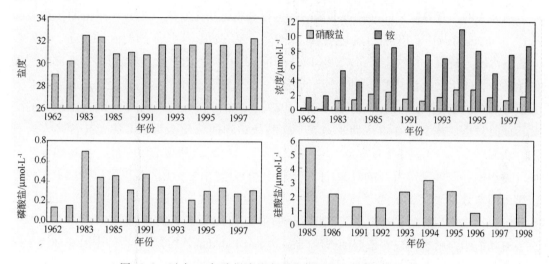

图13.9　过去40年胶州湾盐度和营养盐浓度（μmol/L）的变化

随着营养盐浓度的变化，营养盐之间的比值亦发生改变。Si/DIN比自20世纪的80年代以来一直小于1，且大多为0.1~0.3。SiO_3^{2-}/PO_4^{3-}比基本均小于16，此前的31次调查中仅4次SiO_3^{2-}/PO_4^{3-}比大于16，且是由于夏季暴雨引起的陆地径流的阶段性增加缓解了胶州湾中浮游植物生长的硅限制，表明浮游植物生长的限制元素主要为硅，其次为磷。

随着全球气候变化和人文活动的干扰，流经青岛市周边地区的主要河流（例如：海泊河和李村河）的上游已干涸，中、下游则成为工业和生活污水的排污沟。随着进入胶州湾的陆地径流量的减少，海湾中硅酸盐的浓度可能会进一步降低。夏季降雨可以带来硅酸盐，但春、秋和冬季硅均是浮游植物生长的限制元素（杨东方，1999）。胶州湾营养盐之间的比值已偏离Redfield比值。这将影响浮游植物组成，硅藻优势种间和硅藻与非硅藻优势种间的改变，并由此影响到整个食物网的结构和功能（Dortch and Whitledge，1992；Rabalais et al.，1996；Dortch et al.，2001；Turner et al.，1998；Turner，2002）。文献中的结果亦表明，在过去40年中，水体中个体大的硅藻数量降低，多样性指数降低，优势度增加（焦念志等，2001）。自20世纪的80年代以来，浮游硅藻细胞数量明显降低，而底栖硅藻的数量相对增加，底栖硅藻与浮游硅藻的比为2.6~6.0（刘东艳，2004）。20世纪的90年代以来，赤潮发生濒率也明显增加了，例如1998年7月的中肋骨条藻和高贵盒形藻赤潮（郝建华等，2000），1999年7月的短角弯角藻赤潮（卢敏等，2001；霍文毅等，2001）等。

利用柱状沉积物中碳、氮、磷、硅的分析，研究了近 200 年来受人类活动影响下胶州湾的环境变化，揭示了 80 年代以来海湾初级生产力下降及浮游植物种类和结构的变化；降雨和淡水输入减少引起陆源输送的颗粒生源要素减少（Liu et al.，2010）。

13.4 胶州湾硅的生物地球化学循环

研究表明，营养盐之间的比值和硅酸盐的可获得性决定了生产力和浮游植的物种类组成（Nelson and Goering 1978，Conley et al. 1993）。硅是硅藻生长必须的元素。近岸营养盐丰富的水域，硅藻占初级生产的 75%（De La Rocha et al.，1998）。硅藻可影响海洋表层硅的循环，它的生长速率又受硅酸盐含量的限制。海洋沉积物中的生物硅记载了海洋生产力强度和位置的变化（Mortlock and Froelich，1989），它的时空分布可用于反映古生产力的变化，同时与全球碳循环有着密切的关系。硅酸盐矿物的风化会将 CO_2 从大气转移入岩石圈，从而对全球 CO_2 量有影响（Conley，2002）。生物硅的埋藏与溶解在硅的生物地球化学循环过程中起着重要作用（Liu et al.，2005b）。全球范围内，在水体和沉积物中 BSi 较有机碳的埋藏效率更高，被用于再建上层水体的古生产力（Nelson et al.，2002）。近岸区，柱状沉积物中生物硅的记录提供了富营养化的事实（例如：密西西比河三角洲），在近岸生态系统功能中溶解态硅起着重要的作用（Turner and Rabalais，1994）。在许多海洋环境中模拟实验已证实存在硅限制（例如：Brzezinski and Nelson，1989，1996；Nelson et al.，2001）。在南大洋罗斯海溶解态硅在底层水的再生为硅藻生产力提供了主要的营养盐来源（Nelson et al.，1996）。许多淡水和近岸海洋生态系统中生物硅循环的扰动将对水生态系统的食物网和营养结构产生深远的影响（Conley et al.，1993）。在过去的 20 年里，国际上对硅循环的研究越来越多（Ragueneau et al.，2000；Schlüter and Sauter，2000；DeMaster，2002）。在此，作者将结合胶州湾硅酸盐的研究结果，据悬浮颗粒物、沉积物样品中生物硅的含量及沉积物中硅的再生速率，研究海湾硅的循环及其生态意义，分析存在硅限制条件下，硅循环与海湾硅藻为优势种间的关系。

13.4.1 胶州湾悬浮颗粒物中的生物硅（PBSi）

胶州湾 PBSi 的浓度为 0.08 ~ 7.20 μmol/L，北部和东北部为高值区，湾中心为低值区。垂直分布上由于表层沉积物的再悬浮 PBSi 的含量底层高于表层或与表层相当（见表 13.8）。这与表层硅藻吸收硅酸盐和水体中 SPM 含量有关。表层 PBSi 的浓度受潮汐的影响，低潮时浓度高、高潮时浓度低；底层 PBSi 的浓度与潮位变化不一致（见图 13.10）。2001 年 8 月 13 - 14 日 PBSi 的浓度受降雨的影响随潮位的变化不明显。与浮游植物细胞丰度变化相似；夏、秋季 PBSi 的含量略高于春季。PBSi 的浓度与叶绿素和浮游植物数量之间，两者的分布相似（吴玉霖等，2005）。野外调查期间，硅藻占浮游植物细胞总量的99%（刘东艳等，2003b），夏季浮游植物细胞数量是秋、春季的两倍（刘东艳，2004）。尽管硅藻种类数较历史数据明显降低，硅藻种类仍占 76 μm 以上浮游植物数的 60% ~ 82%，硅藻数量占浮游植物总量的 95% 以上（刘东艳等，2003b；刘东艳，2004；孙松等，2002）。胶州湾 PBSi 的浓度与 Scotia 海和 Bengal 湾相似（Garuda and Sarma，1997；Tréguer et al.，1990）（表 13.9）。

表 13.8　胶州湾水体中的 PBSi，POC 和 PN 的浓度（μmol/L）

航次	深度	PBSi	POC	PN
g1	表层	1.68 ± 1.80	14.7 ± 7.5	2.33 ± 1.35
	底层	1.76 ± 0.83	14.9 ± 5.1	2.24 ± 0.79
g2	表层	1.97 ± 0.82	26.3 ± 10.4	4.43 ± 1.99
	底层	2.40 ± 0.93	23.0 ± 6.8	3.80 ± 1.21
g3	表层	1.78 ± 1.24	12.6 ± 6.6	2.19 ± 1.21
	底层	2.21 ± 0.79	14.0 ± 4.4	2.28 ± 0.78
g4	表层	1.40 ± 0.58		
	底层	2.21 ± 1.50		
g5	表层	4.37 ± 1.59	17.3 ± 6.0	2.87 ± 1.06
	底层	4.25 ± 0.96	20.4 ± 3.8	3.38 ± 0.68
g6	表层	0.91 ± 0.68	17.5 ± 3.5	4.37 ± 0.84
	底层	1.21 ± 0.55	16.7 ± 2.5	4.10 ± 1.42
g7	表层	1.08 ± 0.25	19.3 ± 5.1	4.36 ± 1.18
	底层	1.28 ± 0.55	17.6 ± 2.8	3.70 ± 0.72

注：g1：2001 年 8 月 13 – 14 日小潮，g2：8 月 21 – 22 日大潮，g3：8 月 27 – 28 日小潮，g4：10 月 20 – 21 日大潮，g5：2002年10月 13 – 14 日小潮，g6：2003 年 5 月 9 – 10 日小潮，g7：5 月 19 – 20 日大潮。表中给出的是平均值和标准偏差（±）。

表 13.9　胶州湾水体中颗粒态生物硅浓度与其他海区的比较（μmol/L）

海区	时间	PBSi	参考文献
胶州湾	2001 年 8 – 10 月	0.08 ~ 5.25（1.71）	本文
孟加拉湾	1993 年 8 – 9 月	0 ~ 2.74（0.25）	Garuda and Sarma，1997
斯科舍海	1987 年 8 月	0.02 ~ 4.24（0.9）	Tréguer et al.，1990
罗斯海	春季	21.7	Nelson and Smith，1986
印度洋的南大洋区	夏季	1.15	Tréguer et al.，1988
德雷克海峡	1987 年秋季	4.24	Tréguer et al.，1990
斯科舍海极锋	1987 年秋季	2.32	Tréguer et al.，1990
拉普捷夫海	1991 年 9 月	0.3 ~ – 4.1	Heiskanen and Keck，1996
布列特斯湾和西英吉利海峡	1991 年 9 月 – 1992 年 6 月	0 ~ 3.3	Ragueneau and Tréguer，1994

注：括号中的数值为平均值。

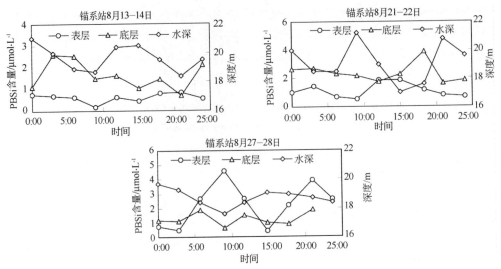

图 13.10　锚系站相应大面调查期间的潮位、表底层水体中 PBSi 含量的变化

胶州湾 POC 和 PN 的浓度分别为 4.95 ~ 47.7 和 0.79 ~ 8.86 μmol/L，平均值为 17.9 和 2.88 μmol/L（见表 13.8）。POC/N 西北、北、和东北部，高于湾中心。POC 与 PN 显著相关（$\gamma^2 = 0.95$，$n = 71$），POC/PN 的原子比为 5.46。由 PBSi 与 POC 的相关关系得到胶州湾 PBSi/POC 的原子比为 0.28，这一结果高于营养盐丰富条件下硅藻的 BSi/POC 的计量关系值 0.13（Brzezinski，1985），印度洋（0.19）（Tréguer et al.，1988），Weddel 海（0.13），Weddel-Scotia 海（0.09），Bengal 湾（0.086），Brest 湾（0.09）（Nelson et al.，1987；Leynaert et al.，1991；Ragueneau and Tréguer，1994；Gupta and Sarma，1997），但低于东海陆架（Liu et al.，2005b）。世界上不同海区的 PBSi/POC 原子比变化很大，变化范围为 0.05 ~ 1，取决于浮游植物中硅藻占的比例，温度、光照、痕量金属和铁的含量（Ragueneau et al.，2000）。

13.4.2　胶州湾周边主要河流中的 PBSi

河流中 PBSi 的浓度为 2.16 ~ 50.5 μmol/L，平均值为 6.47 μmol/L（表 13.10）。李村河和白沙河中 PBSi 的平均浓度相似，但它们是大沽河和洋河的 4 ~ 5 倍，比墨水河高一个数量级。现场调查说明大沽河流速快、含沙量高；墨水河污染严重，水呈黑色且有难闻的气味；白沙河下游建坝，水清且呈绿色；洋河周边均是耕地，水清；生活污水排入李村河。由径流量和河流中 PBSi 的浓度计算的胶州湾周边河流向海湾输送的 PBSi 通量为 82.1 × 10^3 ~ 29.6 × 10^5 mol/a，平均值为（42.7 ± 21.4）× 10^5 mol/a（表 13.10）。PBSi 输入胶州湾的通量中约 70% 来自大沽河。

Conley（1997）报道了世界上的河流，例如 Amazon、Connecticut、Danube、Rhine、Mississippi、Lena 和 Congo 等中的 PBSi 的浓度为（2.68 ± 0.52）~ （73.9 ± 17.6）μmol/L，平均为 28 μmol/L，PBSi 占总硅输送量的 16%。胶州湾周边河流中 PBSi 的浓度与这些河流

中的 PBSi 含量相似，占输入海湾中总硅（SiO_3^{2-} + PBSi）的 12%。研究已表明 PBSi 可在湖泊、河口和海洋中溶解，溶解度随盐度升高而增加，仅有小部分陆源 PBSi 沉积于河口和海洋沉积物中（Conley，1997）。因而，悬浮颗粒物中的生物硅在硅循环中非常重要，它的溶解过程可能影响近岸生态系统的群落组成和结构。

表 13.10 胶州湾周边主要河流中 PBSi 的浓度（μmol/L）和河流向海湾输送 PBSi 的通量（×10^5 mol/a）

河流	李村河	大沽河	洋河	墨水河	白沙河
2002 年 3 月	50.5	4.82	7.77	2.16	21.0
2002 年 8 月	8.75	6.26	2.54	3.50	21.1
通量	3.26	29.6	2.89	0.821	6.10

13.4.3 沉积物中的 BSi

胶州湾表层沉积物中 BSi 的含量为 0.86% ~ 1.48%，平均值为 1.17% ± 0.21%，与渤海和黄海的含量相似（Liu et al.，2008）。生物硅的分布呈北部高、湾中心和湾口低的特点。单因子方差检验 95% 置信限时不同站位间 BSi 含量具有显著差异（Morgan，1991）。在 J2 站，柱状沉积物中 BSi 的含量随着深度增加而增加，而 J1 和 J3 站没有明显的变化趋势（见图 13.11）。

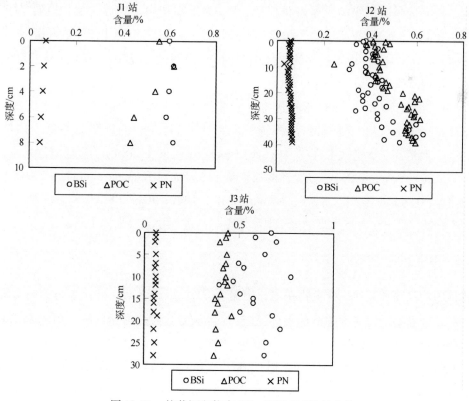

图 13.11 柱状沉积物中 BSi、POC 和 PN 的含量

与世界其他海区相比，例如印度洋西北部、南大洋和印度洋南部（Cappellen and Qiu，1997；Koning et al，1997；Rabouille et al.，1997），胶州湾沉积物中 BSi 的含量处于较低水平。胶州湾沉积物中 BSi 的含量与渤海和黄海相似（Liu et al.，2002），且与 Chesapeake 湾、Brest 湾和西北太平洋（D'Elia et al.，1983；Ragueneau et al.，1994，2001）相当。低 BSi 含量与含沙量高有关。

沉积物中 POC 和 PN 的含量分别为 0.13% ~ 0.68% 和 0.016% ~ 0.089%，由北和东北向湾口递减（未发表数据）。虾类养殖区附近由于含大量残饵、丰富的有机质排入，初级生产力较高，POC 和 PN 的含量较高。胶州湾的北部由于潮流和波浪减弱，散射和平流作用弱，有机质沉积下来（Liu et al.，2004c），因而湾北部有机碳的含量高。单因子方差检验 95% 置信限时柱状沉积物中不同层次间 POC 和 PN 含量具有显著差异。表层沉积物中 POC 和 PN 间显著相关。POC/PN 的原子比为 11.6，较悬浮颗粒物中的 POC/PN 比高 2 倍；BSi/POC 原子比为 0.24，较底层悬浮颗粒物中的高 1.6 倍。这说明有机氮的再生较 POC 和 BSi 快。

13.4.4　硅的沉降和埋藏

海洋中硅的去除主要是沉积于沉积物中。沉积物中 BSi 的堆积速率（BSi_{ar}），$BSi_{ar} = BSi \times \omega$，其中 ω 是沉积物的质量堆积速率，BSi 为沉积物中生物硅含量。根据 [210]Pb 的结果，得到 BSi 的堆积速率为 $(1.01 \pm 0.33)\,mol/(m^2 \cdot a)$，沉积物中 BSi 的积累速率则为 $(258 \pm 84) \times 10^6\,mol/a$。由于胶州湾水体中含沙量和沉积速率较高，海湾 BSi 的堆积速率高于渤海和黄海（Liu et al.，2002）。

BSi 的埋藏效率（BSi_{br}）= 硅堆积速率/（硅堆积速率 + 硅再生速率）。胶州湾 BSi 的埋藏效率计算得 49%。由于胶州湾沉积物的堆积速率高，BSi 的埋藏效率低于内罗斯海（58.1%），而远高于赤道太平洋（6.4%）（Ragueneau et al.，2001）、全球海洋平均值（约 20%）（Tréguer et al.，1995）、南大洋的极锋带（33.0%）（Ragueneau et al.，2001），以及其他近岸区（DeMaster et al.，1996；Koning et al.，1997；Rabouille et al.，1997；Schlüter et al.，1998）。低 BSi 含量和高的 BSi 埋藏效率均与沉积物主要来源于陆源有关。

13.4.5　BSi 的生成

水体中的硅藻和其他一些生物在生长中需要 SiO_3^{2-} 组成骨架，硅质细胞壁的溶解又将释放出硅，两者均影响海洋中硅的循环，BSi 的生成受硅酸盐含量的限制（De La Rocha et al.，1998）。胶州湾中硅藻占浮游植物种数的 60% ~ 82%，但硅藻细胞数量占浮游植物总量大于 95%（刘东艳等，2003b；刘东艳，2004）。BSi 的生成 = [14]C 初级生产力 × 硅藻相对生物量 × Si/C 比，然而应该注意到根据测定的天然颗粒物中的 Si/C 估计得出的 BSi 生成量有较大的不确定性（Tréguer et al.，1995）。胶州湾初级生产力（以碳计）1984 年为 421.96

mg／(m² · d)(郭玉洁和杨则禹，1992)，1991－1993 年为(503 ±184) mg／(m² · d)(王荣等，1995)，1995－1996 年为421.11 mg／(m² · d)(刘东艳等，2002)，平均为(449 ±47) mg／(m² · d)。胶州湾 BSi/POC 的原子比为 0.28。因而，根据上述资料在胶州湾中 BSi 的生成量为(10.5 ±8.7) mmol／(m² · d)。

13.4.6 硅的收支

由前面讨论可知，胶州湾周边河流向海湾输送的硅酸盐和 PBSi 的数量分别为 43.6 ×10⁶ mol/a 和 4.3 × 10⁶ mol/a，总硅(= PBSi + 溶解态硅)输入量为 47.9 ×10⁶ mol/a (图 13.12)。胶州湾污水排放向海湾输送的硅酸盐数量为 13.8 ×10⁶ mol/a (Liu et al.，2008)。作者所在的实验室于 2004 年 4 月至 2005 年 3 月在青岛伏龙山连续采集了雨水和气溶胶样品，得到的胶州湾大气干、湿沉降硅酸盐通量为(0.93 ±0.18) ×10⁶ mol/a (图 13.12)。

据沉积物－水界面营养盐交换通量的观测(蒋凤华等，2002；Liu et

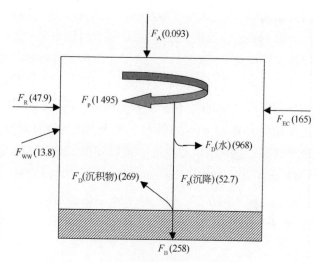

图 13.12 胶州湾硅的收支(×10⁶ mol/a)

F_R—河流输入；F_A—大气沉降；F_B—沉积物中 BSi 的净沉积；

F_P—BSi 的初级生产；F_D—水体中 SiO_3^{2-} 的再生(水)；

F_D—沉积物—水界面的交换通量(沉积物)；F_S—到达沉积物

表面的 BSi 通量(沉降)；F_{EC}—与黄海的交换通量

al.，2005a)表明底界面交换通量(F_D：再生)为 269 ×10⁶ mol/a。由前所述，胶州湾 BSi 的堆积速率(F_B)为 258 ×10⁶ mol/a。到达沉积物表面的 BSi 通量(F_S)为 527 ×10⁶ mol/a。沉积物中再生的 SiO_3^{2-} 通量占到达沉积物表面 BSi 通量的 51%。胶州湾 PBSi 的生成量为 1 495 ×10⁶ mol/a。据 BSi 的生成量和到达沉积物表面的 BSi 通量则可得水体中再生的 SiO_3^{2-} 通量为 968 ×10⁶ mol/a(图 13.12)，占 PBSi 生成量的 65%。

根据 LOICZ 生物地球化学模型指南，胶州湾与外海之间水的净交换使黄海向海湾输送的 SiO_3^{2-} 和 BSi 通量分别为 155 ×10⁶ mol/a 和 9.7 ×10⁶ mol/a。据报道胶州湾的纳潮量为 1.1 × 10⁹ m³(杨世伦等，2003)，约占海湾海水总体积的 40%。由此，在涨潮期间大约 39.1 ×10⁸ mol/a 的 SiO_3^{2-} 进入胶州湾，但其中大部分 SiO_3^{2-} 在落潮期间又回归到黄海。考虑到湾内外 SiO_3^{2-} 交换量的不确定性，输入胶州湾的 SiO_3^{2-} 总量略低于(约 12%)湾内硅的堆积速率。

将所有途径输入胶州湾的硅通量考虑在内，海湾与外海的交换通量(F_{EC})占 73%，河流输入(F_R)占 21%，污水排放占 6%。硅的净输出量较输入量高 13%。这中间的主要原因有以下两点：估计的湾内外 SiO_3^{2-} 交换通量的不确定性；由于湾内湍流混合较强，即使在夏季河流径流量最大时亦很少出现分层及生物扰动的影响，从而低估了底界面 SiO_3^{2-} 的交换通量。Asmus 等(1998)报道由于潮汐运动和波浪作用引起的水平冲刷导致底界面铵的通量较高。这也可能是胶州湾底界面硅酸盐通量被低估的原因之一。再进一步深入研究生物扰动和潮汐效应对沉积物再悬浮的影响，以获得合理的沉积物-水界面 SiO_3^{2-} 交换通量的数据、BSi 的生成和溶解速率、硅酸盐和 BSi 的输入通量和再生速率的季节变化。

综上所述，胶州湾在过去 20 年中尽管 SiO_3^{2-} 水平降低 15% ~ 20%，SiO_3^{2-}/DIN 原子比保持在较低水平(即 0.1 ~ 0.3)，硅藻仍是优势种。深入地理解胶州湾硅循环的机制有助于认识海湾富营养化和保持种类多样性的问题。受水动力因素的影响，悬浮颗粒物中 BSi 的分布与水体中 SiO_3^{2-} 相似。胶州湾周边的河流中 BSi 的含量占总硅的 12%，低于全球河流平均值 16% (Conley, 1997)。由于真光层浅且含有大量陆源风化产物，沉积物中 BSi 的含量较低。这一结果与渤海、黄海相似，且与 Chesapeake 湾、Brest 湾和东北大西洋相当 (D'Elia et al., 1983; Ragueneau et al., 1994, 2001)。胶州湾沉积物中再生的 SiO_3^{2-} 的量可达河流输入的 6 倍，以维持水体中高含量的 SiO_3^{2-} 满足硅藻生长需要。胶州湾 BSi 的埋藏效率约为 49%，高于赤道太平洋和全球海洋平均值。

13.5 胶州湾磷的生物地球化学研究

13.5.1 湾内各航次不同形态磷的分布特点

在整个调查期间的 7 个航次中，表、底层水体中各形态磷的浓度范围和平均值列于表13.11。2001 年 8 月 13 – 14 日航次，DOP 在湾口和湾中部为高值区，底层除湾口外其他区域低于检测限；DIP、PIP 和 POP 浓度均呈现北高南低的特征(见图 13.13)。表、底层水体中各形态磷的浓度相差不大，底层水体中 DIP、PIP 和 POP 的浓度略高于表层，而 DOP 的浓度略低于表层。颗粒态磷对总磷的贡献接近 80%，为水体中磷的主要存在形式。

表 13.11 胶州湾水体中各形态磷的浓度($\mu mol/L$)

航次	层次		DIP	DOP	PIP	POP
g1	表层	范围	0.07 ~ 0.35	0.03 ~ 0.24	0.14 ~ 0.67	0.06 ~ 0.78
		平均值	0.12	0.10	0.32	0.32
	底层	范围	0.07 ~ 0.47	0.03 ~ 0.21	0.22 ~ 0.51	0.03 ~ 0.95
		平均值	0.19	0.08	0.35	0.39
g2	表层	范围	0.14 ~ 1.17	<0.22	0.15 ~ 0.99	0.07 ~ 0.81
		平均值	0.41	0.06	0.32	0.21
	底层	范围	0.15 ~ 0.84	<0.14	0.20 ~ 0.99	0.03 ~ 0.75
		平均值	0.35	0.05	0.39	0.21
g3	表层	范围	0.12 ~ 0.94	0.03 ~ 0.22	0.06 ~ 0.32	0.03 ~ 0.28

航次	层次		DIP	DOP	PIP	POP
		平均值	0.29	0.08	0.20	0.15
	底层	范围	0.15~1.02	0.03~0.55	0.11~0.51	0.07~0.33
		平均值	0.37	0.11	0.26	0.17
g4	表层	范围	0.12~0.92	0.03~0.77	0.12~0.44	0.03~0.32
		平均值	0.45	0.30	0.23	0.15
	底层	范围	0.16~0.92	0.03~0.60	0.14~0.35	0.05~0.46
		平均值	0.44	0.25	0.25	0.19
g5	表层	范围	0.18~0.92	0.03~0.56	0.07~0.31	0.03~0.69
		平均值	0.42	0.26	0.12	0.17
	底层	范围	0.23~0.92	0.03~0.56	0.07~0.31	0.03~0.32
		平均值	0.43	0.16	0.15	0.16
g6	表层	范围	0.18~1.17	0.03~0.26	0.06~0.35	0.03~0.62
		平均值	0.42	0.13	0.17	0.15
	底层	范围	0.17~1.17	0.03~0.32	0.08~0.35	0.03~0.62
		平均值	0.37	0.13	0.17	0.08
g7	表层	范围	0.18~1.02	0.03~0.24	0.10~0.27	0.03~0.29
		平均值	0.49	0.11	0.18	0.15
	底层	范围	0.18~0.90	0.03~0.40	0.12~0.40	0.03~0.23
		平均值	0.39	0.17	0.22	0.14

注：g1：2001年8月13-14日小潮，g2：8月21-22日大潮，g3：8月27-28日小潮，g4：10月20-21日大潮，g5：2002年10月13-14日小潮，g6：2003年5月9-10日小潮，g7：5月19-20日大潮。为了对比不同形态磷的水平，表中给出了 DIP、DOP 的浓度。

  2001年8月21-22日航次，DIP 的浓度分布特征与8月13-14日航次相似，浓度约为8月13-14日航次的3倍；DOP 浓度除湾口外其他区域均低于检测限；PIP 和 POP 浓度与8月13-14日航次的分布特征基本相同，均呈现北高南低的特征，在湾口和湾中部存在低值区，PIP 的平均浓度与8月13-14日航次相同，POP 的平均浓度比8月13-14日航次约低30%（见图13.13）。溶解态磷与颗粒态磷对总磷的贡献相差不大，大约各占50%，与8月13-14日航次存在较大差别。

  2001年8月27-28日航次，DIP 的浓度分布特征与8月13-14日航次相似，浓度约为8月13-14日航次的2倍；DOP 浓度比8月21-22日航次明显增大，只有东北角小部分区域低于检测限，其他区域呈现西北高东南低的特征；PIP 与 POP 分布特征与8月21-22日航次相似，浓度比8月21-22日航次约低50%（见图13.13）。DIP、PIP 和 POP 在 TP 中所占的比例与8月21-22日航次无明显差别，溶解态磷与颗粒态磷对总磷的贡献相当。

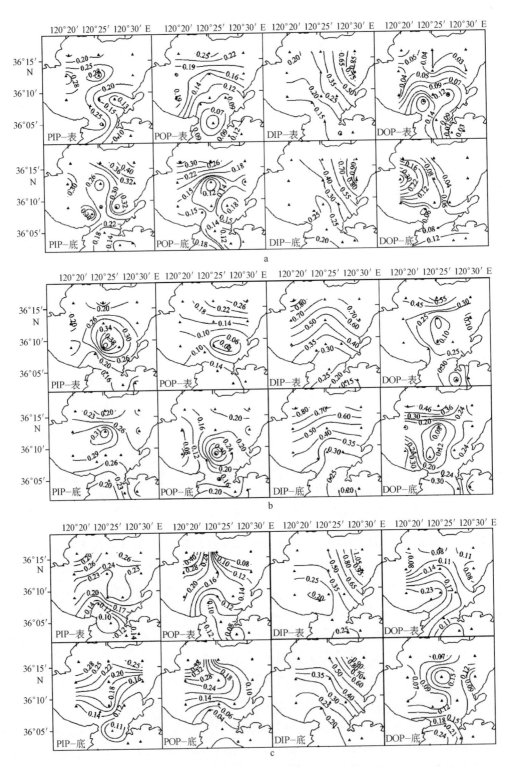

图 13.13　胶州湾不同形态磷浓度的水平分布（μmol/L）

以 2001 年 8 月 27－28 日（a）、2001 年 10 月 20－21 日（b）和 2003 年 5 月 9－10 日（c）航次为例

2001 年 10 月 21 – 22 日航次处于秋季，各形态磷的分布与夏季 3 个航次对比有较大差异。DIP 呈现北高南低的特征，东西部无明显差异，中部略低，平均浓度高于夏季；DOP 浓度也比夏季有明显增高，呈现北高南低的特征，但东北部浓度较低；PIP 浓度在中部存在高值区，浓度水平与 8 月 27 – 28 日航次相当；POP 浓度分布特征与 8 月 27 – 28 日航次相似，浓度水平相当（见图 13.13）。溶解态磷对总磷的贡献较夏季明显增高，成为水体中磷的主要存在形态。

2002 年秋季航次中，DIP 浓度分布特征与 2001 年 10 月 21 – 22 日航次分布特征相似，呈现北高南低的分布特征，东、西部无明显差异，在湾中部存在低值区，底层与表层分布相似；DOP 表层浓度分布与 DIP 相似，底层在东北部有一高值区；PIP 和 POP 的分布呈现四周高中部低的特征，除了在东北、西北部浓度较高外，在湾口处也存在高值区（见图 13.13）。表、底层水体中 DIP、PIP 和 POP 的浓度相差不大，而 DOP 的浓度底层略低于表层。溶解态磷占总磷的 69%，是水体中磷的主要存在形态。

2003 年 5 月有两个航次。其中，在 5 月 9 – 10 日航次 DIP 的浓度分布特征呈现东北高西南低的特征；DOP 呈现西高东低的特征；PIP、POP 的浓度分布呈现北高南低的特征，在湾口处存在低值区（见图 13.13）。DIP、DOP、PIP 表、底层浓度无明显差异，POP 浓度表层略高于底层。溶解态磷占总磷的 59%，是水体中磷的主要存在形态。

2003 年 5 月 19 – 20 日航次，DIP、PIP、POP 的浓度分布与 5 月 9 – 10 日航次相似；DOP 浓度呈现北高南低的特征（见图 13.13）。DIP 表层浓度比底层约高 25%，DOP、PIP 浓度底层是表层的 20% ~ 55%，而 POP 表、底层浓度无明显差异。溶解态磷占总磷的 68%，是水体中磷的主要存在形态。

胶州湾水体中磷的浓度在北部，特别是东北和西北部出现高值与河流输入有关，也与叶绿素和浮游植物丰度变化一致。DIP 浓度的平面分布呈现北高南低的特征，尤其是在东北部的李村河和墨水河河口附近，长年存在一个 DIP 浓度的高值区，这主要与河流输入和水的逗留时间有关（Liu et al.，2005a）。DOP 浓度的分布主要受生物活动的影响，近岸区水体中虽然高浓度营养盐可满足生物生长需要，但相对较高的浊度也抑制了光合作用。因此，DOP 高值区出现在湾中部，与胶州湾的藻密度分布相一致。胶州湾水体中 PIP 和 POP 的平面分布呈现北高南低的特征，PIP 和 POP 的浓度与 SPM 浓度有很好的相关性（图 13.14），表明近岸 PIP 和 POP 的高值区是由于陆源输入带来的大量泥沙引起的（例如：胶州湾周边河流中 SPM、PIP 和 POP 浓度分别为 30 ~ 670 mg/L、0.6 ~ 13.3 μmol/L 和 0.7 ~ 13.6 μmol/L）。Fang（2004）发现，东海 PIP 浓度也有近岸高外海底的特征，而且 PIP 浓度与 SPM 浓度也有很好的相关性。胶州湾底层水体中 PIP 和 POP 的浓度与表层没有显著差别。据现场观测，波浪（注：正常天气下波高小于 0.3 m）和潮流（注：实测最大流速仅为 79 cm/s）动力较弱，床底沉积物再悬浮作用不强，因此表、底层 PIP 和 POP 浓度相差不大。与 2003 年观测相比，2001 年航次中，胶州湾表、底层水体中 PIP 和 POP 浓度具有明显的大小潮变化规律，大潮期间 PIP 和 POP 浓度较小潮期间的高 20% ~ 60%，这与潮汐情况相近的 Scheldt 河口的情况(Fettweis et al.，1998)相似，这是因为大潮流速的增强使更多的底泥进入悬浮状态(Grabemann et al.，1997)，这也导致了大潮期间表、底层 PIP 和 POP 浓度差值大于小潮期间。

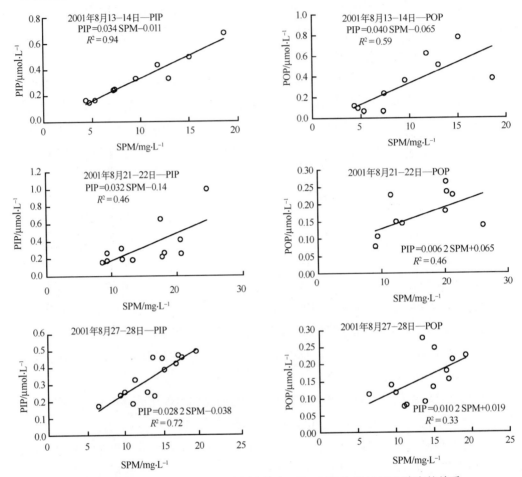

图 13.14　2001 年 8 月 3 个航次表层水体中 PIP、POP 浓度与 SPM 浓度的关系

13.5.2　磷的周日变化

2001 年，分别在大、小潮期间在位于湾中部的 M 站进行了 24 h 的连续观测。在一个潮周期内，DIP 没有明显的周期性变化，DOP 在观测期间浓度低于检测下限，但 PIP 和 POP 随潮位有明显的周期变化(见图 13.15)。PIP 和 POP 浓度在涨潮时随着潮位的增高而增加，在最高潮时，PIP 和 POP 浓度达最大值；在落潮时随潮位降低而减小，在低潮时达到最小值。高潮时 PIP 和 POP 浓度大约是低潮时 PIP 和 POP 浓度的 1.5～3 倍。小潮期间 PIP 和 POP 浓度随潮位的周期性变化比大潮期间更明显。

2002 年，在位于湾口处的 D4－2 站进行了 24 h 的连续观测。各形态磷随潮位的变化趋势与 2001 年的观测结果相似：DIP 和 DOP 随潮位无明显的周期性变化，PIP 和 POP 的浓度随时间的变化与潮位相同。高潮时PIP浓度大约是低潮的2~5倍，POP浓度约是低潮的1.5~4倍。在观测期间，胶州湾水流的流速也具有明显的涨落潮周期变化，且流速的峰值与潮位的峰值基本一致。高潮时流速的增强使得床底更多的泥沙进入悬浮状态，从而使得水体中PIP和POP的浓度相应地增大，这说明PIP和POP随潮位的变化是受潮流周期性变化引起的沉降－再悬浮过程的控制。

13.5.3 胶州湾中磷的季节变化

图13.16描述了胶州湾表、底层水体中各形态磷的季节变化规律。春季和秋季，水体中DIP的浓度较夏季的高约50%，与浮游植物的数量变化（孙军等，2000）有关。春季水体中DIP浓度较低，无法满足浮游植物摄食需要，导致浮游植物细胞数量较低，同时浮游动物在该季节大量繁殖（刘东艳等，2002）也是造成浮游植物细胞数量较低的原因；夏季胶州湾周边河流径流量明显增大（戚晓红，2005），同时带来了浮游植物进行

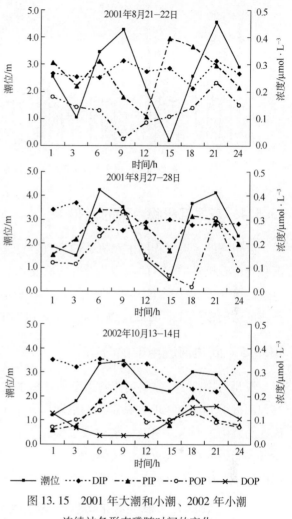

图13.15 2001年大潮和小潮、2002年小潮
连续站各形态磷随时间的变化

光合作用所需的磷酸盐，因此夏季浮游植物数量明显增高，消耗了水体中的DIP；秋季水体中DIP浓度持续增高，浮游植物细胞数量也相应增加。胶州湾中DOP随季节的变化规律比DIP明显，春、秋季DOP、POP的浓度约为夏季的2~3倍。与DIP和DOP不同，夏季PIP和POP的含量为春、秋季的1.5倍。春、秋季溶解态磷的浓度高于夏季，而颗粒态磷的浓度夏季高于春季和秋季。相应地，夏季浮游植物的细胞数量是春、秋季的2倍（刘东艳，2004），表明浮游植物的生物量是影响各形态磷的水平的重要因子。夏季径流量增加携带了大量磷入海，浮游植物生物量相应增加，引起颗粒态磷增加、溶解态磷相应地降低。

胶州湾磷的组成亦呈显著的季节变化。夏季，DIP与PIP相似，占总磷的30%~34%，POP占25%，DOP占11%；春、秋季，DIP占总磷的41%~45%，DOP、PIP和POP各占15%~24%。

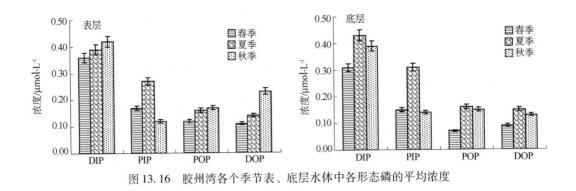

图 13.16　胶州湾各个季节表、底层水体中各形态磷的平均浓度

13.5.4　表层沉积物中磷的分布

胶州湾的表层沉积物中无机磷(TIP)的浓度为 150~250 μg/g，平均为 180 μg/g；表层沉积物中有机磷(TOP)的浓度为 60~200 μg/g，平均为 120 μg/g。其中，TIP 占沉积物中总磷的 60%，是表层沉积物中磷的主要存在形态。沉积物中磷以无机态为主，这与渤海和黄海的结果相似(Liu et al.，2004a)。TIP 和 TOP 均呈北高南低的特点。

13.5.5　周边河流中磷的分布

胶州湾周边 5 条主要河流各形态磷在枯水期和丰水期的浓度列于表 13.12。除洋河外，其他河流中 PIP 和 POP 在枯水期的浓度均大于丰水期。白沙河、洋河和大沽河中，颗粒态磷在总磷中占 50%~90%，磷主要以颗粒态的形式存在。由于人为污染，李村河和墨水河中各形态磷的浓度大大高于其他河流，尤其是 DIP 的浓度是其他河流的几十至几百倍，且 DIP 对总磷的贡献为 61%~90%，成为李村河和墨水河中磷的主要存在形态。

表 13.12　2002 年胶州湾周边河流枯、丰水期各形态磷的平均浓度(μmol/L)

河流	枯水期				丰水期			
	DIP	DOP	PIP	POP	DIP	DOP	PIP	POP
白沙河	1.90	0.30	0.70	0.92	0.60	0.70	0.70	0.89
洋　河	0.054	1.20	0.60	0.74	0.27	1.00	7.22	7.42
大沽河	0.096	0.40	3.63	2.96	0.67	0.60	1.84	1.02
李村河	90.1	0.03	13.2	13.3	60.5	17.3	3.01	4.15
墨水河	33.5	47.4	6.77	13.6	63.9	17.3	4.23	1.90

13.5.6　胶州湾水体中磷在颗粒态和溶解态之间的分配

河流输送的磷主要是以颗粒态的形式存在，在某些河流中可达到 90%(Martin and Meybeck，1979；Fang，2004)，从而使得颗粒态磷成为一些河口区磷的主要存在形态(Lebo and Sharp，1992；Conley et al.，1995)。胶州湾中 PP 占 TP 的 30%~75%，湾西部 PP

在 TP 中占的比例高于湾东部，大约是东部的 1.5 ~ 2.4 倍。原因主要有两个方面：（1）位于胶州湾西部的大沽河在所有周边河流中的径流量和含沙量最大，每年有 95.92×10^4 t 泥沙从大沽河排入胶州湾中，从而带来了大量的颗粒态磷，同时大沽河中 DIP 的浓度相对较低，使得 PP 在 TP 中占的比例较高；（2）在湾东部虽然有李村河等河流输入，PP 浓度也很高，但由于李村河等河流带来的大量的 DIP 使得湾东部磷主要以 DIP 形态存在，所以 PP 在 TP 中所占的比例相对较低。在 PP 中，POP 占 PP 的 35% ~ 55%，表明 POP 是胶州湾水体中磷的主要存在形态。在胶州湾 POP 对 PP 贡献较高的主要原因是胶州湾沿岸有大量非矿物性颗粒通过排污和垃圾堆放的形式排入胶州湾，2001 年做大面调查时发现，有些岸段是垃圾成山，污水成溪。磷在溶解态和颗粒态之间的分配可以用分配系数 K_D 来表征（Prastka et al.，1998）。利用分配系数可以使元素浓度在溶解态和颗粒态之间的分配关系量化，其中 $K_D = PIP/DIP(L/g)$。胶州湾 K_D 值的变化范围是 65 倍，与调查站位和季节有关，2001 年夏季，特别是 8 月 13 – 14 日航次受两次暴雨的影响，K_D 值最高（13 ~ 466 L/g）。2003 年 5 月 K_D 值为 16 ~ 152 L/g，2001 和 2002 年秋季 K_D 值为 7.2 ~ 136 L/g。

胶州湾周边河流的 K_D 值的变化范围较大，洋河和大沽河 K_D 为 69 ~ 208 L/g，白沙河 K_D 值为 15 ~ 202 L/g，李村河和墨水河为 0.3 ~ 3.1 L/g。位于胶州湾西部的洋河、大沽河的输沙量较高，PIP 和 POP 的输送通量较高，在总磷中所占比例较大，所以 K_D 值相对较高，并且与世界上一些代表性河流，例如 Humber（Prastka，1992）、Amazon（Edmond et al.，1981）、Zaire（Bennekom et al.，1978）、Tay（Laslett，1993）等，相比处于较高水平。位于胶州湾东部的李村河和墨水河中 DIP 浓度很高，在总磷中所占比例较大，因此 K_D 值相对较低，并且与世界上一些代表性河流相比处于较低水平。悬浮颗粒物可认为是溶解磷的一种缓冲剂，河口悬浮颗粒物能从富磷水中吸附磷酸盐，同时，也能在低磷水中将磷酸盐释放出来，这样就使磷酸盐浓度保持一个相对恒定的范围。若胶州湾周边河流中存在磷的缓冲机制，则在 DIP 浓度比较低的大沽河和洋河河口，DIP 可从悬浮颗粒物中解吸出来使得河口区 DIP 浓度增加，而在 DIP 浓度较高的李村河和墨水河河口，DIP 可被悬浮颗粒物吸附。DIP 在不同河口区具有不同的化学行为。虽然在过去 20 年中，受人为活动的影响，河流（注：特别是位于胶州湾东部的河流）输送的磷大量增加（戚晓红，2005），但随着河流中 DIP 浓度的增大，由于 DIP 被颗粒物的吸附，水体中 DIP 浓度变化并不显著。

13.5.7　胶州湾总磷的收支

在前面建立的磷酸盐的收支模型基础上，采用 Calvert（1983）建立的磷的收支模型，包括磷的外部来源和内部循环，两者之差为沉积项。胶州湾中磷的外部来源主要包括河流输送、大气沉降和与黄海之间的交换。白沙河、大沽河、洋河、李村河和墨水河为胶州湾周边 5 条主要河流，已知河流的径流量、含沙量以及河流中磷的浓度，可以估算出每年通过河流向胶州湾输送磷的量。白沙河、洋河、大沽河、李村河和墨水河 DIP 入海通量分别为 0.54、0.48、11.1、20.6、57.4 t/a，DOP 入海通量分别为 0.63、1.73、9.94、5.89、

15.5 t/a，TPP 入海通量分别为 1.43、25.4、47.4、2.44、5.51 t/a。由此，大沽河和洋河是胶州湾颗粒态磷的主要来源，李村河和墨水河为胶州湾溶解态磷的主要来源。每年周边河流向胶州湾输送的磷总共有 206.0 t（即：123.9 t 的 TDP 和 82.2 t 的 PP）。大气沉降也是胶州湾水体中磷的来源之一，大气沉降对胶州湾中磷的贡献为 18.9 t/a。污水排放向海湾输送的 TDP 为 103.1 t/a。

胶州湾和黄海 TP 平均浓度分别为 0.96 和 0.75 μmol/L，根据前述 LOICZ 生物地球化学模型，可估算出胶州湾与黄海间总磷的净输出和交换量均是由海湾向外输出，分别为 -18.9 t/a 和 -204.0 t/a，总共为 -222.9 t/a，表明黄海是胶州湾磷的另一个重要来源。由此，可估算出每年埋藏入沉积物中磷的总量为 105.1 t/a。胶州湾沉积物-水界面交换表现为由沉积物向上覆水中迁移，交换通量为 53.7 t/a（Liu et al.，2005a；蒋凤华等，2003；张学雷等，2004）。胶州湾水体中磷的沉降通量为 158.8 t/a。

磷的内部循环包括生物吸收、再矿化、沉降、埋藏和沉积物再生等诸多因素。其中，生物对磷吸收的数量可通过初级生产力估算。胶州湾初级生产力（以碳计）近 20 年并无明显变化，多年平均值为 449 mg/(m²·d)，根据 Redfield 比值（C:P = 106:1），估算出满足生物生长每年所需的磷的量约为 1616 t。磷矿化的量等于生物吸收与沉降量之差，等于 1 457 t/a，这表明每年被生物吸收的磷中有 90% 将重新回到水体中被循环利用。胶州湾水体中磷的循环的各环节之间的平衡关系见图 13.17。

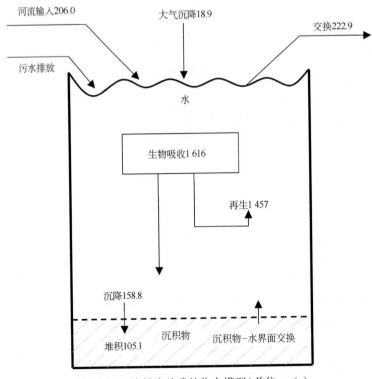

图 13.17　胶州湾总磷的收支模型（单位：t/a）

综上所述，胶州湾水体中各形态磷除 DOP 高值区位于湾中部外都呈现北高南低的特征，东北和西北部浓度较高。TPP 在 TP 中所占比例较大。PIP 和 POP 主要受潮流周期性变化引起的沉降－再悬浮过程的控制。各形态磷的浓度有明显的季节变化特点，与胶州湾浮游植物生物量有较好的相关关系。磷在溶解态和颗粒态中的分配对磷的组成具有调节作用。河流输送是胶州湾磷的最主要来源，占总磷输送的 63%，其次是污水排放占 31%，大气沉降占 6%。胶州湾中满足浮游植物生长每年所需的磷的量中有 90% 回到水体中被重新利用。

参考文献

陈时俊，孙文心，王化桐. 1982. 胶州湾环流和污染扩散的数值模拟：Ⅱ. 污染浓度的计算. 山东海洋学院学报，12(4)：1－12.

郭玉洁，杨则禹. 1992. 胶州湾浮游植物//刘瑞玉. 胶州湾生态学和生物资源. 北京：科学出版社：136－139.

郝建华，霍文毅，俞志明. 2000. 胶州湾增养殖海域营养状况与赤潮形成的初步研究. 海洋科学，24(4)：37－41.

霍文毅，俞志明，邹景忠，等. 2001. 胶州湾浮动弯角藻赤潮生消动态过程及其成因分析. 水产学报，25(3)：222－226.

焦念志，等. 2001. 海湾生态过程与持续发展. 北京：科学出版社.

蒋凤华，王修林，石晓勇，等. 2003. 胶州湾海底沉积物海水界面磷酸盐交换速率和通量研究. 海洋科学，27(5)：50－54.

蒋凤华，王修林，石晓勇，等. 2002. 胶州湾海底沉积物海水界面硅酸盐交换速率和通量研究. 中国海洋大学学报，32(6)：1012－1018.

李德仁. 1988. 胶州湾环境污染与防治对策初探. 海洋环境科学，7(2)：44－45.

刘东艳. 2004. 胶州湾浮游植物与沉积物中硅藻群落结构演替的研究(博士论文). 青岛：中国海洋大学.

刘东艳，孙军，钱树本. 2002. 胶州湾浮游植物研究：Ⅱ. 环境因子对浮游植物群落结构变化的影响. 青岛海洋大学学报，32(3)：415－421.

刘东艳，孙军，张利永. 2003b. 胶州湾浮游植物水华期群落结构特征. 应用生态学报，14(11)：1963－1966.

刘福寿，王揆洋. 1992. 胶州湾沿岸河流及其地质作用. 海洋科学(1)：25－27.

刘哲. 2004. 胶州湾水体交换与营养盐收支过程数值模型研究(博士论文). 青岛：中国海洋大学.

卢敏，张龙军，李超，等. 2001. 1999 年 7 月胶州湾东部赤潮生消过程生态环境要素分析. 黄渤海海洋，19(4)：43－50.

戚晓红. 2005. 中国近海部分典型海域磷的生物地球化学研究(硕士论文). 青岛：中国海洋大学.

孙军，刘东艳，钱树本. 2000. 浮游植物生物量研究：Ⅱ. 胶州湾网采浮游植物细胞体积转换生物量. 海洋学报，22(1)：102－109.

孙松，刘桂梅，张永山，等. 2002. 90 年代胶州湾浮游植物种类组成和数量分布特征. 海洋与湖沼，海洋动物研究专集：37 – 44.

王荣，焦念志，李超伦，等. 1995. 胶州湾的初级生产力和新生产力. 海洋科学集刊，36：181 – 194.

吴玉霖，孙松，张永山. 2005. 环境长期变化对胶州湾浮游植物群落结构的影响. 海洋与湖沼，36(6)：487 – 498.

杨东方. 1999. 生源要素硅、光和水温对浮游植物生长的影响(博士论文). 青岛：中国科学院海洋研究所.

杨世伦，陈启明，朱骏，等. 2003. 半封闭海湾潮间带部分围垦后纳潮量计算的商榷——以胶州湾为例. 海洋科学，27(8)：43 – 47.

印萍，路应贤. 2000. 胶州湾的环境演变及可持续利用. 海岸工程，19(3)：14 – 22.

俞光耀，陈时俊. 1983. 胶州湾环流和污染扩散的数值模拟：Ⅲ. 胶州湾拉格朗日余流与污染物质的迁移. 山东海洋学院学报，13(1)：1 – 12.

张金良，于志刚，张经，等. 2000. 黄海西部大气湿沉降(降水)中各元素沉降通量的初步研究. 环境化学，19(4)：352 – 356.

张均顺，沈志良. 1997. 胶州湾生源要素结构变化的研究. 海洋与湖沼，28(5)：529 – 535.

张学雷，朱明远，汤庭耀，等. 2004. 桑沟湾和胶州湾夏季的沉积物 – 水界面营养盐通量研究. 海洋环境科学，23(1)：1 – 4.

Aller R C, Mackin J E, Ullman W J, et al. 1985. Early chemical diagenesis, sediment-water exchange, and storage of reactive organic matter near the mouth of the Changjiang, East China Sea. Continental Shelf Research, 4：227 – 251.

Asmus R M, Jensen M H, Jensen K M, et al. 1998. The role of water movement and spatial scaling for measurement of dissolved inorganic nitrogen fluxes in intertidal sediments. Estuarine, Coastal and Shelf Science, 46：221 – 232.

Aspila K I, Agemian H, Chau A S Y. 1976. A semiautomated method for the determination of inorganic, organic and total phosphorus in sediment. Analyst, 101：187 – 197.

Aubry F B, Acri F. 2004. Phytoplankton seasonality and exchange at the inlets of the Lagoon of Venice (July 2001 – June 2002. Journal of Marine Systems, 51：65 – 76.

Bennekom A J, Berger G W, Helder W, et al. 1978. Nutrients distributions in the Zaire estuary and river plume. Neth J Sea Res, 12：296 – 323.

Boesch D F. 2002. Challenges and opportunities for science in reducing nutrient over – enrichment of coastal ecosystems. Estuaries, 25：886 – 900.

Brzezinski M A., Nelson D M. 1989. Seasonal changes in the silicon cycle within a Gulf Stream warm-core ring. Deep-Sea Research, 36 (7)：1009 – 1030.

Brzezinski M A, Nelson D M. 1996. Chronic substrate limitation of silica production in the Sargasso Sea. Deep – Sea Research Ⅱ, 43：437 – 453.

Brzezinski M A. 1985. The Si: C: N ratio of marine diatoms：interspecific variability and the effect of some environmental variables. Journal of Phycology, 2：347 – 357.

Calvert S E. 1983. Sedimentary geochemistry of silicon//Anton S E. Silicon Geochemistry and Biogeochemistry. London：Academic Press：143 – 186.

Cappellen P V, Qiu L. 1997. Biogenic silica dissolution in sediments of the Southern Ocean: Ⅰ. Solubility. Deep-Sea Research Ⅱ, 44 (5): 1109 – 1128.

Cloern J E. 2001. Review. Our evolving conceptual model of the coastal eutrophication problem. Marine Ecology Progress Series, 210: 223 – 253.

Conley D J. 1997. Riverine contribution of biogenic silica to the oceanic silica budget. Limnology and Oceanography, 42 (4): 774 – 777.

Conley D J. 2002. Terrestrial ecosystems and the global biogeochemical silica cycle. Global Biogeochem Cycles, 16(4): 1121, doi: 10. 1029/2002GB001894.

Conley D J, Schelske C L, Stoermer E F. 1993. Modification of the biogeochemical cycle of silica with eutrophication. Marine Ecology Progress Series, 101: 179 – 192.

Conley D J, Smith W M, Cornwell J C. 1995. Transformation of particle – bound phosphorus at the land-sea interface. Estuarine Coastal and Shelf Science, 40: 161 – 176.

D'Elia C F, Nelson D M., Boynton W R. 1983. Chesapeake Bay nutrient and plankton dynamics: Ⅲ. The annual cycle of dissolved silicon. Geochimica et Cosmochimica Acta, 47: 1945 – 1955.

De La Rocha C L, Brzezinski M A, DeNiro M J, et al. 1998. Silicon-isotope composition of diatoms as an indicator of past oceanic change. Nature, 395: 680 – 683.

DeMaster D J. 1981. The supply and accumulation of silica in the marine environment. Geochimica et Cosmochimica Acta, 45: 1715 – 1732.

DeMaster D J. 2002. The accumulation and cycling of biogenic silica in the Souther Ocean: revisiting the marine silica budget. Deep-Sea Research, 49: 3155 – 3167.

DeMaster D J, Ragueneau O, Nittouer C A. 1996. Preservation efficiencies and accumulation rates for biogenic silica and organic C, N, and P in high-latitude sediments: The Ross Sea. Journal of Geophysical Research, 101 (C8): 18501 – 18518.

Dortch Q, Whitledge T E. 1992. Does nitrogen or silicon limit phytoplankton production in the Mississippi River plume and nearby regions? Continental Shelf Research, 12: 1293 – 1309.

Dortch Q, Rabalais N N, Turner R E, et al. 2001. Impacts of changing Si/N ratios and phytoplankton species composition//Rabalais N N, Turner R E. Coastal Hypoxia: Consequences for Living Resources and Ecosystems. Coastal and Estuarine Studies 58. American Geophysical Union, Washington D C: 37 – 48.

Edmond, J M, Boyle E A, Grant R. 1981. The chemical mass balance in the Amazon plume1: the nutrients, Deep-Sea Research, 28: 1339 – 1374.

Fang T H. 2004. Phosphorus speciation and budget of the East China Sea. Continenta Shelf Research, 24: 1285 – 1299.

Fettweis M, Sae M, Monbaliu J. 1998. Seasonal, neap-spring and tidal variation of cohesive sediment concentration in the Scheldt Estuary, Belgium. Estuarine Coastal and Shelf Science, 47: 21 – 36.

Garuda V M, Sarma V V. 1997. Biogenic silica in the Bay of Bengal during the southwest monsoon. Oceanologica Acta, 20 (3): 493 – 500.

Gordon D C, Boudreau P R, Mann K H, et al. 1996. LOICZ Biogeochemical Modelling Guidelines. LOICZ Reports and Studies 5, LOICZ, Texel, The Netherlands.

Grabemann I, Uncles R J, Krause G, et al. 1997. Behaviour of turbidity maxima in the Tamar (UK) and Weser (FRG) Estuaries. Estuarine Coastal and Shelf Science, 45(2): 235 – 246.

Gupta G V M, Sarma V V. 1997. Biogenic silica in the Bay of Bengal during the southwest monsoon. Oceanologica Acta, 20 (3): 493 – 500.

Heiskanen A-S, Keck A. 1996. Distribution and sinking rates of phytoplankton, detritus, and particulate biogenic silica in the Laptev Sea and Lena River (Arctic Siberia). Marine Chemistry, 53: 229 – 245.

Humborg C, Ittekkot V, Cociasu A, et al. 1997. Effect of Danube River dam on Black Sea biogeochemistry and ecosystem structure. Nature, 386: 385 – 388.

Jennerjahn T C, Ittekkot V, Klöpper S, et al. 2004. Biogeochemistry of a tropical river affected by human activities in its catchment: Brantas River estuary and coastal waters of Madura Strait, Java, Indonesia. Estuarine, Coastal and Shelf Science, 60: 503 – 514.

Kamatani A, Takano M. 1984. The behavior of dissolved silica during the mixing of river and sea waters in Tokyo Bay. Estuarine Coastal and Shelf Science, 19: 505 – 512.

Koning E, Brummer G-J, Raaphorst W V, et al. 1997. Settling, dissolution and burial of biogenic silica in the sediments off Somalia (northwestern Indian Ocean). Deep-Sea Research II, 44 (6/7): 1341 – 1360.

KORDI. 1988. Study on water circulation and material flux in the Yellow Sea. Report of Korea Ocean Research & Development Institute, BSPN97357 – 03 – 1100 – 4, Anshan, Korea.

Laslett R E. 1993. Dissolved and particulate trace metals in the Eorth and Tay estuaries. Ph. D. thesis, University of Edinburgh, Edinburgh, U. K.

Lebo M E, Sharp J H. 1992. Modeling phosphorus cycling in a well mixed coastal plain estuary. Estuarine, Coastal and Shelf Science, 35: 235 – 252.

Leynaert A, Tréguer P, Queguiner B, et al. 1991. The distribution of biogenic silica and the composition of particulate organic matter in the Weddle-Scotia Sea during spring 1988. Mar Chem 35: 435 – 447.

Liu S M, Zhang J, Chen S Z, et al. 2003b. Inventory of nutrient compounds in the Yellow Sea. Continental Shelf Research, 23: 1161 – 1174.

Liu S M, Zhang J, Chen H T, et al. 2005a. Factors influencing nutrient dynamics in the eutrophic Jiaozhou Bay, North China. Progress in Oceanography, 66: 66 – 85.

Liu S M, Zhang J, Li R X. 2005b. Ecological significance of biogenic silica in the East China Sea. Marine Ecology Progress Series, 290: 15 – 26.

Liu S M, Zhang J, Chen H T, et al. 2004b. Benthic nutrient recycling in shallow coastal waters of the Bohai. Chinese Journal of Oceanology and Limnology, 22 (4): 365 – 372.

Liu S M, Ye X W, Zhang J, et al. 2002. Problems with biogenic silica measurement in marginal seas. Marine Geology, 192: 383 – 392.

Liu S M, Zhang J, Jiang W S. 2003a. Pore water nutrient regeneration in shallow coastal Bohai Sea, China. Journal of Oceanography, 59: 377 – 385.

Liu S M, Zhang J, Li D J. 2004a. Phosphorus cycling in sediments of the Bohai and Yellow Sea. Estuarine, Coastal and Shelf Science, 59: 209 – 218.

Liu Z, Wei H, Liu G, et al. 2004c. Simulation of water exchange in Jiaozhou Bay by average residence time approach. Estuarine, Coastal and Shelf Science, 61(1): 25 – 35.

Liu S M, Li X N, Zhang J, et al. 2007. Nutrient dynamics in Jiaozhou Bay. Water, Air & Soil Pollution: Focus, 7(6): 625 – 643.

Liu S M, Ye X W, Zhang J, et al. 2008. The silicon balance in Jiaozhou Bay, North China. Journal of Marine Systems, 74: 639 – 648.

Liu S M, Zhu B D, Zhang J, et al. 2010. Environmental change in Jiaozhou Bay recorded by nutrient components in sediments. Marine Pollution Bulletin, 60: 1591 – 1599.

Martin J M, Meybeck M. 1979. Elemental mass-balance of material carried by major world rivers. Marine Chemistry, 7: 173 – 206.

Morgan E. 1991. Chemometrics: Experimental Design. Analytical Chemistry by Open Learning. John Wiley & Sons Ltd, Chichester, England.

Mortlock R A, Froelich P N. 1989. A simple method for the rapid determination of biogenic opal in pelagic marine sediments. Deep-Sea Research, 36(9): 1415 – 1426.

Nelson D M, Goering J J. 1978. Assimilation of silicic acid by phytoplankton in the Baja California and the northwest Africa upwelling systems. Limnology and Oceanography, 23: 508 – 517.

Nelson D M, Smith Jr W O. 1986. Phytoplankton bloom dynamics of the western Ross Sea ice-edge: II. Mesoscale cycling of nitrogen and silicon. Deep – Sea Res, 33: 1389 – 1412.

Nelson D M, Brzezinski M A, Sigmon D E, et al. 2001. A seasonal progression of si limitation in the Pacific sector of the Southern Ocean. Deep-Sea Research II, 48: 3973 – 3995.

Nelson D M, DeMaster D J, Dunbar R B, et al. 1996. Cycling of organic carbon and biogenic silica in the Southern Ocean: estimates of water – column and sedimentary fluxes on the Ross Sea continental shelf. J Geophys Res, 101: 18519 – 18532.

Nelson D M, Smith Jr W O, Gordon L I, et al. 1987. Spring distributions of density, nutrients and phytoplankton biomass in the ice-edge zone of the Weddell-Scotia Sea. Journal of Geophys Res, 92: 7181 – 7190.

Nelson D M, Anderson R F, Barber R T, et al. 2002. Vertical budgets for organic carbon and biogenic silica in the Pacific Sector of the Southern Ocean, 1996 – 1998. Deep-Sea Res Part II, 49: 1645 – 1674.

Nixon S W. 1995. Costal marine eutrophication: A definition, social causes, and future concerns. Ophelia, 41: 199 – 219.

Prastka K E. 1992. The concentration and speciation of particulate phosphorus in the Humber estuary. M. Sc. Thesis, University of Leeds, Leeds, U. K.

Prastka K, Sanders R, Jickrl T. 1998. Has the role of estuaries as sources or sink of dissolved inorganic phosphorus changed over time? Results of a Kd study. Marine Pollution Bulletin, 36: 718 – 728.

Qi X H, Liu S M, Zhang J, et al. 2011. Cycling of phosphorus in the Jiaozhou Bay. Acta Oceanologica Sinica, 30 (2): 62 – 74.

Rabalais N N, Turner R E, Justic D, et al. 1996. Nutrient changes in the Mississippi River and system responses on the adjacent continental shelf. Estuaries and Coasts, 19 (2B): 386 – 407.

Rabouille C, Gaillard J-F, Tréguer P, et al. 1997. Biogenic silica recycling in surficial sediments across the Polar Front of the Southern Ocean (Indian Sector). Deep-Sea Research II, 44 (5): 1151 – 1176.

Ragueneau O, Tréguer P. 1994. Determination of biogenic silica in coastal waters: applicability and limits of the alkaline digestion method. Marine Chemistry, 45: 43 – 51.

Ragueneau O, Gallinari M, Corrin L, et al. 2001. The benthic silica cycle in the Northeast Atlantic: annual mass balance, seasonality, and importance of non-steady-state processes for the early diagenesis of biogenic opal in deep-sea sediments. Progress in Oceanography, 50: 171 – 200.

Ragueneau O, Tréguer P, Anderson R F, et al. 2000. A review of the Si cycle in the modern ocean: recent progress and missing gaps in the application of biogenic opal as a paleoproxy. Global and Planetary Change, 543: 315 – 366.

Ragueneau O, Varela E D B, Tréguer P, et al. 1994. Phytoplankton dynamics in relation to the biogeochemical cycle of silicon in a coastal ecosystem of Western Europe. Mar Ecol Prog Ser, 106: 157 – 172.

Ren J L, Zhang J, Luo J Q, et al. 2001. Improved fluorimetric determination of dissolved aluminium by micelle – enhanced lumogallion complex in natural waters. The Analyst, 126: 698 – 702.

Schlüter M, Sauter E. 2000. Biogenic silica cycle in surface sediments of the Greenland Sea. Marine System, 23 (4): 333 – 342.

Schlüter M, Rutgers van der Loeff M M, Holby O, et al. 1998. Silica cycle in surface sediments of the South Atlantic. Deep-Sea Research I, 45: 1085 – 1109.

Shen Z-L. 2001. Historical changes in nutrient structure and its influences on phytoplankton composition in Jiaozhou Bay. Estuarine, Coastal and Shelf Science, 52: 211 – 224.

Tréguer P, Gueneley A, Kamatani A. 1988. Biogenic silica and particulate organic matter from the Indian sector of the Southern Ocean. Marine Chemistry, 23: 167 – 180.

Tréguer P, Nelson DM, Gueneley S. 1990. The distribution of biogenic and lithogenic silica and the composition of particulate matter in the Scotia Sea and the Darke Passage during autumn 1987. Deep-Sea Research, 37 (5): 833 – 851.

Tréguer P, Nelson D M, Van Bennekom A J, et al. 1995. The silica balance in the world ocean: a reestimate. Science 268: 375 – 379.

Turner R E. 2002. Element ratios and aquatic food webs. Estuaries, 25: 694 – 703.

Turner R E, Rabalais N N. 1994. Coastal eutrophication near the Mississippi river delta. Nature, 368: 619 – 621.

Turner R E, Qureshi N, Rabalais N N, et al. 1998. Fluctuating silicate: nitrate ratios and coastal plankton food webs. Proceedings National Academy of Science, USA, 95: 13048 – 13051.

Turner R E, Rabalais N N, Justi c D, et al. 2003. Future aquatic nutrient limitations. Marine Pollution Bulletin, 46: 1032 – 1034.

Valiela I, Collins G, Kremer J, et al. 1997. Nitrogen loading from coastal watersheds to receiving estuaries: new method and application. Ecological Applications, 7: 358 – 380.

Yang S L, Meng Y, Zhang J, et al. 2004. Suspended particulate matter in Jiaozhou Bay: Properties and variations in response to hydrodynamics and pollution. Chinese Science Bulletin, 49(1): 91 – 97.

Zhang J. 2007. Watershed nutrient loss and eutrophication of marine recipients: A case study of the Jiaozhou Bay. Water, Air, and Soil Pollution: Focus, 7: 583 – 592.

第十四章
胶州湾溶解态铝、砷的生物地球化学行为

14.1　前言

铝作为地表岩石中的重要元素成分，与地壳中的其他金属元素之间具有相对稳定的化学计量关系，且不随岩石的成因与矿物组成发生显著改变。天然水体中的铝主要来自地表岩石的风化和侵蚀作用。由于铝硅酸盐的低溶解度及其在海洋中停留时间较短等原因，河流、近岸海水及开阔大洋中溶解态铝的浓度较低，分别为 50、10、< 1 μg/L（Martin and Meybeck，1979；Measures and Edmond，1988）。在近岸海域溶解态铝主要来源于河流的输送，除个别受酸雨影响严重的地区，人为活动对其影响较小（Nelson and Campell，1991）。开阔大洋中溶解态铝中主要源于风成颗粒物的溶解（Maring and Duce，1987）和大洋底层水的贡献（例如：海底的火山和热液活动），其分布可用于示踪陆源物质输入及不同水团的运动（Orians and Bruland，1986；Measures and Edmond，1988）。国外对于太平洋（Orians and Bruland，1985，1986）、大西洋（Hydes，1979；Measures et al.，1984，1986；Measures and Edmond，1990；Mearsures，1995；Hall and Measures，1998；Vink and Measures，2001；Kramer et al.，2004）、南极和北极海区（Moore，1981；Measures，1999）、地中海（Hydes et al.，1988；Measures and Edmond，1988）和印度洋（Upadhyay and Sen Gupta，1994；Measures and Vink，1999；Obata et al.，2004）等海域均有关于溶解态铝的研究报道，溶解态铝的海洋生物地球化学行为因海区不同而有较大的差异。

在过去的 100 年中，由于开矿、金属冶炼、煤炭燃烧、农业除草剂等人类的生产活动向环境中输入的砷不断增加，已经对生态平衡及人类健康造成显著影响，对陆架水生系统中砷的研究已经引起各国科学家的广泛关注（Cullen and Reimer，1989；Nriagu，1994；Kim and Nriagu，2000；Cai et al.，2002）。砷作为一种类金属元素，在天然水体中以多种氧化态及有机砷化合物的形式存在。天然水体中的无机砷主要以五价的砷酸盐［即：As(V)］和三价的亚砷酸盐［即：As(Ⅲ)］的形式存在。过去的研究结果表明，在氧化性水体中砷主要以砷酸盐的形式存在，浓度在 15～25 nmol/L（Cutter et al.，2001；Ellwood and Maher，2002）。由于生物转化/光化学还原等过程，亚砷酸盐也可以在天然水体中存在（Neff，1997）。由于砷酸盐在结构上与磷酸盐的相似性，砷酸盐显示营养盐型的垂直剖面，即具有在表层水体被清除，深层水体再生（Andreae，1979；Sanders，1985；Middelburg et al.，1988；

Santosa et al.，1994，1996，1997；Cutter and Cutter，1998；Cutter et al.，2001）。

由于起步较晚，关于我国各海区溶解态铝含量及分布的报道不多（任景玲等，2003；Ren et al.，2006；谢亮等，2007；Li et al.，2008）。国内许多学者对胶州湾及周边地区的砷已有很多研究（详见第七章），但结果主要集中在讨论胶州湾海水中砷的存在形态、污染状况及对海洋经济生物和人类食品健康的影响，缺乏对胶州湾各种来源砷的分析与讨论。在本章中，将对胶州湾水体中溶解态铝、砷的分布、季节变化及其影响因素进行分析，初步估算了各种输入源对胶州湾溶解态铝、砷的贡献，并估算了溶解态铝的存留时间，建立了简单的砷的通量模型。

14.2 采样与分析方法

14.2.1 胶州湾海水样品的采集与预处理方法

在研究工作中，分别于2001年8月13－14日（小潮，G1）、21日（大潮，G2）及2001年10月20日（大潮，G4）乘坐木壳船，利用"Niskin"采水器在调查船上采集不同深度的样品，采水器在使用前用酒精擦去颗粒物，并用去离子水冲洗干净。采样区域及站位如图14.1所示。

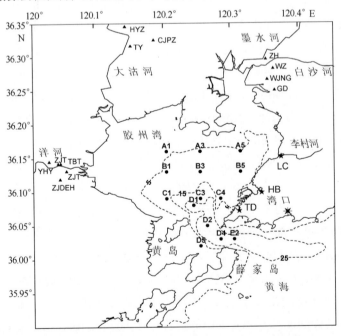

图14.1 胶州湾及周边河流、污水、地下水、大气干湿沉降采样站位

胶州湾大面站采样点（●）；海泊河（HB），团岛（TD），李村河（LC）污水处理厂（★）；
胶州湾周边流域地下水采样点（▲）；大气干、湿沉降采样点：伏龙山（F），胶州湾周边
主要河流：大沽河，洋河，墨水河，白沙河和李村河

采样瓶、样品瓶、滤器等采样及预处理容器预先均用 1:5 的 HCl 浸泡 1 周左右，使用前先后用去离子水、二次蒸馏水和 Milli‐Q 水冲洗干净，装入双层塑料袋中备用。样品采集 2 h 内即在简易洁净工作台中用已处理过的 Satorius 滤器和 0.45 μm 醋酸纤维滤膜(注：预先经 pH=2 的 HCl 溶液浸泡，然后用 Milli‐Q 水洗至中性)过滤，过滤后的水样装入聚乙烯样品瓶中，于 -20℃ 迅速冷冻保存。以上操作均戴一次性塑料手套避免人为因素造成的沾污。

14.2.2 胶州湾周边河流、地下水及污水样品的采集与预处理

分别于 2002 年和 2004 年的 4 月(枯水期)、8 月(丰水期)在胶州湾周边大沽河、李村河、洋河、墨水河和白沙河采集了河流样品。2004 年 4 月和 2004 年 11 月分别在胶州湾周边的海泊河和团岛污水处理厂的污水排放口采集了污水样品。2003 年 12 月和 2004 年 7 月采集了胶州湾周边大沽河、洋河、白沙河流域近胶州湾端 12 个站位的地下水水样(见图 14.1)。以上样品均用 2.5 L 的塑料桶采集，冰块保温，回实验室后过滤，样品 -20℃ 冷冻保存。采样桶、样品瓶、滤器等容器处理方法、样品的预处理及保存方法均与海水样品一致。

14.2.3 干、湿沉降样品的采集与预处理

在青岛市伏龙山气象局监测站设立大气干、湿沉降采样点，由于条件限制二者的采样并没有同步，其采集时间范围分别为 2004 年 2 月至 2005 年 2 月和 2003 年 12 月至 2004 年 8 月。湿沉降所用的采雨器和聚乙烯瓶均先在实验室内用 1:5 的 HCl 浸泡数日，然后依次用去离子水、3 次水、Milli‐Q 水冲洗干净，干燥，用洁净的塑料袋包好，采雨器安装在青岛市气象局伏龙山采样点高处(见图 14.1)，距离地面约 1.5 m 左右，只在降水之前打开，结束后立即取回，若降水量小于 0.5 mm，丢弃，若降水量大于 0.5 mm，则转移至周转瓶中，立即带回实验室过滤，营养盐样品加饱和 $HgCl_2$ 固定，室温避光保存，痕量样品 -20℃ 冷冻保存。采集雨水样品后，采雨器用去离子水冲洗干净，再用塑料袋包好。当降雨量超过 10 mm 时收集样品分析其中 TDIAs 和 As(Ⅲ)的浓度，由于其他原因在夏季有 5 次降雨未分析其中砷的含量。

采集干沉降即气溶胶样品所用的滤膜为已处理好，称重的孔径 0.40 μm 的核孔膜(25 cm×20 cm)。采样器为 KB‐120 型大气采样器，流量约为 120 L/h，通过煤气管连接采样头，采样时间约为 20 h，采样频率为半月一次或两次。采样头平时用塑料袋包好，只在采样时打开，采样结束后在实验室中将滤膜转移到洁净的培养皿内，置于干燥器中，烘干后称重，差减法计算颗粒物的重量。

对于干沉降样品中可溶性成分的预处理，目前应用较为广泛的是先将样品置于一定体积的水或稀酸中直接提取或者使用超声波振荡淋洗，然后测其浓度(徐新华等，1996；张忠山和陆莹，1999；王珉和胡敏，2000)。本章采用了超声波振荡淋洗的方法。自 25 cm×

20 cm 滤膜上裁取直径 47 mm 的圆形膜，用洁净的聚四氟乙烯镊子将滤膜卷起，样品面向里，置于 10 mL 的玻璃离心管中，加入 5 mL Milli – Q 水，放入超声波振荡器中，振荡淋洗 50 min。滤液用直径为 12 mm 的微型滤器过滤，转移至预处理过的样品瓶中待测。对淋溶时间的条件实验结果表明，淋溶时间为 50 min 时，颗粒物中总溶解态无机砷的溶出即达到平衡（Ren et al.，2007）。

14.2.4 表层沉积物间隙水样品的采集与预处理

2004 年 12 月，用抓斗采泥器在胶州湾及周边区域采集表层沉积物，以干净塑料袋封装。在实验室内离心，转速 5 000 r/min，离心时间 20 min。将离心后上层清液用处理过的干净注射器吸出，以 0.45 μm 醋酸纤维滤膜过滤后，–20℃冷冻保存，直至测定。

14.2.5 样品的分析

海水中溶解态铝的测定采用改进的铝 – 荧光镓（Al – LMG）荧光光度法（Zhang et al.，2000），检出限为 0.25 nmol/L。硅酸盐采样方法与痕量铝相同，采样并过滤后加入氯化汞常温避光保存，用硅钼蓝法测定（Mortlock and Froelich，1989）。滤膜在过滤前后分别烘干称重，用来计算悬浮颗粒物（SPM）浓度。

采用氢化物发生 – 原子荧光光度法（HG – AFS）对样品中的总溶解态砷酸盐[TDIAs，As(Ⅲ + V)[和亚砷酸盐[As(Ⅲ)]进行测定，其中 TDIAs 的测定在 1 mol/L HCl 介质中进行，而 As(Ⅲ)的测定则在 pH 5.3 ~ 5.5 的柠檬酸钠 – HCl 缓冲溶液中进行，As(V)的含量由上述二者的差值得到（熊辉，1999；李丹丹，2003）。As(V)的检出限为 0.11 nmol/L，对 As(V)含量为 11.35 nmol/L、1.60 nmol/L 和 22.96 nmol/L 的样品分析精密度为 1.4%、6.8%和 0.4%，回收率在 98.0% ~ 104.0% 范围内，线性范围为 0.11 ~ 267.0 nmol/L。测定 As(Ⅲ)时，改用氢气发生器作为氢气源，提高了测定的灵敏度。对 As(Ⅲ)含量为 6.67 nmol/L、1.33 nmol/L 和 13.35 nmol/L 的样品分析精密度分别为 1.1%、3.1%和 0.7%，回收率在 99.3% ~ 105.6% 范围内变动，线性范围为 0.02 ~ 66.7 nmol/L，检出限为 0.02 nmol/L。

14.3 结果

14.3.1 胶州湾的水文特征

图 14.2 给出了胶州湾 3 次大面采样期间表、底层的盐度分布。2001 年 8 月由于受到台风"桃枝"的影响，胶州湾流域 9 d 内的降雨量约达到 120 mm，占年平均降雨量的 1/6。由图 14.2 可以看出，G1、G2 航次盐度的分布趋势相似，但湾内的盐度变化较大，最低值皆出现在大沽河口附近，最高值位于湾口。观测期间，胶州湾西北和东北区的盐度分布受

河流输入的影响明显，等盐线由大沽河、白沙河口向湾中央弯曲，湾口处受湾外海水影响等盐线向湾内弯曲。由于受到湾内、外水交换的影响，底层盐度高于表层。秋季 G4 航次期间的盐度分布与夏季的观测具有比较显著的差异，湾内盐度分布均匀、梯度较小，受淡水的影响已不明显，等盐线呈舌状自湾口向湾中央伸展。整体上，盐度的分布趋势呈湾内低、湾外高的特点，湾口则由于受黄海水的影响在不同季节变化较小。

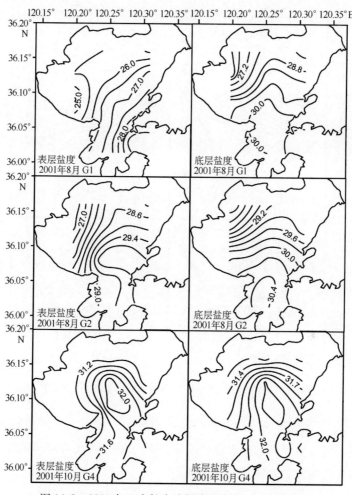

图 14.2　2001 年 3 个航次胶州湾盐度表、底平面分布

　　胶州湾中的悬浮颗粒物（即：SPM）主要来源于河流输入、大气沉降和底沉积物的再悬浮。夏季航次的 SPM 分布受河流影响明显（见图 14.3），呈现出河口较高，并由湾内向湾口降低的趋势；底层悬浮颗粒物的浓度高于表层，这主要是受到沉积物再悬浮的影响。G2 航次比 G1 航次的 SPM 高出近 1 倍，这可能是由于两次采样期间潮位不同造成的。G2 航次恰值大潮期间，陆源淡水的输入与湾外涌入的黄海水混合剧烈；另外，G2 调查前期的降雨量也较大。秋季航次期间，由于淡水输入减少，湾内 SPM 含量相对较低，而湾口由于受到湾内外水交换的影响，沉积物发生再悬浮，使得悬浮颗粒物的含量在湾口高于湾内。

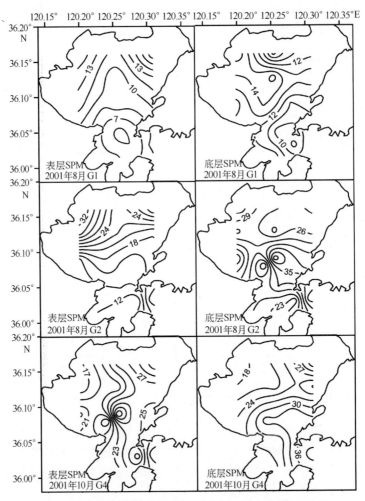

图 14.3　2001 年 3 个航次胶州湾悬浮颗粒物浓度平面分布(单位：mg/L)

表 14.1 给出了注入胶州湾主要河流的基本参数表，其中大沽河是胶州湾淡水的主要来源，其径流量占进入胶州湾的淡水总径流量的 83.9%，而大沽河和洋河是胶州湾悬浮颗粒物的主要来源，占河流总输沙量的 93.7%。

表 14.1　入胶州湾主要河流基本特征表(刘福寿和王揆洋，1992)

河流名称	河流长度/km	流域面积/km²	年均径流量 /×10⁸ m³·a⁻¹	年均输沙量 /×10⁴ t·a⁻¹
洋河	49.0	252.0	0.57	25.81
大沽河	179.0	4 161.9	5.35 *	95.92
白沙河	35.0	202.9	0.293	0.51
墨水河	42.3	356.2	0.338	4.76
李村河	14.5	39.7	0.212	2.94

注：＊由于建坝的影响，大沽河的年均径流量经过校正 (Liu et al.，2005)。

14.3.2　胶州湾溶解态铝的分布与来源

14.3.2.1　胶州湾溶解态铝的分布及季节变化

表14.2给出胶州湾采样期间溶解态铝的浓度。2002年的夏季G1、G2航次期间，由于受到降雨及河流输送的影响，湾内溶解态铝的浓度较高。G2采样期间，溶解态铝的浓度较G1航次高。秋季G4航次采样期间，虽然河流输送明显减弱，但由于也是处于大潮期，湾内溶解态铝的平均浓度与G1航次相似。

表14.2　胶州湾溶解态铝及悬浮颗粒物浓度

航次		Al /μmol·L^{-1}	SPM /mg·L^{-1}	盐度	硅酸盐* /μmol·L^{-1}
G1	范围	0.026 ~ 0.157	4.84 ~ 18.43	24.42 ~ 30.71	0.55 ~ 4.84
	平均值	0.078 ± 0.029	11.01 ± 3.13	27.95 ± 1.86	2.13 ± 1.28
G2	范围	0.077 ~ 0.191	10.15 ~ 43.01	26.46 ~ 30.47	2.36 ~ 19.63
	平均值	0.113 ± 0.025	24.39 ± 8.96	29.26 ± 1.11	6.69 ± 5.08
G4	范围	0.037 ~ 0.129	15.25 ~ 39.89	31.02 ~ 32.26	4.50 ~ 11.96
	平均值	0.083 ± 0.023	26.08 ± 6.97	31.62 ± 0.44	8.07 ± 2.45
总平均		0.091 ± 0.030	20.18 ± 9.63	29.56 ± 1.99	5.55 ± 4.20

注：＊数据引自Liu et al.（2007b）。

图14.4给出了胶州湾3个航次溶解态铝浓度的表、底层分布，夏季两航次（即：G1、G2航次）湾内溶解态铝浓度分布相似，近岸浓度相对较高，最高值出现在大沽河口附近；湾中央铝的含量较低，等值线由大沽河口、李村河口向湾内弯曲；湾口浓度低于湾内。秋季（G4）胶州湾内溶解态铝的浓度低于夏季，且分布趋势与夏季的两个航次明显不同，表现为湾内浓度低于湾口，由湾口向湾西北部梯度减小，河流输入影响不明显。湾内铝浓度分布随季节变化明显，而湾口浓度变化不大。观测期间，8月至11月北黄海溶解态铝浓度较为稳定，约为（0.060 ± 0.006）μmol/L（Ren et al.，2006）。溶解态铝是一种颗粒活性元素，当外源输入停止后，湾内的溶解态铝会随着水交换和颗粒物表面的吸附/解吸过程逐渐被清除出水体，因此造成了胶州湾内秋季G4航次期间溶解态铝的浓度低于湾口和湾外黄海水的特点。

胶州湾夏秋季溶解态铝的浓度平均值约为（0.091 ± 0.030）μmol/L，含量略高于同样受陆源输送影响显著的长江近岸（即：夏季0.034 μmol/L、秋季0.070 μmol/L，任景玲等，2003）、北黄海（即：0.060 μmol/L，Ren et al.，2006）和阿拉伯海近岸（例如：0.055 ~ 0.074 μmol/L，Upadhyay and Gupta，1994），但明显高于中部太平洋表层（例如：0.0003 ~ 0.005 μmol/L，Orians and Bruland，1986）、西北部大西洋表层（例如：0.0021 ~ 0.042 μmol/L，Measures et al.，1984）等开阔大洋溶解态铝的浓度。

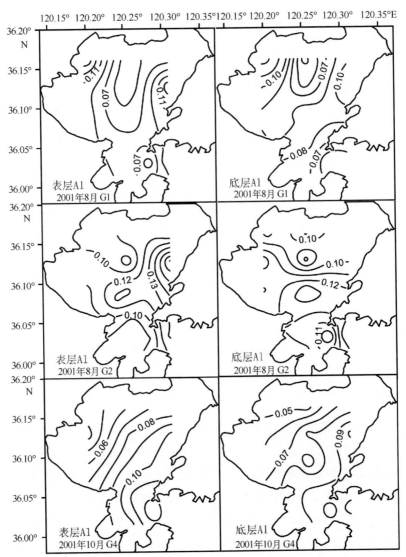

图 14.4　2001 年 3 个航次胶州湾溶解态铝浓度平面分布(单位：μmol/L)

14.3.2.2　胶州湾周边河流中溶解态铝的浓度

　　表 14.3 给出了 2002 年 3 月和 8 月胶州湾周边主要河流中溶解态铝的浓度，并与我国及世界主要河流中溶解态铝的浓度进行了对比。由表 14.3 可见，相对于同一河流而言，枯水期溶解态铝的浓度高于丰水期，这是由于径流量的差异造成的，枯水期河流径流量相对较小，风化产物在流域内累积，浓度相对增加，而丰水期河流中的溶解态铝浓度则受到较大径流的稀释作用，含量降低。同其他河流的对比表明，胶州湾周边河流中溶解态铝的浓度基本处于天然浓度范围，即使是污染严重的李村河和墨水河也未明显受到铝的污染。但 2002 年春季对李村河流/河口的现场调查结果发现，李村河的河口附近样品中溶解态铝的浓度(即：1.630 μmol/L)表现出明显的人为活动的影响。

表 14.3　胶州湾周边河流与我国及世界主要河流溶解态铝浓度的对比

河流	Al / μmol · L^{-1}		参考文献
胶州湾周边河流	2002 年 3 月 20 日	2002 年 8 月 20 日	
李村河	0.480	0.018	本文
白沙河	1.170	0.410	本文
墨水河	0.087	0.086	本文
大沽河	0.330	0.031	本文
洋河	0.071	0.016	本文
我国主要河流			
鸭绿江	2.49		Xu et al. , 2002
双台子河	1.96		Zhang et al. , 1999a
滦河	1.75		Zhang et al. , 1999a
黄河	2.96		未发表数据
长江	0.37		Zhang et al. , 2003
椒江	0.42		Zhang et al. , 1999a
珠江	0.92		Zhang et al. , 1999b
世界主要河流			
Mandovi	1.50		Upadhyay and Sen Gupta, 1995
Tamar	1.72		Moris et al. , 1981, 1986
Rhone	0.44		任景玲和张经, 2002
Trinity	1.54		Benoit et al. , 1994
Congo/Zaire	1.07		Dupre et al. , 1996
Parana	0.55		Eyrolle et al. , 1996
Fraser	0.53		Cameron et al. , 1995
Amazon	2.54		Gaillardet et al. , 1997
Nyong/Sanaga	3.49		Viers et al. , 1997
St. Lawrence	1.63		Takayanagi and Gobeil, 2000

14.3.3　胶州湾溶解态砷的分布与来源

14.3.3.1　胶州湾溶解态无机砷的浓度及平面分布

　　通过 2001 年 3 个航次的调查得出胶州湾水体中 TDIAs 及溶解态 As(Ⅲ)的浓度分别为 7.71 ~ 25.3 nmol/L 和 0.77 ~ 12.6 nmol/L，平均含量为 16.5 nmol/L 和 2.70 nmol/L。As(Ⅲ)/TDIAs 的比值变化范围在 0.11 ~ 0.26 之间。在 G1 - G4 各航次砷的浓度见表 14.4。其中 G1、G2 连续两次根据潮位的变化调查结果有明显的差异：大潮期水位较高，陆源河水的输入与湾外涌入的海水混合剧烈；另外，G2 调查期间的降雨量较大，因此可能陆源输入及大气沉降量的影响都大于 G1 航次；溶解态砷的浓度也明显增加，特别是 As(Ⅲ)的浓度增加明显，例如 G2 航次 As(Ⅲ)/TDIAs 比值约为 G1 的 2 倍，这可能是由于沉积物中有机质还原并通过沉积物 - 水界面向上层水体扩散的结果(肖虹滨等，1995，1996)。

表14.4　2002年不同航次期间胶州湾总溶解态无机砷、亚砷酸盐及悬浮颗粒物的浓度
（括号内的数字为平均值）

航次	层次	TDIAs /nmol·L^{-1}	As（Ⅲ）/nmol·L^{-1}	As（Ⅲ）/TDIAs	SPM/mgol·L^{-1}
G1，小潮	表层	10.1~20.5（16.0）	1.2~3.8（2.2）	0.076~0.19（0.14）	7.1~25.3（14.3）
	底层	13.0~18.4（15.5）	1.0~2.7（1.9）	0.074~0.15（0.13）	11.2~31.2（17.8）
G2，大潮	表层	12.9~25.3（18.4）	1.1~5.4（2.4）	0.045~0.32（0.14）	10.2~33.7（19.7）
	底层	7.7~21.5（15.6）	1.2~12.6（6.2）	0.14~0.68（0.38）	20.4~43.0（29.9）
G4，大潮	表层	13.1~28.3（17.2）	1.0~2.7（1.8）	0.072~0.16（0.11）	8.0~33.2（22.5）
	底层	13.2~21.0（16.0）	1.3~2.3（1.7）	0.085~0.14（0.11）	18.2~40.0（29.6）

　　图14.5给出了2001年夏秋季3个航次中TDIAs浓度的表、底层分布。3个航次中TDIAs均表现出明显的浓度梯度，胶州湾的北部特别是西北部沿岸浓度较高，由沿岸向中部海区递减，胶州湾的南部及湾口区域由于受到黄海水的稀释作用浓度较低。这种浓度梯

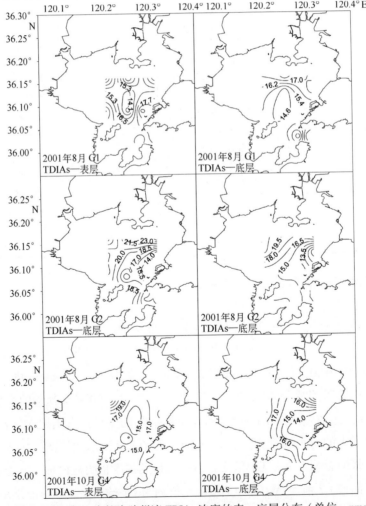

图14.5　2001年3个航次胶州湾TDIAs浓度的表、底层分布（单位：nmol/L）

度在表层更为明显，这主要是受到河流输送的影响，尤其受到大沽河和洋河的影响。由河流采样结果可知，河流中 TDIAs 的浓度是胶州湾海水中浓度的 $0.3 \sim 1.8$ 倍(具体讨论见下文)。夏季、秋季 TDIAs 的平均浓度之间不存在显著性差异。

图 14.6 给出了 2001 年夏秋季 3 个航次中 As(Ⅲ)浓度的表、底层分布。G1、G2 航次期间，As(Ⅲ)浓度的分布与 TDIAs 基本相似，均为湾的北部，特别是西北部含量较高。G1 航次期间，As(Ⅲ)表底层混合较为均匀，而 G2 则在底层出现了 As(Ⅲ)浓度的高值。伴随着沉积物的再悬浮，颗粒有机碎屑降解的过程中砷酸盐可能被还原为亚砷酸盐进入水体，造成 As(Ⅲ)浓度的高值，表现为 G2 底层水中 As(Ⅲ)与 SPM 存在较好的相关关系($r = 0.60$，$n = 11$)，这一现象与厦门港台风过境后砷酸盐的浓度的异常升高相吻合（李俊

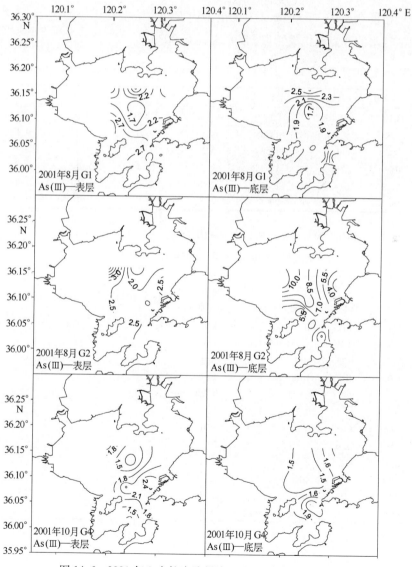

图 14.6　2001 年 3 个航次胶州湾 As(Ⅲ)浓度的平面分布

等，2002）。秋季的 G4 航次中，生物活动要比夏季弱一些，可以看出受藻类等生物活动影响较大的 As（Ⅲ）的含量与 G2 航次相比有较明显的降低。

14.3.3.2 胶州湾溶解态砷的各种来源

（1）胶州湾周边河流中的溶解态砷

表 14.5 为 2002 年和 2004 年枯水期、丰水期胶州湾周围部分主要河流中 TDIAs、As（Ⅲ）的浓度（Ren et al.，2007）。由表 14.6 可见，TDIAs、As（Ⅲ）的浓度范围分别为 3.0~43.3 nmol/L、0.5~10.4 nmol/L，高于世界范围内河流的 TDIAs 浓度范围为 1.7~28.0 nmol/L（Seyler and Martin，1991）。TDIAs、As（Ⅲ）浓度随不同河流、不同采样季节、不同采样年份而改变，存在明显的季节性及年际间的差异。例如，大沽河于 4 次野外采样期间 TDIAs 的浓度在 3.0~43.3 nmol/L 的范围内变动，浓度变化幅度达 14 倍之多，显示出工业和生活污水的非点源排放特点（张丽洁等，2003）。

表 14.5　胶州湾周围部分主要河流中 TDIAs 和 As（Ⅲ）的浓度（单位：nmol/L）

河流	2002 年 3 月		2002 年 8 月		2004 年 4 月		2004 年 8 月	
	TDIAs	As（Ⅲ）	TDIAs	As（Ⅲ）	TDIAs	As（Ⅲ）	TDIAs	As（Ⅲ）
洋河	4.9	0.6	18.3	8.1	8.2	2.7	9.1	2.3
大沽河	4.8	0.7	43.3	5.3	3.0	0.6	21.0	1.3
墨水河	10.6	10.4	12.1	9.3	14.4	7.8	14.1	3.6
白沙河	15.3	5.2	15.6	2.9	3.9	0.5	7.0	3.4
李村河	26.3	7.2	29.1	4.3	11.9	4.5	20.3	4.9

表 14.6　胶州湾周边流域地下水中 TDIAs、As（Ⅲ）的浓度及其向胶州湾的输送通量（浓度单位：nmol/L）

流域	站位	2003 年 12 月		2004 年 6 月		TDIAs 平均浓度	水量/$m^3 \cdot a^{-1}$*	通量/$mol \cdot a^{-1}$
		TDIAs	As（Ⅲ）	TDIAs	As（Ⅲ）			
白沙河	ZH	BDL	BDL	1.0	BDL	2.3±4.2	$2.18×10^{6}$**	5.0±9.2
	WJNG	11.3	3.35	6.0	5.42			
	WS	0.25	BDL	BDL	BDL			
	GD	BDL	BDL	BDL	BDL			
大沽河	TY	7.5	0.078	6.7	0.29	12.4±14.1	800	0.010±0.011
	CJPZ	29.4	0.51	30.8	15.4			
	HYZ	0.08	0.02	BDL	BDL			
洋河	ZJT	18.6	1.60	13.0	0.38	13.2±22.3	$1.39×10^{4}$	0.18±0.31
	WJT	6.3	3.22	6.9	3.5			
	ZJDEH	BDL	BDL	1.3	0.33			
	YHY	BDL	BDL	0.6	BDL			
	TBT	11.0	8.6	74.2	5.4			

注：ZH：皂户；WJNG：王家女姑；WS：苇苫；GD：港东；TY：桃源；CJPZ：陈家铺子；HYZ：荷赢庄；ZJT：宗家屯；WJT：王家滩；ZJDEH：庄家岛耳河；YHY：洋河涯；TBT：土埠台。* 地下水向胶州湾的输送量数据由中国海洋大学环境科学与工程学刘贯群老师提供。** 数据引自朱新军等（2005）。

（2）大气干、湿沉降中的溶解态无机砷

图 14.7 给出了 2003 年 12 月至 2004 年
8 月青岛伏龙山收集雨水样品中的 As（Ⅴ）、
As（Ⅲ）的浓度。由图可见，雨水中 TDIAs
浓度具有明显的季节差异，除 2004 年 5 月
28 日的降雨事件外，冬春季节 TDIAs 的浓
度高于夏季。这是由于冬春季节总的降雨
量较小，并且冬春季节由于供暖等原因向
大气中排放的燃煤释放的砷酸盐的量较大，
因此降雨中 TDIAs 的浓度较大（Waldman et
al.，1991；Niragu and Pacyna，1998）。据
雒昆利等（2004）报道，我国火电厂动力煤
燃烧每年向大气排放砷约 195.0 t。而在夏
秋季节，降雨量较大，对空气中颗粒物的

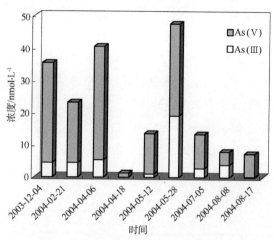

图 14.7　青岛伏龙山降雨中砷酸盐
和亚砷酸盐的浓度

冲刷频率高，且燃煤释放量减少，降雨中 TDIAs 的浓度有明显的降低。

雨水中 As（Ⅲ）的平均浓度在冬季为（4.7±0.6）nmol/L，夏季为（2.2±1.8）nmol/L，
冬季雨水中 As（Ⅲ）的浓度甚至高于海水。雨水中 As（Ⅲ）/TDIAs 的比值在 0～48% 范围内
变化，平均比值为 18%，且随降雨量的增加而下降（Ren et al.，2007）。庄国顺等的研究结
果表明，气溶胶中的铁在大气中的输送过程中，由于光化学反应被还原为 Fe（Ⅱ）（Zhuang
et al.，1992；庄国顺等，2003），相似的光化学反应也可能将 As（Ⅴ）还原为 As（Ⅲ）并解
释雨水中 As（Ⅲ）的存在。

通过在 Milli – Q 水中的超声波淋溶实验，能够给出 2004 年 2 月至 2005 年 2 月期间胶州
湾周边大气干沉降中可溶出 TDIAs 的浓度及其与沉降量的关系（见图 14.8）。胶州湾地区气溶
胶中可溶出 TDIAs 的范围在 0.6～12.5 μg/g 范围内，平均值为（4.4±2.8）μg/g。与湿沉降类
似，大气干沉降中可溶性砷酸盐的浓度具有较为明显的季节性特点。由于燃煤的影响，冬春
季节气溶胶中可溶性砷酸盐的浓度较高，而夏秋季节可溶性砷酸盐的浓度则明显降低。

（3）胶州湾周边地下水中的溶解态无机砷

由于工农业的迅速发展，地下水砷浓度偏高的状况在很多地区被发现，如印度 Ban-
gladesh 地区地下水中砷的浓度在 33～11 300 nmol/L 范围内（Bhattacharya et al.，2002；
Ahmed et al.，2004）。在欧美的许多国家，未被污染的地下水浓度背景值大都低于
133 nmol/L（Welch et al.，1988；Edmunds et al.，1989）。

我们分别于 2003 年 12 月和 2004 年 7 月在胶州湾周边地区按不同的水系选择洋河流
域、大沽河流域和白沙河流域的 12 个近胶州湾站点采集地下水样品，进行溶解态无机砷
酸盐的测定，结果如表 14.6 所示。地下水中 TDIAs 的浓度范围为低于检出限（BDL）～
74.2 nmol/L，而 As（Ⅲ）的浓度范围为 BDL～15.4 nmol/L。其中，宗家屯、土埠台、陈家

铺子在两次采样结果中 TDIAs 浓度都较高，其中土埠台在 2004 年 7 月出现异常高值，达 74.2 nmol/L。苇苫、港东、荷赢庄、庄家岛耳河、洋河涯等站位在两次采样结果中，TDIAs 浓度都较低，甚至低于方法检测限。王家滩、王家女姑、土埠台和陈家铺子地下水样品中 As(Ⅲ)浓度较高，约占 TDIAs 浓度的 30%～90%，其中陈家铺子地下水中 As(Ⅲ)浓度高达 15.4 nmol/L，约占总溶解态无机砷的 50%。胶州湾流域由于在农业活动中化肥使用量相对较大，地下水中硝酸盐的含量较高。与其他地点地下水中氮主要以硝酸盐为主要赋存形式不同，陈家铺子地下水中氮的还原形态与氧化形态的比值 NH_4^+/NO_3^-）高达 2.6（Liu et al.，2007a），说明地下水处于相对还原环境，而这种还原环境易于使砷酸盐向亚砷酸盐转化。

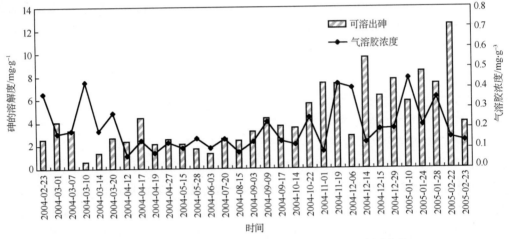

图 14.8　青岛伏龙山大气干沉降中可溶出 TDIAs 的年际变化

（4）胶州湾周边污水处理厂排放污水中的溶解态无机砷

胶州湾周边为青岛市区，随着工农业的不断发展，污水的排放量也呈不断增加的趋势。海泊河、团岛、李村河等污水处理厂的处理后的水体一般直接排入胶州湾。海泊河和李村污水处理厂采用 AB 污水处理法，而团岛污水处理厂采用 A_2O 污水处理法。AB 污水处理法先将污水进行吸附，后用生物降解；A_2O 污水处理法为生物降解，厌氧 – 兼氧 – 好氧菌依次对污水进行降解（李健，2005）。为了认识处理后污水中 TDIAs 对胶州湾的贡献，我们测定了青岛市的海泊河和团岛两个主要污水处理厂的排水口污水中的 TDIAs 的浓度，结果如表 14.7 所示。

表 14.7　胶州湾周边污水处理厂排出污水中的 TDIAs 浓度及其向胶州湾的输送

污水处理厂名称	TDIAs/nmol·L^{-1}			排放量/ ×10^4 t·d^{-1}	向胶州湾输入量/ ×10^3 mol·a^{-1}
	2004 年 4 月 13 日	2004 年 11 月 15 日	平均值		
海泊河	16.2	15.0	15.6	8	0.46
团岛	14.0	13.5	13.8	6	0.30
李村河			15.6	5	0.29
				合计	1.05

注：李村河污水处理厂排放水体中 TDIAs 的浓度与海泊河污水处理厂相等。

污水经过处理后 TDIAs 的浓度仍然高于胶州湾水体的平均浓度，两次测定浓度范围为 13.5~16.2 nmol/L。但是，从不同时间的分析结果来看，两个污水处理厂排水中 TDIAs 的浓度变化不大，表明污水处理厂所采用工艺对污水中 TDIAs 的处理较为稳定。李村河污水处理厂虽然没有直接采样，但由于它与海泊河污水处理厂采用相同的处理工艺，故认为二者处理后污水中 TDIAs 的浓度基本相同。污水中 As(Ⅲ) 的浓度相对较高，海泊河和团岛的平均浓度分别为 14.8 nmol/L 和 11.1 nmol/L，As(Ⅲ) 在 TDIAs 中所占的比例在 73.6%~97.5% 范围内变动，这主要是由污水的处理工艺不同造成的。

（5）沉积物间隙水中的溶解态无机砷

沉积物–海水界面是研究海洋中物质循环的关键环节之一。物质在沉积物–海水界面上的扩散速率由沉积物表面附近上覆水和间隙水的浓度差异所控制（Kaspar et al.，1985）。图 14.9 给出了胶州湾及其周边流域表层沉积物间隙水中的 TDIAs 和 As(Ⅲ) 的浓度，图中数字表示采样站位名称，符号的大小与浓度的高低相对应。由图 14.9 可见，As(Ⅲ) 的高值位于 7、15、18、19 号站位，其中 7 号站沉积物为养殖区的黏土介质，15 号站为黏土介质，18、19 号站为黏土质粉砂。7 号站和 15 号站的沉积物粒度较细（注：粒径小于 0.004 mm）（刘瑞玉，1992），透气性较差，为还原环境，因此处于还原态的 As(Ⅲ) 浓度较高。而 18、19 号站位的沉积物处于胶州湾内沉积物中有机质含量最高的区域（刘瑞玉，1992），高含量的有机质能够有效地将 As(Ⅴ) 还原为 As(Ⅲ)。沉积物间隙水中的 As(Ⅲ) 浓度低值位于 6、13、L14 站位；由现场观察发现 6 号站位沉积物类型为粉砂，13 和 L14 号站位为黏土质粉砂，沉积物粒度较大，透气性好，As(Ⅲ) 易被氧化为 As(Ⅴ)，故出现 As(Ⅲ) 浓度低值。

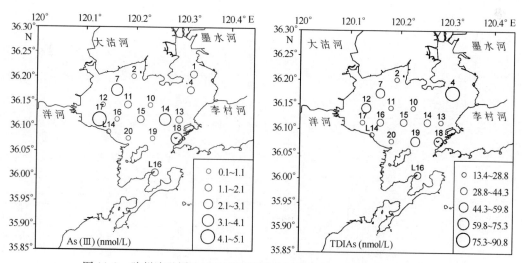

图 14.9 胶州湾及周边流域表层沉积物间隙水中 As(Ⅲ) 及 TDIAs 浓度

间隙水中 TDIAs 的浓度在近岸最高，湾的中部及西部相对较低，大部分站位间隙水中的 TDIAs 浓度高于底层海水的含量，与底质中砷的浓度特点基本相符合（张洪芹，1982）。

TDIAs 的高值集中于西部洋河入海口(站位:12)、东北部(站位:4)和东部四方区近岸的海区(站位:18)。洋河附近海滩砷的高值与洋河流系的土埠台站位地下水的 TDIAs 浓度高值相对应。海泊河、李村河由于流经青岛市区,受工业污染影响较大,造成沉积物中间隙水中 TDIAs 浓度的高值。

14.4 讨论

14.4.1 影响胶州湾溶解态铝分布的主要因素

14.4.1.1 河流输入对溶解态铝分布的影响

胶州湾中溶解态铝的主要来源是河流的输送,而天然河水中溶解态铝的含量主要反映了流域内岩石风化及气候特点,个别受酸雨及排污影响的河流则会出现异常高值。从图 14.4 可以明显看出胶州湾西北部及东北部河流输送对溶解态铝浓度分布的影响。对比夏秋季盐度(图 14.2)和溶解态铝的分布可知,秋季胶州湾已基本无淡水输入,河流对溶解态铝分布无明显影响,溶解态铝的分布趋势也与夏季明显不同。图 14.10 给出了 3 个航次表底层溶解态铝含量与盐度的关系,由图可见调查期间溶解态铝的浓度表底层差异不大。受航次前降雨的影响,G1 航次的盐度最低,溶解态铝随盐的降低略有升高,而另两个航次溶解态铝与盐度之间的关系并不显著。这可能是由于胶州湾周边河流的年径流量均不大,且胶州湾内的采样区域也没有覆盖周边的小河口区域。

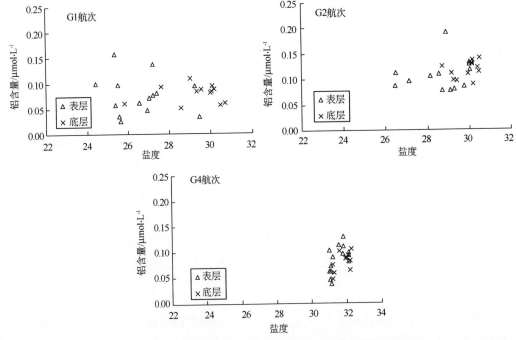

图 14.10 胶州湾 2001 年 3 个航次溶解态铝和盐度关系图

14.4.1.2 水交换对胶州湾溶解态铝浓度及其分布的影响

秋季，胶州湾周边河流进入枯水期，径流量减小（刘福寿和王揆洋，1992），仅为丰水期流量的23.4%。降雨量记录表明秋季湿沉降量较小，此时的干沉降量也较小（陈兴茂等，2003），这表明秋季集水盆地对湾内溶解态铝的输送大幅度下降，湾内溶解态铝的分布将受其他因素影响。对比秋季（G4航次）胶州湾内溶解态铝（见图14.4）及水体滞留时间的分布可知（Liu et al.，2004），水体滞留时间越长，溶解态铝的含量越低。这是由于缺乏外源输入和交换的水体中溶解态铝会逐渐沉降迁出水体，其浓度将随水体的滞留时间的增长而降低，两者呈现负相关关系（图14.11）。此时湾内溶解态铝因沉降迁出而浓度逐渐降低，而湾口水交换强烈，受外海水和悬浮颗粒物影响，铝浓度较为稳定且高于湾内。

硅酸盐同样来自于岩石风化产物的溶解，其在水体中的浓度主要受到陆源输送和生物活动的共同影响，在一定程度上可以作为陆源物质输送的示踪因子（Zhang et al.，2003）。由其于不同航次在湾内的分布可知，硅酸盐在湾西部及北部浓度较高，至湾口区域浓度下降（Liu et al.，2005）。秋季湾内生物量较低，生物活动对湾内硅酸盐分布的影响相对较小，硅酸盐的分布主要受陆源输送物质的影响。对比秋季航次溶解态铝与硅酸盐浓度的关系可知，二者呈现负相关关系（见图14.12）。由于铝是颗粒物活性元素，易被颗粒物吸附清除出水体，河流输送进胶州湾的铝随着水体存留时间的延长，其含量将降低，秋季胶州湾内溶解态铝浓度的变化和分布主要受控于水体的交换。

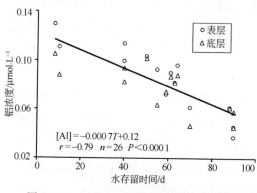

图14.11　2001年10月G4航次溶解态铝和水存留时间关系图

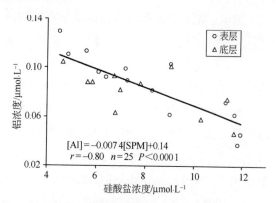

图14.12　2001年10月G4航次溶解态铝和硅酸盐浓度关系图

14.4.1.3 悬浮颗粒物对溶解态铝浓度及分布的影响

前期研究结果显示，底层水中悬浮颗粒物的再悬浮也可能是上层水柱中溶解态铝的主要来源（Hydes and Liss，1977；Orians and Bruland，1985，1986；van Beusekom et al.，1997），这说明水体中的SPM含量对溶解态铝的循环有着重要的影响。图14.13给出了胶州湾内溶解态铝浓度与SPM的关系图，二者之间关系较为离散，显示出一定的正相关。胶州湾内的悬浮颗粒物中矿物组分的比例不稳定（杨世伦等，2003），不同类型及粒径的悬浮颗粒物对铝的吸附/解吸动态平衡影响不同，颗粒物对铝的吸附能力随其粒径的减小而增强（赵一阳，1983）。在利用胶州湾水交换模型评估悬浮颗粒物对溶解态铝含量的影响时，发现胶州湾的颗粒物是水体中溶解态铝的一个汇（谢亮等，2007）。

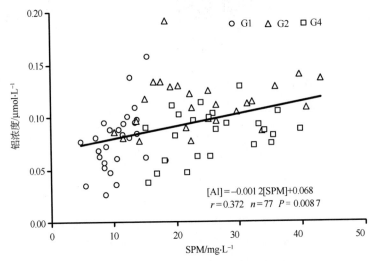

图 14.13 胶州湾 2001 年 3 航次溶解态铝和 SPM 关系图

14.4.2 胶州湾内溶解态铝的存留时间

溶解态铝在胶州湾的存留时间 τ 可以通过下式计算：

$$\tau = \frac{Al_{\text{total}}}{Al_{\text{input}}},$$

式中，Al_{input} 表示每年输入胶州湾的溶解态铝总量；Al_{total} 表示胶州湾内溶解态铝总量。

胶州湾内溶解态铝主要来源于大气的干湿沉降、河流输入及黄海输入，各来源输入量的计算方法及结果汇入表 14.8。在表 14.8 中 F_d：干沉降通量，V_d：铝元素干沉降速率（GESAMP Working Group 14，1989），A：胶州湾面积（北海分局，1992），2.3%：干沉降铝溶出率（Spokes and Jickells，1996），F_w：湿沉降通量，16.5%：湿沉降铝的溶出率（Jickells，1995），P：胶州湾的年降雨量，S：冲刷因子（GESAMP Working Group 14，1989），ρ：空气密度，C_i：河流溶解态铝浓度，V_i：河流流量（刘福寿和王揆洋，1992），C_{Al}：铝浓度，V：每年流入胶州湾内水量等。

表 14.8 胶州湾溶解态铝各来源输入量的计算方法及结果（谢亮等，2007）

溶解态铝输入源	计算公式	不同文献值的计算结果/×10⁷g·a⁻¹	文献	年输入量/×10⁷g·a⁻¹
		结果/ $\times 10^7$ g · a^{-1}	文献	$\times 10^7$ g · a^{-1}
干沉降	$F_d \times A \times 2.3\%$ 氮 $(F_d = C_{\text{Al}} \times V_d)$	0.69	Mitsuo et al.，2003	
		0.52	Zhang et al.，2001	0.44 ± 0.24
		0.11	Moon et al.，2002	

溶解态铝输入源	计算公式	不同文献值的计算结果/×10⁷g·a⁻¹	文献	年输入量/×10⁷g·a⁻¹
湿沉降	$F_w \times A \times 16.5\%$氮 $(F_w = P \times S \times C_{Al} \times \rho^{-1})$	0.61	Zhang et al. , 2001	
		1.84	Mitsuo et al. , 2003	0.86 ± 0.72
		0.13	Moon et al. , 2002	
河流	$\sum (C_i \times V_i)$	0.24		0.24 ± 0.12
黄海	$C_{Al} \times V$	2.48	陈兴茂等, 2003	2.04 ± 0.43
		1.61	赵亮等, 2002	

由表 14.8 可见, 由于铝是陆源碎屑中的主要组成元素, 通过大气干、湿沉降向胶州湾输送的铝的含量相对于河流输送而言更为显著, 但大气输送具有明显的季节性和偶发性的特点。通过胶州湾内外的水交换, 黄海每年向胶州湾输送大量的溶解态铝, 其中一部分随余流返回胶州湾, 由前面讨论可知大部分铝被吸附到颗粒物表面沉降埋藏到沉积物中。

青岛市的污水处理厂处理前、后的污水中溶解态铝的浓度分别为 0.055 μmol/L 和 0.050 μmol/L, 青岛市 11 个污水处理厂日处理能力 3.6×10^5 t, 按理论最大排放量计算, 每年向湾内输入铝 1.77×10^5 g/a, 与胶州湾周边河流及大气沉降相比甚微, 亦表明污染物的排放对胶州湾内溶解态铝的影响较小。

利用 4 个季节胶州湾溶解态铝的浓度(注: 春季、冬季结果为实验室未发表数据), 计算得胶州湾溶解态铝总量约 $(6.08 \pm 2.27) \times 10^6$ g。根据各种来源溶解态铝的输送量和胶州湾内溶解态铝的总量可计算得出胶州湾内溶解态铝的存留时间约为 (74 ± 32) d。前期研究结果表明, 北太平洋和太平洋中部溶解态铝的存留时间约为 2~6 年(Orians and Bruland, 1986), 威德尔海表层水溶解态铝的存留时间约为 2~3 年(Moran et al. , 1992), 东海陆架区溶解态铝的存留时间约为 1 年(Ren et al. , 2006)。与开阔大洋及陆架海区相比, 胶州湾中溶解态铝的存留时间较短, 这可能与胶州湾中较强的水交换能力有关。

14.4.3 影响胶州湾溶解态砷分布的各种来源及其通量

14.4.3.1 河流输入对溶解态砷分布的影响

表 14.9 给出了胶州湾周边河流不同形态砷酸盐在枯水期、丰水期及全年平均的含量, 同时估算了不同河流对胶州湾的输送通量。由表 14.9 可见, TDIAs 的浓度除了在墨水河、白沙河不存在显著的季节性差异以外, 其他河流中具有丰水期的浓度高于枯水期的特点。洋河、大沽河和白沙河中 As(Ⅲ) 的浓度相对较低且不存在显著性差异, 而李村河、墨水河则分别是上述河流浓度的 2 倍和 4 倍。丰水期和枯水期 As(Ⅲ)/TDIAs 的平均比值在 13%~76% 范围内变动, 枯水期由于河流径流量较小, 污染物相对富集, 李村河和墨水河中 As(Ⅲ)/TDIAs 比值相对较高, 尤其墨水河中枯水期其比值甚至高达 98% (Ren et al. ,

2007）。李村河及墨水河径流量很小，基本上属于排污河，特别是墨水河，现场采样时发现河水呈黑灰色，有刺鼻的恶臭气味；As（Ⅲ）是这两条河水中溶解态无机砷的主要存在形态。调查资料显示，李村河口的沉积物均由黑色黏土组成，具臭味，软粘，含有少量的细砂、煤屑等沉积物，富含有机质，属于还原环境，这主要是青岛肉联厂等排污的原因（北海分局，1992）；而由于污染严重，沉积物中的生物活动很少。由此看来，李村河口附近 As（Ⅲ）的含量偏高的原因主要是河水的还原环境造成的。

表 14.9 胶州湾周边河流中 TDIAs 的平均浓度及其向胶州湾的输送通量

河流	丰水期浓度/nmol·L^{-1}		枯水期浓度/nmol·L^{-1}		TDIAs 平均浓度 /nmol·L^{-1}	径流量 /m^3·s^{-1*}	TDIAs 输送通量 /×10^3 mol·a^{-1}
	TDIAs	As（Ⅲ）	TDIAs	As（Ⅲ）			
洋河	13.7±4.6	5.2±2.9	6.5±1.7	1.6±1.0	10.1±5.7	1.78	0.6±0.3
大沽河	32.2±11.2	3.3±2.0	3.9±0.9	0.7±0.1	18.0±18.7	17.0	9.6±10.0
墨水河	13.1±1.0	6.4±3.2	12.5±1.9	9.1±1.3	12.8±1.8	0.923	0.4±0.1
白沙河	11.3±4.3	3.1±0.3	9.6±5.7	2.8±2.3	10.4±5.9	0.90	0.3±0.2
李村河	24.7±4.4	4.6±0.3	19.1±7.2	5.9±1.4	21.9±7.6	0.34	0.2±0.1

注：* 径流量数据引自刘福寿和王揆洋（1992），其中大沽河的径流量由于 20 世纪 60 年代建坝的影响经过校正（Liu et al.，2005）。

根据胶州湾周边主要河流 TDIAs 的平均浓度和径流量，作者初步计算了通过地表径流向胶州湾的输入通量，结果如表 14.9 所示。从表中可以看出，各河流向胶州湾输送 TDIAs 的通量在（0.2±0.1）×10^3 ~（9.6±10.0）×10^3 mol/a 范围内变动，总输送通量为（11.1±10.0）×10^3 mol/a，其中大沽河向胶州湾输送量最大，占总输送通量的 86%。其他的河流，例如水源性河流中的洋河，虽然径流量相对排污河流大，但由于水体中 TDIAs 较低，对胶州湾总的输送量并不高。而排污性河流，墨水河和李村河，水体中 TDIAs 较高，但径流量均在 1 m^3/s 以下，故其输送量低于 0.4×10^3 mol/a。

14.4.3.2 大气干、湿沉降的贡献

Duce 等（1991）报道每年由亚洲大陆向北太平洋输送的颗粒物高达 480×10^{12} g/a，因此大气干沉降对胶州湾砷通量的影响也不容忽视（Zhang et al.，2002）。通过在 Milli-Q 水中的超声波淋溶实验，胶州湾地区气溶胶中可溶出 TDIAs 的范围在 0.6~12.5 μg/g 范围内，平均值为（4.4±2.8）μg/g。据文献报道，地壳中砷的平均丰度为 1.8 μg/g（Taylor，1964），俄罗斯北冰洋气溶胶中砷的丰度为（5.7±4.2）μg/g（Shevchenko et al.，2003），台湾南部市区气溶胶中砷的丰度为（78.2±12.8）μg/g（Tsai et al.，2003），而孙业乐等（2004）报道的北京一次特大沙尘暴期间细颗粒的气溶胶（即：PM2.5）中砷的丰度高达 120 μg/g，由上述数据可以发现，随着受人文活动影响的强度不同，气溶胶中砷的丰度发生了明显的改变。根据 1998 年在黄海海上航次期间采集的大气气溶胶样品的分析，黄海气溶胶中砷的丰度为（165±46）μg/g（Moon et al.，2002）。由于胶州湾周边工业、燃煤等

因素的影响，气溶胶中的砷含量明显受到了人为活动的扰动，因此我们在计算中采用后3个数据的平均值来估计胶州湾气溶胶中砷的丰度，平均值为（120±46）μg/g。根据淋溶实验得到的气溶胶中可溶出TDIAs的平均含量和计算得到的气溶胶中的丰度，初步估算出气溶胶中砷的可溶出比例为3.7%，不确定性为50%左右。

根据在黄海实际采得气溶胶中砷的分析，估算出黄海海区大气干沉降中砷的年沉降通量为0.978 mg/（m^2·a）（杨绍晋等，1994）和0.563 mg/（m^2·a）（Moon et al.，2002），平均值为0.770 mg/（m^2·a）。由大气干沉降中砷的年均沉降通量和平均溶出比例可以得到砷通过大气干沉降到胶州湾海水中TDIAs的输送量为$0.15×10^3$ mol/a，不确定性约为50%。砷的大气湿沉降通量可以根据雨水中TDIAs的加权平均浓度和降雨量可以估算出，通过大气湿沉降向胶州湾输送的TDIAs量为$5.6×10^3$ mol/a，不确定性大约为50%。

由上述讨论可知，大气对胶州湾TDIAs的总输送通量应为$5.75×10^3$ mol/a，这个通量约占河流输送通量的50%，说明大气沉降对胶州湾中TDIAs的浓度贡献较为显著，是胶州湾TDIAs的一个重要的源。但与河流输送不同的是，大气输送具有很强的季节性和偶发性的特点。

14.4.3.3　胶州湾周边地下水砷的输送通量

我们分别计算了3个水系的地下水中TDIAs的年平均浓度，其中白沙河水系浓度为2.3 nmol/L，大沽河水系浓度为12.4 nmol/L，洋河水系浓度为13.2 nmol/L。胶州湾地下水中砷的浓度相对较低，低于我国饮用水中砷含量不得超过50 μg/L的国家标准。TDIAs通过地下水向胶州湾的输送通量可由各流域地下水中TDIAs的平均浓度和地下水向胶州湾的输送通量得到（表14.6），这些通量相对于河流和大气输送而言可以被忽略。造成地下水输送量低的因素主要有两个：地下水中砷的含量较低；由于防渗堤的修建使地下水向胶州湾的输送通量大大下降；以大沽河流域为例，1976年以前，地下水向胶州湾输送量达2 000 m^3/d左右，1998年为防止海水入侵在大沽河下游修建了截渗坝至今，其输送水量小于1 000 m^3/d（刘贯群，个人通讯）。因此，地下水输入虽然是胶州湾TDIAs的源，但由于其贡献极小，基本可以忽略。

14.4.3.4　污水处理厂污水的输入

污水经过处理后TDIAs的浓度仍然高于胶州湾水体的平均浓度，两次测定浓度范围为13.5~16.2 nmol/L。但是，从不同时间的分析结果来看，两个污水处理厂排水中TDIAs的浓度变化不大，表明污水处理厂所采用工艺对污水中TDIAs的处理较为稳定。李村河污水处理厂虽然没有直接采样，但由于它与海泊河污水处理厂采用相同的处理工艺，故认为二者处理后污水中TDIAs的浓度基本相同。污水中As（Ⅲ）的浓度相对较高，海泊河和团岛的平均浓度分别为14.8 nmol/L和11.1 nmol/L，As（Ⅲ）在TDIAs中所占的比例在73.6%~97.5%范围内变动，这主要是由污水的处理工艺不同造成的。海泊河和团岛污水处理厂污水的日处理量分别已达$8×10^4$ t和$6×10^4$ t，污水处理厂排放的水已经成为胶州湾中 TDIAs 的一个源。根据 3 个污水处理厂的排水量及 TDIAs 浓度估算了污水排放对胶州湾的贡献，年输送通量为 1.0×10^3 mol/a，这一通量低于河流、大气的贡献但高于地下水的排放。

14.4.3.5 胶州湾砷通量的初步估算

由上述讨论可知，河流、大气、污水每年向胶州湾输送 TDIAs 的通量分别为（11.1 ± 10.0）$\times 10^3$ mol/a，5.75×10^3 mol/a 和 1.0×10^3 mol/a（图 14.14）。

依据 LOICZ 提出的生物地球化学模型理论建立胶州湾砷的稳态箱式模型（Gordon et al.，1996）。由胶州湾年降水量、蒸发量、河流输送量，根据水量平衡得出胶州湾向黄海输送水量为 712.5×10^6 m³/a；根据盐量平衡，黄海向胶州湾输送的水量为 $32\ 215 \times 10^6$ m³/a（Liu et al.，2005）。根据 2001 年 3 个航次的调查结果，胶州湾中 TDIAs 的平均浓度为（16.5 ± 3.3）nmol/L，黄海 TDIAs

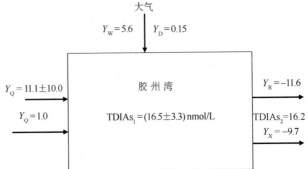

图 14.14 胶州湾 TDIAs 的通量（$\times 10^3$ mol/a）

Y_Q 为河流输送；大气输送：Y_W 为湿沉降通量，Y_D 为干沉降通量；Y_R 为胶州湾向黄海 TDIAs 的输送通量；Y_X 为黄海向胶州湾 TDIAs 的输送通量

的浓度则由其他几个航次的平均结果（16.2 ± 3.0）nmol/L（未发表数据）来代替。根据上述得出的胶州湾与黄海的水交换量，得到由胶州湾向黄海余流输送 TDIAs 为 11.6×10^3 mol/a，而黄海则向胶州湾输送 9.5×10^3 mol/a TDIAs（图 14.14）。由计算结果可知，胶州湾中的砷主要来源于河流输送，约占总输送量的 62%，其次来源于大气干湿沉降和污水排放，分别占总输送量的 32% 和 6%。对比胶州湾砷酸盐的通量计算结果，进、出二者之间并不完全相同。目前给出的胶州湾砷酸盐的通量计算其准确度取决于各种淡水水量、胶州湾与黄海之间余流项和混合扩散项估算的准确程度。如果上述水量和盐量的估算是合理的，则胶州湾砷酸盐输入与输出的不等说明还存在未知的输入源，其贡献为 3.4×10^3 mol/a。这可能来源于颗粒物沉降过程中颗粒态砷的再生溶出，或沉积物-水界面间隙水的扩散（见图 14.9）等过程。而沉积物-水界面间的交换通量由于缺乏沉积物间隙水中砷酸盐的剖面数据，现在还无法确切地给出。

14.4.4 胶州湾与其他海区砷含量的对比

表 14.10 给出了胶州湾与国内外其他河流/口、海区中砷的对比。目前胶州湾中 TDI-As、As（Ⅲ）的平均浓度略低于 1991 年、1980 年及之前航次的结果（李静等，1981；张洪芹，1982；肖虹滨等，1996），本次调查结果中砷的浓度的变化范围较以前小很多。胶州

湾与世界其他海湾及陆架海区中 TDIAs、As（Ⅲ）的浓度相近似，但明显低于受人为活动扰动严重的渤海湾、莱州湾、厦门港等。

表 14.10　胶州湾与国内外其他海区砷含量的对比（单位：nmol/L）

区域	采样时间	TDIAs	As（Ⅲ）	参考文献
胶州湾	2001 年 8 – 10 月	7.7 ~ 28.3（16.4）	1.0 ~ 12.6（2.7）	本文
	1991 年 2 – 8 月	5 ~ 60（19）	0 ~ 42（5）	肖虹滨等，1996
	1980 年 10 月	13.3 ~ 34.7（23.2）		张洪芹，1982
		16.4 ~ 21.4（18.2）	4.7 ~ 16.0（8.9）	李静等，1981
渤海湾	1980、1981 年 8 月	13.3 ~ 60.1（25.4）		李全生等，1984
	2003 年 8 月	（20）		Wang and Wang，2007
莱州湾	2002 年 5 月、8 月	11.1 ~ 143.4 （53.8 ± 4.5）		马建新等，2003
厦门港	1988 年 8 月	（16.3 ± 2.7）		李俊等，2002
	2000 年 8 月	34 ~ 58（在台风期间）		
Biscayne Bay，USA	1993 年	（9.2）	（0.4）	Valette-Silver et al.，1999
Charleston Harbor，South Carolina	1998 年 9 月 – 1999 年 9 月	14.8 ~ 25.6（19.6）	0.4 ~ 1.9（1.1）	Riedel and Valette-Silver，2002
Chesapeake Bay，USA	1983 年 7 月	0.94 ~ 1.18	0.36 ~ 1.0	Sanders，1985
Darwin Harbor，Australia	1997 年 2 月，1998 年 3 月，2000 年 2 月	13.3 ~ 18.0（15.5）		Munksgaard and Parry，2001
黄河流域	1985 年 8 月	19.2 ~ 31.5（26.8）		Zhang，1996
黄河口	1985、1986 年 5 月	3.8 ~ 28.8		Zhang，1996
	1985、1986 年 8 月	17.8 ~ 38.8		
长江	1986 年	（10.6）		Elbaz-poulichet et al.，1990；Zhang et al.，1990
长江口	2002 年 8 月 – 2003 年 5 月	3.8 ~ 29.7（18.8）	0.05 ~ 6.8（1.79）	Cheng et al.，2006
珠江口	1992 年 11 月	26.7 ~ 36.0（30.7）		张银英等，1995
Rhône Estuary，France	1984 年 3 月，1987 年 7 月，1988 年 7 月	14.7 ~ 50.7（29.4）		Seyler and Martin，1990
GirondeEstuary，France	1994、1995 年 5 月	14.2 ~ 20.2（17.5）	0.2 ~ 3.9（1.8）	Michel et al.，1997
Lena，Russia	1989 年 9 月	（2）		Martin et al.，1993
North Atlantic（surface）	1993 年 8 – 9 月	（15.7 ± 1.3）	（0.45 ± 0.21）	Cutter and Cutter，1998

区域	采样时间	TDIAs	As（Ⅲ）	参考文献
Western Atlantic	1996 年 5 - 6 月	8.0 ~ 23.0（16.3 ± 2.1）	0.1 ~ 2.0	Cutter et al., 2001
Eastern Atlantic	1990 年 3 - 5 月	（12.9 ± 1.8）表层 （20.9 ± 0.5）底层		Cutter and Cutter, 1995
North Pacific		（24.2 ± 0.4）	0 ~ 4.0	Andreae, 1979
Central North Sea	1988 年 8 月 1989 年 9 月	9.73 ~ 14.80（11.39） 11.20 ~ 17.07（13.1）		Millward et al., 1996

胶州湾周边主要河流中 TDIAs、As(Ⅲ)的浓度与其他河流/口相比，明显高于处于原始状态的俄罗斯的靳拿河(Lena)和/或受人为活动扰动较轻的河流(例如：长江、Gironde Estuary)，但低于受人为活动扰动严重的珠江口和法国的罗纳河口(Rhôe Estuary)。集水盆地人为活动扰动的强弱与海湾中 TDIAs 的含量之间存在着显著地相关(张银英等，1995；Seyler and Martin，1990)。较为特殊的是黄河流域，其流域及河口区 TDIAs 的含量较高，但这主要是由于流域自然风化的结果造成的，而并非是受到人为活动的影响，这一浓度自 20 世纪 40 年代至今变化不大(Zhang，1996)。通过上述对比可知，胶州湾流域虽然受到一定程度的工业、生活、养殖等污水排放的影响，但水域中砷的浓度仍处于较低的水平。

14.5 结论

本章主要讨论了胶州湾于 2001 年夏、秋季 3 个航次溶解态铝的分布及其影响因素，分析了胶州湾周边主要河流、污水处理厂中溶解态铝的浓度，计算了胶州湾各种来源溶解态铝的输送通量。结果表明，胶州湾中夏秋季溶解态铝浓度约为(0.091 ± 0.030) μmol/L；胶州湾中溶解态铝的分布在夏季主要受河流输送的影响，秋季则主要受湾、内外水体交换的影响。考虑各种来源的输送量及胶州湾内溶解态铝的总量，胶州湾内溶解态铝的存留时间约为(74 ± 32) d。

通过 2001 年 8 - 10 月 3 个航次对胶州湾的调查结果表明，胶州湾水体中溶解态无机砷的浓度受陆源输入影响比较显著，表现为近岸海域浓度高于湾的中央与湾口海域、底层高于表层的分布特点；特别是像大沽河、洋河这样径流量较大的河口，对附近海区的影响更为明显。夏、秋两季 TDIAs 的含量不存在显著性差异。本调查的结果与 20 世纪 90 年代的调查结果相近，但胶州湾中砷的含量明显低于世界上其他受人为活动扰动严重的海区。胶州湾中 As(Ⅲ)含量的控制因素不仅仅是生物的转化作用，另外还有其他因素如沉积物中有机质的还原等，都可能导致 As(Ⅲ)的浓度增加。

胶州湾水体中的 As(Ⅲ)和 TDIAs 分布主要受河流输入、大气干湿沉降、污水排放、沉积物－底界面输送以及湾内外水交换的影响。根据对各影响因素的实际调查估算了胶州湾溶解态砷酸盐的收支。结果表明，河流输送、大气干湿沉降是影响胶州湾溶解态砷分布的主要因素，而地下水和污水排放的影响相对较小。沉积物－水界面的释放也可能是胶州湾溶解态砷酸盐的一个潜在来源，而关于溶解态砷在胶州湾水体内的形态转化及在沉积物－水界面的交换通量等方面尚需进一步深入细致的研究。

致谢

　　本工作得到了国家自然科学基金项目(40036010，40606028)和国家基础研究发展规划项目(2006CB400601)的支持。中国海洋大学海洋环境学院魏皓教授为本章提供了水文数据；中国海洋大学环境科学与工程学院的刘贯群老师协助完成胶州湾周边地下水样品的采集；辛蕙蓁、陈洪涛、刘哲、叶曦雯、戚晓红、毕言锋等在现场样品的采集及实验室分析过程中给予了大力支持，作者谨对他们的帮助表示衷心的感谢！

参考文献

陈兴茂，冯丽娟，张安惠，等．2003．青岛地区总悬浮颗粒物中金属元素沉降通量．海洋环境科学，22(4)：18－20．

北海分局．1992．胶州湾及其近岸地区环境概况．海洋通报，11(3)：6－15．

李丹丹．2003．砷的原子荧光光谱法改进及其在胶州湾、黄、东海的应用(硕士学位论文)．青岛：中国海洋大学：93．

李健．2005．污水处理技术．北京：中国建筑工业出版社．

李静，张敏秀，徐潮，等．1981．海洋环境地球化学：Ⅲ．胶州湾表层海水中砷的存在形态．山东海洋学院学报，11(3)：32－37．

李俊，郑佩如，杨逸萍，等．2002．0010号台风"碧利斯"对厦门港湾表层海水中溶解无机砷含量的影响．台湾海峡，21(4)：404－410．

李全生，沈万仁，马锡年．1984．渤海湾砷的研究．山东海洋学院学报，14：27－39．

刘福寿，王揆洋．1992．胶州湾沿岸河流及其地质作用．海洋科学，1：25－28．

刘瑞玉．1992．胶州湾——生态学和生物资源．北京：科学出版社．

雒昆利，张新民，陈昌和，等．2004．我国燃煤电厂砷的大气排放量初步估算．科学通报，49(19)：2014－2019．

马建新，靳洋，刘晓波，等．2003．2002年莱州湾海域渔业生态环境监测报告．齐鲁渔业，20：38－39．

任景玲，刘素美，张经，等．2003．陆源物质输送对赤潮高发区的影响——以铝为例．应用生态学报，14(7)：1117－1121．

任景玲，张经．2002．罗纳河中的铝、营养盐及常量元素的研究．青岛海洋大学学报，32(6)：993－1000．

孙业乐, 庄国顺, 袁蕙, 等. 2004. 2002 年北京特大沙尘暴的理化特性及其组分来源分析. 科学通报, 29 (4): 340 – 346.

王珉, 胡敏. 2000. 青岛沿海大气气溶胶中海盐源的贡献. 环境科学, 1(9): 83 – 85.

王文琪, 章佩群. 2000. 青岛团岛、汇泉角水域中松藻和石莼体内元素含量的分析研究. 海洋科学, 24 (2): 44 – 46.

肖虹滨, 赵夕旦, 史致丽. 1996. 胶州湾东部水体、浮游植物和沉积物中的砷. 青岛海洋大学学报, 25 (3): 338 – 342.

肖虹滨, 赵夕旦, 史致丽. 1995. 胶州湾中砷(V)还原的初步研究. 青岛海洋大学学报, 25(3): 340 – 346.

谢亮, 任景玲, 张经, 等. 2007. 胶州湾中溶解态铝的初步研究. 中国海洋大学学报, 37(1): 135 – 140.

熊辉. 1999. As 的原子荧光光谱法测定及其生物地球化学行为的研究(硕士论文). 青岛: 青岛海洋大学: 81.

徐新华, 姚荣奎, 李金龙. 1996. 青岛地区气溶胶的酸碱特性. 环境科学研究, 9(5): 5 – 8.

杨绍晋, 杨亦男, 陈冰如, 等. 1994. 近中国海域大气微量元素输入量研究. 环境化学, 13(5): 382 – 388.

杨世伦, 孟翊, 张经, 等. 2003. 胶州湾悬浮体特性及其对水动力和排污的响应. 科学通报, 48(23): 2493 – 2498.

张洪芹. 1982. 胶州湾砷的分布. 海洋湖沼通报, 3: 23 – 30.

张丽洁, 王贵, 姚德, 等. 2003. 胶州湾李村河口沉积物重金属污染特征. 山东理工大学学报, 9(1): 8 – 14.

张银英, 郑庆华, 何悦强, 等. 1995. 珠江口咸淡水交汇区水中 COD、Mn、油类、砷自交规律的试验研究. 热带海洋, 14: 67 – 74.

张忠山, 陆莹. 1999. 离子色谱法测定大气总悬浮颗粒物中的 F^-, Cl^-, NO_3^- 及 SO_4^{2-}. 色谱, 17(3): 313 – 314.

赵亮, 魏皓, 赵建中. 2002. 胶州湾水交换的数值研究. 海洋与湖沼, 33(1): 23 – 29.

赵一阳. 1983. 黄海沉积物地球化学分析. 海洋与湖沼, 14(5): 432 – 446.

朱新军, 刘贯群, 王淑英, 等. 2005. 白沙河流域地下水及营养盐向海湾输送. 中国海洋大学学报, 35 (1): 67 – 72.

庄国顺, 郭敬华, 袁蕙, 等. 2003. 大气海洋物质交换中的铁硫耦合反馈机制. 科学通报, 48(4): 313 – 319.

Ahmeda K M, Bhattacharya P, Hasan M A, et al. 2004. Arsenic enrichment in groundwater of the alluvial aquifers in Bangladesh: an overview. Applied Geochemistry, 19: 181 – 200.

Andreae M O. 1979. Arsenic speciation in seawater and interstitial waters: the influence of biological-chemical interactions on the chemistry of a trace element. Limnology and Oceanography, 24: 440 – 452.

Benoit G, Oktay-Marshell S D, Cantu A, et al. 1994. Partitioning of Cu, Pb, Ag, Zn, Fe, Al and Mn between filter-retained particles, colloids, and solution in six Texas estuaries. Marine Chemistry, 45: 307 – 336.

Bhattacharya P, Jacks G, Ahmed K M, et al. 2002. Arsenic in groundwater of the Bengal Delta Plain aquifers in

Bangladesh. Bulletin of Environmental Contamination and Toxicology, 69: 538 – 545.

Cai Y, Cabrera J C, Georgiadis M, et al. 2002. Assessment of arsenic mobility in the soils of some golf courses in South Florida. Science of Total Environment, 291: 123 – 134.

Cameron E M, Hall G E M, Veizer J, et al. 1995. Isotopic and elemental hydrogeochemistry of a major river system: Fraser River, British Columbia, Canada. Chemical Geology, 122: 149 – 169.

Cheng Y, Ren J L, Li D D, et al. 2006. Distribution of arsenic and its seasonal variations in the coastal area adjacent to the Changjiang Estuary. Journal of Ocean University, 5: 245 – 256.

Cullen W R, Reimer K J. 1989. Arsenic speciation in the environment. Chemical Reviews, 89: 713 – 764.

Cutter G A, Measures C I. 1999. The 1999 IOC contaminant baseline survey in the Atlantic Ocean from 33°S to 10°N: introduction, sampling protocols and hydrographic data. Deep-Sea Research Ⅱ, 46: 867 – 884.

Cutter G A, Cutter L S. 1995. Behavior of dissolved antimony, arsenic, and selenium in the Atlantic Ocean. Marine Chemistry, 49: 295 – 306.

Cutter G A, Cutter L S. 1998. Metalloids in the high latitude North Atlantic Ocean: sources and internal cycling. Marine Chemistry, 61: 25 – 36.

Cutter G A, Cutter L S, Featherstone A M, et al. 2001. Antimony and arsenic biogeochemistry in the western Atlantic Ocean. Deep-Sea Research Ⅱ, 48: 2895 – 2915.

Duce R A, Liss P S, Merrill J T, et al. 1991. The atmospheric input of trace species to the world ocean. Global Biogeochemical Cycles, 5: 193 – 259.

Dupre B, Gaillardet J, Rousseau D, et al. 1996. Major and trace elements of river-borne material: The Congo Basin. Geochimica et Cosmochimica Acta, 60: 1301 – 1321.

Edmunds W M, Cook J M, Kinniburgh D G, et al. 1989. Trace-element Occurrence in British Groundwaters. Res Report SD/89/3, British Geological Survey, Keyworth.

Elbaz-Poulichet F, Huang W W, Martin J M, et al. 1990. Behavior of dissolved trace elements in the Changjiang Estuary//Yu G H, Martin J M, Zhou J Y. Biogeochemical Study of the Changjiang Estuary. Beijing: China Ocean Press: 293 – 311.

Ellwood M J, Maher W A. 2002. Arsenic and antimony species in surface transects and depth profiles across a frontal zone: The Chatham Rise, New Zealand. Deep-Sea Research Ⅰ, 49: 1971 – 1981.

Eyrolle F, Benedetti M F, Benaim J Y, et al. 1996. The distribution of colloidal and dissolved organic carbon, major elements, and trace elements in small tropical catchments. Geochimica et Cosmochimica Acta, 60: 3643 – 3656.

Gaillardet J, Dupre B, Allegre C J, et al. 1997. Chemical and physical denudation in the Amazon River Basin. Chemical Geology, 142: 141 – 173.

Gordon D C, Boudreau P R, Mann K H, et al. 1996. LOICZ Biogeocchemical Modelling Guidelines. LOICZ Reports and Studies 5, LOICZ, Texel, The Netherlands.

Group of Experts on Scientific Aspects to Marine Pollution (GESAMP) working group 14. 1989. The atmospheric input of trace elements to the world ocean. Rep Stud, 38: 106.

Hall I R, Measures C I. 1998. The distribution of Al in the IOC stations of the North Atlantic and Norwegian Sea between 52° and 65° North. Marine Chemistry, 61: 69 – 85.

Hydes D J. 1979. Aluminum in seawater: Control by inorganic processes. Science, 205: 1260 – 1262.

Hydes D J, Liss P S. 1977. The behavior of dissolved aluminum in estuarine and coastal waters. Estuarine, Coastal Marine Science, 5: 755 – 769.

Hydes D J, de Lange G J, de Baar H J W. 1988. Dissolved aluminum in the Mediterranean. Geochimica Cosmo-chimica Acta, 52: 2107 – 2114.

Jickells T D. 1995. Atmospheric input of metals and nutrients to the oceans: their magnitude and effects. Marine Chemistry, 48: 199 – 214.

Kim M J, Nriagu J. 2000. Oxidation of arsenic in groundwater using ozone and oxygen. Science of Total Environment, 247: 71 – 79.

Kramer J, Laan P, Sarthou G, et al. 2004. Distribution of dissolved aluminum in the high atmospheric input region of the subtropical waters of the North Atlantic Ocean. Marine Chemistry, 88: 85 – 101.

Li J B, Ren J L, Zhang J, et al. 2008. Terrestrial tracer dissolved aluminum in the Yellow Sea and East China Sea. Journal of Ocean University of China, 7(1): 48 – 54.

Liu G Q, Wang S Y, Zhu X J, et al. 2007a. Groundwater and nutrient discharge into Jiaozhou Bay, North China. Water, Air & Soil Pollution: Focus, 7: 593 – 605.

Liu S M, Zhang J, Chen H T, et al. 2005. Factors influencing nutrient dynamics in the eutrophic Jiaozhou Bay, North China. Progress in Oceanography, 66: 66 – 85.

Liu S M, Li X N, Zhang J, et al. 2007b. Nutrients dynamics in Jiaozhou Bay. Water, Air & Soil Pollution: Focus, 7: 625 – 643.

Liu Z, Wei H, Liu G S, et al. 2004. Simulation of water exchange in Jiaozhou Bay with an average residence time approach estuarine. Estuarine Coastal and Shelf Science, 6(1): 25 – 35.

Maring H B, Duce R A. 1987. The impact of atmospheric aerosols on trace metal chemistry in open ocean surface waters: I Aluminum. Earth and Planetary Science Letters, 84: 381 – 392.

Martin J M, Meybeck M. 1979. Elemental mass balance of matter carried by major world rivers. Marine Chemistry, 7: 173 – 206.

Martin J M, Guan D M, Elbaz-Poulichet F, et al. 1993. Preliminary assessment of the distributions of some trace elements (As, Cd, Cu, Fe, Ni, Pb and Zn) in a pristine aquatic environment: the Lena River estuary (Russia). Marine Chemistry, 43: 185 – 199.

Measures C I. 1995. The distribution of Al in the IOC stations of the eastern Atlantic between 30°S and 34°N. Marine Chemistry, 49: 267 – 281.

Measures C I. 1999. The role of entrained sediments in sea ice in the distribution of aluminum and iron in the surface waters of the Arctic Ocean. Marine Chemistry, 68: 59 – 70.

Measures C I, Edmond J M. 1988. Aluminum as a tracer of the deep outflow from the Mediterranean. Journal of Geophysical Research, 93(1): 591 – 595.

Measures C I, Edmond J M. 1990. Aluminum in the South Atlantic: Steady state distribution of a short residence time element. Journal of Geophysical Research, 95: 5331 – 5340.

Measures C I, Vink S. 1999. Seasonal variations in the distribution of Fe and Al in the surface waters of the Arabian Sea. Deep-Sea Research II, 46: 1597 – 1622.

Measures C I, Grant B, Khadem M, et al. 1984. Distribution of Be, Al, Se and Bi in the surface waters of the western North Atlantic and Caribbean. Earth and Planetary Science Letters, 71: 1 - 12.

Measures C I, Edmond J M, Jickells T D. 1986. Aluminum in the northwest Atlantic. Geochimica et Cosmochimica Acta, 50: 1423 - 1429.

Michel P, Boutier B, Herbland A, et al. 1997. Behavior of arsenic on the continental shelf off the Gironde estuary: role of phytoplankton in vertical fluxes during spring bloom conditions. Oceanologia Acta, 21: 325 - 333.

Middelburg J J, Hoede D, van der Sloot H A, et al. 1988. Arsenic, antimony and vanadium in the North Atlantic Ocean. Geochimica et Cosmochimica Acta, 52: 2871 - 2878.

Millward G E, Kitts H J, Comber S D W, et al. 1996. Methylated Arsenic in the Southern North Sea. Estuarine, Coastal and Shelf Science 43: 1 - 18.

Mitsuo U, Wang Z F, Itsushi U. 2003. Atmospheric input of mineral dust to the western North Pacific region based on direct measurements and a regional chemical transport model. Geophysical Research Letters, 30 (6): 1342, doi: 10.1029/2002GL016645.

Moon D S, Hong G H, Kim S H, et al. 2002. Chemical composition of marine aerosol particles in the Northeast Asian marginal Sea//Hong G H, Zhang J, Chung C S. Impact of interface exchange on the biogeochemical processes of the Yellow Sea and East China Sea. Seoul: Bum Shin Press: 31 - 68.

Moore R M. 1981. Oceanographic distributions of zinc, cadnium, copper and aluminum in waters of the central Arctic. Geochimica et Cosmochimica Acta, 45: 2475 - 2482.

Moran S B, Moore R M, Westerlund S. 1992. Dissolved aluminum in the Weddell Sea. Deep-Sea Research, 39(3): 537 - 547.

Morris A W, Bale A J, Howland R J M. 1981. Nutrient distribution in an estuary: Evidence of chemical precipitation of dissolved silicate and phosphate. Estuarine, Coastal and Shelf Science, 12: 205 - 216.

Morris A W, Howland R J M, Bale A J. 1986. Dissolved aluminum in the Tamar Estuary, Southwest England. Geochimica et Cosmochimica Acta, 50: 189 - 197.

Mortlock R A, Froelich P N. 1989. A simple method for the rapid determination of biogenic opal in pelagic marine sediments. Deep-Sea Research, 36 (9): 1415 - 1426.

Munksgaard N C, Parry D L. 2001. Trace metals, arsenic and lead isotopes in dissolved and particulate phases of North Australian coastal and estuarine seawater. Marine Chemistry, 75: 165 - 184.

Neff J M. 1997. Ecotoxicology of arsenic in the marine environment. Environmental Toxicology and Chemistry, 16: 917 - 927.

Nelson W O, Campell P G C. 1991. The effects of acidification on the geochemistry of Al, Cd, Pb and Hg in fresh water environments: A literature review. Environmental Pollution, 71: 91 - 130.

Niragu J Q, Pacyna J M. 1998. Quantitative assessment of worldwide contaminant of air, water and soil by trace metals. Nature, 333: 134 - 139.

Nriagu J O. 1994. Arsenic in the Environment, Part I: Cycling and Characterization. John Wiley & Sons, Inc.

Obata H, Nozaki Y, Alibo D S, et al. 2004. Dissolved Al, In and Ce in the eastern Indian Ocean and the Southeast Asian Seas in comparison with the radionuclides ^{210}Pb and ^{210}Po. Geochimica et Cosmochimica Acta, 68: 1035 – 1048.

Orians I J, Bruland K W. 1985. Dissolved aluminum in the Central North Pacific. Nature, 316: 427 – 429.

Orians IJ, Bruland K W. 1986. The biogeochemistry of aluminum in the Pacific Ocean. Earth and Planetary Science Letter, 78: 397 – 410.

Ren J L, Zhang J, Li D D, et al. 2007. Speciation and seasonal variations of dissolved inorganic arsenic in Jiaozhou Bay, North China. Water, Air & Soil Pollution: Focus, 7: 655 – 671.

Ren J L, Zhang J, Li J B, et al. 2006. Dissolved aluminum in the Yellow Sea and East China Sea-Al as a tracer of Changjiang (Yangtze River) discharge and Kuroshio incursion. Estuarine, Coastal and Shelf Science, 68: 165 – 174.

Riedel G F, Valette-Silver N. 2002. Differences in the bioaccumulation of arsenic by oysters from Southeast coastal US and Chesapeake Bay: environmental versus genetic control. Chemosphere, 49: 27 – 37.

Sanders J G. 1985. Arsenic geochemistry in Chesapeake Bay: Dependence upon anthropogenic inputs and phytoplankton species composition. Marine Chemistry, 17: 329 – 340.

Santosa S J, Mokudai H, Takahashi M, et al. 1996. The distribution of arsenic compounds in the ocean: biological activity in the surface zone and removal processes in the deep zone. Applied Organometallic Chemistry, 10: 697 – 705.

Santosa S J, Wada S, Tanaka S. 1994. Distribution and cycle of arsenic compounds in the ocean. Applied Organometallic Chemistry, 8: 273 – 283.

Santosa S J, Wada S, Mokudai H, et al. 1997. The contrasting behavior of arsenic and germanium species in seawater. Applied Organometallic Chemistry, 11: 403 – 414.

Seyler P, Martin J M. 1990. Distribution of arsenite and total dissolved arsenic in major French estuaries: dependence on biogeochemical processes and anthropogenic inputs. Marine Chemistry, 29: 277 – 294.

Seyler P, Martin J M. 1991. Arsenic and selenium in a pristine river-estuarine system: the Krka (Yugoslavia). Marine Chemistry, 34: 137 – 151.

Shevchenko V, Lisitzin A, Vinogradova A, et al. 2003. Heavy metals in aerosols over the seas of the Russian Arctic. The Science of the Total Environment, 306: 11 – 25.

Spokes L J, Jickells T D. 1996. Factors controlling the solubility of aerosol trace metals in the atmosphere on mixing into seawater. Aquatic Geochemistry, 1: 355 – 374.

Takayanagi K, Gobeil C. 2000. Dissolved aluminum in the upper St. Lawrence Estuary. Journal of Oceanography, 56: 517 – 525.

Taylor S R. 1964. The abundance of chemical elements in the continental crust – a new table. Geochemica et Cosmochemica Acta, 28: 1273 – 1285.

Tsai Y I, Kuo S C, Lin Y H 2003 Temporal characteristics of inhalable mercury and arsenic aerosols in the urban atmosphere in southern Taiwan. Atmospheric Environment, 37: 3401 – 3411.

Upadhyay S, Sen Gupta R. 1995. The behavior of aluminum in waters of the Mandovi Estuary, west coast of India. Marine Chemistry, 51: 261 – 276.

Upadhyay S, Gupta R S. 1994. Aluminum in the northwestern Indian Ocean (Arabian Sea). Marine Chemistry, 47: 203 – 214.

Valette-Silver N J, Riedel G F, Crecelius E A, et al. 1999. Elevated arsenic concentrations in bivalves from the southeast coast of the USA. Marine Environmental Research, 48: 311 – 333.

van Beusekom J E E, van Bennekom A J, Treguer P, et al. 1997. Aluminum and silicic acid in water and sediments of the Endery and Crozet basins. Deep-Sea Research Ⅱ, 44: 987 – 1003.

Viers J, Dupre B, Polve M, et al. 1997. Chemical weathering in the drainage basin of a tropical weathered (Nsimi-Zoetele site, Cameroon): Comparison between organic-poor and organic-rich waters. Chemical Geology, 140: 181 – 206.

Vink S, Measures C I. 2001. The role of dust deposition in determining surface water distributions of Al and Fe in the South West Atlantic. Deep-Sea Research Ⅱ, 48: 2787 – 2809.

Waldman J M, Lioy P J, Zelenka M, et al. 1991. Wintertime measurements of aerosol acidity and trace elements in Wuhan, a city in central China. Atmospheric Environment. Part B. Urban Atmosphere, 25 (1): 113 – 120.

Wang C Y, Wang X L. 2007. Spatial distribution of dissolved Pb, Hg, Cd, Cu and As in the Bohai Sea. Journal of Environmental Sciences, 19: 1061 – 1066.

Welch A H, Lico M S, Hughes J L. 1988. Arsenic in ground-water of the Western United States: occurrence and geochemistry. Ground Water, 38: 589 – 604.

Xu H, Zhang J, Ren J L, et al. 2002. Aluminum in the Macrotidal Yalujiang Estuary: Partitioning of Al along the Estuarine Gradients and Flux. Estuaries, 25(4A): 608 – 621.

Zhang J. 1996. Geochemistry of arsenic in the Huanghe (Yellow River) and its delta region—A review of available data. Aquatic Geochemistry, 1: 241 – 275.

Zhang J, Martin J M, Thomas A J, et al. 1990. Fate of the particulate elements in the Changjiang Estuary and the East China Sea//Yu G H, Martin J M, Zhou J Y. Biogeochemical Study of the Changjiang Estuary. Beijing: China Ocean Press: 220 – 244.

Zhang J, Ren J L, Liu S M, et al. 2003. Dissolved aluminum and silica in the Changjiang (Yangtze River) and its Tributaries. Global Biogeochemical Cycles, 17(3): 1077 – 1087.

Zhang J, Wu Y, Liu C L, et al. 2001. Aerosol characters from the desert region of Northwest China and the Yellow Sea in spring and summer: observations at Minqin, Qingdao, and Qianliyan in 1995 – 1996. Atmospheric Environment, 35: 5007 – 5018.

Zhang J, Wu Y, Liu C L, et al. 2002. Major components of aerosols in north China: Desert region and the Yellow Sea in the spring and summer of 1995 and 1996. Journal of Atmospheric Science, 59: 1515 – 1532.

Zhang J, Xu H, Yu Z G, et al. 1999a. Dissolved aluminum in four Chinese estuaries: Evidence of biogeochemical uncoupling of Al with nutrients. Journal of Asian Earth Science, 17: 333 – 343.

Zhang J, Xu H, Ren J L. 2000. Fluorimetric determination of dissolved aluminum in natural waters after liquid-liquid extraction into n – hexanol. Analytica Chimica Acta, 2000, 405: 31 – 42.

Zhang J, Yu Z G, Wang J T, et al. 1999b. The Subtropical Zhujiang (Pearl River) Estuary: Nutrient, Trace Species and Their Relationship to Photosynthesis. Estuarine, Coastal and Shelf Science, 49: 385 – 400.

Zhuang G S, Yi Z, Duce R A. 1992. Link between iron and sulfur suggested by the detection of Fe (Ⅱ) in remote aerosols. Nature, 355: 537 – 539.

第十五章
胶州湾溶解 CH_4 和 N_2O 的生物地球化学特征

15.1　前言

　　海洋是大气中 CH_4 和 N_2O 的重要自然源，但是海洋中溶解 CH_4 和 N_2O 的产生、分布和海 – 气交换通量存在很大的地域差异。一般来说，开阔海洋表层水中溶解 CH_4 和 N_2O 基本与大气平衡或轻度过饱和，而在河口、海湾等近岸海域，由于有机颗粒、矿物颗粒和无机氮化合物的大量输入，那里的生物生产力远高于大洋区域，为 CH_4 和 N_2O 的现场生物生产提供了有利环境（de Angelis and Lee，1994），同时，在这些海区还广泛存在 CH_4 和 N_2O 的其他的外部来源，例如河流输入（de Angelis and Lilley，1987；de Angelis and Scranton，1993）、沉积物释放（Christopher and Klump，1980；Seitzinger et al.，1983；Capone，1991）、地下水输入（Bugna et al.，1996）和污水排放（Hashimoto et al.，1999；Naqvi et al.，2000）等。受上述因素的影响，近岸海域中溶解 CH_4 和 N_2O 的浓度一般要比开阔大洋高出一到几个数量级（Bange et al.，1994，1996a；Sansone et al.，1998，1999；Rehder et al.，1998；Amouroux et al.，2002）。因此，虽然陆架和河口在全球海洋中所占的比例分别约为15.2% 和 0.4%，但他们所释放的甲烷分别占整个海洋的 68% 和 7.4%（Bange et al.，1994）。边缘海和受上升流影响的海区在全球海洋中所占的比例约为 18.1%，所释放的 N_2O 占整个海洋的28%，河口区所释放的 N_2O 占整个海洋的33%（Bange et al.，1996b）。但是，由于缺乏近岸海域溶解 CH_4 和 N_2O 时空和季节性变化的数据，目前的估算还存在很大的不确定性。因此选择一些典型近岸海域对其溶解 CH_4 和 N_2O 的时空分布、海 – 气交换通量及其季节变化进行研究，对更准确的估算全球范围内的海 – 气交换通量和更客观的评价海洋作为大气甲烷源的强度都是十分有意义的，同时将为认识人类活动对全球气候变化的影响提供科学依据。

　　胶州湾位于山东半岛南岸，是南黄海沿岸最大的半封闭海湾，该海湾略呈扇形，南北长约 333.3 km，东西宽约 27.8 km，水域总面积约 423 km^2，其中潮间带滩涂面积约 125 km^2，湾内水深较浅，平均水深为 7 m，最大水深 70 m（刘瑞玉，1992）。胶州湾湾口狭窄（注：约 2.5 km），湾内外水交换状况良好、半交换周期为 5 d。胶州湾的潮汐属正规半日潮，大潮潮差约为 4.8 m，平均潮差约 2.8 m（刘瑞玉，1992）。汇入胶州湾的大小河流有十几条，其中径流量较大的有大沽河和洋河。虽然流经青岛市区的李村河、娄山河、海泊河、板桥坊河等河道上游常年干涸，中、下游成为工业废水和市区生活污水的排放通道(国家海洋局北海分局海洋环境监测中心，1992)。近年来，随着胶州湾周边地区经济的迅速发展，工农业生产、水产养殖、及生活污水的排放出现增加的趋势，使胶州湾的生态环境发生了较大的变化，尤其是在海湾东北部的海泊河、李村河和娄山河等河口附近，与污染物排放相关的问题日趋严重(孙耀等，1993；Zhang，2007)。受人为活动的影响，从20世纪的60年代到90年代中期，胶州湾中的 PO_4^{3-}，NO_3^-，NO_2^- 和 NH_4^+ 的浓度分别增加了1.4，4.3，3.9和4.1倍(Shen，2001)。高营养盐输入导致胶州湾的初级生产力(以碳计)达到 $(503 \pm 184) \, mg/(m^2 \cdot d)$ (Wang et al.，1995)。因此，综合考虑各方面的因素，胶州湾有望成为释放 CH_4 和 N_2O 的一个活跃海区，但目前对该海湾溶解 CH_4 和 N_2O 的系统研究还很欠缺。本文根据2001 - 2003年多个航次的调查结果，对胶州湾海水中溶解 CH_4 和 N_2O 的分布、源、汇及影响因素进行了研究。本章的研究目标是：(1)了解胶州湾海水中溶解 CH_4 和 N_2O 的分布及其季节变化；(2)认识影响胶州湾海水中溶解 CH_4 和 N_2O 分布的因素；(3)认识胶州湾海水中溶解 CH_4 和 N_2O 的源、汇，并对其相对强度进行比较；(4)认识人类活动对胶州湾释放 CH_4 和 N_2O 的影响。

15.2　采样与分析方法

15.2.1　样品采集

　　分别于2001年8月13 - 15日(小潮)和21 - 23日(中潮)、2003年5月9 - 11日(小潮)和19 - 20日(大潮)、2003年8月25日和12月28日(大潮)对胶州湾进行了大面调查，自湾内到湾口共设了15～19个站位，在每个站点利用5 L Niskin采水器或2.5 L有机玻璃采水器采集胶州湾表层和底层的海水样品，采样站位如图15.1和15.2所示。在2003年5月航次中分别在B5和D2站采集了表、底层海水样品进行了培养实验。在2003年5月9 - 10日和19 - 20日分别在胶州湾口的D4站进行了26 h连续观测，每隔两小时采集表、底层海水样品以测定其溶解 CH_4 和 N_2O 浓度的周日变化。2003年5月航次中还用50 mL玻璃注射器采集了胶州湾海面上方的大气样品，密封后返回实验室后于48 h内测定 CH_4 和 N_2O 的含量。于2001年9月22 - 25日随"东方红2"号科学考察船对胶州湾口断面及邻近海域进行了调查，站位如图15.3所示，海水样品用1 L颠倒式采水器按标准层次采集，测定溶解 CH_4 浓度。另外，分别在湾口内外的 $10^\#$ 和 $11^\#$ 站进行了26 h连续观测，采集了表、底层海水样品以测定溶解甲烷的周日变化。2002年5月20 - 24日对胶州湾东部及中部进行了调查，共设12个站位(如图15.1所示)，用5 L塑料桶采集了表层海水样品。所有的海水样品在采集后于10 d内分析完毕。

　　2001年8月、10月和2002年5月分别在胶州湾周边大沽河、李村河、娄山河、墨水河、洋河等河流入海口站位(见图15.4)，在低潮时，于河床中心水流较急处采集河水样品。2002 年 6 月、12 月和 2003 年 6 月分别在胶州湾周边的海泊河和团岛污水处理厂的污水排放口采集了污水样品(图 15.4)。2001 年 9 月、2002 年 1 月、5 月分别采集了胶州湾周边 19 个站位的地下水水样,采样站位的位置如图 15.4 所示。以上河流、污水和地下水样品均用 5 L 塑料桶采集,采样方法与海水采样方法相同,并且采集后于 2 日内测定完毕。

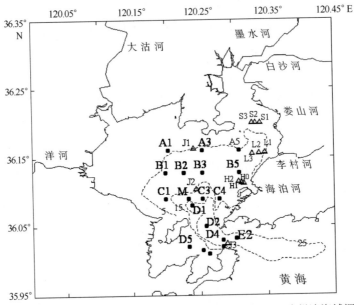

图 15.1　2001 年 8 月和 2003 年 5 月(●)、2002 年 5 月(△)胶州湾海域调查站位

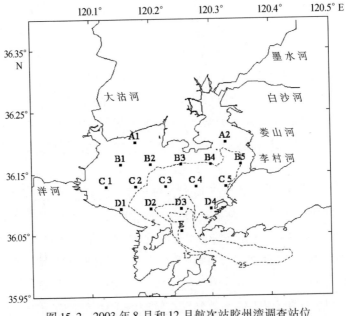

图 15.2　2003 年 8 月和 12 月航次站胶州湾调查站位

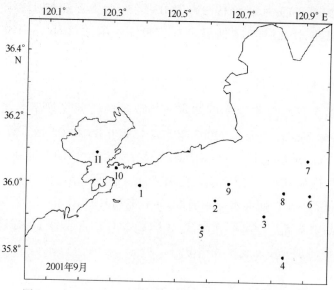

图 15.3 2001 年 9 月航次胶州湾及其邻近海域调查站位

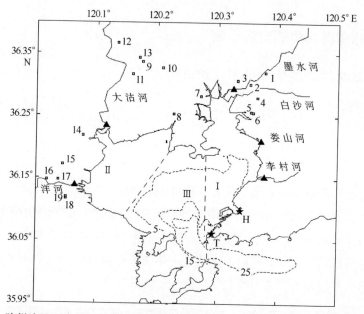

图 15.4 胶州湾地下水(□)、河流(▲)和污水处理厂(★)采样站位分布和水域划分图

H 为海泊河污水处理厂；T 为团岛污水处理厂；Ⅰ 为胶州湾东部沿岸区；

Ⅱ西部沿岸区；Ⅲ为湾中部区

15.2.2 水样中溶解 CH₄ 和 N₂O 的测定

野外采集的水样中，溶解的 CH₄ 和大气中甲烷含量均利用气体抽提–气相色谱法测定（Zhang et al.，2004）。2002 年 5 月航次海水、河水、污水样品和地下水样品中的溶解 N₂O

采用顶空平衡法测定（Singh et al.，1979）。2003 年 5 月、8 月和 12 月胶州湾航次中采集的海水样品中的溶解 N_2O 采用气体抽提 - 气相色谱法测定（Cohen，1977；Zhang et al.，2006）。

15.2.3 胶州湾海域中 CH_4 和 N_2O 的净产生速率

海水中 CH_4 和 N_2O 净产生速率的测定采用改进的时间序列培养法（Sansone et al.，1998；Seitzinger and Nixon，1985）。2003 年 5 月分别于 B5 和 D2 站采集 12 ~ 16 个表、底层海水样品于 135 mL 玻璃瓶中，其中两瓶各加入 1 mL 饱和 $HgCl_2$ 抑制生物活动，作为起始，其余样品不加饱和 $HgCl_2$，用反口橡胶塞密封后带回陆地实验室分别在光照和黑暗条件下室温培养。每天取出两瓶海水样品加入 1 mL 饱和 $HgCl_2$ 中止培养实验，待培养实验结束后测定海水样品中溶解 CH_4 和 N_2O 含量。CH_4 和 N_2O 产生或消耗的净速率可由培养过程初期 CH_4 和 N_2O 的增加或降低速率计算得到。

15.3 结果与讨论

15.3.1 胶州湾海水中的溶解甲烷

15.3.1.1 胶州湾海水中溶解甲烷的分布

（1）水平分布

表 15.1 给出了 2001 年到 2003 年不同季节各航次中测得的胶州湾表、底层海水中溶解甲烷浓度。2003 年 8 和 12 月航次与 2001 年 8 月和 2003 年 5 月航次的站位设置不同，前者比后者覆盖范围更大，且其中部分离岸较近的站位出现了溶解甲烷的异常高值。为了比较不同航次所测定结果的差别，在表中括号内的 2003 年 8 和 12 月航次数据去掉部分离岸较近的站位，而仅考虑与 2001 年 5 月和 2003 年 8 月相近站位的测定结果。由表 15.1 可以看出，胶州湾海水中的溶解甲烷浓度存在明显的季节变化特点，其中夏季湾内溶解甲烷浓度最高而冬季最低，这主要是由于夏季是一年中河流径流量最大的季节，而河流携带高浓度甲烷的输入是胶州湾溶解甲烷的主要源（见 15.3.1.3 节）。

表 15.1 2001 和 2003 年各航次中胶州湾表、底层海水中溶解甲烷浓度

调查时间	潮汐	站位数	表层 $CH_4/nmol \cdot L^{-1}$		底层 $CH_4/nmol \cdot L^{-1}$	
			浓度范围	平均值	浓度范围	平均值
2003 年 5 月 9 - 10 日	小潮	14	4.60 ~ 90.3	16.2 ± 22.5	5.32 ~ 32.9	11.5 ± 8.51
2003 年 5 月 20 日	大潮	12	6.68 ~ 190	41.4 ± 51.1	7.53 ~ 108	23.2 ± 34.3
2001 年 8 月 13 - 15 日	小潮	7	27.9 ~ 304	94.5 ± 96.7	18.2 ~ 104	46.2 ± 32.7
2001 年 8 月 21 - 23 日	中潮	14 (7)[a]	21.1 ~ 219 (25.2 ~ 219)[a]	53.1 ± 55.5 (81.1 ± 69.3)[a]	13.7 ~ 207 (17.0 ~ 207)[a]	45.3 ± 51.5 (69.1 ± 66.0)[5]

调查时间	潮汐	站位数	表层 $CH_4/nmol \cdot L^{-1}$		底层 $CH_4/nmol \cdot L^{-1}$	
			浓度范围	平均值	浓度范围	平均值
2003 年 8 月 25 日	大潮	16 (9)[b]	6.58 ~ 877 (10.3 ~ 328)[b]	137 ± 224 (75.0 ± 109)[b]	6.58 ~ 526 (11.0 ~ 159)[b]	89.7 ± 135 (40.0 ± 46.2)[b]
2003 年 12 月 28 日	大潮	14 (8)[b]	3.88 ~ 278 (3.88 ~ 25.2)[b]	34.8 ± 75.5 (8.49 ± 7.04)[b]	3.88 ~ 105 (3.88 ~ 39.9)[b]	24.6 ± 39.3 (9.72 ± 12.2)[b]

注：a. 括号中为与 2001 年 8 月 13－15 日相同站位的结果；b. 括号中为与 2001 年 5 月和 2003 年 8 月航次相近站位的结果。

在 2003 年 5 月的调查中，大潮时的表、底层溶解甲烷浓度均明显高于小潮时，在 2001 年 8 月的调查中，中潮时底层溶解甲烷浓度也明显高于小潮时，而表层的结果与之相反，这可能与 2001 年 8 月小潮航次中采样站位偏少，且多为受陆源输入影响较大的站位有关。但总的来说，以上结果表明胶州湾溶解甲烷的浓度受潮汐周期变化的影响较大，在同一季节不同潮周期时获得的结果可相差 1~2 倍。

图 15.5 给出了 2003 年 5、8、12 月航次胶州湾表、底层海水中溶解甲烷的水平分布。这些结果表明，胶州湾海水中溶解甲烷水平分布呈现以下特征：

表、底层海水中溶解甲烷分布规律相似，即东部高西部低；表层甲烷浓度普遍较底层略高。胶州湾海水中溶解甲烷的平面分布呈现出东高西低的特征，是由于胶州湾东部沿岸的河流和工业、生活废水携带高浓度甲烷输入造成的，尤其是在李村河口附近常年存在一个甲烷浓度的高值区，表明陆源输入的强烈影响，这是由于李村河中、下游河道是工业废水和市区生活污水的主要排放通道。在夏季河流径流量较大时，受大沽河输入的影响，在胶州湾西北大沽河口附近也出现一甲烷浓度大于 40 nmol/L 的高值区，但其在数值上要远低于胶州湾东部的高值区（注：大于 200 nmol/L），这与大沽河是水源河，受污染较轻的特征是一致的。胶州湾海水中溶解甲烷的平面分布具有北高南低的特点，主要是由于外海含低浓度甲烷的海水由湾外向湾内入侵所带来的"稀释"作用造成的。

为了进一步研究河流和工业、生活污水等陆源输入因素对胶州湾海水中溶解甲烷分布的影响，我们于 2002 年 5 月在胶州湾内的 3 个站位及娄山河、李村河和海泊河河口外的站位采集了表层水样并进行了测定，结果表明：在该航次中在娄山河、李村河和海泊河河口外的各站位测得的表层海水中溶解 CH_4 浓度为 65.9 ~ 932 nmol/L，远远高于胶州湾内站位溶解甲烷的浓度 7.05 ~ 12.9 nmol/L，并且随着离河口的距离增加，其浓度迅速降低，存在一个明显的浓度梯度（见图 15.6），显示出陆源输入对近岸海区 CH₄ 的影响。该甲烷浓度梯度的产生除与富甲烷河水和海水的混合有关外，大量甲烷在河口发生了生物氧化和表层海水中过饱和的部分溶解甲烷迅速扩散进入大气中造成的损失也是造成甲烷浓度迅速降低的重要原因（De Angelis and Lilley，1987；Scranton and McShane，1991；Amouroux et al.，2002）。此次调查结果还显示，在胶州湾河口区表层海水中溶解甲烷浓度与海水中化

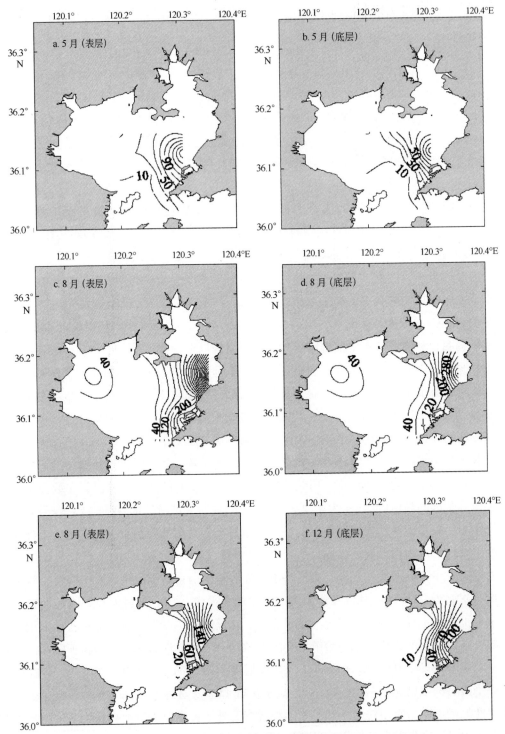

图15.5　2003年5、8、12月航次胶州湾表、底层海水中溶解甲烷浓度（nmol/L）
水平分布（引自 Zhang et al. , 2007）

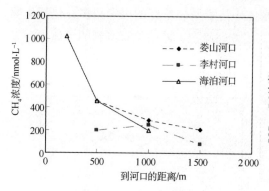

图 15.6 胶州湾河口区表层海水中甲烷
浓度与距河口距离的关系

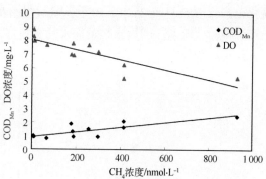

图 15.7 胶州湾河口区表层海水中溶解甲烷浓度
与 COD_{Mn} 和溶解氧(DO)的关系

学耗氧量(COD_{Mn})呈正相关($r=0.823$，$n=12$，$P<0.001$)，与溶解氧含量呈负相关($r=0.85$，$n=12$，$P<0.0005$)(图 15.7)，表明河口区高浓度的甲烷与陆源输入的有机物及其降解密切相关。另外，2002 年 5 月胶州湾内表层海水中的溶解甲烷浓度仍保持由北向南逐渐降低的特征。

（2）胶州湾口断面溶解甲烷的分布

于 2001 年 9 月对跨越胶州湾口的断面进行了调查，结果如图 15.8 所示。由图 15.8 可看出，在胶州湾口各深度上溶解甲烷均呈现由湾内向湾外逐渐降低的趋势，由湾口的 8 nmol/L 左右降低到湾外开阔海域的 3 nmol/L

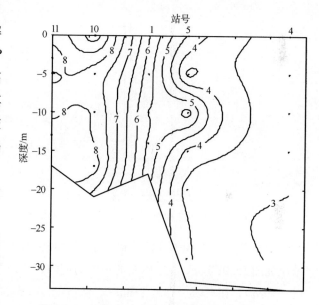

图 15.8 2001 年 9 月航次中胶州湾湾口断面
溶解甲烷浓度(nmol/L)的分布

左右，表明胶州湾内富甲烷的海水和湾外甲烷浓度较低的海水在流速较快的湾口进行了混合。另外，在 5# 站溶解甲烷在水深 10 m 处出现了垂直方向上的甲烷浓度极大值。

（3）胶州湾溶解甲烷的周日变化

于 2001 年 9 月 22 日和 24 日分别在胶州湾湾口内、外的 11# 和 10# 站进行了表、底层海水中溶解甲烷浓度的 26 h 定点连续观测，结果分别如图 15.9a 和 b 所示。由图 15.9 可以看出，在 26 h 的观测周期内，10# 和 11# 站表、底层甲烷浓度变化范围分别为 5.37 ~ 9.33 nmol/L、5.27 ~ 8.27 nmol/L 和 7.07 ~ 9.30 nmol/L、7.03 ~ 9.56 nmol/L，虽然在每一站表、底层甲烷浓度的周日变化规律比较相似，但是总体上来说湾外的 10# 站甲烷浓度变化范围较湾内 11#站更大。由于影响胶州湾水体中溶解甲烷浓度的因素很多，包括生物活动、潮汐、水温、湾内水与黄海水的交换等，因此在湾内、外站位观测到的水体中溶解甲烷浓度的周日变化格局应是各种因素综合作用的结果。

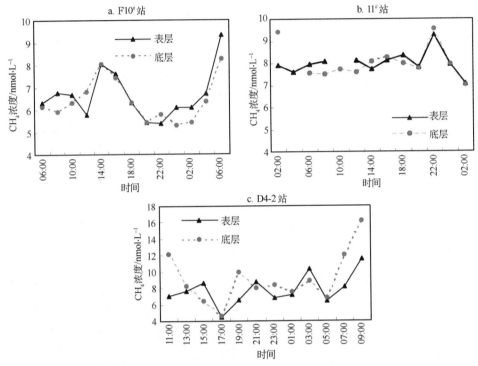

图 15.9 胶州湾内、外及湾口站位表、底层溶解甲烷浓度日变化

a. 湾外 10#站（2001 年 9 月）， b. 湾内 11#站（2001 年 9 月）， c. 湾口 D4 − 2 站（2003 年 5 月）

2003 年 5 月在胶州湾湾口进行了表、底层海水中溶解甲烷浓度的 26 h 定点连续观测，结果如图 15.9c 所示。在 26 h 的观测周期内，湾口溶解甲烷浓度的变化范围分别为 4.46 ~ 11.5 nmol/L 和 4.66 ~ 16.2 nmol/L，浓度的变化范围要远大于 2001 年 9 月在胶州湾内、外观测到的结果。数据之间的变化除了与两次观测发生在不同的季节有关外，还可能与湾口特殊的地理位置有关。由于胶州湾内的富甲烷海水和湾外低浓度甲烷的黄海水在湾口进行了混合，因此湾口溶解甲烷浓度的周日变化除与生物活动、潮汐有关外，还会受湾内、外水交换的强烈程度的影响。

15.3.1.2 胶州湾溶解甲烷的源和汇

（1）胶州湾周边河流的输入

为了认识周边的河流对胶州湾中溶解 CH₄浓度的影响，在丰水期（2001 年 8 月）、平水期（2001 年 10 月）、枯水期（2002 年 3 月）和由枯水期向丰水期的过渡时期（2002 年 5 月）分别测定了大沽河、洋河等 5 条代表性河流的样品，测定结果见表 15.2。

表 15.2　胶州湾流域主要河流河口水样中溶解甲烷浓度及向胶州湾的输送通量

河流	CH₄浓度/μmol·L⁻¹					流量[a]	通量/×10⁶
	2001 年 8 月	2001 年 10 月	2002 年 3 月	2002 年 5 月	平均值	/m³·s⁻¹	mol·a⁻¹
墨水河	2.86	37.9	95.0	42.9	44.7 ± 38.0	0.923	1.30
李村河	11.0	19.8	40.3	53.9	31.2 ± 19.5	0.34	0.34
娄山河	6.21	9.19		13.2	9.52 ± 3.49	0.11[b]	0.03
洋河	0.53	0.32	0.22	0.80	0.46 ± 0.26	1.78	0.03
大沽河	1.49	0.86	2.37	0.17	1.22 ± 0.94	23.7	0.91
						合计	2.61

注：a：河流流量（娄山河除外）系引自参考文献刘福寿等（1992）；b：娄山河流量使用了根据青岛市环境监测站提供的 2002 年 5、8、10 月娄山河流量的平均值。

从表 15.2 可以看出：胶州湾周边河流河水中甲烷浓度范围为 $1.67 \times 10^2 \sim 5.39 \times 10^4$ nmol/L，远大于开阔大洋水中的甲烷浓度（2 ~ 3 nmol/L）和陆架水中的甲烷浓度（3 ~ 5 nmol/L）（张桂玲和张经，2001），比在几次调查中测得的胶州湾海水中溶解甲烷的平均浓度也要高出几倍到几百倍（表 15.1）。不同河流之间的甲烷浓度差别较大，其中大沽河和洋河中的溶解甲烷浓度较为接近，基本在已报道的世界其他河流甲烷浓度的范围内（Upstill-Goddard et al.，2000），而墨水河、李村河和娄山河的溶解甲烷浓度要远远高于文献中已知的河流数据。由于大沽河和洋河为胶州湾周边地区的水源河，流经农业区，受人为活动影响较小；墨水河、李村河和娄山河是目前青岛市区的主要工业排污河，市区周边的化工厂、农药厂、发电厂、制革厂和冶金厂等大小数百个工业污染源的大量废水的排入使河水中富含大量的有机物，因而十分有利于甲烷的产生，致使河水中的溶解甲烷浓度呈现异常的高值。另外，同一河流中溶解甲烷浓度的季节变化也很大，例如大沽河中溶解甲烷浓度枯水期最高，比浓度最低时高出了 13 倍，而墨水河枯水期甲烷浓度比丰水期高出了 30 多倍。受排污影响比较严重的河流（例如：墨水河和李村河）中溶解甲烷的最高浓度均出现在枯水期，最低浓度出现在丰水期，这可能是因为这些河流中溶解甲烷主要来自于工业和生活污染，其排入量的季节性变化不大而河流径流量的增加会降低水中的 CH₄ 浓度。在大沽河和洋河中，溶解甲烷浓度的季节性变化规律性相对不明显。总体上，河流携带高浓度甲烷的输入将是胶州湾水体中溶解甲烷的重要来源。

为了定量估算河流输入对胶州湾溶解甲烷的贡献，根据胶州湾周边主要河流中溶解甲烷的年平均浓度和径流量，初步计算了其向胶州湾的年输入量，结果见表 15.2。结果表明，向胶州湾输送甲烷量最大的河流是墨水河，虽然其径流量与其他的河流相比只能算中等，但由于受污染程度较重，其年平均甲烷含量要比大沽河和洋河等高的多，墨水河向胶州湾年输送甲烷量达到了 1.3×10^6 mol/a。大沽河由于有较高的年入海径流量，虽然其中的甲烷浓度不高，但向胶州湾年输送甲烷量仅次于墨水河，达到了 0.91×10^6 mol/a。其余河流如李村河、娄山河和洋河向胶州湾年输送甲烷量分别为 0.34×10^6、0.03×10^6 和

$0.03 \times 10^6 \, \text{mol/a}$。

(2) 污水处理厂污水的输入

研究表明，工业和生活污水携带大量的碳、氮，造成污水处理系统成为产生甲烷的重要潜在场所(Kong et al.，2002)。青岛市先后建立了海泊河、李村河和团岛等污水处理厂，这些污水处理厂的废水均直接排入胶州湾。海泊河和团岛两个主要污水处理厂的排水口污水中的溶解甲烷浓度列于表15.3。由表15.3可以看出，污水处理厂排出的废水中均含有较高浓度的甲烷，几次测定结果的浓度范围为73.8~545 nmol/L，且浓度的变化范围有限。海泊河和团岛污水处理厂的日处理量分别约为 8×10^4 t 和 5×10^4 t 废水，处理后的水输入胶州湾也将成为海水中溶解甲烷的重要源。

根据对污水处理厂排水的测定结果和污水处理厂的日排放量，可以估算胶州湾周边污水处理厂每年向胶州湾输送的甲烷量，结果见表15.3。由于较高的甲烷浓度和较大的日处理量，海泊河污水处理厂向胶州湾输送的甲烷比团岛和李村河污水处理厂要高，达到了 $12.3 \times 10^3 \, \text{mol/a}$，约占胶州湾周边所有污水输送甲烷量 $26.0 \times 10^3 \, \text{mol/a}$ 的47%左右。另外，在胶州地区还采用氧化塘技术来处理污水，预测其排放的污水也应具有较高浓度的溶解甲烷，但是由于其污水直接排入了大沽河，所以在此估算时没有考虑其向胶州湾的直接输入。

表15.3 胶州湾周边污水处理厂排出污水中的溶解甲烷浓度及其向胶州湾的输送

污水处理厂名称	CH$_4$浓度/nmol·L^{-1}				排放量 /×10^4 t·d^{-1}	向胶州湾输入量 /×10^3 mol·a^{-1}
	2002年6月	2002年12月	2003年6月	平均值		
海泊河	365, 410	404, 369	498, 480	421 ± 56.0	8	12.3
团岛	491, 545	230, 73.8	295, 270	317 ± 174	6	6.94
李村河				369 *	5	6.73
					合计	26.0

注：* 李村河污水处理厂排放污水中溶解甲烷的浓度按海泊河和团岛污水处理厂的平均值计算。

(3) 胶州湾周边地下水的输入

甲烷是有机质在缺氧条件下降解的产物，在某些有机质充足、氧化还原电位(Eh)较低和硫酸盐含量较低的地下水体系中，由于存在有利于甲烷产生的条件，在这些地下水中也常观测到相对较高的甲烷浓度，其范围从几十纳摩尔每升到几千微摩尔每升之间(Bugna et al.，1996；Bussmann et al.，1998；Hansen et al.，2001)。因此，地下水输入可能也是近岸水体中溶解甲烷的潜在重要来源。

我们对胶州湾周边主要地下水系19个站位的地下水中溶解甲烷浓度进行了测定，结果如表15.4所示。胶州湾地下水中溶解甲烷浓度范围为 $1.50 \times 10^3 \sim 37.7 \times 10^3$ nmol/L，除受工业污染较严重而使甲烷浓度出现异常高值的5#站(即：王家女姑)外，其余各站位甲烷浓度在 $1.50 \times 10^3 \sim 1.91 \times 10^3$ nmol/L，平均值为(268 ± 474)nmol/L。总的来说，虽然部分站位的地下水中溶解甲烷浓度与大沽河和洋河等地表水相当，但大部分站位的地下水中溶解甲烷浓度要比地表水低 1~4 个数量级。另外，地下水中溶解甲烷浓度的分布具有明显的地域性差别，其中大沽河和洋河流域的地下水中甲烷浓度普遍较高，而白沙河流域各站位地下水中甲烷浓度普遍较低。在本章中，我们将地下水按照不同水系划分为白沙河、大沽河和洋河 3 组，并计算了其年平均值，结果分别为 15.9、520 和 409 nmol/L。结合各地下水系的年输送水量，计算了其向胶州湾年输送甲烷量分别为 34.7、0.42 和 56.9 mol/a，低于河流和污水排放等的贡献。

表 15.4　胶州湾周边地下水中溶解甲烷浓度及其向胶州湾输入量

| 水系 | 站位号 | CH₄浓度 /nmol·L⁻¹ | | | 浓度年平均值 /nmol·L⁻¹ | 年输送水量[b] /m³·a⁻¹ | 年输入甲烷量 /mol·a⁻¹ |
		9月1日	6月2日	5月2日			
白沙河	1		3.26		15.9 ± 21.1[a]	2.18×10^6	34.7
	2	6.12	13.5	41.0			
	3	2.44	1.95				
	4	12.4	3.48				
	5	9.43×10^3	5.16×10^3	37.7×10^3			
	6	83.4	19.1	12.1			
	7	13.4	1.50				
	8	13.4	11.7				
大沽河	9	215			520 ± 598	800	0.42
	10	279	341	62.6			
	11	1.91×10^3	821	117			
	12		32.2	744			
	13			1.19×10^3			
	14	8.00					
洋河	15		9.02		409 ± 565	1.39×10^5	56.9
	16		1.25				
	17		167	318			
	18	1.35×10^3	36.8	122			
	19			1.27×10^3			
						合计	92.0

注：a：计算时未包括 5# 站的结果；b：地下水年输水量引自 Liu 等（2007）。

　　地下水向胶州湾输入甲烷量较低主要是由两个原因造成的。首先，地下水中溶解甲烷浓度与湾内海水相比不高，这可能是与胶州湾周边地下水类型有关。胶州湾周边地下水类型主要为基岩裂隙水和松散岩类孔隙水，向胶州湾输送地下水的主要是在大沽河、洋河和白沙河下游冲积、冲洪积孔隙水，这些地质环境不适合甲烷的产生。其次，受流域盆地中人为因素的干扰，目前地下水向胶州湾的年输水量较低。以大沽河流域为例，在1976年以前，地下水向海湾输送量约为8.2×10^5 m³/a；自1998年为防止海水入侵在大沽河下游修建截渗坝，至今输送水量小于1 000 m³/a(Liu et al.，2007)。目前地下水输入虽然是胶州湾溶解甲烷的源，但其对胶州湾溶解甲烷收支的贡献基本可以忽略。

（4）CH_4现场生物产生和消耗

通过培养实验测定了胶州湾水体中甲烷净产生－消耗速率，结果见表15.5。结果表明，在胶州湾表、底层水体中的生物活动均可以产生甲烷，速率为$0.46 \sim 4.85$ nmol/(L·d)。其中CH_4的最大的产生速率出现在离河口较近的B5站，而在湾口附近水体中甲烷产生速率较低，该趋势与在其他的受淡水输入影响的海湾（例如：Gulf of Lions)的测定结果一致(Marty et al.，2001)，主要是由于河口站位受河流输入的影响有机质含量较高，而水体中的甲烷主要通过甲烷细菌作用下的有机质降解产生的。虽然在整个胶州湾水体中，溶解氧均处于较高水平，而产生甲烷的细菌是严格的厌氧菌，但是前人的研究表明，甲烷可以在富氧表层水中的生物排泄物、悬浮和沉降的有机颗粒物、浮游动物或其他海洋生物肠道内的缺氧微环境内产生(Karl and Tilbrook，1994；Marty，1993)。

表15.5　胶州湾水体中通过生物活动净产生－消耗甲烷速率

站位	时间	水深/m	（CH_4净产生－消耗速率）/ nmol·L^{-1}·d^{-1}	
			表层	底层
M	2001年8月			0.80
B5	2003年5月	8	4.85	
D2	2003年5月	50	0.46	1.28

由于B5站水深较浅，可粗略认为其表、底层水体中CH_4产生速率相同，则水体中平均甲烷产生速率(2.45 ± 2.03) nmol/(L·d)，根据胶州湾海域的水体总体积2.82×10^9 m³(孙英兰等，1994)可以初步估算出胶州湾内通过生物活动产生的甲烷总量，结果约为2.52×10^6 mol/a。因此，推测生物产生也是胶州湾海水中溶解甲烷不可忽视的源。但是由于培养实验覆盖范围较小，忽略了季节变化的影响，因此以上估算可能存在较大的误差。

（5）胶州湾内、外的水交换

本文的调查结果显示，胶州湾同开阔黄海之间的水交换将导致胶州湾溶解甲烷的损失。根据胶州湾内、外水体中溶解甲烷的浓度梯度和水交换速率，可以初步估算出通过水交换每年由胶州湾向外输出的甲烷量。研究表明，在团岛－薛家岛断面在大、中、小潮时每个潮周期内纳潮量可分别达9.85、7.34和4.97×10^8 m³(孙英兰等，1994)，根据2001年9月航次调查结果，胶州湾湾口断面溶解甲烷浓度梯度约为5 nmol/L，则在大、中、小潮时每个潮周期内胶州湾内外水交换造成湾内外甲烷的交换通量分别约为4.93、3.67和2.48×10^3 mol/潮周期。若按上述交换通量的平均值3.69×10^3 mol/潮周期来估算，则通过胶州湾内外水交换损失的甲烷约为2.69×10^6 mol/a。当然由于上述结果仅根据一个航次观测到的湾内外水体中甲烷浓度梯度进行估算，因此这样获得的湾内外甲烷交换通量估算还有很大不确定性。

（6）通过海-气交换向大气的释放

2003 年 5 月采集胶州湾上方的大气并测定了大气中甲烷的浓度，结果表明，胶州湾大气中甲烷体积浓度范围为 $(1.96 \sim 2.08) \times 10^{-6}$，平均值为 2.01×10^{-6}（$n = 6$，$SD = 2.33\%$）。该结果与前人在小麦岛海滨半年的定点连续观测数据 $(1.92 \pm 0.19) \times 10^{-6}$ 和青岛市南区两年的定点连续观测数据 $(2.12 \pm 0.26) \times 10^{-6}$ 基本一致（黄福林等，1998）。假设胶州湾上方大气中甲烷浓度为 2.01×10^{-6}，根据 2001 年和 2003 年各次大面调查中各站海水中甲烷的浓度及其相应盐度和水温，可以计算出各站海水中甲烷的饱和度（见表 15.6）。由表 15.6 可以看出，胶州湾海水中溶解甲烷均处于高度过饱和状态，其饱和度范围在 $169\% \sim 30\,664\%$ 之间，在其他受人类活动影响较大的海湾也曾观测到表层海水中溶解甲烷的高度过饱和，例如东京湾和伊势湾中甲烷的饱和度可分别达到 $170\% \sim 2\,750\%$ 和 $120\% \sim 6\,300\%$（臧家业和王湘琴，1997）。胶州湾表层海水中甲烷饱和度水平分布的时空变化规律基本与浓度相同（见 15.3.1.1 节）。

表 15.6　胶州湾海水中溶解 CH₄ 饱和度季节性变化

调查时间	潮汐	站位数	表层 CH₄/%		底层 CH₄/%	
			饱和度范围	平均值	饱和度范围	平均值
2003 年 5 月 9 - 10 日	小潮	15	169 ~ 3 206	574 ± 800	182 ~ 1 163	403 ± 302
2003 年 5 月 20 日	大潮	15	236 ~ 7 040	1 547 ± 1 896	265 ~ 3 902	831 ± 1 246
2001 年 8 月 13 - 15 日	小潮	7	1 266 ~ 13 169	4 129 ± 4 168	781 ~ 4 457	1 995 ± 1 408
2001 年 8 月 21 - 23 日	大潮	14	860 ~ 9 762	2 736 ± 2 475	608 ~ 9 226	2 016 ± 2 296
		(7)[a]	(1 129 ~ 9 762)[a]	(3 637 ± 3 086)[a]	(753 ~ 9 226)[a]	(3 069 ± 2 936)[a]
2003 年 8 月 25 日		17	228 ~ 30 664	4 794 ± 7 816	377 ~ 18 014	3 654 ± 5 177
		(10)[b]	(356 ~ 11 233)[b]	(2 607 ± 3 769)[b]	(377 ~ 5 445)[b]	(1 371 ± 1 583)[b]
2003 年 12 月 28 日	大潮	15	134 ~ 9 720	1 214 ± 2 635	133 ~ 3 973	1 803 ± 1 303
		(8)	(134 ~ 863)	(295 ± 240)	(133 ~ 1 366)	(333 ± 419)

注：a：括号中为与 2001 年 8 月 13 - 15 日相同站位的结果；b：括号中为与 2001 年 5 月和 2003 年 8 月航次相近站位的结果。

表层海水中溶解甲烷的过饱和状态将直接导致海水中溶解甲烷通过海-气界面交换向大气释放，因此胶州湾表层海水无疑是大气中甲烷的源。本文根据测得的胶州湾每站表层海水中溶解甲烷的浓度、现场水温和盐度，利用 1960 - 1988 年间多年统计的胶州湾月平均风速（注：5 月份的平均风速为 5.3 m/s，8 月份为 4.7 m/s，12 月份为 6.2 m/s）（焦念志，2001），计算了不同季节胶州湾中各站的 CH₄ 海-气交换通量，其水平分布见图 15.10。由图 15.10 可以看出，胶州湾海域 CH₄ 海-气交换通量具有明显的季节变化特点，其中以夏季最高而冬季最低，前者的平均海-气交换通量约是后者的 $3 \sim 6$ 倍。另外不同区域的 CH₄ 海-气交换通量也有很大差异，其中胶州湾东部沿岸在各个季节的 CH₄ 海-气交换通量均较大，并且呈现出由湾东部沿岸向湾中部迅速降低的趋势，而湾中部和西部区域的 CH_4 海 – 气交换通量相对较小。

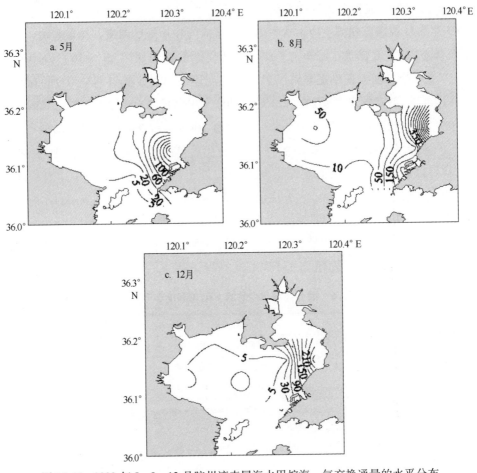

图 15.10　2003 年 5、8、12 月胶州湾表层海水甲烷海 – 气交换通量的水平分布

海 – 气交换通量系利用 LM86 公式计算，单位：$\mu mol /(m^2 \cdot d)$

为了准确估算整个胶州湾年释放甲烷量，我们将胶州湾划分为 3 个区域，即东部沿岸区、湾中部和西部沿岸区，分别用 I、II、III 表示（见图 15.4），每个区域的甲烷海 – 气交换通量结果见表 15.7。由于 2003 年 5 月两个航次与 2003 年 8、12 月航次相比覆盖范围较小，区域 I 内缺乏东部排污河口附近站位，而区域 III 内只有 1 个站位，如果仅根据这两个航次的结果计算得到的区域 I 的春季 CH_4 海 – 气交换通量势必偏低。为了准确反映春季胶州湾不同区域的海 – 气交换通量，表中给出的区域 I、III 的结果是根据 2002 和 2003 年 5 月共 3 个航次相关站位的平均结果计算得到的。根据表 15.7 中给出的各季节胶州湾不同区域 CH_4 海 – 气交换通量结果，计算得到利用 LM86 模式估算的区域 I、II 和 III 的 CH_4 海 – 气交换通量年平均值分别为 220、13.7 和 12.5 $\mu mol/(m^2 \cdot d)$。根据网格法粗略估计区域 I、II 和 III 占胶州湾总面积的比例分别为 26.8%、21.1% 和 52.1%，按照胶州湾总

水域面积为 3.20×10^8 m² (孙英兰等,1994) 计算,则区域 I、II 和 III 的面积分别约为 0.858、0.675 和 1.667×10^8 m²,将各区域的 CH₄ 海－气交换通量年平均值乘以各区域的面积,粗略估算出胶州湾向大气释放 CH₄ 的年通量约为 7.98×10^6 mol/a。同样根据利用 W92 模式估算的区域 I、II 和 III 的 CH₄ 海－气交换通量年平均值分别为 495、31.7 和 28.3 μmol/(m²·d),粗略估算出胶州湾向大气释放 CH₄ 的年通量约为 18.0×10^6 mol/a。由于 LM86 和 W92 两种模式分别代表了气体交换通量计算中的较低和较高的估计,所以估计胶州湾每年通过海－气交换释放到大气中的甲烷 $7.98 \times 10^6 \sim 18.0 \times 10^6$ mol/a。由于本估算中采用了长期风速,因此该结果应比采用瞬时风速估算获得的结果偏高。另外,由于胶州湾的不同区域甲烷海－气交换通量的差异较大,如果将每个区域的平均通量与其相应面积的乘积之和除以胶州湾总面积得到利用 LM86 和 W92 估算出的整个胶州湾海域的平均甲烷海－气交换通量分别为 68.3 和 154 μmol/(m²·d),这与在其他的海湾区如东京湾 86.4 μmol/(m²·d)(臧家业和王湘琴,1997)、Funka 湾 375 μmol/(m²·d)(Watanabe,1994)和 Hudson 湾 350 μmol/(m²·d)(De Angelis and Scranton,1993)等的观测结果基本一致。总体来说,以上在海湾区观测的甲烷海－气交换通量要远高于在开阔大洋区的观测结果,表明海湾区作为大气甲烷源的强度要高于开阔大洋。

表 15.7　胶州湾不同区域溶解 CH₄ 海－气交换通量的季节变化

| 区域 | 站位数 | CH₄ 海－气交换通量 /μmol·m⁻²·d⁻¹ | | | | | |
| | | 春季(2002 和 2003 年 5 月) | | 夏季(2003 年 8 月) | | 冬季(2003 年 12 月) | |
		LM86	W92	LM86	W92	LM86	W92
I	5(6)	178 ± 162	374 ± 342	364 ± 284	878 ± 685	118 ± 144	232 ± 282
II	6(1)	5.15	10.8	31.2 ± 42.3	75.3 ± 102	4.58 ± 1.40	8.98 ± 2.75
III	6(14)	11.3 ± 13.0	23.7 ± 27.3	21.9 ± 20.1	52.9 ± 48.5	4.24 ± 3.58	8.31 ± 7.02

注:表中括号内数字为春季航次的站位数;LM86 指根据 Liss 和 Merlivat(1986)公式计算得到;W92 指根据 Wanninkhof (1992)公式计算得到。

15.3.1.3　胶州湾溶解甲烷的各种源、汇强度的比较

从以上讨论可知,胶州湾水体中溶解甲烷的主要源包括河流输入(即:2.61×10^6 mol/a)、污水输入(即:0.026×10^6 mol/a)、地下水输入(即:92.0 mol/a)和水体中的生物活动产生。但是由于各种原因,一直未能开展胶州湾沉积物产生和释放甲烷的研究工作。甲烷的主要汇包括生物氧化、海－气交换(即:$7.98 \times 10^6 \sim 18.0 \times 10^6$ mol/a)和湾内、外的水交换(即:2.69×10^6 mol/a),其中生物产生和生物氧化的综合结果为净产生甲烷约为 2.52×10^6 mol/a。图 15.11 给出了胶州湾水体中各种源、汇的强度。可以看出,胶州湾水体中溶解甲烷的最主要源是河流输入和生物活动,而如果为了闭合胶州湾水体中溶解甲烷的质量收支平衡,胶州湾沉积物释放甲烷的通量应达到 $5.6 \times 10^6 \sim 15.5 \times 10^6$ mol/a,当然这其中包含了在各种源、汇的估算中可能存在的不确定性,但从目前的结果可以推测沉

积物释放将是胶州湾水体中溶解甲烷的重要源。在其各种源中，地下水的输入是基本可以忽略的。胶州湾水体中溶解甲烷的首要汇是海－气交换，其次是湾内外水交换，前者的强度约是后者的3~7倍。从目前的结果来看，通过各种来源进入胶州湾水体中的甲烷绝大多数最终将通过海－气交换释放到大气中。

由上述讨论可知，河流输入和污水输入是胶州湾周边陆源输入甲烷的

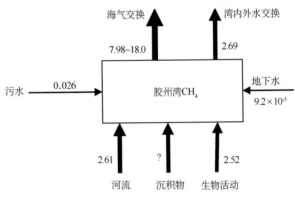

图 15.11　胶州湾水体中溶解甲烷的源、汇强度比较（ $\times 10^6$ mol/a）

两大主要来源，但从其空间分布来看，胶州湾陆源输入甲烷的分布很不均衡，主要集中在湾的东部沿岸。例如，胶州湾东部沿岸的墨水河、李村河和娄山河合计每年向湾内输送的甲烷达到了 1.67×10^6 mol/a，加上海泊河、李村河和团岛污水处理厂的输送 0.026×10^6 mol/a，东部沿岸陆源输入的甲烷约为 1.69×10^6 mol/a，而胶州湾西部陆源甲烷的来源主要为大沽河和洋河这两条河流，输入量仅约为 9.38×10^3 mol/a。在胶州湾东部沿岸陆源输入的甲烷多来自污染等人为来源，受季节变化影响较小，这与我们在不同航次调查中在湾东部沿岸始终能观测到甲烷的高值区，而在湾西北部只有夏季才能观测到甲烷高值区的结果是一致的（见图 15.5）。以上研究表明，人类活动是影响胶州湾溶解甲烷的浓度和其分布的主要因素。

15.3.2　胶州湾海水中的溶解 N_2O

15.3.2.1　胶州湾水体中溶解 N_2O 的分布

（1）水平分布

表 15.8 给出了 2003 年 5、8 和 12 月航次中胶州湾海水中溶解 N_2O 浓度的测定结果。如前所述，由于 8、12 月航次与 5 月航次的站位设置不同，前者比后者覆盖的范围更大，部分离岸较近的站位溶解 N_2O 浓度也较高，为了客观的比较不同航次所测定结果的差别，在表中括号内也给出了 8 和 12 月航次中与 5 月航次相近站位的测定结果。由表 15.8 可以看出，胶州湾海水中溶解 N_2O 浓度且呈明显的季节变化，其中冬季表、底层海水中溶解 N_2O 浓度最高，其次是夏季和春季。这种趋势与胶州湾中溶解甲烷浓度夏季高、冬季低的特点不同，主要是由于 N_2O 在海水中的溶解度受海水温度的影响比甲烷更大。经过现场温度和盐度校正后计算得到不同季节胶州湾海水中溶解 N_2O 的饱和度（见表 15.9），则夏季最高，冬季和春季海水中溶解 N_2O 饱和度基本相当。结果表明，虽然冬季胶州湾海水中溶解 N_2O 浓度很高，但其通过海－气交换释放到大气中的量仍低于夏季。另外，由表 15.8

和 15.9 可以看出，在 2003 年 5 月两个不同时间的观测中，大潮时测得的表、底层海水中溶解 N_2O 浓度和饱和度要比小潮航次的结果高 30%，这与我们在两航次中观测到的 CH_4 结果是一致的，也表明胶州湾溶解 N_2O 的浓度和饱和度受潮汐周期变化的影响，但与甲烷相比，不同潮周期时 N_2O 浓度差别较小。

表 15.8　胶州湾海水中溶解 N_2O 浓度季节性变化

调查时间	潮汐	站位数	表层 N_2O 浓度/nmol·L⁻¹		底层 N_2O 浓度/nmol·L⁻¹	
			浓度范围	平均值	浓度范围	平均值
2003 年 5 月 9 – 10 日	小潮	15	4.67 ~ 13.1	8.52 ± 1.75	4.60 ~ 9.34	8.05 ± 1.55
2003 年 5 月 20 日	大潮	15	6.95 ~ 14.7	10.7 ± 1.93	9.01 ~ 13.8	10.9 ± 1.44
2003 年 8 月 25 日	大潮	17	5.92 ~ 84.0	18.1 ± 19.4	5.21 ~ 88.1	16.1 ± 19.4
		(10)	(5.92 ~ 33.0)	(11.6 ± 7.81)	(5.21 ~ 17.6)	(9.83 ± 4.13)
2003 年 12 月 28 日	大潮	15	9.67 ~ 65.6	22.2 ± 13.4	9.17 ~ 35.5	20.1 ± 9.28
		(8)	(9.67 ~ 28.2)	(16.5 ± 5.78)	(9.17 ~ 24.8)	(15.0 ± 5.67)

注：括号中为去掉部分近岸站位的结果。

表 15.9　胶州湾海水中溶解 N_2O 饱和度季节性变化

调查时间	潮汐	站位数	表层 N_2O 饱和度/%		底层 N_2O 饱和度/%	
			范围	平均值	范围	平均值
2003 年 5 月 9 – 10 日	小潮	15	53.8 ~ 145	93.8 ± 19.1	51.0 ~ 105.3	89.6 ± 17.9
2003 年 5 月 20 日	大潮	15	88.1 ~ 172	126 ± 22.9	96.9 ~ 155	118 ± 18.6
2003 年 8 月 25 日	大潮	17	97.9 ~ 1335	294 ± 308	86.1 ~ 1 400	262 ± 307
		(10)	(97.9 ~ 538)	(191 ± 127)	(86.1 ~ 286)	(162 ± 68.0)
2003 年 12 月 28 日	大潮	15	80.1 ~ 468	166 ± 93.7	70.3 ~ 267	146 ± 55.7
		(8)	(80.1 ~ 216)	(128 ± 42.5)	(70.3 ~ 155)	(117 ± 41.3)

注：括号中为去掉部分近岸站位的结果。

尽管在春、夏、冬 3 个不同航次中胶州湾表、底层海水中溶解 N_2O 浓度有明显的季节差别，变化范围也较大，但在图 15.12 中 N_2O 浓度的水平分布却有着相似的特点，表、底层海水中溶解 N_2O 浓度分布格局基本相似，表层 N_2O 浓度普遍较底层略高，N_2O 浓度分别从胶州湾的东部和西北部沿岸向湾中部呈逐渐降低的趋势，在西北部大沽河口附近和湾东部近岸海域分别出现了 N_2O 浓度的高值区，表明受到陆源输入的强烈影响。在胶州湾西北部的 N_2O 浓度高值区主要是受径流量较大的大沽河淡水输入的影响，其范围和影响程度与大沽河的径流量变化相关。在大沽河流量最大的 8 月，对湾西北部表、底层溶解 N_2O 浓度影响也变得更为显著，相应地 N_2O 浓度梯度也增加。而在大沽河流量较小的 12 月，从河口向湾内的 N_2O 浓度梯度与夏季相比明显减小，且对表层的影响比底层更显著。而在胶州湾东部沿岸，陆源输入主要来自于污染物的排放，因而胶州湾东部沿岸 N_2O 高值区的季节性变化不如大沽河口显著。另外，通过比较图 15.5 和 15.12，胶州湾溶解 N_2O 和 CH_4 浓度分布虽然都受陆源输入的强烈影响，但前者主要受大沽河影响，而后者主要受东部沿岸工业和生活污水输入的影响。另外，在大多数站位表层海水中 N_2O 浓度均高于底层，但在冬季航次中东部沿岸底层 N_2O 浓度高于表层，表明这一区域底层海水或沉积物中存在着 N_2O 的源。

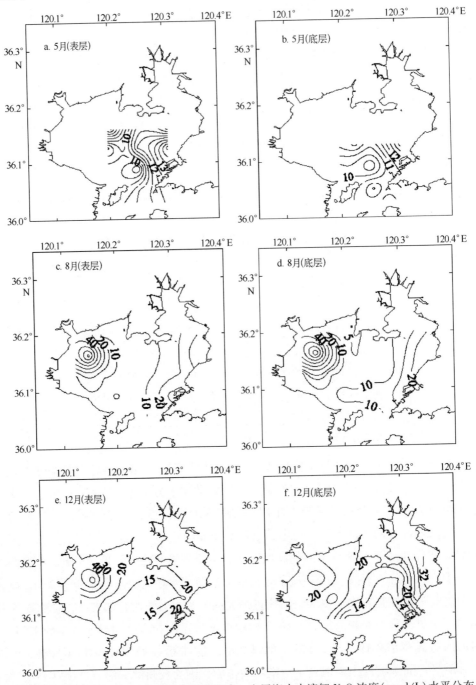

图 15.12　2003 年 5、8、12 月航次胶州湾表、底层海水中溶解 N_2O 浓度（nmol/L）水平分布

我们于 2002 年 5 月对胶州湾东部李村河口、海泊河口和娄山河口外的站位测得的表层海水中溶解 N_2O 浓度为 18.2 ~ 77.8 nmol/L，明显高于胶州湾内溶解 N_2O 的浓度（即：10.9 ~ 14.0 nmol/L），随着离河口的距离增加，其浓度迅速降低，存在明显的浓度梯度（图 15.13）。

当将胶州湾中的 N_2O 饱和度与相应盐度作图（图 15.14），也可以看出胶州湾水体中溶解 N_2O 陆源输入来源的不同。在图中除部分青岛东部沿岸河口站位外，N_2O 饱和度与盐度关系虽然偏离线性关系，但符合二次多项式，表明胶州湾中、西部表层海水中 N_2O 饱和度受大沽河淡水输入的强烈影响，但大沽河输入的淡水与海水的混合过程中存在海–气交换等过程损失大量 N_2O，而在东部河口区，其饱和度与盐度关系严重偏离该二次多项式关系，表明该区域陆源输入 N_2O 的来源不同于西北部和海湾的中部。

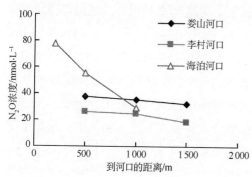

图 15.13　胶州湾部分河口区表层海水中溶解
N_2O 浓度与到河口距离的关系

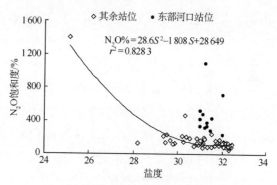

图 15.14　胶州湾表层海水中溶解 N_2O
饱和度与盐度关系曲线

（2）胶州湾溶解 N_2O 浓度的日变化

2003 年 5 月 9 – 10 日（J1）和 5 月 19 – 20 日（J2）航次中，分别在胶州湾口的 D4 站进行了 26 h 连续观测，获得了湾口表、底层海水中溶解 N_2O 浓度的周日变化，结果如图 15.15

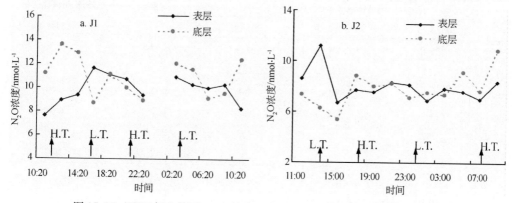

图 15.15　2003 年 5 月湾口 D4 站表、底层海水中溶解 N_2O 浓度周日变化

（L. T. 和 H. T. 分别代表低潮和高潮）

a. J1（2003 年 5 月 9 – 10 日）；b. J2（2003 年 5 月 19 – 20 日）

所示。由图可以看出 N_2O 浓度在一天的两个潮周期内具有较大的变化，其中在小潮期间（J1）湾口表、底层海水中溶解 N_2O 浓度范围分别为 7.66 ~ 11.7 nmol/L 和 8.75 ~ 13.7 nmol/L，而在大潮期间（J2），湾口表、底层海水中溶解 N_2O 浓度范围分别为 6.73 ~ 11.2 nmol/L 和 6.27 ~ 10.9 nmol/L，这与观测到的大潮航次湾内平均 N_2O 浓度高于小潮航次的结果显然是不一致的。从图中还可以看出，在两个航次中表层 N_2O 的最高浓度和底层 N_2O 的最低浓度都出现在每天的低潮时期。

15.3.2.2 胶州湾水体中溶解 N_2O 的源和汇

（1）河流输入

研究表明，河流输入是河口区水体中溶解 N_2O 的重要源（Seitzinger and Kroeze，1998）。2002 年 3 月和 5 月胶州湾周边的大沽河、洋河、墨水河、李村河、娄山河等河水中溶解 N_2O 浓度在 32.8 ~ 781 nmol/L 之间（表 15.10），基本与文献报道的英国部分河流中 22.1 ~ 60.1 nmol/L（Dong et al.，2004）和 South Platte 河中 18 ~ 527 nmol/L（Dennehy and McMahon，2000）的浓度范围一致，但是要远高于 Alsea River 中 N_2O 浓度 8.2 ~ 15.6 nmol/L（De Angelis and Gordon，1985）。在表 15.10 中，不同的河流之间溶解 N_2O 浓度差别较大，这种差别主要和流域土地的使用类型及河流的污染状况有关。例如，大沽河流域的土地主要以农业生产为主，而农田施用的化肥会大量流失并进入河流中，增加了河流中的氮，从而通过改变硝化和反硝化过程速率而增加河流中溶解 N_2O 浓度（Nevison，2000）；农田灌溉渠中的排水也已证实含有大量 N_2O（Reay et al.，2003）。因而，无机氮的大量输入和携带高浓度 N_2O 的农业排水的输入使大沽河中溶解 N_2O 浓度较高。2002 年 3 月娄山河所含 N_2O 浓度与李村河基本相当，而 5 月时则约为李村河的 4 倍。墨水河虽然也流经青岛市郊，受工业污染影响较大，但其溶解 N_2O 含量与李村河和娄山河相比较低。

表 15.10 胶州湾周边主要河流中溶解 N_2O 的浓度及向胶州湾的输送通量

| 河流 | N_2O 浓度 /nmol·L^{-1} | | | 流量[a] /m^3·s^{-1} | 向胶州湾输送量 /×10^3 mol·a^{-1} |
	2002 年 3 月	2002 年 5 月	平均值		
墨水河	76.0	32.8	54.4	0.923	1.58
李村河	158	206	182	0.34	1.95
娄山河	141	781	461	0.11[b]	1.60
洋河		33.5	33.5	1.78	1.88
大沽河	387	518	453	23.7	339
合计					346

注：a：河流流量（娄山河除外）系参考文献刘福寿等（1992）；b：娄山河流量使用了根据青岛市环境监测站提供的 2002 年 5、8、10 月娄山河流量的平均值。

根据胶州湾周边主要河流中溶解 N_2O 的年平均浓度和径流量，可以估算陆地径流向胶州湾的年输入量（表 15.10）。结果表明，向胶州湾输送 N_2O 通量最大的河流是大沽河，年输送 N$_2$O 量达到了 339×10^3 mol/a；墨水河、李村河、娄山河和洋河等向胶州湾输送 N$_2$O 通量比较接近，范围为 $1.58 \times 10^3 \sim 1.95 \times 10^3$ mol/a，比大沽河低了两个数量级。总体说来，胶州湾周边的河流每年向胶州湾输送的 N$_2$O 约为 346×10^3 mol/a，其中约 98% 来自大沽河。另外值得一提的是，我们目前获得的胶州湾周边河流中溶解 N$_2$O 浓度数据主要集中在枯水期，而缺少河流径流量较大并且农业生产活动较旺盛的夏、秋季节的观测，可能会低估河流作为胶州湾溶解 N$_2$O 源的强度。

（2）污水输入

目前污水处理厂多采用硝化和反硝化等生物除氮过程，因而污水处理过程中产生大量的 N$_2$O 并向大气中释放。同时，污水处理厂排放的水也会成为海湾或近岸水体中溶解 N$_2$O 的重要源（Czepiel et al.，1995；Itokawa et al.，1996；Bernet et al.，1996；Zheng et al.，1994；Kong et al.，2002）。在胶州湾周边有 3 个较大污水处理厂，即海泊河、团岛和李村河污水处理厂，它们处理后的污水都直接排入胶州湾内。这些污水处理厂采用的去除营养盐（包括：氮和磷）的工艺主要为吸附 – 生物降解工艺（即：AB 工艺）和厌氧 – 缺氧 – 好氧工艺（即：AAO 工艺），而这两种污水处理工艺中都存在产生 N$_2$O 的硝化和/或反硝化过程。2002 年 6 月和 12 月、2003 年 6 月海泊河和团岛污水处理厂的排水口的样品溶解 N$_2$O 的含量示于表 15.11。其中，海泊河污水处理厂排放的污水中 N$_2$O 浓度变化较大，3 次测定中最大值和最小值相差 3 个数量级，这可能和其采用了 AB 法污水处理工艺以及其污水主要以工业污水为主、进水口水质变化大的特点有关。AB 法污水处理工艺采用了两级处理法，在 A 段处理过程中，主要通过生物吸附过程去除了颗粒物，而 B 段处理过程为活性污泥池，在有氧条件下进行了氨氮的氧化反应，即硝化过程，但在这一过程中只要存在足够的碳源，也能发生反硝化过程（何国富等，2001）。因此，如果污水厂进水口的水质变化较大将会影响到处理过程中 N$_2$O 的产生。而团岛污水处理厂由于采用了 AAO 工艺，而且其污水主要以生活污水为主，其排放的污水中溶解 N$_2$O 浓度相对来说较稳定。总体上，胶州湾周边污水处理厂排放的水中 N$_2$O 浓度远高于胶州湾内海水中溶解 N$_2$O 浓度，应该是胶州湾水体中溶解 N$_2$O 的重要来源。

表 15.11　胶州湾周边污水处理厂排出污水中的溶解 N$_2$O 浓度及其向胶州湾的输送

| | N$_2$O 浓度 /μmol · L^{-1} | | | | 排放量 /$\times 10^4$t · d^{-1} | 向胶州湾输入量 /$\times 10^3$ mol · a^{-1} |
	2002 年 6 月	2002 年 12 月	2003 年 6 月	平均值		
海泊河	0.014 ± 0.002	7.88 ± 0.36	29.5 ± 4.98	12.5 ± 15.3	8	364
团岛	2.95 ± 0.07	0.955 ± 0.200	1.43 ± 0.06	1.78 ± 1.04	6	38.9
李村河				1.78 *	5	32.4
合计						435

注：* 李村河污水处理厂排放污水中溶解 N$_2$O 浓度按团岛污水处理厂计算。

海泊河和团岛污水处理厂的日处理能力分别为 8×10^4 和 6×10^4 t/d，按照 3 次测定的平均结果 12.5 和 1.78 μmol/L 计算，其向胶州湾排放的溶解 N_2O 可分别达到 36410^3 和 $38.9 \times 10^3 mol/a$。由于李村河污水处理厂采用了和团岛污水处理厂相同的污水处理工艺，因此可以近似认为其向胶州湾排放的污水中溶解 N_2O 浓度和海泊河污水处理厂相同，约为 1.78 μmol/L，乘以其年排水量 $5 \times 10^4 t/d$，可以估算出李村河污水处理厂向胶州湾年输送 N_2O 量为 $32.4 \times 10^3 mol/a$。因此，通过胶州湾周边污水处理厂排入胶州湾的 N_2O 可达 $435 \times 10^3 mol/a$，比通过河流输入的 N_2O 高出约 26%，成为胶州湾水体中溶解 N_2O 的主要来源。此前，在东京湾也曾观测到类似污水排放造成湾内溶解 N_2O 呈现高浓度的现象（Hashimoto et al.，1999）。

由于胶州湾周边河流和污水处理厂分布的不均衡，东部沿岸的 N_2O 输入源主要包括污水处理厂排出的废水和李村河、娄山河、墨水河等河流，其向胶州湾输入的 N_2O 合计可达 $440 \times 10^3 mol/a$，而湾西部沿岸 N_2O 的主要来源是大沽河和洋河，其向胶州湾输入 N_2O 合计约为 $341 \times 10^3 mol/a$。根据以上讨论可知，胶州湾东部沿岸溶解 N_2O 的分布受陆源输入的影响似乎应比西部沿岸更大。但是仔细研究胶州湾溶解 N_2O 的水平分布图（见图 15.12）可以看出，在海湾西北部的溶解 N_2O 浓度峰值和变化梯度一般都要高于湾东部沿岸，尤其是在 2003 年 8 月的观测中，这一差别更显著，表明西部沿岸溶解 N_2O 的分布受陆源输入的影响更大。在胶州湾东部沿岸由北至南依次分布着墨水河、娄山河、李村河和李村河污水处理厂、海泊河污水处理厂和团岛污水处理厂（见图 15.4），各个输入源之间几乎等距离分散开，而且这些 N_2O 输入源主要为污染源，其输入通量受季节变化影响较小，而在湾西北部只有大沽河一个输入源，其径流量具有较大的季节变化。另外，胶州湾水交换能力有很大的空间差别，研究表明西北部大沽河口附近水存留时间较长，一般超过 2 个月，东部排污河口如墨水河口、娄山河口和李村河口附近水交换能力虽然也较差，但向胶州湾大量输入溶解 N_2O 的几个污水处理厂附近海域水交换能力较强，例如海泊河口附近水存留时间约为 15 d，而团岛污水处理厂附近海域水交换时间只需约 5 d（赵亮等，2002），因此东部沿岸输入的 N_2O 通过与其他水域的交换很快分散，而大沽河口附近由于水交换能力较差，造成高浓度的溶解 N_2O 的积累，因而易形成较强的高值区。

（3）地下水输入

由于硝化和反硝化也是地下含水层中两种重要的生物过程，因此地下水中可能含有高浓度的 N_2O，成为某些河口、海湾等海区水体中溶解 N_2O 的重要源（Ronen et al.，1988；LaMontagne et al.，2003）。例如，受高含量硝酸盐输入的影响，Childs 河口周边的地下水中溶解 N_2O 的浓度高达 1~12.5 μmol/L，成为 Childs 河口中溶解 N_2O 的重要源（LaMontagne et al.，2003）。2002 年 5 月在胶州湾沿岸 10 个站位的地下水中 N_2O 的结果如表 15.12 所示。胶州湾周边不同区域的地下水中 N_2O 含量差别较大，其浓度范围为（12.4~5.27）$\times 10^3 nmol/L$，平均值为（1.06 ± 1.67）μmol/L，最大和最小值之间相差 2 个数量级，这主要是因为各站位所处地质环境不同，同时受农业生产污染程度也不同造成的。白沙河

流域地下水中溶解 N_2O 的浓度普遍较高，这主要是由于白沙河下游是青岛市蔬菜基地，受农业污染影响较大，从 20 世纪的 60 年代始大量施用化肥和农药，致使那里的地下水中 NO_3^- 远高于以粮食耕作为主的大沽河和洋河流域；地下水中高含量的 NO_3^- 有利于反硝化过程的进行，进而有利于 N_2O 的产生。地下水中溶解 N_2O 浓度远高于胶州湾海水中溶解 N_2O，也是胶州湾中溶解 N_2O 的来源。

表 15.12　胶州湾周边地下水中溶解 N_2O 浓度及其向胶州湾的输入量

水系	站位号	N_2O 浓度 /nmol·L^{-1}	N_2O 浓度平均值 /nmol·L^{-1}	年输送水量* /m^3·a^{-1}	向胶州湾年输入 N_2O 量 /mol·a^{-1}
白沙河	2	5.27×10^3	2.02×10^3	2.18×10^6	4.41×10^3
	3	12.5			
	5	299			
	6	2.51×10^3			
大沽河	10	42.6			
	11	362	366	800	0.293
	12	140			
	13	922			
洋河	17	18.5	514	1.39×10^5	71.5
	19	1.01×10^3			

注：* 地下水输水量引自 Liu 等（2007）。

将地下水按照不同水系划分为白沙河、大沽河和洋河 3 组，并计算了其年平均值，结果分别为 2.02×10^3、366 和 514 nmol/L。结合各地下水系的年输送水量，计算了其向胶州湾年输送 N_2O 量，结果分别为 4.41×10^3、0.293 和 71.5 mol/a，因此胶州湾周边地下水向湾内输送的 N_2O 总通量为 4.42×10^3 mol/a，其中 99.8% 以上来自于白沙河周边地下水的输入（见表 15.12）。

（4）现场生物产生

在海水中，硝化和反硝化两种生物过程均可以产生 N_2O。文献资料表明，在胶州湾的水体中，NH_4-N 是无机氮的主要存在形式，占总无机氮的 78%，而 NO_3-N 只占 14%（Shen，2001）。对 2002 年 5 月航次中 N_2O 与溶解氧、NH_4^+、COD 等参数之间的关系进行了分析，结果如图 15.16 所示。胶州湾河口表层水中溶解 N_2O 浓度与溶解氧浓度呈显著负相关（$n=11$，$r^2=0.82$，$P<0.0001$），与 NH_4^+ 浓度（$n=12$，$r^2=0.94$，$P<0.0001$）和 COD（$n=12$，$r^2=0.82$，$P<0.0001$）呈显著正相关。N_2O 与 O_2、NH_4^+ 和 COD 的统计关系表明，伴随着氧的消耗和有机质矿化过程中的营养盐再生，在胶州湾河口区水体中 N_2O 可以通过硝化过程产生。由于有机质降解过程中必然还伴随着甲烷的产生和释放，表层海水中溶解甲烷与 N_2O 浓度的相关性（见图 15.16 d，$n=11$，$r^2=0.91$，$P<0.0001$）也表明硝

化过程的发生。在其他的河口和海湾，也曾发现类似的通过水体中的硝化过程产生 N_2O 的现象（De Wilde and Bie，2000；Marty et al.，2001）。

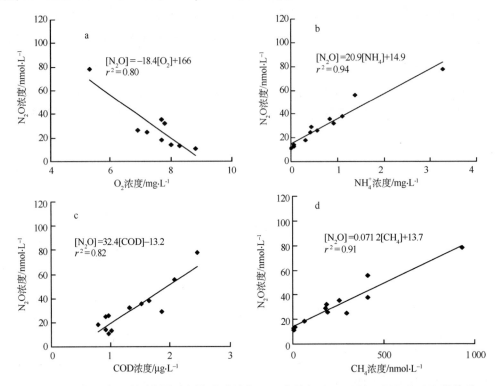

图 15.16　2002 年 5 月胶州湾表层海水中溶解 N_2O 与溶解 O_2、NH_4^+、COD 和 CH_4 的关系

2003 年 5 月航次在两个不同站位进行了海水现场培养实验，结果见表 15.13。结果表明，在李村河口外的 B5 站表层海水产生 N_2O 的速率较大，达到 2.52 nmol/（L·d），而在接近湾口的 D2 站，表层海水在培养过程中净消耗 N_2O，而底层海水净产生 N_2O。由此，胶州湾水体中 N_2O 产生速率有明显的空间差异，其中河口区要远大于湾口区。B5 站水深较浅，假定其表、底层水体中 N_2O 产生速率相同，则胶州湾水体中平均 N_2O 产生速率约为 0.95 nmol/（L·d），乘以胶州湾水体的总体积 2.82×10^9 m^3，则得到胶州湾水体中通过生物活动产生的 N_2O 总量，约为 982×10^3 mol/a。由于本章只在两个站位进行了培养实验，覆盖范围不够广，而且忽略了 N_2O 产生速率的季节性变化，因此上述估算存在很大的不确定性。

表 15.13　胶州湾水体中生物活动净产生/消耗 N_2O 速率

站位	时间	水深/m	N_2O 净产生/消耗速率 /nmol·L^{-1}·d^{-1}	
			表层	底层
B5	2003 年 5 月	8	2.52	
D2	2003 年 5 月	50	-1.60	0.38

（5）通过海 – 气交换向大气的释放

根据 2003 年各航次中测得的每站表层海水中溶解 N_2O 的浓度、现场水温和盐度，利用 1960 – 1988 年间多年统计的胶州湾月平均风速（即：5 月平均风速为 5.3 m/s，8 月平均风速为 4.7 m/s，12 月平均风速 6.2 m/s）（焦念志，2001），假设胶州湾上方大气中 N_2O 体积浓度为 318.5×10^{-9}，分别利用两种不同的气体交换模式计算了各站的 N_2O 海 – 气交换通量，其中根据 LM86 公式估算得到的胶州湾表层海水中 N_2O 海 – 气交换通量的水平分布如图 15.17 所示。在图 15.17 中，胶州湾的 N_2O 海 – 气交换通量存在一定的季节变化，其中以夏季最高而冬季最低，但胶州湾 N_2O 海 – 气交换通量的季节变化幅度要低于甲烷。另外，胶州湾不同区域的 N_2O 海 – 气交换通量空间变化较大，其中受大沽河输入和污水排放等陆源输入的影响，在胶州湾西北部大沽河口和湾东部沿岸海区在各个季节均有较高 N_2O 海 – 气交换通量，而且 N_2O 海 – 气交换通量分别由湾西北和湾东部向湾中部呈逐渐减小趋势。因此，湾中部的 N_2O 海 – 气交换通量明显较小，在冬季该区域的平均海 – 气交换通量为负值，表明胶州湾中部海域冬季将从大气中吸收 N_2O。

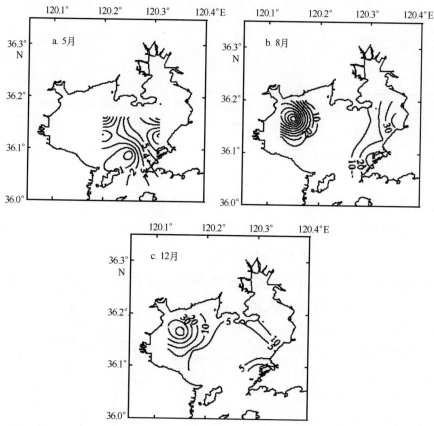

图 15.17　2003 年 5、8、12 月胶州湾表层海水中 N_2O 海 – 气交换通量水平分布

海 – 气交换通量系根据 LM86 公式计算，单位：$\mu mol/(m^2 \cdot d)$

表 15.14 给出了不同季节胶州湾不同区域 N_2O 海 – 气交换通量的测定结果，其中表中给出的春季各区域的海 – 气交换通量是综合考虑了 2002 和 2003 年 5 月 3 个航次相关站位的平均结果。根据表 15.14 中给出的各季节胶州湾不同区域 N_2O 海 – 气交换通量结果，计算得到利用 LM86 模式估算的区域Ⅰ、Ⅱ和Ⅲ的 N_2O 海 – 气交换通量年平均值分别为 16.8、19.5 和 1.3 $\mu mol/(m^2 \cdot d)$，利用 W92 模式估算的区域Ⅰ、Ⅱ和Ⅲ的 N_2O 海 – 气交换通量年平均值分别为 36.7、37.7 和 2.6 $\mu mol/(m^2 \cdot d)$，考虑了各区域的表面积之后，得到利用 LM86 和 W92 公式计算的整个胶州湾的平均 N_2O 海 – 气交换通量分别为 9.3 和 19.1 $\mu mol/(m^2 \cdot d)$。因此，胶州湾 N_2O 海 – 气交换通量基本与文献报道的其他受人类活动影响较大的海湾相近，例如在受污水输入影响较大的东京湾，测得海水中 N_2O 海 – 气交换通量约为 1.51 ~ 153 $\mu mol/(m^2 \cdot d)$，平均值约 28.6 $\mu mol/(m^2 \cdot d)$（Hashimoto et al.，1999）。

表 15.14　胶州湾不同区域溶解 N_2O 海 – 气交换通量的季节变化

区域	站位数	N_2O 海 – 气交换通量/$\mu mol \cdot m^{-2} \cdot d^{-1}$					
		春季(2002 和 2003 年 5 月)		夏季(2003 年 8 月)		冬季(2003 年 12 月)	
		LM86	W92	LM86	W92	LM86	W92
Ⅰ	5(6)	17.7 ±24.7	37.3 ±51.9	21.3 ±14.3	50.5 ±27.4	11.4 ±7.9	22.4 ±15.5
Ⅱ	6(0)			22.6 ±44.2	43.4 ±84.8	16.3 ±21.3	32.0 ±41.8
Ⅲ	6(14)	1.5 ±3.7	3.2 ±7.9	3.0 ±2.8	5.8 ±5.3	- 0.7 ±2.7	- 1.3 ±5.4

注：表中括号内数字为春季航次的站位数；LM86 指根据 Liss 和 Merlivat(1986)公式计算得到；W92 指根据 Wanninkhof (1992)公式计算得到。

根据以上结果粗略估算利用 LM86 和 W92 公式得到的胶州湾向大气释放 N_2O 的年通量分别约为 1.09×10^6 mol/a 和 2.23×10^6 mol/a。由于这两种模式分别代表了目前海 – 气交换通量估算中较低和较高的结果，因此可以粗略认为胶州湾每年释放到大气中的 N_2O 为 1.09×10^6 ~ 2.23×10^6 mol/a。

15.3.2.3　胶州湾水体中溶解 N_2O 的源、汇比较

通过以上讨论可知，胶州湾海水中溶解 N_2O 的源主要包括河流输入（即：0.35×10^6 mol/a）、污水输入（即：0.44×10^6 mol/a）、地下水输入（即：4.42×10^3 mol/a）和生物活动产生（即：0.98×10^6 mol/a）等（图 15.18）。其中，胶州湾周边污水处理厂排放的污水和胶州湾周边河流的输入是胶州湾海水中的溶解 N_2O 的主要外部来源；而地下水输入的贡献较小，基本可忽略；生物活动可能是胶州湾水体中溶解 N_2O

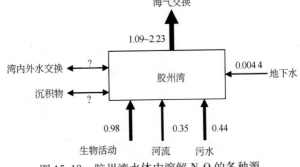

图 15.18　胶州湾水体中溶解 N_2O 的各种源、汇强度比较（$\times 10^6$ mol/a）

的主要内在源。胶州湾海水中溶解 N_2O 的汇主要为海 – 气交换，每年通过海 – 气交换释放到大气中的 N_2O 约为 $1.09 \times 10^6 \sim 2.23 \times 10^6\,mol/a$，要比通过河流和污水输入 N_2O 的总量高出 $1.6 \sim 3$ 倍。

已有文献报道表明，世界其他的河口和近岸海域沉积物释放 N_2O 通量在 -4.8 到 $605\,\mu mol/(m^2 \cdot d)$ 之间，表明河口和近岸沉积物既可以是水体 N_2O 的源，也可以是汇（Barnes and Owens，1998）。由于缺乏资料，胶州湾沉积物对水体中溶解 N_2O 的贡献几乎是未知的。由于胶州湾水体中溶解 N_2O 浓度的季节性变化较大，同时缺乏湾外黄海水体中溶解 N_2O 浓度的资料，因此根据目前的研究结果也很难估算出湾内、外的水交换作为胶州湾水体中溶解 N_2O 的源或汇的强度。

15.4 结论

根据 2001 年到 2003 年多个航次的调查结果，首次对胶州湾海水中溶解 CH_4 和 N_2O 的分布、影响因素及源、汇进行了研究，主要结论如下：

（1）胶州湾海水中溶解 CH_4 和 N_2O 的浓度和饱和度存在明显的季节变化，其中溶解甲烷浓度和饱和度均为夏季最高而冬季最低，溶解 N_2O 浓度冬季最高，其次是夏季和春季，N_2O 饱和度则为夏季最高，而冬季和春季海水中溶解 N_2O 的饱和度基本相当。胶州湾表、底层海水中溶解 CH_4 和 N_2O 的浓度受潮汐周期变化的影响较大，其中大潮时可分别比小潮时高出 $1 \sim 2$ 倍和 30%。

（2）胶州湾表、底层海水中溶解 CH_4 和 N_2O 的水平分布特征相似，表层浓度普遍较底层略高，海水中溶解甲烷浓度从东北部到西南部呈现明显降低趋势，N_2O 浓度分别从湾东部沿岸和西北部沿岸向湾中部呈逐渐降低趋势。虽然胶州湾溶解 N_2O 和 CH_4 浓度分布都受陆源输入的强烈影响，但前者主要受大沽河影响，而后者主要受东部沿岸工业和生活污水输入的影响。

（3）受生物活动、潮汐、水温、湾内水与黄海水的交换等多种因素的影响，胶州湾内、外和湾口表、底层水体中溶解甲烷浓度和湾口表、底层水体中溶解 N_2O 浓度有明显的周日变化。

（4）胶州湾水体中溶解甲烷的主要外部来源是河流输入，而溶解 N_2O 的主要外部来源是污水输入。胶州湾周边河流中溶解 CH_4 和 N_2O 浓度范围分别为 $1.67 \times 10^2 \sim 5.39 \times 10^4\,nmol/L$ 和 $32.8 \sim 781\,nmol/L$ 之间，要明显高于湾内海水中的浓度，初步计算了河流向胶州湾的年输入 CH_4 和 N_2O 量，分别约为 2.61×10^6 和 $0.346 \times 10^6\,mol/a$。胶州湾周边污水处理厂排出的污水中 CH_4 和 N_2O 浓度范围分别为 $(73.8 \sim 491) \times 10^3$ 和 $(14.0 \sim 29.5) \times 10^3\,nmol/L$，估算污水处理厂每年向胶州湾输送的 CH_4 和 N_2O 量，分别约为 0.026×10^6 和 $0.435 \times 10^6\,mol/a$。

（5）胶州湾周边地下水中溶解 CH_4 和 N_2O 浓度范围分别为 $1.50 \sim 1.91 \times 10^3$ 和（ $12.4 \sim 5.27$ ）$\times 10^3$ nmol/L。通过地下水向胶州湾年输送 CH_4 和 N_2O 总量分别约为 92.0 和 4.42×10^3 mol/a。与其他的来源相比地下水的输送基本可忽略。

（6）在胶州湾表、底层水体中通过生物活动均可以净产生甲烷，在河口区水体中可以通过硝化过程产生 N_2O，而在接近湾口的站位，表层海水可以通过生物活动净消耗 N_2O，初步估算出胶州湾内通过生物活动产生的 CH_4 和 N_2O 总量分别约为 2.52×10^6 和 0.982×10^6 mol/a。因此，生物活动产生是胶州湾水体中溶解 CH_4 和 N_2O 的主要内在源。

（7）胶州湾内水体中溶解 CH_4 和 N_2O 的主要汇为通过海－气交换向大气的释放，其中初步估算出胶州湾向大气释放 CH_4 和 N_2O 的年通量分别约为 $7.98 \times 10^6 \sim 18.0 \times 10^6$ mol/a 和 $1.09 \times 10^6 \sim 2.23 \times 10^6$ mol/a。

（8）通过湾内外水交换每年由胶州湾向黄海输送的甲烷量约为 2.68×10^6 mol/a。由于缺乏胶州湾外黄海水体中溶解 N_2O 浓度的相关资料，对湾内、外的水交换作为胶州湾水体 N_2O 源或汇的强度还不能确定。

致谢

本章由国家自然科学基金（40036010；40506025）资助完成，谨此致谢。

参考文献

国家海洋局北海分局海洋环境监测中心 . 1992. 胶州湾环境综合调查与研究 . 海洋通报，11（3）：1 - 67.

何国富，华光辉，张波，等 . 2001. AB 法工艺的水处理功能及其局限性 . 青岛建筑工程学院学报，22（1）：69 - 72.

黄福林，张训华，夏响华，等 . 1998. 中国东部和海域低层大气甲烷及其同系物分布 . 科学通报，43（16）：1767 - 1771.

焦念志 . 2001. 海湾生态过程与持续发展 . 北京：科学出版社 .

刘福寿，王揆洋 . 1992. 胶州湾沿岸河流及其地质作用 . 海洋科学（1）：25 - 27.

刘瑞玉 . 1992. 胶州湾生态学和生物资源 . 北京：科学出版社 .

孙耀，陈聚法，张友篪 . 1993. 胶州湾海域营养状况的化学指标分析 . 海洋环境科学，12（3/4）：25 - 31.

孙英兰，孙长青，王学昌，等 . 1994. 青岛海湾大桥对胶州湾潮汐、潮流及余环流的影响预测：Ⅰ. 胶州湾及邻近海域的潮流 . 青岛海洋大学学报，24（专辑）：105 - 119.

臧家业，王湘芹 . 1997. 海湾区海水中的溶存甲烷：Ⅱ. 浓度和海气交换通量 . 黄渤海海洋，15（3）：1 - 9.

张桂玲，张经 . 2001. 海洋中溶存甲烷研究进展 . 地球科学进展，16（6）：829 - 835.

赵亮，魏皓，赵建中 . 2002. 胶州湾水交换的数值研究 . 海洋与湖沼，33（1）：23 - 29.

Amouroux D，Roberts G，Rapsomanikis S，et al. 2002. Biogenic gas（ CH_4 ，N_2O ，DMS ）emission to the atmosphere from near-shore and shelf waters of the north-western Black Sea. Estuarine, Coastal and Shelf Sci. , 54: 575 – 587.

Bange H W, Bartell U H, Rapsomanikis S, et al. 1994. Methane in the Baltic and North Seas and a reassessment of the marine emissions of methane. Global Biogeochem Cycles, 8: 465 – 480.

Bange H W, Rapsomanikis S, Andrae M O. 1996a. The Aegean Sea as a source of atmosphere nitrous oxide and methane. Mar Chem, 53: 41 – 49.

Bange H W, Rapsomanikis S, Andreae M O. 1996b. Nitrous oxide in coastal waters. Global Biogeochem Cycles, 10: 197 – 207.

Barnes J, Owens N J P. 1998. Denitrification and nitrous oxide concentrations in the Humber estuary, UK, and adjacent coastal zones. Mar Pollution Bulletin, 37 (3/7): 247 – 260.

Bernet N, Delgenes N, Moletta R. 1996. Denitrification by anaerobic sludge in piggery wastewater. Environ Technol, 17: 293 – 300.

Bungna G C, Chanton J P, Cable J E, et al. 1996. The importance of groundwater discharge to the methane budgets of nearshore and continental shelf waters of the northeastern Gulf of Mexico. Geochimica et Cosmochimica Acta, 60(3): 4735 – 4746.

Bussmann I, Suess E. 1998. Groundwater seepage in Eckernforde Bay (western Baltic Sea): effect on metane and salinity distribution of the water column. Continental Shelf Research, 18: 1795 – 1806.

Capone D G. 1991. Aspects of the marine nitrogen cycle with relevance to the dynamics of nitrous and nitric oxide//Rogers J E, Whitman W E. Microbial Production and Consumption of Greenhouse Gases. Am Soc. Microbiol. , Washington D C: 255 – 275,

Christopher S M, Klump J V. 1980. Biogeochemical cycling in an organic-rich marine basin: I . Mehane sediment-water exchange process. Geochimica et Cosmochimica Acta, 44: 471 – 490.

Cohen Y. 1977. Shipboard measurement of dissolved nitrous oxide in seawater by electron capture gas chromatography. Anal Chem, 49(8): 1238 – 1240.

Czepiel P, Crill P, Harriss R. 1995. Nitrous oxide emissions from municipal wastewater treatment. Environ Sci Technol, 29: 2352 – 2356.

De Angelis M A, Scranton M I. 1993. Fate of methane in the Hudson River and Estuary. Global Biogeochem. Cycles, 7: 509 – 523.

De Angelis M A, Lilley M D. 1987. Methane in surface waters of Oregon estuaries and rivers. Limnol Oceanogr, 32: 716 – 722.

De Angelis M A, Lee C. 1994. Methane production during zooplankton grazing on marine phytoplankton. Limnol Oceanogr, 39: 1298 – 1308.

De Angelis M A, Gordon L I. 1985. Upwelling and river runoff as sources of dissolved nitrous oxide to the Alsea estuary, Orgeon. Estuarine and Coastal Shelf Science, 20: 375 – 386.

De Wilde H P J, de Bie M J M. 2000. Nitrous oxide in the Schelde estuary: production by nitrification and emission to the atmosphere. Mar Chem, 69: 203 – 216.

Dennehy K F, McMahon P B. 2000. Concentrations of nitrous oxide in two western rivers//Proceedings of the American Geophysical Union 2000 Spring Meeting, May 30 – June 3, 2000, Washington D C: S187.

Dong L F, Nedwell D B, Colbeck I, et al. 2004. Nitrous oxide emission from some English and Welsh rivers and estuaries. Water, Air & Soil Pollution, 4(6): 127 – 134.

Hansen L. K., Jakobsen R, Postm D. 2001. Methanogenesis in a shallow sandy aquifer, Rφmφ, Denmark. Geochimica et Cosmochimica Acta, 65(17): 2925 – 2935.

Hashimoto S, Gojo K, Hikota S, et al. 1999. Nitrous oxide emissions from coastal waters in Tokyo Bay. Marine Environmental Research, 47: 213 – 223.

Itokawa H, Hanaki K, Matsuo T. 1996. Nitrous oxide emission during nitrification and denitrification in a full-scale night soil treatment plant. Water Sci Technol, 34: 277 – 284.

Karl D M, Tilbrook B D. 1994. Production and transport of methane in oceanic particulate organic matter. Nature, 368: 732 – 734.

Kong H N, Kimochi Y, Mizuochi M, et al. 2002. Study of the characteristics of CH_4 and N_2O emission and methods of controlling their emission in the soil-trench wastewater treatment process. The Science of the Total Environment, 290: 59 – 67.

LaMontagn M G, Duran R, Valiela I. 2003. Nitrous oxide sources and sinks in coastal aquifers and coupled estuarine receiving waters. The Science of the Total Environment, 309: 139 – 149.

Liss P S, Merlivat L. 1986. Air-sea gas exchange rates: Introduction and synthesis//The Role of Air-sea Exchange in Geochemical Cyclings. NATO ASI Series, Vol. 185: 113 – 127, D. Reidel publishing company, New York.

Liu G Q, Wang S Y, Zhu X J, et al. 2007. Groundwater and nutrients discharge into the Jiaozhou Bay, North China. Water, Air and Soil Pollution: Focus, 7(6): 593 – 605.

Marty D, Bonin P, Michotey V, et al. 2001. Bacterial biogas production in coastal systems affected by freshwater inputs. Continental Shelf Res, 21: 2105 – 2115.

Marty D G. 1993. Methanogenic bacteria in seawater. Limno Oceanogr, 38: 452 – 456.

Naqvi S W A, Jayakumar D A, Narvekar P V, et al. 2000. Increased marine production of N_2O due to intensifying anoxia on the Indian continental shelf. Nature, 408: 346 – 349.

Nevison C. 2000. Review of the IPCC methodology for estimating nitrous oxide emissions associated with agricultural leaching and runoff. Chemosphere-Global Change Sci, 2: 493 – 500.

Reay D S, Smith K A, Edwards A C. 2003. Nitrous oxide emission from agriculture drainage water. Global Change Biology, 9: 195 – 203.

Rehder G, Keir R E, Suess E, et al. 1998. The multiple sources and patterns of methane in North Sea waters. Aquatic Geochemistry, 4: 403 – 427.

Ronen D, Magaritz M, Almon E. 1988. Contaminated aquifers are a forgotten component of the global N_2O budget. Nature, 335: 57 – 59.

SansoneF J, Holmes M E, Popp B N. 1999. Methane stable isotopic ratios and concentrations as indicators of methane dynamics in estuaries. Global Biogeochemical Cycles, 13(2): 463 – 474.

Sansone F J, Rust T M, Smith S V. 1998. Methane distribution and cycling in Tomales Bay, California. Estuaries, 21(1): 66 – 77.

Scranton M I, McShane K. 1991. Methane fluxes in the southern North Sea: the role of European rivers. Continental Shelf Res, 11(1): 37 – 52.

Seitzinger S P, Kroeze C. 1998. Global distribution of nitrous oxide production and N inputs in freshwater and coastal marine ecosystems. Global Biogeochem Cycles, 12: 93 – 113.

Seitzinger S P, Pilson M E Q, Nixon S W. 1983. Nitrous oxide production in nearshore marine sediments. Science, 222: 1244 – 1246.

Seitzinger S P, Nixon S W. 1985. Eutrophication and the rate of denitrification and N_2O production in coastal marine sediments. Limnology and Oceanography, 30: 1332 – 1339.

Shen Z L. 2001. Historical changes in nutrient structure and its influences on phytoplantkon composition in Jiaozhou Bay. Estuarine, Coastal and Shelf Science, 52: 211 – 224.

Singh H B, Louis J S, Shigeishi H. 1979. The distribution of nitrous oxide in the global atmosphere and the Pacific Ocean. Tellus, 31: 313 – 320.

Upstill-Goddard R C, Barnes J, Frost T, et al. 2000. Methane in the southern North Sea: Low-salinity inputs, estuarine, and a atmospheric flux. Global Biogeochem Cycles, 14: 1205 – 1216.

Wang R, Jiao N Z, Li C L, et al. 1995. Primary production and new production in Jiaozhou Bay. Studia Marina Sinica (in Chinese), 36: 181 – 194.

Wanninkhof R. 1992. Relationship between wind speed and gas exchange over the ocean. J Geophy Res, 97 (C5): 7373 – 7382.

Watanabe S. 1994. Annual variation of methane in seawater of Funka Bay, Japan. J Oceanogr, 50: 415 – 421.

Zhang G L, Zhang J, Kang Y B, et al. 2004. Distributions and fluxes of dissolved methane in the East China Sea and the Yellow Sea in spring. J Geophy Res, 109(C7): C07011, 10. 1029/2004JC002268.

Zhang G L, Zhang J, Xu J, et al. 2006. Distributions, Sources and Atmospheric Fluxes of Nitrous oxide in Jiaozhou Bay. Estuarine, Coastal and Shelf Sci, 68: 557 – 566.

Zhang G L, Zhang J, Xu J, et al. 2007. Distributions, land-source input and atmospheric fluxes of methane in Jiaozhou Bay. Water, Air and Soil Pollution: Focus, 7: 645 – 654.

Zhang J. 2007. Watersheds nutrient loss and eutrophocation of the marine recipients: a case study of the Jiaozhou Bay, China. Water, Air and Soil Pollution: Focus, 7: 583 – 592.

Zheng H, Hanaki K, Matsuo T. 1994. Production of nitrous oxide gas during nitrification of wastewater. Wat Sci Technol, 30(6): 133 – 141.

第十六章
胶州湾浮游植物群落结构演替

16.1 前言

人类活动与全球气候变化所引起的海岸带环境恶化与生态系统退化已经成为全球性的海洋环境生态问题(de Jonge et al., 2002)。在过去50年里，国内外学者对海湾富营养化与海洋初级生产者的响应机制开展了大量的研究，如：对美国的切萨匹克湾(Chesapeake Bay)、佛罗里达沿岸(Tampa Bay)、欧洲的北海(North Sea)、地中海(Mediterranean Sea)、波罗的海(Baltic Sea)、日本的濑户内海(Seto Inland Sea)、中国的胶州湾、长江口、珠江口等(Lancelot et al., 1990; Cerco, 1995a, b; Patsch and Radach, 1997; Nehring, 1998; 焦念志, 2002; 全为民等, 2005; Zhang, 2007; Yin and Harrison, 2008)。研究结果表明，严重的富营养化可以引起生物的群落演替，尤其是对初级生产者的影响比较直接，如：欧洲北海1955-1993年的资料分析与模拟指出20世纪70-90年代富营养化引起了北海营养盐比例的失调与相应的鞭毛藻与硅藻群落之间的演替关系，并导致初级生产力的降低(Patsch and Radach, 1997)。胶州湾作为北方沿岸海区的一个重要海港，随着经济的发展，工农业生产、港口开发、交通运输、水产养殖、旅游观光、居民生活等各类活动迅速增多，使胶州湾成为接纳各种污水及其多种污染物排放的主要海域，海水富营养化现象已经十分显著(Shen, 2001; Zhang, 2007)。其生态系统的稳定性和胶州湾经济圈的可持续发展已经成为政府、群众和科学家共同关心的问题。

浮游植物作为水域的初级生产者，其群落结构的变动对见证环境变化对海洋生态系统的长期影响具有重要的指示作用和生态学意义。2001年，在国家自然科学基金重点项目"胶州湾生源要素流失与海湾富营养化演变过程"的资助下，我们对胶州湾浮游植物的群落结构进行了历时4年的研究，研究内容包括浮游植物群落结构现状调查、基于胶州湾历史研究资料的长周期变化特征研究以及利用沉积物柱状样反演胶州湾近百年来硅藻群落变化特征。本研究扩展了以往研究的空间和时间尺度，探讨了百年环境长期变化对胶州湾浮游植物群落结构演替的影响。

16.2　采样与分析方法

16.2.1 浮游植物现场调查

在胶州湾内设立 17 个调查站位（图 16.1），并于 2003 年 3 月－2004 年 1 月期间每 2 个月出海调查 1 次。采样方法按《海洋调查规范》进行。采样工具为小型浮游生物网（网口直径 37 cm，网口面积 0.1 m²，网身长 270 cm，网目 76 μm），采样方式为在每个调查站位自底至表垂直拖网 1 次。样品用 5% 甲醛固定和保存。结合联合国教科文组织推荐的《浮游植物手册》，进行浮游植物的种类鉴定和细胞计数工作。

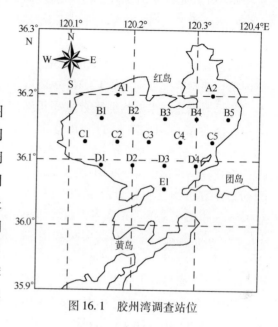

图 16.1　胶州湾调查站位

16.2.2　沉积物柱状样品中硅藻的反演

沉积物柱状样用重力管采样器采集。采样站位为 36°5′23″N，120°14′36″E，岩心长为 275 cm，直径为 10.5 cm。上部 36 cm 按 1 cm 间隔分样，36～275 cm 按 2 cm 间隔进行分样，共分割为 155 个样品。沉积物类型主要为粉沙黏土质砂。柱状样年代测定通过用 HPGe 探测器 γ谱仪（美国 Ortec 公司）测量样品中²¹⁰Pb 和¹³⁷Cs 的浓度分布获取（Appleby and Oldfield，1992）。沉积物中的硅藻按照 Battarbee（1986）与 Renberg（1990）建立的标准方法进行分析获取，并利用 DCA（drended correspondence analysis）和 CA（cluster analysis）的数理统计方法对硅藻数据进行分类分析。

16.3　结果

16.3.1　2003 年 3 月－2004 年 1 月期间胶州湾浮游植物的群落结构特征

2003 年 3 月－2004 年 1 月期间的调查结果表明，胶州湾浮游植物的生态类型以海产暖温性近岸种和广温广布种为主，如：浮动弯角藻（*Eucampia zodiacus*）、劳氏角毛藻（*Chaetoceros lorenzianus*）、中肋骨条藻（*Skeletonema costatum*）、尖刺拟菱形藻（*Pseudonitzschia pungens*）、旋链角毛藻（*Chaetoceros curvisetus*）等。夏、秋季会出现少数热带近岸种和半咸水种，如：菱软几内亚（*Guinardia flaccida*）、泰吾士扭鞘藻（*Streptotheca thamensis*）等；冬季常有一些冷水种类出现并形成优势，如：日本星杆藻（*Asterionella japonica*）、加氏星杆藻(*Asterionella kariana*)、诺氏海链藻(*Thalassiosira nordenskioldi*)等等。

胶州湾浮游植物生物量的季节变化特征呈双周期型(见图 16.2),1 月份形成细胞数量的最高峰,湾内平均细胞数量为 $5.04 \times 10^6 \text{cell/m}^3$,9 月份为细胞数量的次高峰期,湾内平均细胞数量为 $2.44 \times 10^6 \text{cell/m}^3$,细胞数量的低谷期出现在春季(5 月)和秋季(11 月),湾内平均细胞数量分别为 $2.1 \times 10^5 \text{ cell/m}^3$ 和 $3.5 \times 10^5 \text{ cell/m}^3$。浮游植物生物量的平面分布特征是湾内边缘水域的细胞数量高于湾南部和中央水域(见图 16.2)。其中,2004 年 1 月份,浮游植物细胞数量的变化范围为 $8.9 \times 10^5 \sim 2.24 \times 10^7 \text{ cell/m}^3$,平均为 $5.04 \times 10^6 \text{ cell/m}^3$。密集区主要分布在湾内东部边缘海域,在 B5 站最高为 $2.24 \times 10^7 \text{ cell/m}^3$;稀疏区出现在湾西部的 C1 和 B1 站,分别为 $8.9 \times 10^5 \text{ cell/m}^3$ 和 $9.7 \times 10^5 \text{ cell/m}^3$。2003 年 3 月份,浮游植物细胞数量的变化范围为 $4 \times 10^4 \sim 5.56 \times 10^6 \text{ cell/m}^3$,平均为 $1.38 \times 10^6 \text{ cell/m}^3$。密集区主要分布在湾内西北部和东部的边缘海域,在 C1 站出现最高值为 $5.56 \times 10^6 \text{ cell/m}^3$;稀疏区出现在湾中央和南部海域,最低值出现在 D1 站,为 $4 \times 10^4 \text{ cell/m}^3$。2003 年 5 月份,浮游植物细胞数量的变化范围为 $5 \times 10^4 \sim 9.7 \times 10^5 \text{ cell/m}^3$,平均为 $2.1 \times 10^5 \text{ cell/m}^3$。密集区主要出现在湾西部的 B1、B5 和湾中央的 C3、C4 站位,其数值分别为 9.7×10^8、2.7×10^5、3.7×10^5、$4.9 \times 10^5 \text{ cell/m}^3$;稀疏区主要出现在湾北部的 B2 和 B4 站,分别为 5×10^4 和 $6 \times 10^4 \text{ cell/m}^3$。2003 年 7 月份,浮游植物细胞数量的变化范围为 $8 \times 10^4 \sim 7.03 \times 10^6 \text{ cell/m}^3$,平均为 $1.16 \times 10^6 \text{ cell/m}^3$。密集区主要分布在湾内西北部的 A1 站,为 $7.03 \times 10^6 \text{ cell/m}^3$;稀疏区主要出现在 B2、B3 站和湾中央海域,最低值出现在 B2 站,为 $8 \times 10^4 \text{ cell/m}^3$。2003 年 9 月份,浮游植物细胞数量的变化范围为 $4.3 \times 10^5 \sim 8.27 \times 10^6 \text{ cell/m}^3$,平均为 $2.44 \times 10^6 \text{ cell/m}^3$。密集区主要分布在湾内靠近边缘的海域,在 B5 站出现最高值 $8.27 \times 10^6 \text{ cell/m}^3$;稀疏区出现在湾中央和南部海域,最低值出现在 D2 和 E1 站,均为 $4.3 \times 10^5 \text{ cell/m}^3$。2003 年 11 月份,浮游植物细胞数量的变化范围为 $5 \times 10^4 \sim 1.52 \times 10^6 \text{ cell/m}^3$,平均为 $3.5 \times 10^5 \text{ cell/m}^3$。密集区主要分布在湾内东部边缘海域,在 B5 站出现最高值为 $1.52 \times 10^6 \text{ cell/m}^3$;稀疏区出现在湾中央和西部边缘海区,最低值出现在 C1 和 D3 站,为 $5 \times 10^4 \text{ cell/m}^3$。

16.3.2　胶州湾百年沉积物柱样中硅藻群落结构特征

从沉积物样品中共鉴定硅藻 96 种,金藻 2 种。其中,硅藻门中心纲共发现 3 个亚目 9 个科 55 种,占总种数的 56%,包括圆筛藻科的 7 属 38 种,占总种数的 40%;眼纹藻科、海链藻科、角毛藻科和弯角藻科各占 1 属 1 种;直链藻科占 2 属 3 种;细柱藻科占 3 属 3 种;盒形藻科占 3 属 7 种。羽纹纲共发现 4 个目 7 个科 41 种。其中,以舟形藻目为主,共计 2 科 7 属 24 种,占总种数的 25%;其次为双菱藻目,发现 10 个物种;等片藻目 3 个物种,曲壳藻目 4 个物种。对 96 种硅藻和 2 种金藻的生态特性进行分类后,发现浮游性的物种占 35 种,附生的种类 13 种,底栖物种占 56 种(其中包括兼性浮游植物,因此有部分重叠);海水物种占到 93 种,半咸水物种 5 种;暖水性种类 38 种,广温性的种类 60 种;近岸性物种 33 种,大洋性种类 4 种。由此可以看出,圆筛藻科和舟形藻目的物种是构成胶州湾沉积物中硅藻的主要类群,其生态类型以广温性海水物种为主。

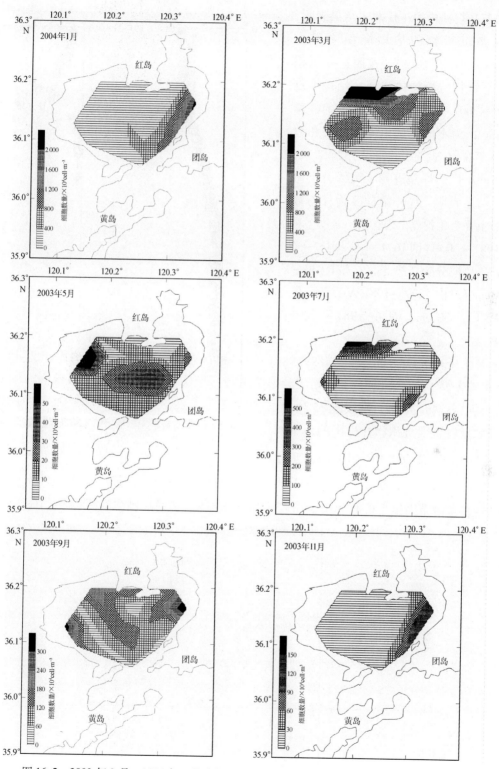

图 16.2　2003 年 3 月－2004 年 1 月胶州湾浮游植物细胞数量分布(单位：×10⁴cell/m³)

沉积物柱样的年代测定结果表明，胶州湾沉积物的平均沉积速率为1.68 cm/a（图16.3）。按照这一沉积速率，我们分析的柱状样品涵盖了自1899－2001年以来胶州湾百年的硅藻纪录。因为不同年代出现的种类和数量都存在差异，为了便于分析结果，将不同年代的样品进行了统计分类研究，结果表明，柱样中硅藻物种与数量的主要变化拐点出现在30 cm处（对应1981 A. D.）（图16.4）。根据这一变化，样品被分为2个带区：带Ⅰ（30～164 cm，对应1899－1981 A. D.）；带Ⅱ（1～30 cm，对应1981－2001 A. D.）。

带Ⅰ（30～164 cm，对应1899－1981 A. D.）：共计发现硅藻83种，其中包括中心纲的48种，羽纹纲35种。硅藻浓度在这段沉积物柱样中的范围

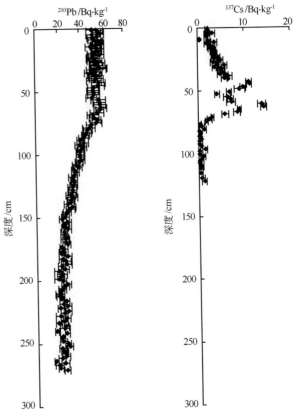

图16.3　沉积物柱样中^{210}Pb 和^{137}Cs 的分布轮廓

为$6.35 \times 10^4 \sim 2.46 \times 10^5$ valves/g，平均浓度为1.36×10^5 valves/g（见图16.5）。其中，中心纲硅藻的浓度范围为$6.07 \times 10^4 \sim 22.8 \times 10^4$ valves/g，占总硅藻浓度73%～95%；羽纹纲硅藻的浓度范围仅为$0.47 \times 10^4 \sim 3.47 \times 10^4$ valves/g，占总硅藻浓度的5%～27%。

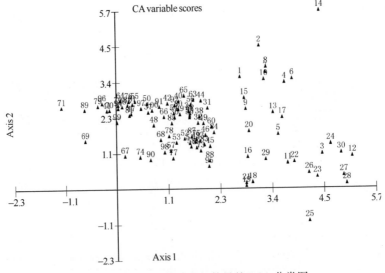

图16.4　基于硅藻种类与数量的 DCA 分类图

带Ⅱ（1～30 cm，对应 1981 – 2001 A. D.）：共计发现硅藻 66 种，其中包括中心纲的 44 种，羽纹纲 22 种。硅藻浓度在这段沉积物柱样中的范围为 3.8×10^4 ～ 1.33×10^5 valves/g，平均浓度为 8.58×10^4 valves/g（图 16.5）。其中，中心纲硅藻的浓度范围为 2.78×10^4 ～ 10.3×10^4 valves/g，占总硅藻浓度 59% ～96%；羽纹纲硅藻的浓度范围仅为 0.55×10^4 ～ 4.62×10^4 valves/g，占总硅藻浓度的 4% ～35%。相比之下，硅藻浓度从带Ⅰ到带Ⅱ下降了大约 36.9%，这主要是由于中心纲硅藻浓度下降造成的。

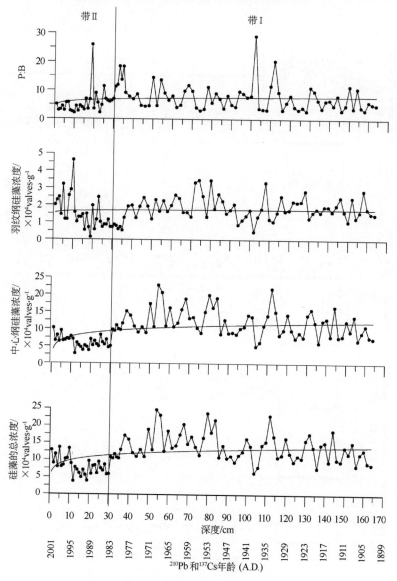

图 16.5　胶州湾沉积物柱样中硅藻的总浓度（$r^2 = 0.13$）、中心纲硅藻
浓度（$r^2 = 0.16$）、羽纹纲硅藻浓度（$r^2 = 0.01$）以及
浮游硅藻与底栖硅藻比例（P: B）（$r^2 = 0.02$）的分布

　　硅藻的优势种组成从带Ⅰ到带Ⅱ呈现出明显的变化(见图16.6)。带Ⅰ中的主要优势物种包括 *Thalassiosira anguste-lineatus*（21.6% ~61.6%），*T. eccentricus*（0 ~10%），*Coscinodiscus excentricus*（22% ~42%），*C. concinnus*（0.4% ~11%），*Diploneis gorjanovici*（0 ~12%）和 *Cycletella stylorum*（4% ~9%）。然而，在带Ⅱ中，这些优势物种中除 *C. stylorum* 以外，数量开始大量下降，不再成为优势物种。同时，*Paralia sulcata* 作为新的优势物种出现，其数量可以占到总数量的13% ~25.6%。

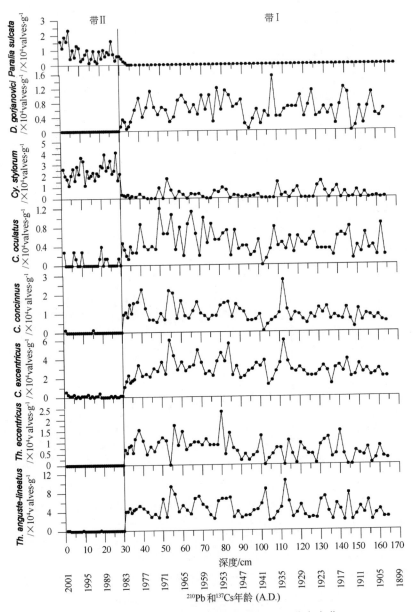

图16.6　胶州网沉积物柱样中优势物种的分布变化

16.4　讨论

本项目的现场调查结果表明，硅藻的物种数目明显较低于钱树本等（1983）在 1977 - 1978 年间的调查结果。主要表现在角毛藻属（*Chaetoceros*）、圆筛藻属（*Coscinodiscus*）和根管藻属（*Rhizosolenia*）的物种减少（第九章：表 9.1）。其中，角毛藻属由 20 世纪 70 年代末 80 年代初的 30 多种下降到 17 种。比较以往的资料，暹罗角毛藻（*Ch. siamense*），聚生角毛藻（*Ch. socialis*），扭链角毛藻（*Ch. tortissimus*），双脊角毛藻（*Ch. costatus*），并基角毛藻（*Ch. decipiens*），扭角毛藻（*Ch. convolutus*）等物种在 20 世纪 90 年代以后的调查资料中，鲜有报道。角毛藻属物种减少的现象，孙军等（2002）在对渤海浮游植物的历史资料比较中也发现类似结果，因此推测角毛藻属中的一些物种可能对环境因子的变动比较敏感，具有一定的生态指示作用，进一步详细的工作值得开展下去。圆筛藻属由 20 世纪 80 年代以前调查的 19 种下降到 6 种左右，如：巨圆筛藻（*C. gigas*）、辐射圆筛藻（*C. radiatus*）、琼氏圆筛藻（*C. jonesianus*）等种类在 80 年代以后未见报道；根管藻属由 10 ~ 12 种下降到 5 种，其中，距端根管藻（*Rh. calcar-avis*）、翼根管藻原型（*Rh. alata* f. genuina）在 90 年代的调查资料中几乎未见报道。以上结果意味这些物种细胞数量的大幅度下降甚至消失。此外，沉积物柱状样中，硅藻 *P. sulcata* 的数量在 80 年代以后剧增。郭玉洁等（1992）曾提到该物种可能是外来性的，随后的多次调查结果表明了该种在胶州湾夏季可以成为优势物种（刘东艳等，2002）。McQuoid 和 Nordberg（2003）对多个近岸海域的统计研究发现，*P. sulcata* 的数量变化可以很好的指示环境的富营养化。*P. sulcata* 数量在胶州湾的大量增加与胶州湾富营养化的历史阶段吻合性进一步证明了该物种对环境的指示作用。

本次调查中，甲藻总的物种数目较高于以往的调查结果（第九章：表 9.1），但物种组成发生了一些变化。例如：原多甲藻属（*Protoperidinium*）的物种数目减少，由 20 世纪 80 年代前的 21 种降低到 4 种。增加的主要物种包括原甲藻属（*Prorocentrum*）中的微小原甲藻（*P. minimum*）、海洋原甲藻（*P. marina*）、闪光原甲藻（*P. micans*）、*P. gracile* 和东海原甲藻（*P. dentatum*），亚历山大藻属（*Alexandrium*）中的联营亚历山大藻（*A. catenella*）和塔马亚历山大藻（*A. tamarensis*），锥状斯比藻（*Scrippsiella trochoidea*），醉藻（*Ebria tripartita*）等。由此可以看出，增加的甲藻物种多为赤潮种类，其中东海原甲藻在东海海域 2000 - 2002 年连续 3 年的 5 月暴发过大规模的赤潮，造成巨大的经济损失（王金辉等，2002，2003），目前在胶州湾夏季水体中已经发现此种的存在，且细胞数量可以达到 $2.58 \times 10^4 \, \mathrm{cell/m^3}$，其潜伏危害不容忽视。

胶州湾浮游植物数量的平面分布特征与以往研究结果相比变化不大，仍然以湾内靠近边缘的海域为密集区，尤其是湾东部和北部的边缘区域，而湾中央和南部海域为稀疏区。营养盐浓度仍然被认为是控制浮游植物数量平面分布的重要因素。然而，浮游植物总的细胞数量与历史调查资料比较后有明显差异（见表 16.1），其中李冠国等（1956）的调查数量最低，可能与当时采水取样的方法和采样地点在湾外有关。尽管不同季节略有差异，本次调查结果与 20 世纪 90 年代期间的数据结果比较接近，但明显低于钱树本等(1982)和郭玉洁等(1992)在 70 年代末和 80 年代初的调查结果。钱树本等(1982)和郭玉洁等(1992)的调查结果显示，在非赤潮状态下，浮游植物在高峰期和密集区细胞数量最大数量级可以达到 $10^8 \sim 10^9 cell/m^3$；而自 20 世纪 90 年代以后的调查资料显示，夏季高峰期也极少超过 $10^8 cell/m^3$，表明网采浮游植物的细胞数量可能在胶州湾已有所下降。这与沉积物柱状样中硅藻的记录结果是吻合的：浮游性硅藻在 80 年代以后出现了明显的下降趋势。在富营养化状态下，湾内网采浮游植物的细胞数量并没有增加反而呈现下降的趋势，这与很多湖泊、内湾水域由于富营养化而带来浮游植物的生物量增加现象相悖。多数学者认为胶州湾浮游植物主要以硅藻为主，而水域又呈现出硅限制的特征，可能是影响到硅藻细胞数量下降的重要因素(孙松等，2002；沈志良，2002)；此外，作者考虑过度的渔业捕捞、高密度贝类养殖所造成的食物链变短，摄食压力过大也是重要因素之一。根据卢继武等(2001)的调查结果，自 1974 年扇贝人工育苗获得成功以后，胶州湾的扇贝养殖产量由 1980 年的 540 t 上升到 1995 年的 81 000 t，这可能极大的改变了湾内浮游植物的摄食压力。吴玉霖等(2005)对胶州湾浮游植物长期变化的研究，也提出贝类养殖业对浮游植物数量的影响。

表 16.1 胶州湾不同年代浮游植物细胞数量($\times 10^4 cell/m^3$)的比较

调查时间	春季	夏季	秋季	冬季	资料来源
1954－1955	0.98	25	12	91	李冠国等，1956
1977－1978	1 200	3 780	1 470	5 430	钱树本等，1982
1980－1981	340	317	414	1050	郭玉洁等，1992
1992－1993	207	94	72	464	孙松等，2002
1997－1998	25	39	14	73	吴玉霖等，2001
1998－1999	320	2 843	89	1 000	孙松等，2002
2003－2004	21	116	35	504	本次调查

结合历史调查资料和沉积物百年柱样的反演结果，我们可以初步推断，胶州湾的浮游植物群落结构已经发生了演化，主要表现在 20 世纪 80 年代以后。物种的变化指示了富营养化的影响，同时，物种数量的减少，优势种的单一化也带来了群落的不稳定性，自 1997 年以来，赤潮几乎连年暴发，反映胶州湾恶化的生态系统。然而，这种演化是否是富营养化的直接作用结果，或亦关系到区域性气候变化的叠加作用，尚有待于进一步研究。

参考文献

李冠国，黄世玫 . 1956. 青岛近海浮游硅藻季节变化研究的初步报告 . 山东大学学报，25(4)：119－143.

刘东艳，孙军，唐优才，等 . 2002a. 胶州湾北部水域浮游植物研究：Ⅰ. 种类组成和数量变化 . 青岛海洋大学学报，30(1)：67-72.

刘东艳，孙军，唐优才，等．2002b. 胶州湾北部水域浮游植物研究：Ⅱ. 环境因子对浮游植物群落结构的影响．青岛海洋大学学报，32(3)：415-422.

钱树本，王筱庆，陈国蔚．1983. 胶州湾的浮游藻类．山东海洋学院学报，13(1)：39-56.

全为民，沈新强，韩金娣，等．2005. 长江口及邻近水域富营养化现状及变化趋势的评价与分析．海洋环境科学，24(30)：13-16.

焦念志．2002. 海湾生态过程与持续发展．北京：科学出版社．

沈志良．2002. 胶州湾营养盐结构的长期变化及其对生态环境的影响．海洋与湖沼，33(3)：322-331.

孙松，刘桂梅，张永山，等．2002. 90年代胶州湾浮游植物种类组成和数量分布特征．海洋与湖沼，浮游动物研究专辑：37-45.

吴玉霖，张永山．2001. 浮游植物与初级生产//海湾生态过程与持续发展．北京：科学出版社：96-104.

吴玉霖，孙松，张永山．2005. 环境长期变化对胶州湾浮游植物群落结构的影响．海洋与湖沼，36(6)：487-498.

王金辉．2002. 长江口附近的有害赤潮藻类．海洋环境科学，21(2)：37-41.

王金辉，黄秀清．2003. 具齿原甲藻的生态特征及赤潮成因浅析．应用生态学报，14(7)：1065-1069.

Appleby P G, Oldfield F. 1992. Application lead-210 to sedimentation studies//Invanovich M, Harmon R S. Uranium-series Disequilibrium: Application Earth, Marine and Environmental Sciences (2ed). Oxford: Clarendon Press: 731-778.

Battarbee R W. 1986. Diatom analysis// Berglund B E. Handbook of Holocene Palaeoecology and Palaeohydrology. Wiley, Chichester: 527-570.

Cerco F. 1995a. Simulation of long-term trends in Chesapeake Bay eutrophication. Journal of Environmental Engineering, 121(4): 298-310.

Cerco F. 1995b. Response of Chesapeake Bay to nutrient load reductions. Journal of Environmental Engineering, 121(8): 549-557.

De Jonge V N, Elliott M, Orive E. 2002. Causes, historical development, effects and future challenges of a common environmental problem: eutrophication. Hydrobiologia, 475/476: 1-19.

Lancelot C, Billen G, Bargh H. 1990. Eutrophication and algal blooms in north sea coastal zones, the Baltic and adjacent areas: predictions and assessment of preventive 59 actions. Water Pollution Research Report, 12: 281.

Nehring S. 1998. Establishment of thermophilic phytoplankton species in the North Sea: biological indicators of climatic changes? ICES Journal of Marine Science, 55: 818-823.

Patsch J, Radach G. 1997. Long-term simulation of the eutrophication of the North Sea-Temporal development of nutrients, chlorophyll and primary production in comparison to observations. Journal of Sea Research, 38: 275-310.

Renberg I. 1990. A procedure for preparing large sets of diatom slides from sediment cores. Journal of Paleolimnology, 4: 87-90.

Shen Z. 2001. Historical changes in nutrient structure and its influences on phytoplankton composition in Jiaozhou Bay. Estuarine, Coastal and Shelf Science, 52 (2): 211-224.

Yin K, Harrison P. 2008. Nitrogen over enrichment in subtropical Pearl River estuarine coastal waters: Possible causes and consequences. Continental Shelf Research, 28(12): 1435 – 1442.

Zhang J. 2007. Watersheds nutrient loss and eutrophication of the marine recipient: a case study of the Jiaozhou Bay, China. Water, Soil and Air Pollution, 7(6): 583 – 592.

第十七章
胶州湾异养浮游细菌的生态特征及影响因素

17.1 前言

胶州湾是中国北方沿海典型的受人类活动影响较大的海域，每年承受着青岛市排海污染物总量的76%；大量外源有机物和氮、磷营养盐的输入以及湾内养殖业的大力发展，使胶州湾水域富营养化程度逐年增加、赤潮频发，环境质量有进一步恶化的趋势（郑培迎，1994）。胶州湾内异养浮游细菌数量要远高于湾外水体，势必加快了生态系统的物质循环、能量流动，提高了整个生态系统的效率，对胶州湾异养浮游细菌种类、数量分布特征、变化趋势、影响因素及在生态系统中的作用研究就显得重要。同时，研究成果亦可为我国典型海湾富营养化形成机制及演变过程研究提供重要的参考依据。

关于胶州湾海洋生态学方面的研究在20世纪50年代就已开始，关于浮游植物的系统调查曾在1953-1956年、1978年、1980-1981年、1998年进行过多次（李冠国和黄世玫，1956；钱树本等，1983；刘瑞玉等，1992）。由于检测手段和人们对海洋细菌重要性认识的限制，过去的生物学调查基本不包含微生物的研究内容，故在胶州湾微生物研究的历史资料较为有限。丁美丽等（1979）对胶州湾石油降解菌进行了研究，认为胶州湾的石油降解菌主要包括假单胞杆菌属、短杆菌属和不动杆菌属等，石油降解菌在胶州湾的石油净化过程中发挥着重要作用。肖天等（1995）研究了胶州湾蓝细菌、细菌的数量和特点，发现蓝细菌数量有明显的季节变化，其中夏季最高，冬季最低，而细菌的分布与蓝细菌有类似的趋势，但受局部条件变化的影响。赵淑江等（2001）研究了胶州湾海域的微生物数量的长期变化，认为大肠杆菌、异养细菌数量自1991年以来呈现上升趋势。这些研究成果为进一步研究胶州湾异养浮游细菌的生态作用及影响因素奠定了重要基础。

自1990年以来，胶州湾水环境中DIN含量增加了3.9倍，而磷酸盐和浮游植物数量尚没有明显的变化（沈志良，2002）。与此同时，异养浮游细菌数量有明显增加的趋势（焦念志等，1995；白洁等，2004）。由此可见，异养浮游细菌在胶州湾营养盐含量、N/P比值变化和水体富营养化中可能发挥着重要的作用。为了解胶州湾及类似海域异养浮游细菌生态特征及生态作用，特别是在海湾富营养化中的作用，在国家自然科学基金重点项目（编号：40036010）的支持下，本课题组在2003-2004年，采用现场大面观测、现场培养等多种研究手段相结合的方法，对胶州湾异养浮游细菌的生态特征、影响因素进行了比较系统地研究。

17.2 采样与分析方法

17.2.1 站位布设和采样时间

2003 年 4 月至 2004 年 3 月，在胶州湾（36.05°~36.20°N，120.15°~120.35°E）共设置 17 个调查站位，进行了连续 12 个月的大面观测，分别于每月的中、下旬进行。于 2004 年 3 月进行了现场模拟培养实验，研究异养浮游细菌生产力和影响因素。站位布设见图 17.1。

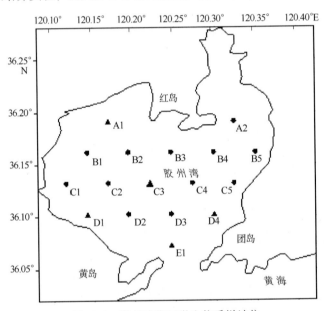

图 17.1　胶州湾海区微生物采样站位

A1、C3、D1、D4 和 E1 站为细菌生产力现场培养测定站位

17.2.2 样品采集

17.2.2.1 细菌计数样品采集及处理

于现场分别采集表层（0.5 m）、底层（距海底 1.0 m）水样，无菌操作采集 10 cm³ 加入到预先经无颗粒水冲洗、高热灭菌并含有 0.5 cm³ 无颗粒甲醛的试管中，立即混匀，密封低温避光保存带回实验室，用于细菌总数计数。每个样品均采平行样。

17.2.2.2 叶绿素、营养盐样品的采集和处理

用 Niskon 采水器采集水样后，用于叶绿素 a 测定的样品加入饱和碳酸镁，用 0.45 μm 的醋酸纤维滤膜过滤，低温保存带回实验室，干燥冷冻保存，两周内完成测定。

用于营养盐测定的样品用预先清洗的 Whatman GF/F 玻璃纤维滤膜过滤，滤液注入事先经酸浸泡并用 Milli-Q 水冲洗干净的塑料瓶中，低温避光保存带回实验室，每个样品均

采平行样。如不能立即分析时则冷冻保存，两周内完成测定。

17.2.2.3 现场和实验室培养样品的采集和处理

采集表层水样后，立即用已灭菌的 20 μm 筛绢过滤，以除去微型浮游动物，样品注入无菌培养瓶中，用于细菌生产力测定和影响因素研究的培养实验。

17.2.3 实验方法

细菌生产力测定现场培养参照 Fuhrman 等的方法进行(Fuhrman and Azam，1980)，采集、过滤处理后的水样分别装入已灭菌并用滤液淋洗 3 次的培养瓶中，培养瓶分 3 个实验瓶和 2 个对照瓶，每个培养瓶分别加入 20 cm³ 过滤水样，在对照样中加入 40% 的福尔马林 100 μL，迅速加入比活度为 $3.7 \times 10^7 \, cm^{-3}$ 的 ^3H – 胸腺嘧啶核苷(中国原子能科学研究院生产)20 μL，轻轻摇动培养瓶使示踪剂与样品混匀；在现场温度下避光培养 1~2 h 后立即加入 10% 三氯乙酸(TCA) 20 cm³；混匀、萃取 5 min，在实验瓶中加入 40% 的福尔马林 100 μL；然后在小于 0.07 atm(1 atm = 101.325 kPa) 负压下用 0.22 μm 孔径的混合纤维滤膜过滤，并用 15% 的 TCA 淋洗培养瓶 3 次；淋洗液同样过滤，滤杯用 15% 的 TCA 淋洗、过滤 5 次，淋洗液每次约 1 mL。样品抽干后，将滤膜折叠，用塑料袋密封低温保存带回实验室，用于测定样品中细菌结合 ^3H – 胸腺嘧啶核苷的摩尔数，计算细菌生产力(Steven，1982)。每组实验均进行 3 次重复。细菌生产力影响因素实验分别在实验组添加(以碳计) 3 mg/dm³ 的 DOC(葡萄糖)和 30 μg/dm³ 的无机磷酸盐(KH₂PO₄)，同时设试验对照组和空白对照组，其他方法同生产力测定实验。每组实验均进行 3 次重复。

17.2.4 样品的测定

17.2.4.1 异养浮游细菌生物量的测定

异养浮游细菌数量的测定：

采用 DAPI 荧光染色计数法进行(Fuhrman and Azam，1980)。检测时将样品加入装有滤膜的无菌滤器，滤膜为事先经伊拉克黑染色的孔径为 0.22 μm 的核孔滤膜(Nucleopore)，加入 DAPI 染液，使得水样中 DAPI 的终浓度为 4 μg/cm³，染色 5 min，在小于 0.07 atm 负压下过滤水样。在 Leica DMLA 型全自动荧光显微镜下，用 1 000 倍油镜计数，每个样品计数不少于 20 个视野，每个样均测 3 个平行样。

异养浮游细菌数量与生物量的计算：

水体中异养浮游细菌的数量按下式计算：

$$N = A \times S_1/(S_2 \times V), \tag{17.1}$$

式中，N 为细菌数量，单位 cell/cm³，A 为 20 个视野中的细菌平均数，S_1 为滤膜的有效过滤面积，S_2 为视野面积，V 为过滤水样体积(cm³)。

以每个细菌碳含量为 20 (fg)乘以水体中细菌的数量，即为细菌生物量(Lee and Fuhrman，1987）。

17.2.4.2　细菌生产力的测定与计算

（1）测定方法

细菌生长速率和生产力的测定参照 Azam 等（1983）提出的氚化胸腺嘧啶核苷组入法进行。同位素计数时，将滤膜放入闪烁瓶中，加入 10 cm³ 闪烁液，用自动液体闪烁计数器（Tri – Carb 4640 型，美国 Packard 公司）测量 ³H 的活度。

（2）细菌生产力的计算：

细菌生产力由下式计算：

$$BP = 20 \times 10^{-12} \times Br, \tag{17.2}$$

式中，BP 为细菌生产力［mg/（dm³·h）］；20 为单个细菌的碳含量（fg/cell）（Lee and Fuhrman，1987；Aisling et al.，2004）；Br 由下式计算：

$$Br = 1.4 \times 10^{18} \times M, \tag{17.3}$$

式中，Br 为细菌生长速率系数［cell/（dm³·h）］，本研究采用细菌每结合 1 mol 胸腺嘧啶核苷可产生 1.4×10^{18} 个细胞的经验系数（Fuhrman and Azam，1980）；M 由下式计算：

$$M = n/\varepsilon A_s t V, \tag{17.4}$$

式中，M 为单位时间、单位体积海水样品中细菌所结合的 ³H – 胸腺嘧啶核苷的摩尔数，单位 mol/（dm³·h）；n 为液闪计数器自动给出的计数率（s⁻¹）；A_s 是加入示踪剂的比活度（Bq/mmol），t 是培养时间（h），V 是培养水样的体积（dm³），ε 是探测效率。

17.2.4.3　叶绿素含量的测定

叶绿素 a 含量的检测采用荧光分光光度法进行，用 F200 型荧光分光光度计进行测定（国家海洋局，1991）。

17.2.4.4　营养盐浓度的测定

营养盐浓度测定采用 BRAN – LUEBBE 营养盐自动分析系统进行，测定方法参照《海洋调查规范》（国家海洋局，1997），硝酸盐采用 Cu – Cd 还原法、氨盐采用靛酚蓝法、磷酸盐用磷钼蓝法。

17.2.4.5　水温、水深、盐度和溶解氧测定

在采集水样的同时，采用 YSI600 型水质检测仪对采用现场的水温、水深、盐度和溶解氧在现场测定，每个参数至少读数 3 次。

17.2.5　统计学处理

为分析不同季节和不同海区细菌生物量时、空分布的差异，变量筛选和分析按不同月份和不同站位进行 TSP 统计学检验（Micro TSP 软件包 6.5）。

17.2.5.1　采用的模型和方法

数据的统计学处理采用 TSP 数据处理系统，数据处理选用二次型回归模型：

$$Y = \beta_o + \sum_{i=1}^{m} \beta_i X_i + \sum_{i=1}^{m} \beta_{ii} X_i^2 + \sum_{i<j} \beta_{ij} X_i X_j + \varepsilon, \tag{17.5}$$

式中，β_o、β_i、β_{ii}、β_{ij}为回归系数，ε为随机误差，X_i为第i个变量的一次项，X_{ii}为第i个变量的二次项，X_{ij}为两个变量的交互项。经逐步回归分析进行变量的筛选。

17.2.5.2　数据的预处理

由于变量存在单位、数量不同及非正态分布等问题，为满足逐步回归适用条件的要求，对细菌生物量（B）、叶绿素 a（Ch a）、无机磷酸盐（PO_4^{3-}）、氨氮（NH_4^+）、总无机氮（TIN）、氮磷比（N/P）、温度（T）、盐度（S）和溶解氧（DO）等变量先进行正态变换，再进行标准化处理，分别采用下式进行正态变换：

$$B' = \ln(B), \tag{17.6}$$

$$Ch\ a' = \ln(Ch\ a + 1), \tag{17.7}$$

$$P' = \ln(P + 1), \tag{17.8}$$

$$NH' = \ln(NH), \tag{17.9}$$

$$DIN' = \ln(DIN), \tag{17.10}$$

$$D/P' = \ln(D/P), \tag{17.11}$$

然后对所有变量按下式进行标准化：

$$X_i' = (X_j' - \bar{X}_i')/S_i, \tag{17.12}$$

式中，X_i'为第i个变量的标化值，X_j为第i个变量的第j个观察值，$\bar{X}_i$为第i个变量的均数，S_i为第i个变量的标准差。考虑到在 DIN 中 $NH_4^+ - N$ 的影响可能更为特殊，因此将 $NH_4^+ - N$ 单独列出。

17.2.5.3　变量筛选和分析

对标准化的数据按式(17.12)的二次型回归模型，以细菌的生物量为被解释变量进行逐步回归分析，以获得优化模型，根据优化模型的R^2值，判定解释变量对被解释变量的贡献。

$$R^2 = S_{xy}^2/L_{yy}, \tag{17.13}$$

式中，S_{xy}^2为回归平方和，L_{yy}为总平方和。R^2为决定系数，表示解释变量对被解释变量的贡献率，即在被解释变量的变异中有多少可以由被解释变量与解释变量的回归系数所解释。

由于全部变量已经标准化，故可根据各回归系数的绝对值大小判定各变量的重要性，即绝对值越大的越重要（即：影响能力越强）。

17.3　结果

17.3.1　胶州湾异养浮游细菌水平分布

2003 年 4 月 – 2004 年 3 月期间，在胶州湾的 17 个调查站位进行了连续 12 个月的大面采样，研究胶州湾水域异养浮游细菌分布特征及与环境因子的关系。胶州湾水域异养浮游细菌年平均值水平分布见表17.1。由表中结果可看出，胶州湾异养浮游细菌数量年平均值变化范围在$(5.06 \sim 15.58) \times 10^9 \, \text{cell/dm}^3$之间，平均$9.64 \times 10^9 \, \text{cell/dm}^3$，标准差范围在$(2.92 \sim 13.28) \times 10^9 \, \text{cell/dm}^3$之间，平均为$6.97 \times 10^9 \, \text{cell/dm}^3$。

由表17.1可见，胶州湾异养浮游细菌的年平均水平分布具有典型的近岸较高、离岸逐渐减少的趋势，并在湾底的东北部形成明显的高值区，在湾底的西北部细菌数量也较高，湾中央和湾口附近的细菌数量明显低于湾底，最高值出现在位于湾东北部的A2站和B5站，分别达到15.60×10^9和$15.58 \times 10^9 \, \text{cell/dm}^3$，其次是位于湾西北部的A1站，为$14.05 \times 10^9 \, \text{cell/dm}^3$；最低值在位于湾口的E1站，为$5.06 \times 10^9 \, \text{cell/dm}^3$，在湾中央的D3站和C3站分别为$5.78 \times 10^9$和$5.83 \times 10^9 \, \text{cell/dm}^3$。

表17.1　胶州湾海域异养浮游细菌数量年平均值（$\times 10^9 \, \text{cell/dm}^3$）

站位	最大值	最小值	平均值	标准差
A1	43.65	4.22	14.05	13.28
A2	35.14	6.31	15.64	9.13
B1	34.10	4.56	13.50	9.50
B2	22.26	1.28	9.49	7.60
B3	15.64	1.59	7.03	5.10
B4	23.62	1.56	9.15	7.87
B5	38.96	5.56	15.58	9.76
C1	39.25	3.43	12.30	10.34
C2	21.07	1.85	7.23	5.21
C3	16.03	0.93	5.83	4.44
C4	16.39	2.01	7.22	3.96
C5	30.21	2.14	11.92	8.74
D1	28.50	4.21	10.63	7.51
D2	15.83	1.24	6.06	4.10
D3	16.11	2.00	5.78	4.36
D4	19.07	2.00	7.33	4.60
E1	10.36	2.08	5.06	2.92
平均值	25.07	2.76	9.64	6.97

17.3.2　胶州湾异养浮游细菌季节变化

胶州湾水域不同季节异养浮游细菌水平分布见图17.2。

从图中结果可以看出，在春季的3、4、5月3个月中，细菌分布的高值区主要在位于东北岸附近的B5、A2站附近海域，其次是位于西北岸的B1、A1、C1站，并在位于湾中央的 B3、C3 和 D3 站及位于湾口的 E1 站附近海域存在明显的低值区，特别是在 5 月份这种分布特征更为明显。

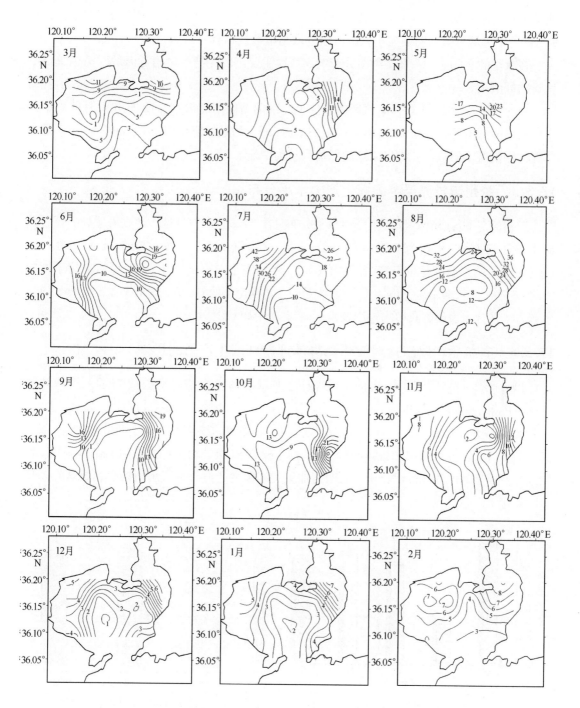

图 17.2 　胶州湾水域不同季节异养浮游细菌水平分布（单位：$\times 10^9$ cell/dm^3）

在夏季的 6、7、8 月，细菌分布在西北岸和东北岸附近海域同时出现明显的高值区，并在 7 月份位于大沽河口附近海域的 A1 站出现全年调查的最大值 43.7×10^9 cell/dm^3，表明地面径流中的细菌和所带来的营养物质对胶州湾夏季异养浮游细菌数量的影响较大，7、8 月份湾中央的低值区明显缩小，湾口附近的细菌数量也有所增加。

在秋季的 9、10、11 月，细菌分布的高值区主要出现在湾东岸附近海域，湾中央形成明显的低值区。

在冬季的 12、1、2 月，高值区主要位于北部的湾底附近海域，12 月和 1 月的湾中央形成明显的低值区，并在 12 月的 C3 站出现全年调查的最低值 0.93×10^9 cell/dm^3；3 月湾中央的低值区不明显，在湾口附近的低值区较为明显。

17.3.3 胶州湾异养浮游细菌生产力水平分布

胶州湾冬季异养浮游细菌生产力水平分布见图 17.3。由图可见，调查海域异养浮游细菌生产力(以碳计)平均为 1.29 μg/(dm^3 · h)，最高值在位于湾西北部的 A1 站，为 1.66 μg/(dm^3 · h)，其次是位于湾东部的 D4 站，为 1.50 μg/(dm^3 · h)，最低值在位于湾中央的 C3 站，为 0.54 μg/(dm^3 · h)，其次是位于湾西南部的 D1 站，为 1.35 μg/(dm^3 · h)。生产力水平分布表现为典型的近岸较高、离岸逐渐降低的特征。

17.3.4 有机质和磷酸盐对胶州湾异养浮游细菌生产力的影响

2004 年 3 月在位于湾中央的 C3 站通过加富现场模拟培养实验研究了无机磷酸盐 ($PO_4 - P$) 和 DOC 对细菌生产力的影响，结果见图 17.4。由图中结果可以看出，富加 $PO_4 - P$ 和 DOC 对胶州湾细菌生产力有一定的增强作用，富加组的细菌生产力分别是对照组的 2.7 倍和 2.6 倍。通过对添加无机磷酸盐 ($PO_4 - P$) 和 DOC 组细菌生产力影响的结果采用 t 检验进行差异显著性的统计学分析，表明富加组的细菌生产力与对照组间均存在显著性差异 ($P < 0.05$)。

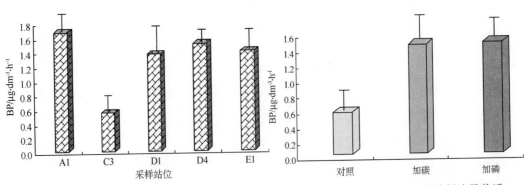

图 17.3　胶州湾异养浮游细菌生产力水平　　图 17.4　有机质和磷酸盐对胶州湾异养浮
　　　　　(以碳计)分布　　　　　　　　　　　　　　游细菌生产力的影响

17.4　讨论

17.4.1　胶州湾异养浮游细菌的影响因素

17.4.1.1　胶州湾异养浮游细菌生物量水平分布的影响因素

　　对胶州湾全年细菌生物量水平分布的变化与环境因子之间的关系进行 TSP 统计学检验，检验结果见表 17.2。从表中结果可以看出，胶州湾全年细菌生物量的变化与溶解氧含量呈负相关关系，与叶绿素 a 和氨氮含量成正相关关系；溶解氧含量低和盐度低的区域一般是受人为影响较大、有机物含量较高的近岸，可间接表明细菌生物量的增加与外源有机物的输入和海区内叶绿素的增加有关，而氨氮也是胶州湾异养浮游细菌生物量的主要影响因素之一。

表 17.2　胶州湾异养浮游细菌水平分布影响因素 TSP 统计学检验结果

时间	统计回归方程	γ^2	$S.E$	F	n
全年	$B = 0.25C - 0.69DO + 0.15N$	0.52	0.70	101.89	204
冬季	$B = 0.61P + 0.99NH_4$	0.60	0.67	22.98	51
春季	$B = 0.39P + 0.63T - 0.43C$	0.79	0.50	26.60	51
夏季	$B = -0.33S - 0.62DO$	0.60	0.68	22.07	51
秋季	$B = 0.63N - 0.54S$	0.72	0.56	35.60	51

注：γ^2 为判定系数 γ 的平方；$S.E$ 为回归系数的标准差；F 为方程的总体 F - 检验值；n 为样本量。

　　从表 17.2 中同时可以看出，在不同季节异养浮游细菌的水平分布与环境因子的关系不尽相同，在冬季主要影响因子是水体中的氨氮和磷酸盐含量，而不是水温，主要与冬季湾内水温水平分布差异不大有关。而在春季，细菌水平分布的主要影响因子是水温，其次是 DIP 含量，但此时细菌数量与叶绿素 a 呈负相关关系，表明此时细菌与浮游植物之间可能存在对营养物质的竞争，根据细菌与 DIP 之间呈正相关关系，进一步证实此时二者确实存在对无机磷酸盐的竞争。夏季异养浮游细菌生物量与盐度和溶解氧含量呈负相关关系；秋季细菌生物量与氨盐含量呈正相关关系，与盐度呈负相关关系，表明夏、秋季胶州湾异养浮游细菌的水平分布与营养盐含量和近岸物质输入有关。

　　上述异养浮游细菌数量在胶州湾具有近岸高、离岸逐渐减少，在湾东部、北部、西北部形成高值区的分布特点，与这些海区沿岸的工业废水和生活污水排放，使水体中有机污染物增加、刺激细菌生长有关。可见，外源营养盐的输入可能是影响胶州湾异养浮游细菌生物量的另一因素。

17.4.1.2　胶州湾异养浮游细菌生物量季节变化的影响因素

　　2003 年 4 月 – 2004 年 3 月连续 12 个月内胶州湾海域异养浮游细菌生物量与水温(T)、

盐度(S)、溶解氧(DO)、叶绿素 a(Chl a)等环境因子的变化趋势见图 17.5。异养浮游细菌在 12 个月中变化趋势与水温的变化趋势基本一致，与叶绿素 a 的趋势也比较相似。

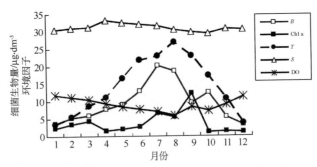

图 17.5　胶州湾异养浮游细菌与环境因子季节变化

对水体异养浮游细菌含量与上述环境因子之间进行相关性分析，见表 17.3。结果显示，胶州湾异养浮游细菌的季节变化与水温、叶绿素 a 和 $PO_4 - P$ 呈高度显著性正相关关系，相关系数分别为 0.63、0.23 和 0.24，与溶解氧呈高度显著性负相关关系，相关系数为 -0.67，与盐度呈显著负相关，相关系数为 -0.14，与其他因素无显著性相关关系，表明温度、叶绿素 a 和 $PO_4 - P$ 是影响胶州湾异养浮游细菌季节变化的主要因素。

表 17.3　细菌生物量(B)水平分布与环境因子的关系

R	T	S	DO	Chl a	$PO_4^{3-} - P$	$NH_4^+ - N$	$NO_3^- - N$
B	0.63**	$-0.14*$	$-0.67**$	0.23**	0.24**	0.04	0.05
N	180	180	180	152	180	163	152

注：*为呈显著性相关关系($P < 0.05$)；**为呈高度显著性相关关系($P < 0.01$)。

对胶州湾不同站位异养浮游细菌季节变化的影响因素采用 TSP 方法进行统计学检验，结果见表 17.4。从表中结果可以看出，影响胶州湾各站位细菌季节变化最主要的环境因素是水温，但个别站位与有机物含量(DO)有关。

表 17.4　胶州湾异养浮游细菌季节变化影响因素 TSP 统计学检验结果

站位	方程	γ^2	$S.E$	F
A1	$B = 0.89T$	0.79	0.49	38.37
A2	$B = 0.93T$	0.86	0.41	62.02
B1	$B = 0.93T$	0.86	0.39	60.83
B2	$B = 0.79T$	0.62	0.67	16.52
C3	$B = -0.64DO$	0.41	0.85	14.89
C5	$B = 0.77T$	0.60	0.69	13.57
D1	$B = 0.71T$	0.56	0.73	12.69
D2	$B = 0.81T$	0.66	0.64	19.63
D3	$B = 0.85T - 0.19$	0.63	0.68	30.63
D4	$B = 0.84T$	0.71	0.59	24.76

17.4.2 胶州湾异养浮游细菌生产力的影响因素

17.4.2.1 异养浮游细菌生产力与环境因素的关系

对 2003 - 2004 年胶州湾海域异养浮游细菌生产力(BP)与水温(T)、盐度(S)、溶解氧(DO)、叶绿素 a($Chl\ a$)、硝酸盐($NO_3 - N$)、氨盐($NH_4 - N$)和磷酸盐($PO_4 - P$)含量等环境因子进行相关性分析,相关系数见表 17.5。

表 17.5 细菌生产力与环境因子的关系

	T	S	DO	Chl a	$PO_4 - P$	$NH_4 - N$	$NO_3 - N$
r	0.16	-0.40	-0.47	-0.79	0.43	0.35	0.45

由表中结果可以看出,胶州湾异养浮游细菌的生产力与水温、$PO_4 - P$、$NO_3 - N$ 和 $NH_4 - N$ 呈正相关关系,与盐度、溶解氧和叶绿素 a 含量之间呈负相关关系,尽管相关性均不显著($P > 0.05$)但也可看出温度和营养盐可对胶州湾异养浮游细菌的生产力产生影响。

17.4.2.2 $PO_4 - P$ 对异养浮游细菌生产力的影响

通过对添加无机磷酸盐($PO_4 - P$)组的细菌生产力影响结果采用 t 检验进行差异显著性的统计学分析,表明磷酸盐加富组的细菌生产力与对照组间存在显著性差异($P < 0.05$),进一步证实无机磷酸盐是胶州湾冬季异养浮游细菌生产力的重要限制因子之一。

现在多数海洋和淡水中异养浮游细菌被氮或磷限制的现象比以前更为常见(Elser,1995;Vrede,1999),了解细菌的限制条件就更为重要。研究结果显示,异养浮游细菌的平均 C:N:P 为 34:9.2:1,每个细胞的 C:N 原子比在 2.3 ~ 44 之间,C:P 比在 14 ~ 358 之间,N:P 比在 2.0 ~ 36 之间(Katarina,2002)。细菌在对数增长期的各元素的原子量比稍低,平均 C:N:P 比为 32:6.4:1(Katarina,2002)。RNA 是细胞内最大的磷库,尽管细菌在平时能储存更多的磷,但在磷缺乏时仍可明显限制细胞 RNA 的合成,从而限制细胞的生长和细胞内的磷含量(Weltin,1996)。

营养盐的限制除影响细菌的生长速率和生产力外,还可对细菌的大小和形态产生明显影响,从而影响细菌的生物量和群落结构。有文献报道,细菌在氮限制时形成丝状,细菌的体积增大或减小,细菌在碳限制和磷限制时细胞宽长比例增大,在磷限制时细胞变得肿胀并趋于短杆状,当碳限制时,细菌的体积减小 25% ~ 90%(Holmquist and Kjelleberg,1993;Elser et al.,1995;Troussellier et al.,1997)。由此可见,环境中营养盐含量及比例可显著影响异养浮游细菌的生物量、生长速率、生产力、形态、大小和群落结构。

17.4.2.3 DOC 对异养浮游细菌生产力的影响

胶州湾中部富加 DOC 组的细菌生产力与对照组之间的存在显著性差异($P < 0.05$),表

明冬季异养浮游细菌可能存在 DOC 的限制。胶州湾异养浮游细菌数量和生产力分布具有近岸高、离岸逐渐减少，在湾东部、北部、西北部形成高值区的分布特点，也与这些海区沿岸的工业废水和生活污水排放，使水体中有机污染物增加、刺激细菌生长有关，由此可见，DOC 可能是影响胶州湾异养浮游细菌生产力和生物量的另一重要因素。

17.4.3 胶州湾异养浮游细菌的变化趋势

1993 年夏季胶州湾水域异养浮游细菌生物量（以碳计）变化范围在 $9.38 \sim 11.04$ $\mu g/dm^3$ 之间（焦念志和肖天，1995），而 2003 年夏季胶州湾水域异养浮游细菌生物量（以碳计）平均值为 $(37.2 \pm 20.4) \mu g/dm^3$，其变化范围在 $9.3 \sim 77.9 \mu g/dm^3$。类似地，1993 年冬季胶州湾水域异养浮游细菌生物量变化范围在 $1.38 \sim 1.74 \mu g/dm^3$ 之间，其生产力变化范围为 $0.08 \sim 0.11 \mu g/dm^3$（焦念志和肖天，1995）；2003 年冬季胶州湾异养浮游细菌生物量平均值为 $(11.9 \pm 5.5) \mu g/dm^3$，变化范围为 $4.00 \sim 24.2 \mu g/dm^3$，其生产力平均 $1.29 \mu g/(dm^3 \cdot h)$，变化范围为 $0.54 \sim 1.67 \mu g/(dm^3 \cdot h)$（表 17.6）。由此可见，胶州湾异养浮游细菌的生物量在 10 年间无论在夏季还是冬季均有显著增加。

在通常情况下，细菌的数量和生产量可反映出该海区的水质状况和地理环境的特点（彭安国等，2003），同时可反映出该海区异养浮游细菌在物质循环中的作用强度和生态效率。胶州湾浮游植物数量在 1991 - 2002 年的 10 年间尽管在不同年份间存在较大波动，但其年际分布无明显的逐年增加的趋势（吴玉霖等，2004），而胶州湾 $PO_4 - P$ 和 DIN 自 20 世纪 60 年代至 90 年代间分别增加了 1.4 倍和 3.9 倍（沈志良，2002）。胶州湾水域异养浮游细菌的增加表明其在胶州湾的生态作用可能有所增强。

17.4.4 胶州湾异养浮游细菌与其他海区的比较

胶州湾异养浮游细菌的生物量、生产量与其他海域的比较见表 17.6。

表 17.6 胶州湾异养浮游细菌生物量（以碳计）和生产力与其他海域的比较

海区	时间	细菌数量/ $\times 10^9$ cell·dm^{-3}	细菌生物量* /$\mu g \cdot dm^{-3}$	细菌生产力 /$\mu g \cdot dm^{-3} \cdot h^{-1}$	参考文献
胶州湾	1993 年 2 月	$0.7 \sim 0.9$	$1.4 \sim 1.7$	$0.1 \sim 0.1$	焦念志，1995
胶州湾	1993 年 8 月	$4.7 \sim 5.5$	$9.4 \sim 11.0$	$2.7 \sim 5.4$	焦念志，1995
胶州湾	2003 年 8 月	18.6 ± 10.2	37.2 ± 20.4	—	本研究
胶州湾	2004 年 3 月	5.9 ± 2.8	11.9 ± 5.5	$0.5 \sim 1.7$	本研究
台湾海峡	1997 年 8 月	5.3 $(0.3 \sim 16.1)$	$10.6 (0.7 \sim 32.2)$	$0.1(0.0 \sim 0.4)$	郑天凌，2002
台湾海峡	1998 年 2 月	$8.1(2.6 \sim 20.6)$	$16.2(5.2 \sim 41.3)$	$0.1(0.0 \sim 0.2)$	郑天凌，2002
长江冲淡水区	1997 年 10 月	6.0 ± 2.7	11.9 ± 5.4	1.4 ± 1.3	刘子琳，2001
长江冲淡水区	1998 年 5 - 6 月	2.0 ± 1.0	3.9 ± 1.9	2.4 ± 1.2	刘子琳，2001

续表

海区	时间	细菌数量/ $\times 10^9$ cell·dm^{-3}	细菌生物量* /μg·dm^{-3}	细菌生产力 /μg·dm^{-3}·h^{-1}	参考文献
渤海	1999 年 4 – 5 月	0.1 ~ 1.8	0.1 ~ 3.5	—	白洁, 2003
大亚湾	2000 年 4 月	—	—	0.5 ~ 30.2	彭安国, 2003
黄海	2000 年 10 – 11 月	5.3 ± 2.3	10.6 ± 4.6	—	赵三军, 2003
东海	2000 年 10 – 11 月	6.9 ± 1.8	13.8 ± 3.6	—	赵三军, 2003
Sargasso 海	1992 年春季	1.1	2.1	0.2	Carlson, 1996
Chesapeake 湾	1992 年	—	—	0.8 ~ 11.7	Gerardo, 1992
Florida 湾	1994 年 8 月	59.2	118.4	1.1 ± 0.4	Jamse, 2003
Florida 湾	1995 年 2 – 3 月	46.0	91.9	0.7 ± 0.2	Jamse, 2003
Ross 海	1994 – 1996 年	2.0 ~ 12.0	4.0 ~ 24.0	2.0	Ducklow, 1999
日本 Ise 湾	1995 年 2 月	64.0	128.0	13.8	Takeshi, 1997
日本 Ise 湾	1996 年 7 月	83.0	166	35.6	Takeshi, 1997

注：* 生物量按每个细胞含碳 20 fg 换算(Lee, 1987)。

　　与台湾海峡、长江冲淡水区、大亚湾和黄东海海域相比，胶州湾海域异养浮游细菌生物量在 10 年前均低于这些海区，只接近于渤海的生物量水平，但目前已接近或超过这些海域；胶州湾异养浮游细菌的生产力在 10 年前也处于较低水平，而目前也已接近或超过这些海域相同季节的水平。与国外一些典型海域相比，胶州湾的异养浮游细菌生物量和生产力均居于中等水平，高于具有高营养特点的 Sargasso 海和 Ross 海，但明显低于美国 Florida 湾和日本 Ise 湾。Ise 湾是日本受污染最为严重的海湾之一，其水域面积和平均水深均大于胶州湾，但其水域形态及水动力学特征与胶州湾极为相似(Takeshi, 1997)，从表 17.6 的结果，胶州湾的异养浮游细菌生物量均明显低于该海区。

17.5　结论

　　(1)通过在 2003 – 2004 年近 2 年间对胶州湾异养浮游细菌生态特征进行的系统研究结果显示，胶州湾异养浮游细菌生物量年平均值变化范围在 $(5.1 ~ 15.6 \times 10^9)$ cell/dm^3，平均 9.6×10^9 cell/dm^3。其年平均值水平分布具有典型的近岸较高、离岸逐渐减少的趋势，并在湾的东北部形成明显的高值区，在湾的西北部细菌数量也较高，湾中央和湾口附近的细菌数量明显较低。

　　(2)影响胶州湾不同区域异养浮游细菌季节变化的主要环境因素是水温，叶绿素 a、PO$_4$ – P 和 NH$_4$ – N 在其生物量的季节变化中也发挥一定作用。影响胶州湾异养浮游细菌水平分布的环境因子在不同季节有所相同，在冬季主要影响因子是水体中的磷酸盐和氨氮含量，而不是水温；春季细菌水平分布的主要影响因子是水温，其次是 DIP 含量；夏、秋季细菌水平分布与营养盐含量和近岸物质输入有关。

（3）胶州湾冬季异养浮游细菌生产力（以碳计）平均 $1.29\ \mu g/(dm^3 \cdot h)$，水平分布表现为典型的近岸较高、离岸之间减少的特征，最高值位于湾西北部，为 $1.66\ \mu g/(dm^3 \cdot h)$；胶州湾冬季异养浮游细菌生产力的最低值位于湾中央，为 $0.54\ \mu g/(dm^3 \cdot h)$。无机磷酸盐是胶州湾冬季异养浮游细菌生产力的重要限制因子之一，DOC 可能是影响胶州湾异养浮游细菌生产力和生物量的另一重要因素。

（4）与国内外其他典型海域相比，胶州湾异养浮游细菌的生物量、生物活性均处于中等水平。与历史资料相比可以看出，胶州湾异养浮游细菌的生物量在近 10 年来无论在夏季还是冬季均有显著增加。

致谢

本研究在国家自然科学基金重点项目"胶州湾流域生源要素流失与海湾富营养化演变过程"（编号：40036010）的支持下完成，在此对国家自然科学基金委员会和本课题组全体同仁为本研究的完成所提供的支持和帮助表示最诚挚的谢意。

参考文献

白洁，李岿然，李正炎 . 2003. 渤海春季浮游细菌分布与生态环境因子的关系 . 青岛海洋大学学报，33（6）：841 - 846.

白洁，张昊飞，李岿然，等 . 2004. 胶州湾冬季异养细菌与营养盐分布特征及关系研究 . 海洋科学，28（12）：31 - 24.

丁美丽，高月华，岑作贵 . 1979. 胶州湾石油降解菌的分布 . 微生物通报，6：11 - 14.

国家海洋局 . 1997. 海洋调查规范 . 北京：海洋出版社 .

焦念志，肖天 . 1995. 胶州湾的微生物二次生产力 . 科学通报，40（9）：829 - 832.

李冠国，黄世玫 . 1956. 青岛近海浮游硅藻季节变化研究的初步报告 . 山东大学学报，2（4）：119 - 143.

刘瑞玉，徐凤山，崔玉珩 . 1992. 胶州湾生态学和生物资源 . 北京：科学出版社 .

刘子琳，越川海，宁修仁 . 2001. 长江冲淡水区细菌生产力研究 . 海洋学报，23（4）：93 - 99.

彭安国，黄奕普，刘广山，等 . 2003. 大亚湾细菌生产量研究 . 海洋学报，25（4）：83 - 90.

钱树本，王筱庆，陈国蔚 . 1983. 胶州湾的浮游藻类 . 山东海洋学院学报，13（1）：39 - 56.

沈志良 . 2002. 胶州湾营养盐结构的长期变化及其对生态环境的影响 . 海洋与湖沼，33（3）：322 - 330.

吴玉霖，孙松，张永山，等 . 2004. 胶州湾浮游植物数量长期动态变化的研究 . 海洋与湖沼，35（6）：518 - 523.

肖天，焦念志，王荣 . 1995. 胶州湾蓝细菌、异养细菌的数量分布特点：胶州湾生态学研究 . 北京：科学出版社 .

赵三军，肖天，岳海东 . 2003. 秋季东、黄海异养细菌（ Heterotrophic Bacteria ）的分布特点 . 海洋与湖沼，34（3）：301 - 305.

赵淑江，吴玉霖，王克. 2011. 胶州湾海域生物因子的长期变化：海湾生态过程与持续发展. 北京：科学出版社.

郑培迎. 1994. 胶州湾功能与区划. 海岸工程，13(4)：63 – 69.

郑天凌，王斐，徐美珠，等. 2002. 台湾海峡海域细菌产量、生物量及其在微食物环中的作用. 海洋与湖沼，33(4)：415 – 422.

Aisling M M, Pedley T J, Thingstad T F. 2004. Incorporating turbulence into a plankton foodweb model. Journal of Marine Systems, 49：105 – 122.

Azam F, Fenchel T, Field J G, et al. 1983. The ecological role of water-column microbes in the sea. Mar Ecol Prog Ser, 10：257 – 263.

Carlson C A, Ducklow H W, Sleeter T D. 1996. Stocks and dynamics of bacterioplankton in the northwest Sargasso Sea. Deep-Sea Research II, 43：491 – 515.

Ducklow H W, Carlson C, Smith W. 1999. Bacterial growth in experimental plankton assemblages and seawater cultures from the *Phaeocystis antarctica* bloom in the Ross Sea, Antarctic. Aquatic Microbial Ecology, 19：215 – 227.

Elser J J, Stabler B L, Hassett P R. 1995. Nutrient limitation of bacterial growth and rates of bacterivory in lakes and oceans：a comparative study. Appl Environ Microbiol, 9：105 – 110.

Fuhrman J A, Azam F. 1980. Bacterioplankton secondary production estimates for coastal waters of British Columbia, and California. Appl Environ Microbial, 39(6)：1085 – 1095.

Gerardo C L, Benner R. 1992. Enhanced bacterioplankton production and respiration at intermediate salinities in the Mississippi River Plume. Mar Ecol Prog Ser, 87：87 – 103.

Holmquist L, Kjelleberg S. 1993. Changes in viability, respiratory activity and morphology of the marine *Vibrio* sp strain S14 during starvation of individual nutrients and subsequent recovery. FEMS Microbiol Ecol, 12：215 – 224.

James B C, Rosa H S, Harvey B, et al. 2003. Nutrient limitation of heterotrophic bacteria in Florida Bay. Estuaries, 23(5)：611 – 620.

Katarina V, Mikal H, Svein N, et al. 2002. Elemental composition (C, N, P) and cell volume of exponentially growing and nutrient-limited bacterioplankton. Applied and Environmental Microbiology, 68(6)：2965 – 2971.

Lee S, Fuhrman J A. 1987. Relationships between biovolume and biomass of naturally derived marine bacterioplankton1. Appl Environ Microbiol, 53：1298 – 1303.

Steven Y N. 1982. Bacteria productivity in the water column and sediments of the Georgia(USA) coastal zone：estimates via direct counting and parallel measurement of thymidine incorporation. Microb Ecol, 8：33 – 46.

Takeshi N. 1997. Abundance and Production of Bacterioplankton along a transect ofIse bay. Journal of Oceanography(Japan), 53：579 – 583.

Troussellier M, Bouvy M, Courties C, et al. 1997. Variation of carbon content among bacterial species under starvation condition. Aquat Microb Ecol, 13：113 – 119.

Vrede K, Vrede T, Isaksson A, et al. 1999. Effects of nutrients (P, N, C) and zooplankton on bacterioplankton and phytoplankton – a seasonal study. Limnol Oceanogr, 44：1616 – 1624.

Weltin D, Hoffmeister D, Dott W, et al. 1996. Studies on polyphosphate and poly-hydroxyalkanoate accumulation in *Acinetobacter johnsonii* 120 and some other bacteria from activated sludge in batch and continuous culture. Acta Biotechnol, 16：91 – 102.

第十八章
胶州湾物理环境变化特征的分析与富营养化过程的数值研究

18.1 前言

一般地说，近海或河口/海湾是一个伴随天文潮波周期流动占优、多时间尺度、非线性的动力－热力学系统(冯士筰等，2007)。代表物理环境的因子在各种时、空尺度上的变化，往往对应不同的控制机制。虽然，不同学者关于胶州湾典型物理因子气候状态下的时、空分布问题已经取得共识，但关于这些因子围绕气候态的波动，特别是短期(即：潮内)与长期(例如：10年际)尺度上的变动，报道甚少。在国家自然科学基金重点项目"胶州湾流域生源要素流失与海湾富营养化演变过程"(编号：40036010，以下简称"重点基金")执行期间(即：2000－2004年)，课题组成员开展了三方面的工作。首先，针对夏季天气过程(例如：台风引起的暴雨)引起的胶州湾物理环境变化进行了强化观测(魏皓等，2004)，由于采样时间频率高，不仅给出了物理要素在潮内与潮际的振荡过程，还揭示了潮汐作用下外海水与湾内水的交换过程 (刘哲，2004；Liu et al.，2004)。其次，课题组比较系统地收集了胶州湾周边区域的气象、水文多要素观测数据，首次给出了这些要素的年代际差异，刻画了突变特征，特别关注了区域气候变化对全球变化的响应(Liu，2006)。在此基础上，计算了胶州湾附近海域海－气界面的动量通量和热量收支(王强和高会旺，2003)。

胶州湾富营养化的演变机制是重点基金关注的另一个主要内容。富营养化所涉及的机制和变化过程非常复杂，其中近岸水体物理自净能力与营养盐的输运和循环之间有着密切的关系；只有定量认识近岸区域与外海之间水体交换动力机制，才能比较深入地分析营养盐在水体中的变化与收支(刘哲，2004)。此外，针对海湾水交换进行深入研究，查明影响营养盐收支的动力机制，对于理解海湾富营养化过程及其对生态系统结构和功能的作用也必不可缺(Liu et al.，2007)。

18.2 胶州湾物理环境多尺度变化特征

18.2.1 胶州湾水体混合参数强化观测

2001 年 8 月 13 日，桃芝台风在山东半岛过境后，我们使用声学多普勒海流剖面仪

（ADP）和多功能水质仪（YSI）对胶州湾（站位 M，图 18.1）的潮流、水温和盐度进行了连续 7 d 的同步观测，站位水深约为 19 m。ADP 资料共分 8 层（3～17 m），每层 2 m，采样间隔 10 min。YSI 资料分为表底两层，采样间隔亦为 10 min。由于 YSI 压力探头出现故障，故无法直接得到水位资料，这里采用潮汐表的数据来代替，据已有研究表明两地的调和常数相差甚小（例如：M_2 分潮振幅差小于 6 cm，大约为平均振幅的 2.4%；相位差小于 3°，大约只有 6 min）。

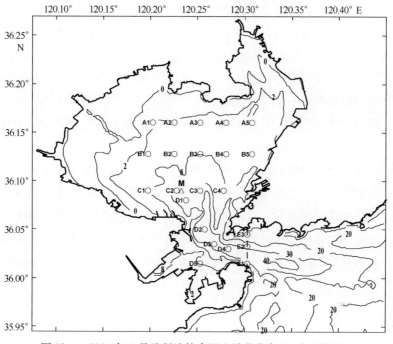

图 18.1　2001 年 8 月胶州湾综合调查站位分布（M 为连续站）

观测期间，潮汐经历了从小潮到大潮的变化，平均振幅 2.5 m，最高大于 4.0 m 而最低小于 1.4 m。潮位具有明显的涨落不等现象，每天高高潮和低高潮的变化不显著，低低潮和高低潮潮位差异很大并有各自的包络。对潮位进行谱分析后，发现其具有约 12 h 和 24 h 的周期振荡，半日分量与全日分量的振幅比约为 3:1。

随着小潮到大潮的潮位变化，流速逐渐增大，最大大于 70 cm/s。对流速进行调和分析，发现胶州湾中部的潮流表现为西北—东南方向的往复流，转流时间发生在高潮时和低潮时。在底摩擦作用下，表层流速大，底层流速小（见图 18.2）；而流剪切则正相反，其平均值约为 0.033 s^{-1}，同时，随着潮差的加大，剪切值亦逐渐增大。垂向来看，表（底）层剪切平均值分别为 0.022 s^{-1}（0.057 s^{-1}），变化范围分别为 0.001～0.082 s^{-1}（0.001～0.182 s^{-1}）。调查期间，表层水温和盐度的测值范围分别为 22.7～30.8℃ 和 24.11～29.76，底层范围分别 24.5～28.6℃ 和 25.20～30.50。结果表明，这期间温、盐的变化主要是强降水和潮汐共同作用下的结果。台风过境在 1 周之内带来 300 mm 以上的降水，使盐度显著下降，与多年平均水平（>30.99）相比大约下降 2.58 以上。涨潮时外海高盐水涌入，导致盐度升高；落潮时，外海水退去，受径流影响，海水盐度降低。这使得潮位与盐度位相相反（见图 18.3），且亦具有半日周期，即 1 日内大约出现两峰两谷。强降水结束后，径流不断减弱，随着水交换的进行，盐度逐渐升高，表（底）层平均每天升高 0.35（0.11）。由于表层盐度升高速率较底层快，因此盐度层化逐渐减弱，这也表明外海高盐水通过潮汐引起的交换逐渐取代湾内低盐水，或者说逐步同湾内的低盐水混合所致。与盐度类似，潮流和径流亦对温度有显著影响，这表现在，涨潮时外海低温水入侵，导致水温降低；而退潮则恰好相反。这使得温度与潮位具有反位相的变化，这种现象在底层表现更为显著，究其原因，外海水（即：低温高盐）密度大，由底部流入胶州湾，而湾内淡水由于密度低则浮在表层。与盐度明显不同的是，表层水温日振荡要明显高于半日振荡，虽然胶州湾存在全日分潮，但其振幅明显低于半日潮引起的振荡，故推测该现象不是全日潮所致。由此，表层水温的变化还受到气温的影响，并且气温对表层水温的影响可能会要大于潮汐的作用。

由流速和温盐，我们根据 Osborn（1980）的研究，用耗散法来估计湍动能耗散率和密度扩散系数，从而对混合进行定量化的描述。湍流动能耗散率是指湍流动能转化为分子热运动动能的速率。密度扩散系数反应了在湍流作用下水体密度在单位时间单位面积上交换量。这种方法的基本假设是湍流动能方程处于平衡状态，也就是说湍流生成与湍流动能耗散以及浮力耗散相平衡。混合参数的计算公式分别为（Osborn，1980）：

$$\varepsilon = 7.5\mu \left[\left(\frac{\partial u}{\partial z} \right)^2 + \left(\frac{\partial v}{\partial z} \right)^2 \right]^{1/2}, \tag{18.1}$$

$$K\rho = \frac{R_f}{(1 - R_f)\rho} \frac{\varepsilon}{N^2} = \frac{\Gamma}{\rho} \frac{\varepsilon}{N^2}, \tag{18.2}$$

式中，N 为 Brünt-Väisälä 频率；μ 为海水动力黏滞系数，参考温度和盐度的大小，查表可得其值，本文取为常数，即 $\mu = 0.95 \times 10^{-3}$ Pa/s；$\left[\left(\frac{\partial u}{\partial z} \right)^2 + \left(\frac{\partial v}{\partial z} \right)^2 \right]^{1/2}$ 是流速垂向剪切的大小；R_f 为理查森数，根据 Osborn（1980）的研究，当 $R_f \leq 0.15$ 时，$\Gamma = 0.2$。计算得 ε 和 K_ρ 的量级分别为 10^{-5} W/m^3 和 10^6 m^2/s。

对 ε 进行 EOF 分解，可以得到各模态的空间向量和时间系数。前两个模态的累计方差贡献达 92% 以上，而第一向量场方差贡献就高达 85.5%，因此，可以用较少的特征向量场和相应的时间系数来表征耗散率的时、空变化特征。耗散率第一空间特征向量具有表层小底层大的结构特点；湾内水浅，底摩擦强而夏季风速弱，故造成表层流剪切小而底层大。从第一模态时间系数和潮位的关系可以看出，耗散率的高值时刻，对应涨、落急相位，随着由小潮到大潮的潮汐变化，耗散率逐渐增大；耗散率的低值时刻，对应高潮和低潮。对耗散率进行谱分析，发现其存在 6 h 左右的显著周期，这正对应半日潮流速大小的变化周期。EOF 分解的第二模态方差贡献为 7.5%，其空间结构表现为，由表层到水深

14 m处，耗散率呈增大趋势；从水深14 m到底层，耗散率呈减小趋势，对其时间系数进行谱分析，发现有周期3 h、5 h和8 h的波动。

与ε类似，K_ρ的第一模态的方差贡献高达80.8%，表层密度扩散系数小而底层大，对第一模态时间系数进行谱分析，发现K_ρ亦存在约6 h的显著周期。密度扩散系数的高值时刻，对应涨落急；密度扩散系数的低值时刻，对应潮位的高潮和低潮。分析K_ρ的第二模态空间向量，从表层到水深8 m密度扩散系数增大，从水深8 m到水深14 m密度扩散系数减小，从水深14 m到底层，密度扩散系数增大。对K_ρ的谱分析结果表明，存在3 h、5 h和9 h的周期，但第二模态的方差贡献很小，只有7.0%。

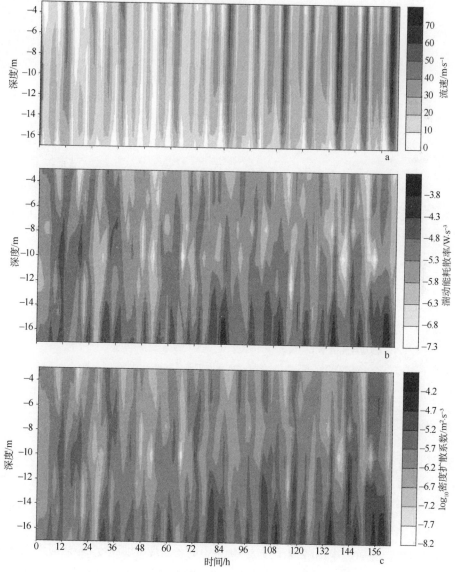

图18.2　流速大小（m/s）（a）、湍动能耗散率（W/s³）（b）和密度扩散系数（m²/s）（c）
连续剖面图湍动能耗散率和密度扩散系数剖面图是取以10为底的对数后的结果

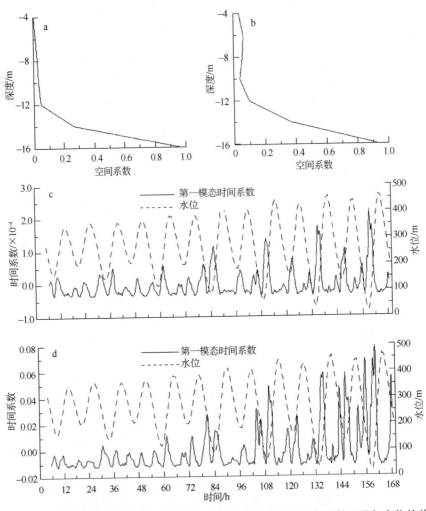

图 18.3　湍动能耗散率和密度扩散系数第一模态空间向量和时间系数以及与水位的关系

a. 湍动能耗散率第一模态空间向量；b. 密度扩散系数第一模态空间向量；

c. 湍动能第一模态时间系数；d. 密度扩散系数第一模态时间系数

18.2.2　水文、气象因子10年际变化观测分析

胶州湾附近有两个常规观测站，分别是团岛气象站和小麦岛水文站。我们从观测站提供的气象水文资料中，选取4个与生态系统关系密切的因子，即降水、盐度、气温和海表温度，来进行综合分析，资料时间跨度为1961－2000年。本章所采用的资料连续性比较好，中间无缺测纪录。基于回归分析，我们首先计算了各要素在过去的40年平均和不同年代内的年变率。然后，求出各因子过去40年中的各月平均距平，来分别代表近40年来胶州湾和太平洋海域的气候异常，并以此为研究对象，利用功率谱、小波分析、顺序分析 t-检验突变法（即：sequential t-test analysis of regime shifts，简称STARS）等讨论胶州湾的

变化特征。

　　近40年来，胶州湾地区的气象、水文状况皆发生了显著的变化，式中气温、水温和盐度都呈上升的趋势，平均变化率分为 0.028 2℃/a、0.024 7℃/a 和 0.027 5 a^{-1}；降水呈降低的趋势，平均每年减少 5.06 mm。上述各因子存在显著的年代际波动特征（见表18.1）：气温在20世纪60年代呈降低趋势，而在70 - 90年代则呈升高趋势；降水量在60 - 70年代是减少趋势，在80 - 90年代是增多趋势；盐度与降水的变化趋势相反；水温的变化则与气温的变化相近，除20世纪80年代外，水温的年变率均高于气温。数据之间相关关系最密切的是海表温度与气温（$r = 0.966$，$n = 480$，$P < 0.05$），水温变化滞后气温1个月。盐度和降水之间的相关性亦甚好（$r = -0.457$，$n = 480$，$P < 0.05$），盐度对降水的响应时滞亦为1个月。

　　总体上讲，胶州湾的降水异常与SOI呈显著正相关（$r = 0.138$，$n = 480$，$P < 0.01$），其滞后时间不到1个月。从图18.4可以看出，在厄尔尼诺年，胶州湾降水较平常年份少。导致该现象的原因可能是，在厄尔尼诺年的夏季，西太平洋副热带高压位置较常年偏南，不利于形成汛期（即：7 - 9月）多雨的环流形势。例如，1968和1969年7月降水量比往年少80 mm 左右；1987年7月、1993年8月和1997年的7 - 9月，降水负距平均低于 - 120 mm。在拉尼娜年则相反，汛期呈现明显的正距平。如前所述，降水是决定胶州湾表层盐度变化的重要因素之一。盐度距平的高值/低值区基本都与降水的低值/高值区相对应（见图18.4）。例如，在20世纪的60年代中期，夏季的降水量较大，盐度负距平达 - 2.0左右；而到80年代初，胶州湾的降水相对较少，多数时间内都是负距平，这段时期胶州湾的盐度偏高，异常值均为多在1.0以上。类似地，在厄尔尼诺年，胶州湾冬季多呈现暖冬现象，式中1969、1991、1993和1998年的冬季，正距平最高均达到2.0℃左右。在拉尼娜期间，胶州湾气温较平常年份偏低，例如1966和1967年12月，负距平都低于 - 4.0℃；1970年冬和1973、1975年秋末，气温负距平也在 - 2.0℃左右。与气温异常类似，一般在厄尔尼诺年水温会出现正距平；而拉尼娜年水温则偏低。

　　我们通过对数据的分析发现，胶州湾各要素异常与全球变化的显著周期基本对应。全球气候异常（如：ENSO）具有3、5和11年左右的显著周期（$P < 0.1$）；胶州湾的气温和海温距平亦具有5年左右的周期；盐度距平波动中存在周期为11年左右的振荡。降水与盐度类似，除11年之外，还对应5年左右的振荡。胶州湾各因子距平的振荡周期均通过了显著性检验（$P < 0.10$）。小波变换的分析结果表明（见图18.4），南方涛动事件存在稳定的11年左右的周期。除此之外，20世纪70年代前2~5年的周期比较显著，70 - 80年代末5~6年的振荡占优，90年代之后出现1~3年的周期。胶州湾地区降水异常对全球变化响应最为明显，但振动位相却相反，说明全球变暖会导致降水减少；其稳定存在11年左右的振荡，10年以下主要振荡周期的变化也基本与ENSO的变化一致。20世纪60年代后期至70年代中期，降水对ENSO的反应最为强烈。进入20世纪90年代以来，这种响应有所减弱（见图18.5）。盐度对ENSO的响应也很强烈，振动位相与SOI相同，出现这种现象

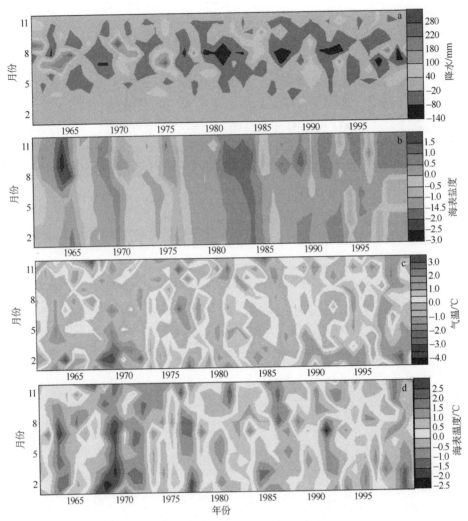

图 18.4　胶州湾附近海域气象水文要素的距平时间演化过程

a. 降水；b. 海表盐度；c. 气温；d. 海表温度

的主要原因是降水强迫作用下的结果。盐度异常在 20 世纪的 80 年代中期出现 8~9 年的周期，这可能是局地因素变化引起的。胶州湾的气温资料稳定地存在 14 年左右的周期。在 20 世纪的 70 年代初期前和 80 年代中期以后，气温还有 8 年左右的周期；而 70-80 年代，则存在 1~5 年周期的振荡。水温和气温的波动结构极为相似，只是 20 世纪 80 年代中期以后，10 年以下主要周期中心位置在 6 年左右，并在 90 年代出现约为 1~2 年左右的振荡。

　　气候突变是指由一种稳定气候状态短时间内跳跃式地变成另一种稳定气候状态的现象（Hare and Mantua，2000）。在本章中，我们重点关注降水与水温的突变过程，前者是影响周边入海径流的重要因素，后者与浮游生物的生长、代谢与群落组成密切相关。研究发现，不同月份的数据突变结果相差较大，因此选取 2、5、8、11 月 4 个月（注：分别对应

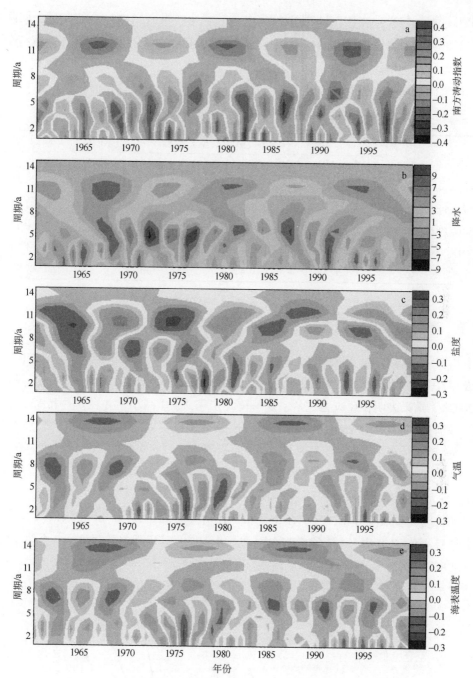

图 18.5　南方涛动指数(a)与降水(b)、海表盐度(c)、气温(d)和
海表温度(e)的小波变换

于冬、春、夏、秋四季的代表月份)分别进行分析。结果表明，8 月份的降水量突变最为
显著，突变年份为 1979、1997 年($P < 0.10$)，具体而言，在 1978 年之后降水有一个比较
明显的下降过程，所以可以认为 1978 - 1979 为突变年份，而在 1997 - 1998 年后有一个较

小的上升过程。与 8 月相比，11 月份的降水量较稳定，没有发生显著的突变。同降水类似，水温的突变主要发生在 1978 – 1979（5 月水温）、1997 – 1998（8 月水温），这与全球气候变化一致（McFarlane et al., 2000）。除此之外，冬季水温在 1993、2000 年出现突变，这在黄海附近海域尚未有报道。

表 18.1　1961 – 2000 年气象水文因子年平均值变化趋势

时期	气象水文要素			
	气温变化/℃·a⁻¹	降水变化/mm·a⁻¹	水温变化/℃·a⁻¹	盐度变化 a⁻¹
1961 – 1970	− 0.109	− 2.577	− 0.119	0.147 5
1971 – 1980	0.037	− 1.703	0.052	0.072 2
1981 – 1990	0.037	2.930	0.027	− 0.080 9
1991 – 2000	0.077	2.213	0.135	− 0.031 3
平均趋势	0.028	− 0.422	0.025	0.027 5

（表头「气象水文要素」单位行：气温变化/$℃·a^{-1}$，降水变化/$mm·a^{-1}$，水温变化/$℃·a^{-1}$，盐度变化 a^{-1}）

18.2.3　海气动量与热量交换分析

利用实际观测资料，重点研究了青岛地区沿海风应力和热通量多年平均的年内变化特点以及在过去的 40 年中的年际变化特点，分析了造成这些变化可能的原因（王强和高会旺，2003）。结果表明，风应力在冬、夏季较大，春、秋季减小，并在 6 月和 12 月达到最大值，分别为 $2.9×10^{-3}$ N/m² 和 $5.8×10^{-3}$ N/m²，3 月和 9 月达到最小值，分别为 $0.6×10^{-3}$ N/m² 和 $0.9×10^{-3}$ N/m²（见图 18.6）。胶州湾地区海面吸收的太阳短波辐射夏高冬低（见图 18.7），年际变化中除了在 20 世纪 90 年代有所升高外其余年份变化不明显（见图 18.8）。海表有效辐射冬高夏低（见图 18.7），年际变化不显著（见图 18.8）。海 – 气潜热交换的季节变化呈双峰分布，分别在 5 月和 9 月达极大值 84.7 W/m² 和 96.1 W/m²，1 月和 7 月达极小值 38.0 W/m² 和 67.3 W/m²（见图 18.7）；其年际差异明显；几个明显的谷值出现于 1963，1985 和 1998 年，峰值出现于 1966，1981，1992，1994 和 1997 年；在过去

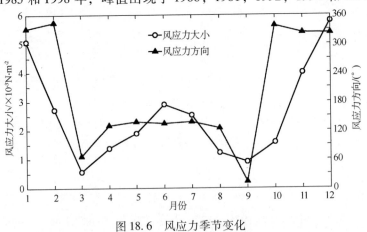

图 18.6　风应力季节变化

40年间的变动范围达到33.7 W/m²（见图18.8）。海－气感热交换受海气温差控制，冬季为正夏季为负（见图18.7），年际差异不大（见图18.8）。海－气净热通量全年呈单峰变化，7月达最大值—140.4 W/m²，11月达最小值—115.0 W/m²，全年平均为23.5 W/m²（见图18.7）；年际变化明显，于1962、1987、1992和1998等年份达极大值，分别为41.0，30.0，37.7和43.3 W/m²；在1966、1981和1988等年份达极小值，分别为1.6，9.5和10.8 W/m²，40年间变动范围达到41.7 W/m²（见图18.8）。

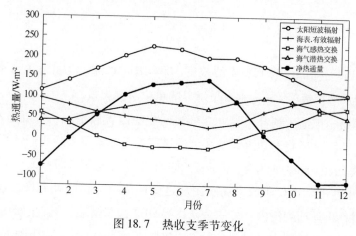

图18.7　热收支季节变化

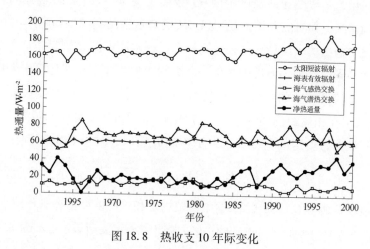

图18.8　热收支10年际变化

18.3　胶州湾富营养化过程的数值模拟研究

18.3.1　胶州湾物理自净能力研究——平均水体存留时间模拟

18.3.1.1　计算方法

在本文中，我们将胶州湾划分为4个子区域，分别记为箱Ⅰ、Ⅱ、Ⅲ和Ⅳ（见图18.9）。模型以被动溶解保守物质（PDCM）为湾内水体示踪物，通过研究它的时空变化，来了解水交换进程。其中，PDCM 的浓度控制方程如下：

$$\frac{\partial CD}{\partial t} + \frac{\partial CUD}{\partial x} + \frac{\partial CVD}{\partial y} + \frac{\partial C\omega}{\partial \sigma} = \frac{\partial}{\partial \sigma}\Big[\frac{K_H}{D}\frac{\partial C}{\partial \sigma}\Big] + F, \tag{18.3}$$

式中，

$$F \equiv \frac{\partial}{\partial x}\Big(DA_H\frac{\partial C}{\partial x}\Big) + \frac{\partial}{\partial y}\Big(DA_H\frac{\partial C}{\partial y}\Big), \tag{18.4}$$

岸边界条件为

$$\frac{\partial C}{\partial \vec{n}} = 0, \tag{18.5}$$

在式(18.3)~(18.5)中，C 为 PDCM 的浓度，D 为瞬时水深，(U,V,ω) 为 sigma 坐标下的流速分量，F 为水平扩散项，$\vec{n}$ 为垂直于岸界的单位法向矢量。

根据当示踪物一被输运到开边界处立刻被同化的隐含假定，一些研究者(例如：Moo-ers and Wang, 1998)通常将开边界设在海湾的口门处。在本章中，我们计算区域延伸至胶州湾湾口外向南约 10 km，向东约 16 km，即有 2 处开边界(即：图 18.9 中的 OB1 和 OB2)。其中，开边界 OB1 位于薛家岛和团岛之间的湾口，在此处允许已经出湾的 PDCM 随着下一涨潮过程再返回到湾内；另一个开边界 OB2 在东南端，笔者假定示踪物在此处能被黄海水立即同化，其浓度在此被设定为 0。按照上述方案计算，PDCM 的总量在整个计算区域内将单调递减，但对胶州湾来说，PDCM 的总量会随潮汐振荡衰减。

当水动力模型输出的水位计算结果达到稳态后，水质模型开始起算。为了在研究胶州湾与黄海水交换的同时，揭示海湾中 4 个分区之间的相互作用，在计算中采用不同的初值场，进行了 4 次计算 PDCM 的数值实验(见图 18.9)，并将计算的结果存为 $C_i(i = 1,2,3,4)$，其变化代表了在相应的分区(即：第 i 个箱体)和另外 3 个分区及黄海之间的水交换过程。在流速和扩散系数给定的前提下，由于控制方程(18.3)~(18.5)对于每一时间步之内都是线性的，且开边界条件是齐次的，因此 $C_t\big(= \sum_{i=1}^{4} C_i\big)$ 也满足相同的控制方程和边界条件。C_t 的初值场是所有 $C_i(i = 1,2,3,4)$ 初始场之和，即浓度值在胶州湾内为 1.0，在湾外为 0.0(见图 18.9)。因此，C_t 的变化代表了胶州湾水体逐渐被来自外部黄海水逐步替代的变化过程。

关于描述水交换时间的定义非常繁杂、差异颇大(例如：Bolin and Rohde, 1973；Prandle, 1984；Luff and Pohlmann, 1996)，且常常导致混淆。例如，不同学者提出的概念在不同的文献中常被冠以相同的名称；或者从另外一个角度，相同的概念却被不同的学者取作不同的名字。Takeoka(1984)曾对这一现象作了深入的分析，并提出了一个比较合理的描述交换时间的定义——即采用"平均存留时间"的概念(即：average residence time)。若以 t_0 和 t 分别表示初始时刻和某一特定时刻，$C(t)$ 表示某一示踪物的浓度，对于该示踪物，相应的平均存留时间(θ)可定义为：

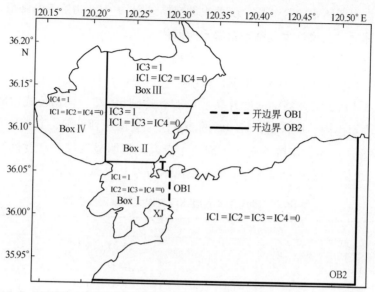

图 18.9　胶州湾 4 个子区域分布及水质模型物质浓度初始场 OB1，OB2 为被动
物质的两个开边界，IC1，IC2，IC3 和 IC4 分别为 4 次实验的初始场

$$\theta = \int_{0}^{\infty} r(t)\,\mathrm{d}t, \tag{18.6}$$

式中，$r(t) = C(t)/C(t_0)$。θ 可用于描述各种不同的水交换类型。除平均存留时间之外，净化时间（即：flushing time）和半交换时间（即：half-life time）等经常分别用作针对线性和负指数型水交换时间尺度的描述。由此，可比较本文和其他类似地研究成果所得到的关于交换时间的概念差异。

18.3.1.2　暴雨过后盐度恢复过程

2001 年 8 月 13 日到 28 日，本课题组组织了强降水过后的综合观测，对盐度恢复过程有了初步认识（见 18.2 节）。在观测即划中一共安排了 3 个航次，每个航次均设 22 个大面站（见图 18.10）。这里，通过分析胶州湾水体中所含淡水比例的变化，尝试描述水交换过程。这里，假设强降水引入胶州湾的淡水的盐度为 0，则海湾中淡水所占的比例 $f(t)$，可由以下公式获得（Zimmerman，1976）：

$$f(t) = \frac{s_b - s(t)}{s_b} \times 100\%, \tag{18.7}$$

式中，$s(t)$ 为给定时间（t）胶州湾的平均盐度，s_b 为"海水"盐度，即暴雨（即：$t=0$）前体系的盐度。在暴雨过后，$s(t)$ 会逐渐恢复到其原始值 s_b，相应地，雨水比例会逐渐降至 0%。为了校验水质模型得到的 PDCM 变化曲线，特引入残留水体指标 P：

$$P = \frac{f(t)}{f(t_0)} \times 100\%, \tag{18.8}$$

式中，$f(t_0)$ 为初始时刻的雨水比例。残留水体指标 P，表示经过 $t - t_0$ 的时间后，残留在胶州湾内水体占全湾体积的百分比。随着水的交换过程，P 从 100% 逐渐降低至 0%，表示胶州湾内的水体通过交换过程逐渐被黄海水所取代。

由表 18.2 可知，8 月 13 日，盐度的初始观测值为 28.96，和台风过境前胶州湾的平均盐度（30.99）相比下降了 2.03；根据公式（18.7），可以计算出此时胶州湾湾内的雨水比例为 6.55%。8 d 后，胶州湾的盐度升高了 0.77，达到 29.73；根据公式（18.8）可知仍有 62.1% 的淡水存留湾内。换言之，37.9% 的淡水已经被输送到外海，其盐度平均日恢复速率大约为 5.42%。然而，在接下来的 1 周，水交换过程明显变缓。盐度恢复到 29.93，8 月 13 日的存留水依然高达 52.2%，平均交换速率约为 1.41%，只有前 8 d 的 1/4。

表 18.2　2001 年 8 月胶州湾 3 次大面观测盐度值

日期	平均值（样本数）	范围	方差
2001 年 8 月 13 日	28.96（$n=22$）	25.35 ~ 29.43	1.56
2001 年 8 月 21 日	29.73（$n=22$）	26.99 ~ 30.20	1.23
2001 年 8 月 28 日	29.93（$n=22$）	28.53 ~ 30.37	0.53

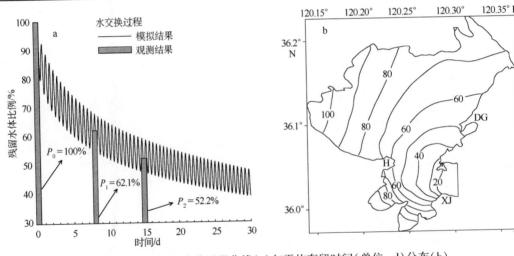

图 18.10　胶州湾水交换过程曲线（a）与平均存留时间（单位：d）分布（b）

a 中的振荡曲线为模拟结果，柱状图为根据盐度观测计算的残留水体指标

18.3.1.3　平均存留时间

在本研究中，当针对胶州湾模拟的潮位达到稳定时，水质模型开始起算。PDCM 的初始浓度场设为湾内为 1，湾外为 0，模型在 M_2 分潮的驱动下计算 200 d。在此情况下，湾内高浓度水逐渐被外海水取代，使得湾内的物质浓度下降。

模拟结果表明，胶州湾内 PDCM 的平均浓度（AC）明显地受潮汐振荡的影响（图 18.11）。落潮时，潮流将 PDCM 输送到外海，使得湾内被高浓度的海水占据，引起 AC 的升高。与此相反，涨潮时因与湾外水的混合，AC 明显下降。在一个潮周期中，AC 的振幅比较大。究其原因，系因胶州湾内水比较浅，潮通量会对湾内水的体积产生显著的影响。

随着水交换的进行，AC 的浓度逐渐降低，由公式(18.6)计算出胶州湾水体平均存留时间为 52 d。在强烈的潮混合作用下，胶州湾表层与底层的水体存留时间的空间分布类似。总体而言，交换时间分布的趋势是由湾口向湾顶递增，且东部较快西部较慢(图 18.11)。胶州湾东南部开阔海域水存留时间小于 10 d，即 1 周左右后这一区域水全部与湾外水交换更新，因此其交换能力较强，水质相对洁净，但海西湾、前湾的质点存留时间较长。湾西北部水体交换时间甚至高达 100 d 左右，是湾口的 10 倍。笔者认为，交换速度的快慢主要受制于两个因素：(1)水体相对湾口的距离，(2)潮余流场的结构特征。在胶州湾，团岛与薛家岛之间的湾口是海湾与外海连接的唯一通道，因此，涨潮时湾南部的水体将优先被外海水稀释，这使得水体交换时间呈南低北高的趋势。沿岸水体流速小，质点交换不活跃，

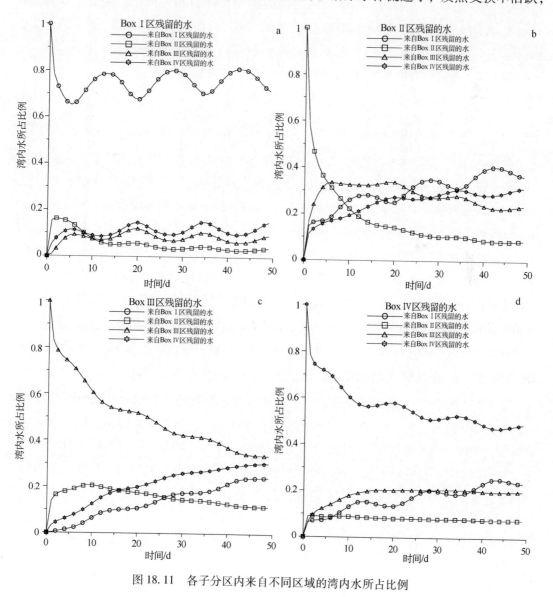

图 18.11　各子分区内来自不同区域的湾内水所占比例

所以水体滞留时间增加。在胶州湾的西部海域，余流以朝岸方向为主，故不利于湾内物质向外海输送。黄岛以北附近海域，交换时间的空间分布差异大，主要原因是该区域存在一个逆时针余涡，受其影响该处水质点会"原地打转"难以向湾外运动。

18.3.1.4 不同子区域之间的相互作用

为了定量研究胶州湾内不同水团之间的混合特点，在本文中我们将胶州湾分为 4 个子区域（见图 18.9），即分别为南部的港口区、中部的工业排污区、北部浅水养殖区和西部河口区。各区域体积比分别为：27.6%、31.3%、18.8% 和 22.3%。由 4 个数值实验所得的浓度时空场（C_i，$i=1,2,3,4$），分别代表了各子区域与外界（即：其他 3 个子区域与黄海）的水交换过程。计算结果表明，各子区域之间的水交换能力相差颇大，例如工业排污区（Box Ⅱ）水自净能力最强，平均存留时间不到 7 d；西部河口区（Box Ⅳ）最差，高达 36 d 以上；南部港口区和北部养殖区（Box Ⅰ，Ⅲ）的水交换能力相当，平均存留时间大约在 20~25 d。

为了深入地讨论湾内水的混合，特定义物质交换的分担率如下：

$$SR_i = C_i/C_t, \tag{18.9}$$

式中，$C_t = \sum_{i=1}^{4} C_i$ 即湾内水的总浓度；SR_i 代表了来自第 i 个子区域的水在所关心的区域湾内水中所占的份额。结果表明，胶州湾内各不同子区域之间存在着强烈的相互作用。源于港口区的物质倾向于滞留源地，始终保持着较高的比例，并向西部岸边堆积，这导致了该处水交换时间长。海湾中部工业排污区的水质点运动活跃，源于此处的水很快输运到其他区域，10 d 以后 80% 以上的湾内水来自于其他Ⅳ个子区域，三者比例基本相同。在胶州湾北部的养殖区，本源水比例相对较高（>30%），而在模拟的前 10 d 内来自工业排污区的水的影响比例可达 20% 以上，而后逐渐衰减，取而代之的是河口区和港口区的水，在 40 d 后，二者的分担率之和达到 50% 以上。西部区内，本地水所占比例始终较大（>50%），而中部工业污水对养殖业影响不大，其分担率小于 10%，源于南部港口区的水会影响到黄岛以北附近海域，分担率逐渐升高可达 20% 以上，而北部养殖区的水在该区域内所占比例大体稳定在 20% 左右。

18.3.1.5 与前期研究结果的比较

表 18.3 给出了在胶州湾水交换研究方面比较有代表性的一些结果，据此可以将本文与已有的知识进行比较，深入讨论不同研究方法的特点与所得结论之间的差异。以前的研究对深化理解胶州湾水交换过程提供了扎实的基础。早期，孙英兰等（1988）在对胶州湾的水交换的问题进行研究时，所采用的箱式模型中假定流场是各处均匀的，且每个潮周期内湾内水能够与外海水充分混合，因此可能会过高估计研究海域的自净能力。尽管本文和赵亮等（2002）所使用的潮余流场非常相似，而且两者都采用了类似的定义（即：中文译名都为"平均存留时间"）来表征水交换的时间尺度，但两者之间的结果却有明显的不同之处。笔者认为，结果之间的差异主要是由 3 个原因造成：第一，在质点追踪模型忽略了扩散过程，这将会低估近岸区域的水交换能力，因为近岸区流速甚小，在水交换中起主导作用的

恰是扩散过程；第二，关于交换时间的定义的内涵之间存在差异，赵亮等（2002）所采用的"平均存留时间"是指箱内水体质量减少至初始值的 e^{-1}（即：37%）所需的时间尺度，该定义与本文的定义仅在水交换的过程曲线严格遵守负指数型时才等价。但是，在自然体系中水交换的过程并不会呈现严格的负指数型衰减。最后，在 σ 坐标下的追踪实验中，每一个被动的质点都代表了一定水体的体积，相应地各个质点应有不同的权重。例如，初始时位于深水区的微团要比初始时在浅水区的微团在水交换过程中贡献大，而赵亮等（2002）的研究中没有考虑到这一点。

表 18.3　本研究与已有的胶州湾水交换研究结果之间的比较

作者	模型	研究特点	认识
孙英兰等（1988）	二维 ADI 模型	模拟了拉格朗日余流场	湾口水质点最活跃，湾口居中，而湾顶最弱
吴永成等（1992）	零维箱式模型	由盐度观测确定交换率和潮通量 交换过程曲线表现为负指数衰减 假定海湾为浓度均匀的水体	半交换时间为 5 d，其对应的平均存留时间为 7 d
国家海洋局和青岛水产局（1998）	零维箱式模型	由数值模型确定潮通量 交换过程曲线表现为线性衰减 假定海湾为浓度均匀的水体	水体净化时间为 10 d 左右，其对应的平均存留时间为 5 d
赵亮等（2002）	三维质点追踪模型	浮标追踪实验校验数值模型 忽略了扩散过程 交换过程曲线表现为负指数衰减	平均存留时间（mean residence time）约为 80 d
本研究	三维水质模型	同时考虑了平流和扩散，物理过程较完备 动力模型和水质模型的结果有多学科观测资料的支持 可以刻画子区域之间的相互作用	平均存留时间（average residence time）约为 52 d

18.3.2　关于针对胶州湾环境容量的计算方法的讨论

基于不同的出发点，针对体系的环境容量的计算方法也不同。通常普遍接受的观点有两种，一种看法认为，环境容量应该是环境本底值和环境标准值之间这一浓度范围内，环境所能允许容纳的污染物质量。另一种观点则从总量控制和管理的角度出发，认为环境容量是在水质不超过某环境标准值前提下，污染物的最大允许排放量。

18.3.2.1　常见算法

依据第一种定义，环境容量的确定只依赖于本底值和标准值，于是可用下式表达：

$$EC = \iiint_V (C_s - C_b)\,\mathrm{d}v, \tag{18.10}$$

式中，EC 为环境容量，V 为研究海域水体体积，C_b 和 C_s 分别是代表空间某点环境本底值和该点所具有的水质标准。该方法被广泛应用于海湾河口的环境评价研究（例如：何碧娟等，2001；张俊等，2003；葛明等，2003）。需要注意的是，该方法不能体现不同污染源对同一区域的影响，或者是同一种污染物质在体系中的不同部分所具有的不同特点。此外，因为水体中的空间各点并不孤立存在，而是通过平流、扩散等物理过程产生各种联系，这种情况下，不同水域之间的物质传输往往会互相牵制。例如，在体系中的某些区域的环境容量尚有剩余的前提下，其他区域的水体却已经超标。可见，使用该计算方法一般会过高估计环境容量，但依据此定义得到的环境容量仍不失参考价值，可以将其理解为环境容量的上限。

近年来，迭加原理被广泛用于针对环境变化的总量控制研究。它的基本思想是：物质输运方程（参考18.3.1节）在流速和扩散系数已知的前提下，平流－扩散方程可视为线性方程。因此，对于所研究的海域，多个污染源共同作用下所形成的平衡浓度场，可视为由各个污染源单独存在时浓度场的线性迭加（张存智等，1998）。依据迭加原理的具体计算方法如下：

$$C(x,y,z) = \sum_{i=1}^{m} C_i(x,y,z) = \sum_{i=1}^{m} \alpha_i(x,y,z) \cdot P_i, \qquad (18.11)$$

式中，m 为污染源的个数，P_i 为第 i 污染源强度，α_i 为第 i 个污染源在空间某点 (x, y, z) 的响应系数，它反映了该点受不同污染源的影响程度。由分担率场 $[SR_i(x,y,z) = C_i(x,y,z)/C(x,y,z)$，见18.3.3.3节] 和响应系数场 $[\alpha_i(x,y,z)]$ 就可以确定在一定的水质目标 $[C_0(x,y,z)]$ 下，第 i 个点源的允许排放量（P_{0i}），即：

$$P_{0i} = SR_i(x,y,z) \cdot C_0(x,y,z)/\alpha_i(x,y,z), \qquad (18.12)$$

所以，第 i 个点源的削减量等于现状与允许排放量之间的差额，若差额为正，表明该点源应减少排放量；若为负，说明该点源尚有剩余的环境容量。基于该方法，我国学者研究了大连湾陆源排污入海总量的控制方法和胶州湾的环境容量问题（张存智，1998；张学庆，2003）。上述方法通过保守物质响应系数场，反推最大排放量，从而确定削减量的思路有一定创新。但在实际应用过程中，削减量的大小往往取决于控制点的选择，即不同的控制点会得到不同的削减量，更多的时候会因为控制点过多导致方程超定。这也说明，该方法难兼顾各控制点不超标的前提下，排污量达到最大。

因此，有的学者（例如：宿俊英等，1992；李适宇等，1999）将优化的思想引入环境容量的计算，他们认为环境容量为选定的一组水质控制点的污染物浓度不超过其各自对应的环境标准的前提下，使各排污口的污染负荷排放量之和达最大值，即有：

目标函数：

$$\max \sum_{j=1}^{n} PF_j, \qquad (18.13)$$

约束条件：

$$\begin{pmatrix} c_1^0 \\ c_2^0 \\ \vdots \\ c_m^0 \end{pmatrix} + \begin{pmatrix} \alpha_{11} & \alpha_{12} & \cdots & \alpha_{1n} \\ \alpha_{21} & \alpha_{22} & \cdots & \alpha_{2n} \\ \vdots & \vdots & \ddots & \vdots \\ \alpha_{m1} & \alpha_{m2} & \cdots & \alpha_{mn} \end{pmatrix} \begin{pmatrix} PF_1 \\ PF_2 \\ \vdots \\ PF_n \end{pmatrix} \leqslant \begin{pmatrix} c_1^s \\ c_2^s \\ \vdots \\ c_m^s \end{pmatrix}. \tag{18.14}$$

式中，j 为污染源编号；n 为污染源数目；m 水质控制点数目；PF_j 为第 j 个污染源的排放量；c_i^0 为控制点处背景场浓度；α_{ij} 为第 j 个排污口的单位负荷量对第 i 个水质控制点的污染贡献度系数；c_i^s 为水质控制点的标准值。这种方法的显著优点是统筹考虑了在海湾内部各控制点之间的动态联系，从而得到最优排污布局和最大排污量，目前已被广泛地应用到河流与湖泊的环境容量研究之中。

18.3.2.2 算法改进建议

笔者认为，由式（18.13）和（18.14）所描述的计算方法仍具有一定的欠缺。例如，不应把环境容量片面理解为在水质不超过某环境标准值前提下，污染物的最大允许排放量；而应是不破坏海域生态系统的功能的前提下，排污企业（或社团）经济产值总和达到最大时所对应的排放量。因为，高排放量不一定对应高经济产值，研究环境容量应该重视各污染源的投入/产出关系。所谓投入就是单位排污量使海域环境所付出的代价，在水体自净能力强的区域，污染物入海后，会被海水迅速稀释搬运离去，对局域海洋环境的负作用比较小，可理解为对环境的投入小；反之，在滞交换区，同样数量的污染物入海后，环境所付出的代价将增大。所谓产出，就是单位污染量所对应的经济产值的大小。这里，不妨假定在技术水平和针对环境保护的投入不变的前提下，污染的排放量与经济产值之间呈某种正比关系。例如：

$$Yield_j = \beta_j \cdot PF_j, \tag{18.15}$$

式中，$Yield_j$ 是第 j 个污染源在排放量为 PF_j 时所对应的产值，β_j 为第 j 个污染源的投入/产出比。依据笔者提出的新定义，约束条件仍旧为式（18.14），目标函数应该修正为：

$$\max \sum_{j=1}^{n} \beta_j \cdot PF_j. \tag{18.16}$$

从数学表达式来看，新的模型只是对目标函数各分量进行了加权处理，但其反映的意义却有了明显的不同。新的定义同时明确了污染排放的限制条件和最终目标，比较起来能更好地反映环境保护和经济发展的协调性。根据新的计算方法，总量控制可以主要概括为如下几步：第一，首先明确所研究海域的功能使用需求，这就确定了式（18.14）中限制条件的基础；第二，查明污染源的位置、排放量的现状，并利用经济学分析方法计算其投入产出系数 β_j；第三，利用水质模型计算各污染源的响应系数场（α_{ij}）；第四，在式（18.14）的限制下，求解目标函数的最大值和各污染源的合理排污量（PF_j）；第五，落实污染排放布局，对于超出合理排放量的污染源要加大整治力度。

18.3.3　胶州湾营养盐季节变化与收支

过去的 20 多年以来，胶州湾以富营养化为代表的环境问题日益突出，急需深刻剖析其中蕴含的生物过程、物理过程、河流输入、大气沉降和沉积物 – 水界面交换等对海域营养盐浓度、浮游植物生物量变化的贡献等问题。为此，我们利用三维物理 – 生物耦合模型，模拟了无机氮、活性磷酸盐、硅酸盐和浮游植物生物量的季节 – 年循环以及空间分布的特征，并在此基础上估计了胶州湾氮、磷、硅的收支情况。由于三维模型运算所需参数复杂，在此，我们先利用箱式模型，进一步讨论外部过程的变化对胶州湾水体环境的影响。

18.3.3.1　模型结构

本章所采用的三维富营养化模型的生态部分包括浮游植物（DIA）、活性磷酸盐浓度（DIP）、无机氮浓度（DIN）、硅酸盐（SIL）和水体中的有机颗粒物碎屑浓度（DET）等 5 个生态状态变量。概念模型如图 18.12 所示，其中植物性的营养盐（即：DIN、DIP 和 SIL）被 DIA 通过光合（呼吸）作用吸收（释放）；DET 通过被微生物的分解代谢向水体释放出营养盐；河流和大气通过地面径流和干/湿沉降向海湾中输送营养盐；沉积物 – 水界面附近的物质交换作用将再生的营养盐重新送入水体。DIA 被 ZOO 摄食（GRAZ）后，部分被同化为自身的有机物质，未被同化的部分可以碎屑的形式作为 DET 参与输送；死亡的 DIA 和 ZOO 亦成为 DET 的组成部分。

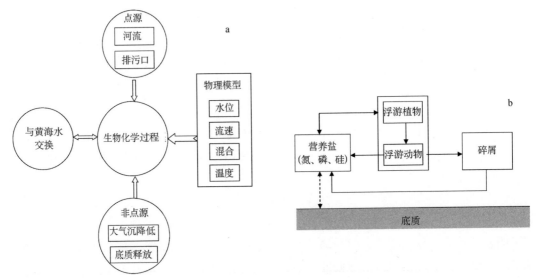

图 18.12　物理 – 生物耦合模式的概念模型

a. 外部过程与生物过程的耦合；b. 关键生物过程

本文的模型系统也考虑了河流输入、沉积物 – 水界面交换、大气沉降，以及胶州湾与黄海的物质交换等过程。水温和光照强度采用动力模型的计算值；浮游动物生物量（ZOO）来源于胶州湾生态站观测 8 个主要站位的资料，空间和时间上分别采用距离反比和线性插值；作为模型的强迫，建立了三维胶州湾营养盐收支动力模型。在计算中，我们一共考虑了4条主要河流（即：大沽河、海泊河、李村河和墨水河）营养盐的输送，其中氮、磷的输送量数据使用的是青岛地区环保局在2000年的观测资料，在对硅的输送计算中参考了蒋凤华等（2002）的数据；大气沉降选自于课题组成员在小麦岛的观测资料；氮、磷、硅在沉积物－水界面交换主要参考了本课题组织的在胶州湾现场观测和实验的结果。

在就生物模型的计算中，光照的限制参考了Radach（1993）提出的模型；温度对浮游植物生长率的影响借鉴了Q_{10}法则（Klepper，1995）；采用M－M法则描述光和营养盐的双限制；呼吸作用采用了与光合作用类似的数学模型；浮游动物的捕食采用了Ivlev函数；其他子过程多采用了线性函数（详见附录）。生物过程的时间差分采用算子分裂法：首先计算平流和扩散，再以显格式计算生物过程。

在数值模型中共涉及18个生物参数，详见表18.4。不同浮游植物的最大生长率不同，而同一物种的最大生长率也会随水温的变化而改变。硅藻是胶州湾的优势种，其最大生长率在$0.4 \sim 2.0 \ d^{-1}$之间，本模型参考了万振文（1999）的工作，取为$1.0 \ d^{-1}$。在本文中，氮、磷半饱和参数主要来自胶州湾的培养实验结果（刘东艳，2004），而硅的半饱和参数选自张新玲（2002）在渤海的模型实验取值。胶州湾关于浮游动物捕食速率的观测实验非常少。一般而言，该参数与物种及体长有密切的关系，变动范围为$0.16 \sim 1.5 \ d^{-1}$，本模型取为$0.6 \ d^{-1}$。浮游动物的同化效率一般在$0.2 \sim 0.7$之间，本模型取值为0.5，表明有一半的捕食量会作为代谢输入水体碎屑。浮游动物死亡率的取值范围也非常宽泛，一般在$0.07 \sim 1.75 \ d^{-1}$，本模型取作$0.1 \ d^{-1}$。其他参数的取值如无特殊说明均参考前人在胶州湾的工作（Chen et al.，1999；俞光耀等，1999；吴增茂等，1999；万振文，1999）。

表18.4　营养盐模式主要生物过程参数说明及取值

参数	说明	取值	单位	出处
r_P^{Dia}	浮游植物最大生长率	1.0	d^{-1}	张新玲，2002
r_{TP}^{Dia}	生长速度的温度系数	0.04	$°C^{-1}$	万振文，1999
I_0^{Dia}	最优光强	150	W/m^2	Wei et al.，2004
K_{DIN}^{Dia}	氮半饱和常数	19.6×10^{-3}	mg/dm^{-3}	Park et al.，1995
K_{DIP}^{Dia}	磷半饱和常数	3.99×10^{-3}	mg/dm^3	万振文，1999
K_{SIL}^{Dia}	硅半饱和常数	32.48×10^{-3}	mg/dm^3	Park et al.，1995
r_R^{Dia}	浮游植物最大呼吸速度	0.09	d^{-1}	张新玲，2002
r_{TR}^{Dia}	呼吸速度的温度系数	0.08	$°C^{-1}$	万振文，1999
r_g^{Dia}	0°C时浮游动物的摄食率	1.0	d^{-1}	Fasham et al.，1990
μ	摄食率的温度系数	0.18	$°C^{-1}$	张新玲，2002
λ	Ivlev常数	0.02	dm^3/mgC	Chen et al.，1999
r_M^{Dia}	浮游植物死亡率	0.12	d^{-1}	Franks and Chen，1996
n^{NC}	浮游植物氮碳比	16/106	/	吴增茂等，1999
n^{PC}	浮游植物磷碳比	1/106	/	吴增茂等，1999
n^{SiC}	浮游植物硅碳比	22/106	/	吴增茂等，1999
α	浮游动物同化率	50%	/	万振文，1999
r_{Det}^{Nit}	碎屑水解速率	0.2	d^{-1}	Azumaya et al.，2001

18.3.3.2 营养盐季节性变化

从图 18.13 可以看出，本模型模拟的营养盐分布特征与观测基本一致，但量值一般偏小。除了模型自身的局限之外，笔者认为，造成该差异的主要原因是，模型的强迫资料多来自于 2000 年的监测数据，而我们的观测时间却在 2003－2004 年；而在最近的 10 多年中，陆源营养盐的排放呈逐年升高的趋势。但总体上讲，模拟的结果对于分析关键物理和生物过程还是有帮助的。

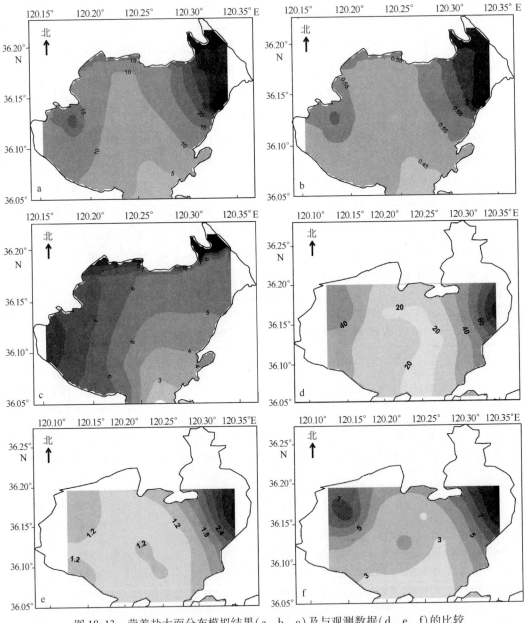

图 18.13 营养盐大面分布模拟结果(a，b，c)及与观测数据(d，e，f)的比较

a，d 表示氮，b，e 表示磷，c，f 表示硅(单位：mmol/m³)

营养盐的季节呈双峰双谷型(见图18.14),经历了春季的减少和夏、秋季回升、冬季积累,浮游植物生物量变化与营养盐的变化对应,在春季随着温度升高而不断增加,到春季达到高峰,此后开始下降,至12月达到一年的最低值。2月份,氮、磷浓度呈现一个相对较高的水平,其中,李村河与墨水河附近的浓度分别高于18 mmol /m³和0.5 mmol /m³。硅酸盐的高浓度区(>10 mmol /m³)位于大沽河河口以南水域。每年的5月份(见图18.15),受浮游植物光合作用的影响,60%的氮被吸收,但李村河与墨水河区域仍维持在10 mmol/m³,这主要源于河流输入所补充的营养盐。磷也达到最小值,由西向东浓度递减。硅的含量也减小至1~3 mmol/m³,其中,海西湾和前湾的浓度保持在2.5 mmol/m³以上。随着浮游植物生物量的减少和河流输入量的增加,营养盐浓度在每年的8月达到最高(见图18.15)。其中,氮的浓度与五月相比升高了6~8倍。磷在湾口的浓度小于0.5 mmol/m³,而河口区域则高于1.0 mmol /m³。湾口区与北部区域,硅的浓度分别升高了近2倍和近5倍。随

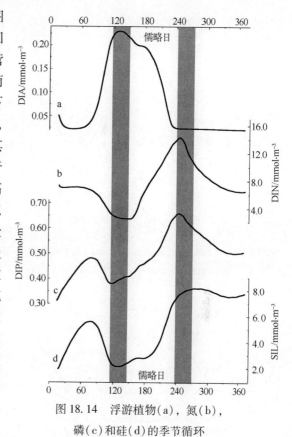

图18.14　浮游植物(a),氮(b),
磷(c)和硅(d)的季节循环

左边的阴影:5月份受浮游植物光合作用的影响,
营养盐含量达到低谷;右边的阴影:河流的补充
使营养盐浓度达到最大

着河流输入的减少,到了冬季(例如:11月份),营养盐的含量明显降低;氮分布形态同8月相似,依旧由河口区域向湾口方向递减。而湾口区域硅的含量依旧保持了8月的水平。

营养盐的分布随时间的变化是浮游植物和河流输入共同作用的结果。在早春,浮游植物生物量显著提高;与之相应,光合作用会引起营养盐的格局发生变化。随后,浮游植物开始被浮游动物大量摄食,而此时营养盐随陆源输入的增加达到最大,使得8月营养盐出现最大值。营养盐在空间的分布呈现由湾口向北至河口附近逐渐升高的趋势,这主要归因于胶州湾与黄海水体交换以及河流营养盐的输入。受人类活动的影响,周边河流将大量营养盐输入胶州湾,造成河口外附近形成高值锋区,这在8月尤为突出(见图18.15)。同时,低浓度水舌由湾口向湾内扩展,显示了黄海水入侵的影响。湾内不同区域水质点的存留时间不同,也是造成营养盐浓度空间差异的重要原因。例如,大沽河、李村河以及墨水河附近水域是水交换的迟滞区域,而海泊河附近流场适宜污染物的迁移。此外,有研究表明,风对营养盐的分布也有一定的作用,例如,夏季东南风会使大沽河输送的营养盐在河口区聚集,利于锋面的形成(Chen et al.,1999)。

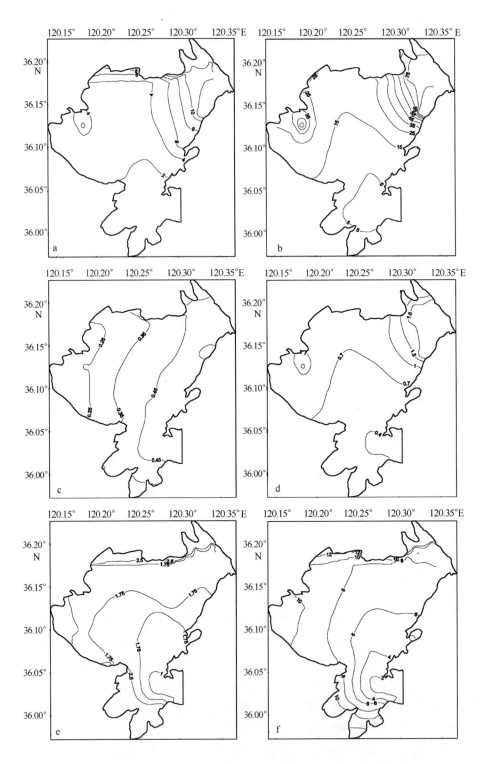

图 18.15 5 月和 8 月份，表层氮（a，b）、磷（c，d）、硅（e，f）的水平分布（单位：mmol/m³）

左列为 5 月份，右列为 8 月份

18.3.3.3 营养盐的收支

通过对一年之内生物过程函数(例如:光合作用、呼吸和水体矿化等)在胶州湾水体进行积分,即可得到各内部过程对胶州湾各个海区营养盐贡献;与之类似,可以得到各外部强迫河流、大气、海底和外海等与水体界面处的营养盐通量。由此,就可定量分析生源要素(氮、磷、硅)的收支情况。

由表18.5可看出,浮游植物在胶州湾中的营养盐循环与更新中起了重要的作用,浮游植物光合作用吸收和通过呼吸作用释放是营养盐的重要的汇和源。浮游植物通过光合作用每年利用氮 6.33×10^3 t、磷 0.87×10^3 t和硅 17.4×10^3 t,同时呼吸作用又可以补充氮 4.31×10^3 t、磷 0.60×10^3 t和硅 11.87×10^3 t。呼吸作用对于营养盐的再生有着重要作用,它可以补偿光合作用所消耗营养盐的2/3左右。水体矿化输入是营养盐的另外一个重要来源,它可以补偿浮游植物光合作用吸收营养盐的40%左右。河流输送的氮磷总量分别是 5.60×10^3 t和 0.15×10^3 t,要比大气沉降的贡献高出一个量级;河流输送的硅总量为 0.06×10^3 t,与大气沉降相当。胶州湾海底对氮和磷而言是汇;而对硅则是显著源,其对水体硅的输送量高达 1.17×10^3 t,是河流输送的近20倍。经过一年的循环,大量的营养盐被输送到外海:氮 5.03×10^3 t,磷 0.17×10^3 t和硅 3.37×10^3 t。需要强调的是,胶州湾对黄海的氮、磷输入相当于淮河(即:黄海西边最大的陆源营养盐来源)的20%以上。因此,胶州湾对黄海的营养盐收支作用还是不容忽视的。

表18.5 生物过程和物理输运对胶州湾营养盐收支的贡献(单位: $\times 10^3$ t/a)

营养盐	光合作用吸收	浮游生物代谢	水体矿化	水底矿化	河流输入	大气沉降	向外海输运
无机氮	−6.33	4.31	2.28	−0.28	5.60	0.33	−5.03
磷酸盐	−0.87	0.60	0.39	−0.07	0.15	0.01	−0.17
硅酸盐	−17.40	11.87	7.76	1.17	0.06	0.05	−3.37

注:正/负代表营养盐的源/汇。

18.3.3.4 限制因子的时空变化

表层(见图18.16)限制因子的季节转换格局比较复杂。冬季,胶州湾表层水中的初级生产力多受磷限制,湾口附近具有受硅限制的特点。春季,大沽河口附近水域磷相对不足,东北部大部分区域硅不足,其余水域则受氮限制。夏季,团岛-黄岛以北,磷限制的特点明显增强;墨水河与李村河附近水域表现为硅限制;前湾与海西湾氮相对不足。秋季与夏季相似,只是墨水河与李村河附近的水域由硅限制转换为磷限制。总的来说,胶州湾底层限制因子较表层单一(见图18.16),除春季外,大部分区域多表现为光限制。春季,随着光照条件的好转,浮游植物消耗了大量的营养盐,使得大沽河口区域表现为磷限制;墨水河附近和红岛以南呈硅限制;湾西北、黄岛以北、团岛以西及海西湾表现为氮限制。限制条件显著的时空变化决定了对胶州湾生态系统的描述仅考虑一种营养盐是不够的。

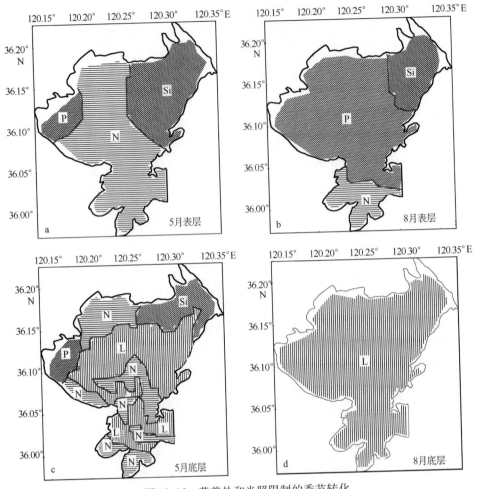

图 18.16 营养盐和光照限制的季节转化

N，P，Si，L 依次代表浮游植物生长受氮、磷、硅和光的限制

a，b. 表层；c，d. 底层；左列为 5 月，右列为 8 月

18.3.3.5 陆源营养盐输入对胶州湾水体的影响

在本章中，我们共进行了 4 个数值试验(表 18.6)，通过与 18.2.1.2 节对比，可以定量分析河流对生态系统的影响。由于硅酸盐主要来自于陆地的风化作用和沉积物中的矿化过程，而不是人类活动，因此在数值试验中只针对氮和磷进行了模拟。假若河流输送量减半，胶州湾北部和东北部近岸区域水体氮的含量会减少约 20% 和 40%，磷则分别减少 7% 和 20%。数字试验的结果表明，氮对陆源的减排措施更为敏感。为了评估陆源输入的贡献，我们进行了营养盐零排放实验。结果表明，胶州湾富营养化得到明显的好转，尤其是污染比较严重的东北部水域，氮和磷分别下降到 8.25 和 0.45 mmol/ m³左右；人类活动对该区域氮、磷营养盐含量的贡献分别达到 70% 和 40%。

表 18.6　胶州湾氮、磷浓度对陆源输送响应的数值试验

数值试验内容	氮 /mmol · m⁻³		磷 /mmol · m⁻³	
	北部	东北部	北部	东北部
E－Ⅰ（陆源输送营养盐减半）	9.93	16.15	0.56	0.61
E－Ⅱ（陆源零排放）	8.07	8.25	0.44	0.45
E－Ⅲ（所有陆源污染物经海泊河输入胶州湾）	9.36	14.51	0.52	0.59
E－Ⅳ（所有陆源污染物经李村河与墨水河输入胶州湾）	17.64	37.45	0.64	0.93
Background（陆源输入采用 2000 年的监测值）	15.37	26.83	0.60	0.77

注：北部区域是指胶州湾团岛和黄岛连线以北海域，东北部为北部 120.30°E 以东区域，这两部分对陆源输入最为敏感。

除了减排措施之外，污染源合理布局对胶州湾水体的改善也十分重要。在数字试验 3 中，我们把所有陆源污染集中到海泊河排放，发现北部水域的氮、磷减少至 9.36 和 0.52 mmol/m³；东北部也相应减少至 14.51 和 0.59 mmol/m³。显然，E－Ⅲ与 E－Ⅰ相比，对于减轻富营养化程度更为有效。究其原因，海泊河临近海域水体存留时间短，这有助于污染物的迁移。与之相反，若使污染物由李村河和墨水河入海，则东北部水域氮、磷含量将会升至 37.45 和 0.93 mmol/m³。

浮游植物光合作用吸收和通过呼吸作用释放是营养盐的重要的汇和源；河流输送的氮磷总量要比大气沉降的贡献高出 1 个量级；河流输送的硅总量与大气沉降相当；胶州湾海底对氮和磷而言是汇；而对硅则是显著源；经过 1 年的循环，大量的营养盐被输送到外海。

18.3.4　外部环境变化对胶州湾水质环境的影响——箱式模型研究

胶州湾水域的环境变化是区域气候变化背景下人类活动的结果，这主要表现在：汇入胶州湾地区的陆地径流多为季节性河流，其中旱/涝引起的径流变化，会减少/增加陆源物质的输入；集水盆地中人口的增长和经济的发展，造成工农业点面源污染加剧，排入湾内的污染物数量逐年升高；沿岸的填海造地，使得海湾纳潮量平均每年下降 5×10^{-3} 左右（焦念志，2001）；由于胶州湾的半封闭性，黄海环境的变化势必会通过湾口影响湾内。本节将通过箱式模型来探讨胶州湾对外部环境变化的响应。

18.3.4.1　模型介绍

本文采用的模型的控制方程反映了胶州湾水体与湾内物质的收支，具体如下：

$$\frac{\mathrm{d}V}{\mathrm{d}t} = R - F_1 + F_2, \tag{18.17}$$

$$\frac{\mathrm{d}(VC)}{\mathrm{d}t} = RC_R - F_1 C + \sigma F_2 C' + (1 - \sigma)F_2 C, \tag{18.18}$$

式中，R，F_1 代表单位潮周期内的径流量、流出湾口的水体体积；V，F_2 分别为胶州湾水体

体积和纳潮量；$C = C(t)$，C_R，C' 分别为胶州湾、径流、黄海物质浓度；σ 为每个潮周期内有效交换系数，即涨潮时黄海水所占入湾通量 F_2 的比例。需要注意的是，这里的 dt 的最小单位是 1 个潮周期。基于传统的箱式模型理论，我们作如下假设：由于黄海的尺度远大于胶州湾，物质交换过程中黄海的浓度都保持不变；进入胶州湾的陆地径流浓度保持不变；外海水和径流入湾后能够与湾内水充分混合；每个潮周期胶州湾水体体积保持不变，即

$$\frac{\mathrm{d}V}{\mathrm{d}t} = R - F_1 + F_2 = 0.$$

经过求解上述常微分非齐次方程组，可以得到：

$$C(t) = \frac{a_R C_R + \sigma a_2 C'}{a_R + \sigma a_2} + \frac{a_R [C(0) - C_R] + \sigma a_2 [C(0) - C']}{a_R + \sigma a_2} \mathrm{e}^{-(a_R + \sigma a_2)t}, \quad (18.19)$$

式中，$a_R = \dfrac{R}{V}$；$a_2 = \dfrac{F_2}{V}$；$C(0)$ 为胶州湾浓度 C 的初始值。胶州湾在大、小潮期间潮差相差很大，故 F_2 取中潮纳潮量；陆地径流取多年平均值；基于水环境观测结果，河口浓度取作比湾内浓度初始场高 1 个量级，比外海浓度高 2 个量级。背景场主要参数具体确定如表 18.7 所示。

表 18.7　箱式模型背景场主要参数取值及依据

参数名	量值范围	计算的依据
V	$2.4 \times 10^9 \mathrm{m}^3$	由 1985 年海图积分所得
R	$2 \times 10^9 \mathrm{m}^3/\mathrm{a}$	胶州湾及邻近海岸带功能区划联席会议，1996
F_2	$7.6 \times 10^9 \mathrm{m}^3/$潮周期	孙英兰等，1994
σ	0.1	国家海洋局北海监测中心与青岛市海洋与水产局，1998
C_R	100.0	国家海洋局北海监测中心与青岛市海洋与水产局，1998
$C(0)$	10.0	渤海黄海东海海洋图集编辑委员会，1991
C'	1.0	

18.3.4.2　讨论与分析

由 $C(t)$ 的表达式[即：式(18.19)可知，在箱式模型的假定下，胶州湾浓度将会逐渐接近其稳定态 $C_s = \dfrac{a_R C_R + \sigma a_2 C'}{a_R + \sigma a_2}$。可见，稳定态的大小即为单位潮周期内径流量和外海有效输入量的加权平均。由于在胶州湾内浓度呈 e 的负指数接近稳定态，其交换时间较短，具体大小取决因子 $\mathrm{e}^{-(a_R + \sigma a_2)t}$ 和具体的定义。这里我们采用 Prandle(1984)所用的水体更新时间(即：turn over time，t_e)的定义，即当 $t = t_e$ 时，$| C(t_e) - C(0) | / | C(0) - C_s | = 1 - \mathrm{e}^{-1}$。需要特别指出的是，浓度若呈指数衰减，水体更新时间等价于水体平均存留时间(即：average residence time)(Liu et al.，2004)。

由于在此我们采用的是箱式模型，计算所得胶州湾对外部环境的响应比较快。在通常的情况下，水体更新时间大约为 31~32 个潮周期（表 18.8）。为了便于讨论，我们定义外部因子(f)对胶州湾稳态浓度和交换时间的影响率分别为 $p_c = \dfrac{\Delta C_s/C_s}{\Delta f/f}$ 和 $p_t = \dfrac{\Delta t_e/t_e}{\Delta f/f}$。结果表明，外海（即：黄海）和陆地径流浓度的变化，虽不会影响水交换的快慢，但是对湾内物质的稳定态浓度将产生显著的影响：外海和径流浓度提高 1 倍，湾内浓度会分别升高 20.2% 和 79.6%。填海造地对水交换时间的影响率为 9.7%，对湾内物质浓度影响率高达 112%。在胶州湾的集水盆地，枯水年和丰水年的陆地径流量可以相差数十倍和数百倍（胶州湾及邻近海岸带功能区划联席会议，1996）。遇到干旱年份，陆地径流量锐减，进入胶州湾的物质量减少，会使其稳态值下降，增加水交换时间；洪涝年份，陆地径流量骤增，情况则正好相反。平均而言，径流量每升高/降低 1 倍，湾内浓度会升高/降低 66.8%，交换时间会减少/增加 3.2%。近年来，胶州湾及附近海域水体环境不断恶化，富营养化加剧（范志杰和周永有，1999），其原因虽然是多方面的，但从该模型的研究结果可以看出，填海造地和排污量的增加可能是引发该问题的重要原因之一。

表 18.8　胶州湾稳态浓度和水体更新时间对外部环境变化的响应

序号	$V/\times10^9\,m^3$	$R/\times10^6\,m^3$	$F_2/\times10^8\,m^3$	C_R	C'	C_S	$t_e/$潮周期	说明
1	2.4	2.9	7.3	100.0	1.0	4.76	31~32	背景场
2	2.4	2.9	7.3	100.0	2.0	5.72	31~32	外海浓度场提高 1 倍
3	2.4	2.9	7.3	200.0	1.0	8.55	31~32	污染物浓度提高 1 倍
4	1.6	2.9	5.1	100.0	1.0	6.53	30~31	纳潮量和水体体积皆减少 1/3
5	2.4	0.33	7.3	100.0	1.0	1.44	32~33	干旱年份
6	2.4	33.1	7.3	100.0	1.0	31.90	22~23	洪涝年份

18.4　结论

研究结果表明，胶州湾的物理环境存在显著的潮内振荡与长期变化。在底摩擦的作用下，流速剖面表现为表层大、底层小的特点，而剪切作用恰相反。夏季的强降水过后，温盐垂向分布表现为稳定层结特征，表层高温低盐，底层低温高盐，层化现象显著。受气温变化的影响，表层水温的全日振荡较半日显著；而底层的温度和盐度则随潮汐波动，具有约 12 h 的显著周期。潮位与盐度同位相变化而与温度呈反位相。伴随着水交换的持续进行，水体的层化强度减弱。湍动能耗散率与密度扩散系数的高值时刻对应涨落急，低值时刻对应潮位的高低潮，并皆有约 6 h 的显著周期。表述胶州湾的物理特征的空间向量都表现为表层小、底层大。水文、气象因子的长期变化过程与全球变化具有很强的相似性，都存在相近的振荡周期与突变时间，这表明研究强人文活动影响的中小尺度海湾的环境问题时，也应对大尺度气候的异常特点予以足够重视。

胶州湾的平均水体存留时间约 52 d，这与镭同位素观测和暴雨过后盐度恢复过程的观测结果相一致。各子区域间的水交换存在强烈的相互作用，湾西部的水对东部影响较大。营养盐随时间变化的特点是浮游植物和河流输入共同作用的结果。在早春，浮游植物生物量显著提高，与之相应，光合作用吸收了相当数量的营养盐；随后，浮游植物被浮游动物大量摄食，而营养盐陆源输入达到最大，使得 8 月营养盐出现最大值。营养盐空间分布呈现由湾口向北至河口附近逐渐升高的趋势，这主要归因于胶州湾与黄海水体交换以及河流营养盐的输入。受人类活动的影响，胶州湾周边的河流将大量营养盐输入胶州湾，造成河口外附近形成高值锋区，这在每年的 8 月尤为突出。同时，低浓度水舌由湾口向湾内扩展，显示了黄海水入侵的影响。湾内不同区域水质点的存留时间不同，也是造成营养盐浓度空间差异的重要原因。胶州湾是黄海营养盐的源，大量的营养盐被输送到外海：氮 5.03 × 10^3 t，磷 0.17 × 10^3 t 和硅 3.37 × 10^3 t。胶州湾的营养限制因子在不同季节之间的转换特点比较复杂，表明对该海域生态系统变化的刻画若仅考虑一种营养盐是不够的。

致谢

本工作得到了自然科学基金"胶州湾流域生源要素流失与海湾富营养化演变过程"重点项目(项目编号：40036010)和国家海洋局公益项目"胶州湾水质预报关键技术前期研究"(项目编号：200805011)的支持。中国海洋大学高会旺教授、日本爱媛大学郭新宇教授就生态模型研究给予了指导，中国海洋大学 1998 级本科生于斌、黄奖、2004 级硕士生王海棠、2008 级硕士研究生浦祥、王海燕、刘光亮等参与了部分数据统计分析工作。在此，一并致谢！

参考文献

渤海黄海东海海洋图集编辑委员会. 1991. 渤海、黄海、东海海洋图集(化学分册). 北京：海洋出版社：59 – 138.

范志杰，周永有. 1999. 中国海洋环境保护科学技术的发展与展望. 北京：海洋出版社：248.

冯士筰，张经，魏皓，等. 2007. 渤海环境动力学导论. 北京：科学出版社：281.

葛明，王修林，阎菊，等. 2003. 胶州湾营养盐环境容量计算. 海洋科学，27(3)：36 – 42.

国家海洋局北海监测中心，青岛市海洋与水产局. 1998. 胶州湾陆源污染物入海总量控制研究. 青岛：[出版者不祥]：110.

何碧娟，陈波，邱绍芳，等. 2001. 广西铁山港海域环境容量及排污口位置优选研究. 广西科学，8(3)：232 – 235.

蒋凤华，王修林，石晓勇，等. 2002. Si 在胶州湾沉积物 – 海水界面上的交换速率和通量研究. 青岛海洋大学学报，32(6)：1012 – 1018.

焦念志. 2001. 海湾生态过程与持续发展. 北京：科学出版社：338.

胶州湾及临近海岸带功能区划联席会议. 1996. 胶州湾及临近海岸带功能区划. 北京：海洋出版社：390.

李适宇，李耀初，陈炳禄，等. 1999. 分区达标控制法求解海域环境容量. 环境科学，20(4)：96－99.

刘东艳. 2004. 胶州湾浮游植物与沉积物中甲硅藻群落结构演替的研究(博士论文). 青岛：中国海洋大学：123.

刘哲. 2004. 胶州湾水体交换与营养盐收支过程数值模型研究(博士论文). 青岛：中国海洋大学：123.

宿俊英，刘树坤，何少苓. 1992. 太湖水环境容量的研究. 水利学报，11：22－36.

孙英兰，陈时俊，俞光耀. 1988. 海湾物理自净能力分析和水质预测——胶州湾. 山东海洋学院学报，18(2)：60－67.

孙英兰，孙长青，王学昌，等. 1994. 青岛海湾大桥对胶州湾潮汐、潮流及环流的影响预测：Ⅰ. 胶州湾及邻近海域的潮流. 青岛海洋大学学报，24(专辑)：105－119.

万振文. 1999. 二阶湍封闭生态动力学数值模式及小中尺度应用(博士论文). 青岛：中国科学院海洋研究所：136.

王强，高会旺. 2003. 青岛海面风应力和海气交换研究. 海洋科学进展，21(1)：12－20

魏皓，王海棠，刘哲. 2004. 依据水文强化观测计算胶州湾水体混合参数. 中国海洋大学学报，34(5)：737－741.

吴增茂，俞光耀，张志南，等. 1999. 胶州湾北部水层生态动力学模型与模拟：Ⅱ. 水层生态动力学的模拟研究. 青岛海洋大学学报，29(3)：429－435.

吴永成，王从敏，张以恳，等. 1992. 海水交换和混合扩散//刘瑞玉. 胶州湾生态学和生物资源. 北京：科学出版社：57－72.

俞光耀，吴增茂，张志南，等. 1999. 胶州湾北部水层生态动力学模型与模拟：Ⅰ. 胶州湾北部水层生态动力学模型. 青岛海洋大学学报，29(3)：421－428.

张存智，韩康，张硯峰，等. 1998. 大连湾污染排放总量控制研究，海湾纳污能力计算模型. 海洋环境科学，17(3)：1－5.

张俊，佘宗莲，王成见，等. 2003. 大沽河干流青岛段水环境容量研究. 青岛海洋大学学报，23(5)：665－670.

张新玲. 2002. 渤海水层－底栖耦合生态系统的多箱建模和关键性问题的实验研究(博士论文). 青岛：青岛海洋大学：116.

张学庆. 2003. 胶州湾三维环境动力学数值模拟及环境容量研究(硕士论文). 青岛：中国海洋大学：51.

赵亮，魏皓，赵建中. 2002. 胶州湾水交换的数值研究. 海洋与湖沼，33(1)：23－29.

Azumaya T, Isoda Y, Noriki S. 2001. Modeling of the spring bloom in the Funka Bay, Japan. Continental Shelf Research, 21：473－494.

Bolin B, Rohde H. 1973. A note on the concepts of age distribution and transmit time in natural reservoirs. Tellus, 25：58－62.

Chen C S, Ji R B, Zheng L Y, et al. 1999. Influences of physical processes on the ecosystem in Jiaozhou Bay, A coupled physical and biological model experiment. Journal of Geophysical Research, 104：29925－29949.

Fasham M J R, Duchlow H W, Mckelvie S M. 1990. A nitrogen-based model of plankton dynamics in the oceanic mixed layer. Journal of Marine Research, 48：591－639.

Franks P J S, Chen C. 1996. Plankton production in tidal fronts：A model of Georges Bank in summer. Journal of

Marine Research, 54: 631 – 651.

Hare S R, Mantua N J. 2000. Empirical evidence for North Pacific regime shifts in 1977 and 1989. Progress in Oceanography, 47: 103 – 145.

Klepper O. 1995. Modelling the oceanic food web using a quasi steady-state approach. Ecological Modeling, 77: 33 – 41.

Liu Z. 2006. On Key Mechanisms Driving the Environmental Changes in Jiaozhou Bay: Statistical Analysis of Abrupt Changes and Modelling Study on Water Age and Nutrients Transport in Jiaozhou Bay. Postdoctoral Research Report: East China Normal University: 98.

Liu Z, Wei H, Liu G S, et al. 2004. Simulation of water exchange in Jiaozhou Bay with an average residence time approach. Estuarine Coastal Shelf Science, 61: 25 – 35.

Liu Z, Wei H, Bai J, et al. 2007. Nutrients Seasonal Variation and Budget in Jiaozhou Bay, China: A 3-Dimensional Physical-Biological Coupled Model Study. Water, Air and Soil Pollution: Focus, 7: 607 – 623.

Luff R, Pohlman T. 1996. Calculation of water exchange times in the ICES – Boxes with a eulerian dispersion model using a half-life time approach. German Journal of Hydrography, 47: 287 – 299.

McFarlane G A, King J R, Beamish R J. 2000. Have there been recent changes in climate? Ask the fish. Progress in Oceanography, 47: 147 – 169.

Mooers C N K, Wang J. 1998. On the implementation of a three-dimensional circulation model for Prince William Sound, Alaska. Continental Shelf Research, 18: 253 – 277.

Osborn T R. 1980. Estimates of the local rate of vertical diffusion from dissipation measurements. Journal of Physical Oceanography, 10: 83 – 89.

Park K, Kuo A Y, Shen J, et al. 1995. A three-dimensional hydrodynamic eutrophication model (HEM – 3D): description of water quality and sediment process submodels. Special Report in Applied Marine Science and Ocean Engineering, No. 327. From Virginia Institute of Marine Science, College of William and Mary.

Prandle D A. 1984. Modeling study of the mixing of ^{137}Cs in the seas of the European continental Shelf. Philosophical Transactions of the Royal Society of London, A310: 407 – 436.

Radach G, Moll A. 1993. Estimation of the variability of production by simulating annual cycles of phytoplankton in the central North Sea. Progress in Oceanography, 31: 339 – 419.

Takeoka H. 1984. Fundamental concepts of exchange and transport time scales in a coastal sea. Continental Shelf Research, 3: 331 – 326.

Wei H, Sun J, Moll A, et al. 2004. Plankton dynamics in the Bohai Sea-observations and modeling. Journal of Marine System, 44: 233 – 251.

Zimmerman J T F. 1976. Mixing and flushing of tidal embayments in the western dutch wadden sea. Part One, Distribution of salinity and calculation of mixing time scales. Netherlands Journal of Sea Research, 10: 149 – 191.

附录

物理－生物耦合模型共包括 5 个生态变量：浮游植物(Dia)，溶解无机氮(DIN)，溶解无机磷(DIP)，硅酸盐(SIL)和水体碎屑(Det)。控制方程如下：

$$\frac{d(Dia \cdot D)}{dt} = dif(Dia) + D \cdot (PR_{Dia} - RS_{Dia} - GR_{Dia} - MO_{Dia}), \tag{18. A. 1}$$

$$\frac{d(DIN \cdot D)}{dt} = dif(DIN) + D \cdot (RE_{DIN} - UT_{DIN} + RM_{DIN}) + Riv(DIN), \tag{18. A. 2}$$

$$\frac{d(DIP \cdot D)}{dt} = dif(DIP) + D \cdot (RE_{DIP} + RM_{DIP} - UT_{DIP}) + Riv(DIP), \tag{18. A. 3}$$

$$\frac{d(SIL \cdot D)}{dt} = dif(SIL) + D \cdot (RE_{SIL} + RM_{SIL} - UT_{SIL}) + Riv(SIL), \tag{18. A. 4}$$

$$\frac{d(Det \cdot D)}{dt} = dif(Det) + D \cdot (EX_{Det} + HY_{Det}), \tag{18. A. 5}$$

式中，D 和 $dif(\varphi)$ 分别为瞬时水深和扩散项。下面，介绍主要子过程及相关变量。

（1）光合作用

$$PR_{Dia} = r_P^{Dia} \cdot e^{r_{TP}^{Dia}} (T - T_0) \cdot r_{limit}^{Dia} \cdot \frac{I}{I_0^{Dia}} e^{1 - \frac{I}{I_0^{Dia}}} \cdot Dia, \tag{18. A. 6}$$

式中，r_P^{Dia} 和 r_{TP}^{Dia} 分别为浮游植物最大生长速率和其温度系数，I 为光照强度，I_0^{Dia} 为最优光强，$r_{limit}^{Dia} = \min\left(\frac{SIL}{SIL + K_{SIL}^{Dia}}, \frac{DIN}{DIN + K_{DIN}^{Dia}}, \frac{DIP}{DIP + K_{DIP}^{Dia}}\right)$ 为营养盐限制因子，K_{DIN}^{Dia}、K_{DIP}^{Dia} 和 K_{SIL}^{Dia} 分别为氮、磷、硅的半饱和常数。

（2）呼吸作用：

$$RS_{Dia} = r_R^{Dia} e^{r_{TR}^{Dia}} (T - T_0) \cdot Dia, \tag{18. A. 7}$$

式中，r_R^{Dia} 和 r_{TR}^{Dia} 分别为浮游植物最大呼吸速率和温度系数。

（3）浮游动物对浮游植物的捕食

$$GR_{Dia} = r_g^{Dia} \cdot e^{\mu T} \cdot (1 - e^{\lambda Dia}) \cdot Zoo, \tag{18. A. 8}$$

式中，r_g^{Dia} 和 μ 分别是浮游动物 0℃ 时捕食率和温度系数，λ 是 Ivelev 常数，Zoo 为浮游动物生物量。

（4）浮游动物死亡

$$MO_{Dia} = r_M^{Dia} \cdot Dia, \tag{18. A. 9}$$

式中，r_M^{Dia} 为浮游动物的死亡率。

（5）浮游植物对营养盐的吸收：

$$UT_{DIN} = C_{NC} \cdot PR_{Dia} \cdot n^{NC}, \tag{18. A. 10a}$$

$$UT_{DIP} = C_{PC} \cdot PR_{Dia} \cdot n^{PC}, \tag{18. A. 10b}$$

$$UT_{SIL} = C_{SiC} \cdot PR_{Dia} \cdot n^{SiC}, \tag{18. A. 10c}$$

式中，n^{NC}，n^{PC}，n^{SiC} 分别为生物体内氮、磷、硅与碳的比值，C_{NC}、C_{PC} 和 C_{SiC} 分别是氮、磷、硅与碳的原子量之比。

（6）浮游生物呼吸释放营养盐

$$RE_{DIN} = C_{NC} \cdot (RS_{Dia} + RS_{Zoo}) \cdot n^{NC}, \tag{18. A. 11a}$$

$$RE_{DIP} = C_{PC} \cdot (RS_{Dia} + RS_{Zoo}) \cdot n^{PC}, \tag{18. A. 11b}$$

$$RE_{SIL} = C_{SiC} \cdot (RS_{Dia} + RS_{Zoo}) \cdot n^{SiC}, \tag{18. A. 11c}$$

式中, $RS_{Zoo} = (1 - \alpha) \cdot GR_{Dia}$ α 是浮游动物捕食的同化比率。

（7）水体碎屑水解

$$HY_{Det} = r_{Det}^{Nit} \cdot Dom, \tag{18. A. 12}$$

式中, r_{Det}^{Nit} 是碎屑的水解速率。

（8）浮游生物代谢输入水体碎屑

$$EX_{Det} = MO_{Dia} + MO_{Zoo}. \tag{18. A. 13}$$

（9）水体矿化释放营养盐

$$RM_{DIN} = C_{NC} \cdot HY_{Det} \cdot n^{NC}, \tag{18. A. 14a}$$

$$RM_{DIP} = C_{PC} \cdot HY_{Det} \cdot n^{PC}, \tag{18. A. 14b}$$

$$RM_{SIL} = C_{SiC} \cdot HY_{Det} \cdot n^{SiC}. \tag{18. A. 14c}$$

垂向边界条件:

$$\frac{K_H}{D}\left(\frac{\partial Dia}{\partial \sigma}, \frac{\partial Det}{\partial \sigma}\right) = 0, \sigma \to 0, \tag{18. A. 15a}$$

$$\frac{K_H}{D}\left(\frac{\partial Dia}{\partial \sigma}, \frac{\partial Det}{\partial \sigma}\right) = 0, \sigma \to -1, \tag{18. A. 15b}$$

$$\frac{K_H}{D}\left(\frac{\partial Din}{\partial \sigma}, \frac{\partial Dip}{\partial \sigma}, \frac{\partial Sil}{\partial \sigma}\right) = (sur(Din), sur(Dip), sur(Sil)), \sigma \to 0, \tag{18. A. 15c}$$

$$\frac{K_H}{D}\left(\frac{\partial Din}{\partial \sigma}, \frac{\partial Dip}{\partial \sigma}, \frac{\partial Sil}{\partial \sigma}\right) = (bot(Din), bot(Dip), bot(Sil)), \sigma \to -1, \tag{18. A. 15d}$$

式中, sur 代表大气沉降通量, bot 为沉积物水界面交换通量。

第十九章
胶州湾水体²³⁴Th 和²¹⁰Pb 分布与颗粒物清除

19.1　前言

水体中物质输运在全球生物地球化学循环中起着非常重要的作用。颗粒物是许多元素和污染物从水体中迁出的载体，了解颗粒物在水体中运移的过程，不仅有助于我们了解碳、氮等生源要素的循环过程，还可以帮助我们评价各种污染物的归宿，对生态动力学和沉积动力学的研究都具有重要的意义（黄奕普等，2000）。水体中存在的天然放射系核素，已经广泛应用于颗粒活性物质的清除、迁出和停留时间的研究；其中²³⁴Th 和²¹⁰Pb 是最常用的两个核素（Buesseler et al.，1995；陈敏，1996；陈飞舟，1997；Moran and Smith，2000；蔡平河等，2001；Antia et al.，2001；Feng et al.，2002）。

胶州湾面积为 397 km²，0 m 以深面积为 256 km²，平均水深为 7 m，最大水深 64 m（中国海湾志编纂委员会，1993）。胶州湾周边工农业污水、生活污水及养殖污水排放会使海域环境质量下降，生物多样性减少，所以对胶州湾环境容量及自净能力的调查研究越来越受到重视，其中包括营养盐、污染物及痕量金属等物质的生物地球化学循环研究（陆贤昆等，1995；玉坤宇等，2001；闫菊等，2001；吴增茂等，2001；娄安刚等，2002）。本研究测定了胶州湾水体中的²³⁴Th 和²¹⁰Pb 的含量与分布，用²³⁴Th/²³⁸U 和²¹⁰Pb/²²⁶Ra 不平衡方法研究了胶州湾水体中颗粒活性物质的清除、迁出速率、停留时间和运移过程，并对胶州湾颗粒有机碳的迁出通量进行了估算。

19.2　样品的采集与测量

19.2.1　采样站位与时间

采样站位如图 19.1 和表 19.1 所示，共设 5 个采样站位。于 2002 年 7 月 29 日（夏季航次）在全部 5 个站位采集了表层水

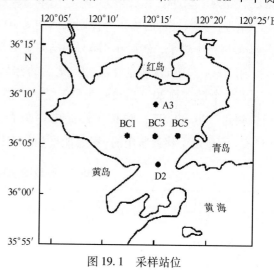

图 19.1　采样站位

样；2002 年 11 月 5 日（冬季航次）在 D2 站采集了表层水样，在 BC3 站距低潮时为 0、3、6 h 时间采集了表层样；2003 年 4 月 1 日（春季航次）在 A3、BC3 和 D2 站采集了表层样，并在 BC3 站进行了分层采样，采样深度为 0、6、12 m。

表 19.1　采样站位与层位

站位	纬度	经度	站位水深/m	采样层位/m		
				夏季航次	冬季航次	春季航次
A3	36°9′36″N	120°15′12″E	5.7	表层水		表层水
BC1	36°6′32″N	120°12′48″E	5.3	表层水		
BC3	36°6′32″N	120°15′12″E	15.3	表层水	表层水，分潮时	0、6、12
BC5	36°6′32″N	120°17′12″E	8.2	表层水		
D2	36°3′00″N	120°15′30″E	25.5	表层水	表层水	表层水

19.2.2　样品的采集与测量

用铁纤维富集溶解态的 ^{234}Th 和 ^{210}Pb。所用铁纤维用以下方法制作：将喷胶棉纤维依次用 1 mol/L NaOH 溶液、蒸馏水、1 mol/L HCl 溶液和蒸馏水清洗。然后用 50% 的 FeCl$_3$ 溶液煮沸 10~15 min，期间适当加以翻动，以利于纤维与 FeCl$_3$ 溶液均匀接触，待纤维呈橙红色取出。冷却后放入 15% 的 NH$_3$·H$_2$O 溶液，适当翻动，使纤维与 NH$_3$·H$_2$O 溶液充分接触。浸泡 12 h 以上后取出，用蒸馏水漂洗去表面疏松的 Fe(OH)$_3$ 颗粒，待洗涤液呈无色或浅红色时将纤维取出，沥干，用聚乙烯塑料袋封装。

现场用潜水泵抽水，海水首先通过 0.45 μm 孔径的滤芯，滤芯长为 25 cm，直径为 7.0 cm，用来收集颗粒物。然后水流依次通过两个串接的相同规格的铁纤维柱，两个铁纤维柱直径为 7.5 cm，长度为 21 cm，用来富集溶解态 ^{234}Th 和 ^{210}Pb。潜水泵与滤芯之间串连一个水表，记录抽水的体积，控制流速约为 10 dm^3/min。回到实验室后，将滤芯和铁纤维在 80℃ 烘箱中烘干，然后在 450℃ 的马弗炉中灰化 4 h。

用 HPGe γ 谱方法测量样品。灰化后的样品装入聚乙烯塑料袋中气密封。密封后立即收集第一个谱，约 20 d 后再收集第二个谱，谱数据收集时间约为 86 400 s。铁纤维样品中仅探测到 ^{210}Pb 和 ^{234}Th；颗粒态样品中探测到的核素有 ^{210}Pb、^{234}Th、^{238}U、^{226}Ra、^{228}Ra、^{228}Th 和 ^{40}K。测量每个核素所用的 γ 射线能量和分支比列于表 19.2。

表 19.2　测量用 γ 射线能量和分支比

测定核素	γ 射线发射核	γ 射线能量(keV)和分支比(%)
^{210}Pb	^{210}Pb	46.5(4.0)
^{238}U，^{234}Th	^{234}Th	63.3(3.826)，92.6(5.41)
^{226}Ra	^{214}Pb，^{214}Bi	351.9(37.09)，609.3(46.1)，1 120.3(15.0)

续表

测定核素	γ射线发射核	γ射线能量(keV)和分支比(%)
²²⁸Ra	²²⁸Ac	338.7(11.9)，911.2(27)，968.8(16.3)
²²⁸Th	²¹²Pb, ²⁰⁸Tl	238.6(43.6)，583.1(30.96)
⁴⁰K	⁴⁰K	1 460.5(10.67)

²¹⁰Pb、²²⁸Ra、²²⁸Th 的活度取两次测量的平均值。²²⁶Ra 取第二次的测量值。²³⁸U、²³⁴Th 活度根据下述方法计算。

设²³⁸U、²³⁴Th 的初始活度分别为 A_{10} 和 A_{20}，那么，样品中²³⁴Th 活度 A_2 随时间的变化为（Liu et al.，2002）：

$$A_2 = A_{20} \cdot e^{-\lambda_2 t} + \frac{\lambda_2 A_{10}}{\lambda_2 - \lambda_1}(e^{-\lambda_1 t} - e^{-\lambda_2 t}) , \qquad (19.1)$$

式中，λ_1、λ_2 分别为²³⁸U 和²³⁴Th 的衰变常数；设 t_1 为采样到测量开始时间；t_2 为采样到测量结束时间；D_2 为在 $(t_2 - t_1)$ 的时间内原子核的衰变数，

$$D_2 = \int_{t_1}^{t_2} A_2 \cdot \mathrm{d}t = A_{20} b_2 + A_{10} b_1 , \qquad (19.2)$$

其中，

$$b_1 = \frac{\lambda_2}{\lambda_2 - \lambda_1}\Big[\frac{1}{\lambda_1}(e^{-\lambda_1 t_1} - e^{-\lambda_1 t_2}) - \frac{1}{\lambda_2}(e^{-\lambda_2 t_1} - e^{-\lambda_2 t_2})\Big] , \qquad (19.3)$$

$$b_2 = \frac{1}{\lambda_2}(e^{-\lambda_2 t_1} - e^{-\lambda_2 t_2}) . \qquad (19.4)$$

两次测量得到的 D_2，可以解联立方程求得 A_{10} 和 A_{20}。由于样品中放射性核素含量低，计数统计误差大，对一些样品的γ谱射线峰面积进行了人工计算。峰面积的计算公式为（刘广山等，1998）：

$$N = G - \frac{n}{2m}(B_1 + B_2) , \qquad (19.5)$$

式中，N 为峰面积，G 为峰区积分计数，n 为峰区宽度，m 是峰两边所取连续本底道数，B_1、B_2 为峰两边 m 道连续本底积分计数。

当样品计数接近本底或探测限时，扣除本底是相当困难的，峰形不好时情况更严重。通过计算机对谱图进行光滑处理后，可使峰形趋于平滑，有利于本底的扣除，但是峰高度也随之降低，全吸收峰面积会随之减少。为了减少统计误差，采用未光滑谱计算峰区积分计数，用光滑谱计算连续本底积分计数，再用式(19.5)计算峰面积。

19.3 水体中²³⁴Th、²¹⁰Pb 的含量与分布

表19.3列出了3个航次测定的胶州湾水体中放射性核素含量。图19.2是 BC1、BC3

和 BC5 站之间核素的变化，图 19.3、19.4 是从湾顶到湾口核素浓度的变化，图 19.5 是核素浓度随水深的变化，图 19.6 是 BC3 站核素浓度随潮时的变化，图 19.7 是核素浓度平均值随季节的变化。图中的符号，下标 P 表示颗粒态，D 表示溶解态，T 是溶解态与颗粒态之和。

表 19.3　胶州湾水体放射性核素含量（Bq/m³）

航次	站位	层位	潮时	$^{234}Th_P$	$^{234}Th_D$	$^{234}Th_T$	$^{210}Pb_P$	$^{210}Pb_D$	$^{210}Pb_T$	$^{226}Ra_P$	$^{238}U_P$	$^{228}Ra_P$	$^{228}Th_P$	$^{40}K_P$
2002 – 07 – 29 （夏季航次）	A3	0		1.89	1.40	3.29	1.08	0.69	1.77	0.49	0.69	0.70	0.81	6.76
	BC1	0		1.13	1.64	2.77	0.64	0.34	0.98	0.39	0.23	ND	0.37	6.24
	BC3	0		1.74	1.65	3.39	0.52	ND	0.52	0.19	0.40	ND	0.25	4.89
	BC5	0		1.32	2.01	3.33	1.42	ND	1.42	0.38	0.80	0.53	0.62	9.78
	D2	0		2.59	1.80	4.39	0.55	0.41	0.96	0.34	1.11	0.44	0.56	7.59
	航次平均值			1.73	1.70	3.43	0.84	0.48	1.13			0.36	0.65	7.05
2002 – 11 – 05 （冬季航次）	BC3	0	0	2.39	2.28	4.67	0.55	0.68	1.23	0.13	0.69	0.56	0.47	6.31
		0	3	2.74	0.21	2.95	0.46	0.96	1.42	0.12	0.23	ND	0.39	5.99
		0	6	4.83	1.18	6.01	1.69	ND	1.69	0.36	0.40	0.91	0.98	12.70
	D2	0		2.63	1.05	3.68	0.69	1.69	2.38	0.21	0.80	0.54	0.40	7.14
	航次平均值			3.15	1.18	4.33	0.85	1.11	1.68			0.21	0.53	8.04
2003 – 04 – 01 （春季航次）	A3	0		2.29	2.00	4.29	0.70	0.44	1.14	0.34	1.25	ND	0.45	10.10
	BC3	0		2.88	3.12	6.00	0.26	ND	0.26	0.25	0.65	ND	0.16	4.24
		6		5.27	2.78	8.05	0.92	0.81	1.73	0.11	1.15	ND	0.45	7.75
		12		7.78	1.71	9.49	1.63	0.41	2.04	0.37	2.45	0.34	0.73	10.70
	D2	0		4.97	2.90	7.87	0.60	0.42	1.02	0.29	0.98	ND	0.43	7.04
	航次平均值			4.64	2.50	7.14	0.82	0.52	1.24			0.27	1.30	7.97
	最小值			1.13	0.21	2.77	0.26	ND	0.26	0.11	0.23	ND	0.16	4.24
	最大值			7.78	3.12	9.49	1.69	1.69	2.38	0.49	2.45	0.91	0.98	12.70
	平均值			3.18	1.84	5.01	0.84	0.69	1.33	0.28	0.85	0.57	0.51	7.66

注：表中 ND 表示低于探测限，潮时指距低潮时间。

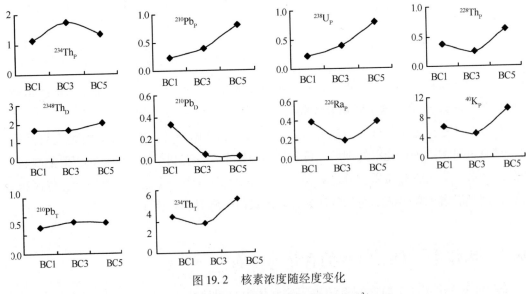

图 19.2　核素浓度随经度变化

横坐标是站位；纵坐标是浓度（单位：Bq/m³）

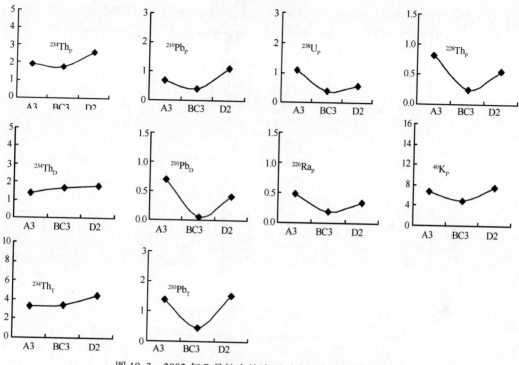

图 19.3　2002 年 7 月航次从湾顶到湾口核素浓度的变化

横坐标是站位；纵坐标是浓度(单位：Bq/m³)

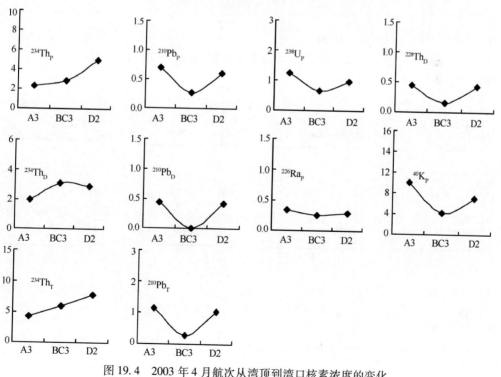

图 19.4　2003 年 4 月航次从湾顶到湾口核素浓度的变化

横坐标是站位；纵坐标是浓度(单位：Bq/m³)

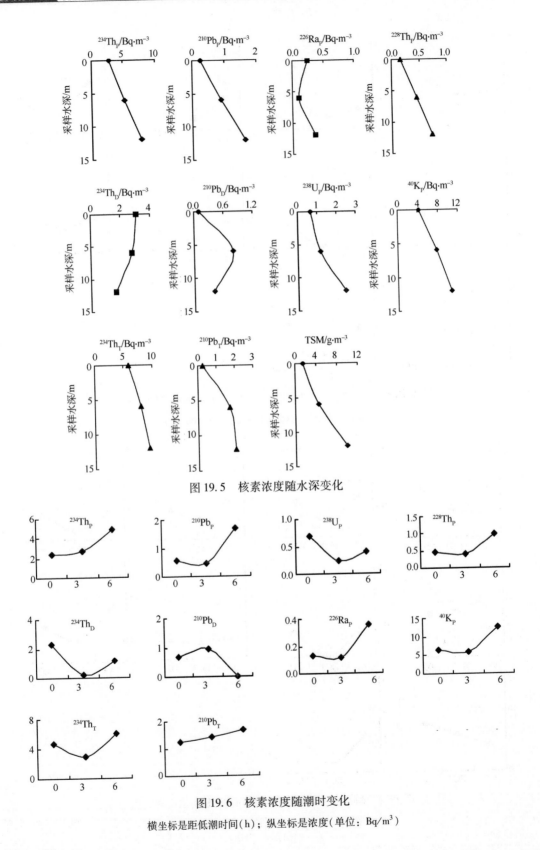

图 19.5　核素浓度随水深变化

图 19.6　核素浓度随潮时变化

横坐标是距低潮时间(h)；纵坐标是浓度(单位：Bq/m³)

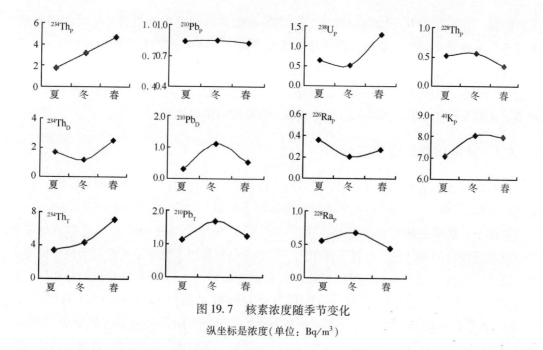

图 19.7　核素浓度随季节变化

纵坐标是浓度(单位：Bq/m³)

19.3.1　^{234}Th 的含量与分布

胶州湾水体中颗粒态^{234}Th 含量为 1.13 ~ 7.78 Bq /m³，平均为 3.18 Bq/m³；溶解态^{234}Th 含量为 0.21 ~ 3.12 Bq/m³，平均为 1.84 Bq/m³；总^{234}Th 含量为 2.77 ~ 9.49 Bq/m³，平均为 5.01 Bq/m³。按平均值计算，颗粒态占总^{234}Th 含量的 63%。

湾中央的颗粒态的^{234}Th 浓度高于湾东部和西部，湾中央溶解态的^{234}Th 和西部水平接近，低于湾东部，湾中央总的^{234}Th 浓度与湾东部水平接近，高于湾西部。从湾顶到湾口，颗粒态、溶解态和总^{234}Th 浓度均呈增高趋势。在 BC3 站随深度增加，颗粒态和总^{234}Th 含量都明显增加；溶解态^{234}Th 含量随深度增加而减少。从低潮到高潮，颗粒态的^{234}Th 呈增加趋势，溶解态和总的^{234}Th 先减少后增加。从夏季到冬季再到春季，颗粒态和总的^{234}Th 浓度航次平均值逐渐增加，溶解态的^{234}Th 则先减小再增加。

19.3.2　^{210}Pb 的含量与分布

胶州湾水体中颗粒态^{210}Pb 浓度为 0.26 ~ 1.69 Bq/m³，平均值为 0.84 Bq/m³；溶解态^{210}Pb 浓度为 ND ~ 1.69 Bq/m³，探测到的样品中^{210}Pb 浓度平均为 0.69 Bq/m³；总^{210}Pb 含量为 0.26 ~ 2.38 Bq/m³，平均为 1.33 Bq/m³。有 4 个样品溶解态的^{210}Pb 含量低于探测限。颗粒态^{210}Pb 含量平均值占总^{210}Pb 含量平均值的 63%。

从西向东，颗粒态的^{210}Pb 浓度逐渐增加，溶解态的^{210}Pb 则逐渐降低，总的^{210}Pb 浓度呈现出湾中央低，东西部高的现象；从湾顶到湾口，颗粒态、溶解态和总^{210}Pb 呈现出高—低—高形式分布，即湾顶和湾口较高，湾中央含量较低；随水深增加，颗粒态^{210}Pb

明显增加；溶解态^{210}Pb 先增加后减少，总^{210}Pb 浓度随水深呈增加趋势。从低潮到高潮，颗粒态^{210}Pb 含量先减少后增加，高潮时含量大于低潮；溶解态^{210}Pb 含量与颗粒态变化趋势相反，先增加后减小，高潮时含量最低；总^{210}Pb 呈增加趋势。从夏季到冬季再至春季，颗粒态^{210}Pb 航次平均值变化不明显，溶解态和总^{210}Pb 浓度航次平均值均为冬季高于春夏两季，从夏季到冬季增加，再到春季又减小，夏春两季相差不大。

19.3.3 其他核素的含量与分布

所有颗粒态样品中均探测到^{238}U、^{226}Ra、^{228}Th 和^{40}K，部分样品中还探测到^{228}Ra。颗粒态^{238}U、^{226}Ra、^{228}Ra、^{228}Th 和^{40}K 的浓度平均为 0.85、0.28、0.57、0.51 和 7.66 Bq/m^3。

总体上，湾中央的颗粒态^{226}Ra、^{238}U、^{228}Th 和^{40}K 含量低，在 2002 年 7 月的测量结果中，除靠近西部的 BC1 站^{238}U 低于湾中央外，其余站位的以上核素浓度均高于位于湾中央的 BC3 站。随水深增加颗粒态^{238}U、^{228}Th、^{40}K 含量逐渐增加，与 TSM 的变化趋势相同；颗粒态的^{226}Ra 浓度是表层底层高，中间层低，与溶解态的^{226}Ra 分布一致（刘广山等，2004）。从低潮到高潮，随潮位升高，颗粒态^{238}U、^{226}Ra、^{228}Th、^{40}K 的浓度先减少后增加，即在平潮时水体中的 4 种核素颗粒态浓度高于涨潮时。颗粒态^{226}Ra 和^{238}U 含量平均浓度均为冬季低于夏季和春季；^{228}Ra、^{228}Th 和^{40}K 3 种核素的浓度则是冬季高于夏季和春季。

从图 19.2—图 19.7 可以看出，颗粒态核素存在极相似的分布与变化，除^{234}Th 外，其他核素均出现湾中央浓度低，近岸站位浓度高的特征。2002 年 7 月航次和 2003 年 4 月航次给出了相同的结论。^{234}Th 的分布与其他的核素不同，表现了^{234}Th 与其余核素有不同的来源，^{234}Th 主要来源于海水中^{238}U 的衰变，而其他核素则主要来源于陆源输入和大气沉降。颗粒活性核素颗粒态浓度均是随水深增加的（见图 19.5），而且^{238}U 也呈现出这种分布，与 TSM 的深度分布相似。

19.4 水体^{234}Th 和^{210}Pb 颗粒动力学模型简述

19.4.1 ^{234}Th 一维稳态不可逆清除模型

不可逆清除模型认为颗粒活性核素与颗粒物以不可逆方式结合，之后随颗粒物沉降迁出至深海或海底（Rama and Goldberg，1961；Craig et al.，1973；Bacon et al.，1976；Mckee et al.，1984；Coale and Bruland，1985；Buesseler et al.，1992，1995；Gustafsson et al.，1998；Nelson et al.，2000）。铀同位素以稳定的铀酰络合离子存在于海水中，^{238}U 衰变产生的^{234}Th 是颗粒活性的，按不可逆清除模型，海水中溶解态^{234}Th 的变化服从以下方程：

$$\frac{dA_{\mathrm{DTh}}}{dt} = A_{\mathrm{DU}}\lambda_{\mathrm{Th}} - A_{\mathrm{DTh}}\lambda_{\mathrm{Th}} - J_{\mathrm{Th}},\tag{19.6}$$

式中，A_{DU}、A_{DTh} 分别为溶解态²³⁸U 和²³⁴Th 的活度，λ 是²³⁴Th 的衰变常数，J_{Th} 是²³⁴Th 从溶解相清除到颗粒相的清除通量。

对于颗粒态²³⁴Th，其变化速率为：

$$\frac{dA_{PTh}}{dt} = A_{PU}\lambda_{Th} - A_{PTh}\lambda_{Th} + J_{Th} - P_{Th}, \tag{19.7}$$

式中，A_{PU}、A_{PTh} 分别为颗粒态²³⁸U 和²³⁴Th 的活度，P_{Th} 是²³⁴Th 由颗粒物载带从研究水体中迁出的通量。稳态条件下，

$$\frac{dA_{DTh}}{dt} = 0, \tag{19.8}$$

$$\frac{dA_{PTh}}{dt} = 0, \tag{19.9}$$

可以得到²³⁴Th 清除通量(J_{Th})和迁出通量(P_{Th})分别为：

$$J_{Th} = A_{DU}\lambda_{Th} - A_{DTh}\lambda_{Th}, \tag{19.10}$$

$$P_{Th} = A_{PU}\lambda_{Th} - A_{PTh}\lambda_{Th} + J_{Th}. \tag{19.11}$$

通常海洋中颗粒态²³⁸U 份额很小，可以忽略。溶解态和颗粒态²³⁴Th 的平均停留时间 τ_{DTh} 和 τ_{PTh} 分别为：

$$\tau_{DTh} = \frac{A_{DTh}}{J_{Th}}, \tag{19.12}$$

$$\tau_{PTh} = \frac{A_{PTh}}{P_{Th}}. \tag{19.13}$$

假定²³⁴Th 从溶解相清除到颗粒相为一级动力学过程，则可定义清除速率常数 φ_{DTh} 为：

$$\varphi_{DTh} = \frac{J_{Th}}{A_{DTh}} = \frac{1}{\tau_D}. \tag{19.14}$$

同样，²³⁴Th 从研究水体迁出的速率常数 φ_{PTh} 为：

$$\varphi_{PTh} = \frac{P_{Th}}{A_{PTh}} = \frac{1}{\tau_P}. \tag{19.15}$$

19.4.2　²¹⁰Pb 一维稳态不可逆清除模型

与²³⁴Th 一维不可逆清除模型类似，溶解态和颗粒态的²¹⁰Pb 随时间的变化速率可用以下式表示：

$$\frac{dA_{DPb}}{dt} = I + A_{DRa}\lambda_{Pb} - A_{DPb}\lambda_{Pb} - J_{Pb}, \tag{19.16}$$

$$\frac{dA_{PPb}}{dt} = J_{Pb} + A_{PRa}\lambda_{Pb} - A_{PPb}\lambda_{Pb} - P_{Pb}, \tag{19.17}$$

式(19.16)～(19.17)中，I 是²¹⁰Pb 的大气输入通量，λ_{Pb} 是²¹⁰Pb 的衰变常数，A_{DRa} 和 A_{PRa} 是所研究水体中溶解态和颗粒态²²⁶Ra 的贮量，A_{DPb} 和 A_{PPb} 分别是所研究水体中溶解态和颗粒

态的 ^{210}Pb 的贮量，J_{Pb} 是 ^{210}Pb 从溶解相清除到颗粒相的清除通量，P_{Pb} 是颗粒态 ^{210}Pb 从水体中迁出的通量，稳态条件下可以得到 ^{210}Pb 清除通量(J_{Pb})和迁出通量(P_{Pb})分别为：

$$J_{Pb} = I + A_{DRa}\lambda_{Pb} - A_{DPb}\lambda_{Pb}, \tag{19.18}$$

$$P_{Pb} = J_{Pb} + A_{PRa}\lambda_{Pb} - A_{PPb}\lambda_{Pb}. \tag{19.19}$$

溶解态和颗粒态 ^{210}Pb 的平均停留时间 τ_{DPb} 和 τ_{PPb} 分别为：

$$\tau_{DPb} = \frac{A_{DPb}}{J_{Pb}}, \tag{19.20}$$

$$\tau_{PPb} = \frac{A_{PPb}}{P_{Pb}}. \tag{19.21}$$

假定 ^{210}Pb 从溶解相清除到颗粒相为一级动力学过程，则可定义 ^{210}Pb 的清除速率常数 φ_{DPb} 和迁出速率常数 φ_{PPb} 为：

$$\varphi_{DPb} = \frac{J_{Pb}}{A_{DPb}} = \frac{1}{\tau_D}, \tag{19.22}$$

$$\varphi_{PPb} = \frac{P_{Pb}}{A_{PPb}} = \frac{1}{\tau_P}. \tag{19.23}$$

19.5　^{234}Th 清除、迁出通量和停留时间的估算

19.5.1　水体中 ^{238}U 含量

一般认为开阔大洋中铀同位素分布是均匀的(Cochran，1992)，近岸水体由于受到陆地径流等因素的影响，铀同位素的分布有所波动。研究发现渤海湾西部和南黄海北部海水中溶解态铀的分布是均匀的(顾宏堪，1991)。对东海大陆架的研究也表明，海水中铀的分布是比较均匀的(李培泉等，1982)。陈敏等的研究结果表明南沙和南海东北部海域铀的分布较为均匀(陈敏等，1997)；胶州湾外接黄海，入湾小河流较多，但大部分已断流，径流量有限。研究表明，胶州湾盐度的水平和垂直分布都比较均匀，波动较小(杨玉玲等，1999)，所以预期湾内水体中 ^{238}U 含量分布将是均匀的。表 19.4 为中国近海水体中 ^{238}U 含量。本研究没有测定海水中溶解态的 ^{238}U，所以采用表中所列各海域 ^{238}U 含量的平均值，36.7 Bq/m^3，作为胶州湾水体中溶解态 ^{238}U 的浓度。该浓度给出的 ^{234}Th 产生速率为1.05 Bq/(m^3·d)。

表 19.4　中国近海水体中 ^{238}U 浓度(Bq/m^3)

海域	范围值	平均值	测量方法	文献
上海近海	25.1～26.8	25.9	激光荧光法	杨鹤鸣等，1994
广东近海	0.87～37.7	31.4	激光荧光法	曾庆卓等，1995
山东近海	36.1～74.7	48.2	分光光度法	张梅英等，1994

续表

海域	范围值	平均值	测量方法	文献
渤黄海近海	11.6 ~ 94.6	36.1 ± 5.0	分光光度法	李树庆等，1987
大连湾		29.9	分光光度法	
渤海湾		39.8 ± 8.2	分光光度法	
海州湾		33.6 ± 8.8	分光光度法	
大连海域		26.6 ± 23.4	偶氮砷Ⅲ比色法	
天津近海		37.3 ± 8.6	分光光度法	
福建近海		29.9	分光光度法	
大亚湾	35.8 ~ 45.3	41.2 ± 4.9	γ 能谱	宋海青等，2002
东、南海近岸		41.2		
东中国海	22 ~ 44		分光光度法	霍湘娟等，1994
南沙海域 冬季	32.13 ~ 39.42	36.30 ± 0.28	α 能谱	陈敏等，1996
秋季	33.77 ~ 43.33	38.95 ± 0.32		
南海东北部 秋季	33.83 ~ 41.58	38.15 ± 0.40		
厦门湾塔角	34.68 ~ 54.25	42.60 ± 0.33		
高潮	38.02 ~ 44.95	40.98 ± 0.47		
低潮	34.68 ~ 51.97	42.03 ± 0.47		
厦门西港总²³⁸U		32.1	α 能谱	陈飞舟，1997
南黄海北部表层		39.8	偶氮氯膦Ⅲ比色	顾宏堪，1991
渤海湾西部		38.6	偶氮氯膦Ⅲ比色	
东海大陆架	27.38 ~ 46.05	36.1	分光光度法	
平均值		36.7		

19.5.2　²³⁴Th 清除、迁出通量及停留时间

以表 19.3 中各个样品²³⁴Th 浓度作为库容量，用一维稳态不可逆清除模型，计算得到的²³⁴Th 的清除、迁出通量和停留时间，列于表 19.5。表中 K_c 是总的清除速率常数，τ_T 是²³⁴Th 在水体中的总的停留时间（Wei and Murry，1992），其他参数的意义与式（19.6）~（19.22）相同。胶州湾水体中溶解态²³⁴Th 停留时间为 0.20 ~ 3.23 d，平均为 1.83 d；颗粒态²³⁴Th 的停留时间为 1.15 ~ 9.12 d，平均为 3.39 d；²³⁴Th 在水体中总的停留时间为 2.82 ~ 11.12 d，平均为 5.36 d。在开阔海域，溶解态²³⁴Th 停留时间为 100 d 量级，颗粒态停留时间在 10 ~ 100 d 时间尺度，很多情况下，溶解态²³⁴Th 的停留时间大于颗粒态（Coale and Bruland，1985；陈飞舟，1997）。开阔海域水体中溶解态²³⁴Th 停留时间长，是由于开阔海域颗粒物浓度低造成的。而开阔海域颗粒物停留时间长，主要是由于开阔海域真光层深度大有关，可以想象得到，真光层厚度越大，颗粒物迁出真光层经历的时间会越长。与开阔

海域不同的是近岸水体溶解态和颗粒态的停留时间大都在 0.1 ~ 10 d 时间尺度，远低于开阔海域。近岸海域颗粒物浓度高，所以其中溶解态的^{234}Th 停留时间短。Wei 和 Murry (1992)研究了 Dabob 湾水体^{234}Th 的停留时间，给出溶解态和总的^{234}Th 的停留时间分别为 0.1 ~ 3.4 d 和 3.7 ~ 15.3 d。McKee 等(1984)报道的长江口外陆架区水体中溶解态和颗粒态^{234}Th 停留时间分别为 0.33 ~ 3.9 d 和 0.5 ~ 11.0 d。陈飞舟给出厦门上屿海域溶解态、颗粒态和总的^{234}Th 的停留时间分别为 0.72 ~ 3.99 d、1.91 ~ 6.83 d 和 3.27 ~ 10.2 d。我们的结果与以上 3 个文献的数据一致。由此我们可以得到结论，近岸海域水体中溶解态、颗粒态和总的^{234}Th 的停留时间都在 1 ~ 10 d 时间尺度。从近岸到开阔海域的过渡海区，水体中^{234}Th 的停留时间在近岸海域与开阔大洋的停留时间之间，与具体的海区海况有关。

表 19.5 ^{234}Th 清除、迁出通量及停留时间的估算结果

航次	站位	层位	潮时	J_{Th}/ Bq·m^{-3}·d^{-1}	τ_{DTh}/ d	P_{Th}/ Bq·m^{-3}·d^{-1}	τ_{PTh}/ d	K_C/ Bq·m^{-3}·d^{-1}	τ_T/ d	φ_{DTh}/ d^{-1}	φ_{PTh}/ d^{-1}
	A3	0		1.02	1.38	0.98	1.93	0.30	3.35	0.73	0.52
	BC1	0		1.01	1.63	0.98	1.15	0.35	2.82	0.61	0.87
2002 – 07 – 29	BC3	0		1.01	1.64	0.97	1.79	0.29	3.50	0.61	0.56
（夏季）	BC5	0		1.00	2.01	0.98	1.34	0.30	3.39	0.50	0.74
	D2	0		1.00	1.79	0.96	2.69	0.22	4.57	0.56	0.37
	航次平均值			1.01	1.69	0.98	1.78	0.28	3.53	0.60	0.61
	BC3	0	0	0.99	2.30	0.94	2.54	0.30	4.96	0.43	0.39
		0	3	1.05	0.20	0.98	2.80	0.33	3.02	5.00	0.36
2002 – 11 – 05		0	6	1.02	1.16	0.89	5.40	0.15	6.72	0.87	0.19
（冬季）	D2	0		1.03	1.02	0.97	2.70	0.26	3.78	0.98	0.37
	航次平均值			1.02	1.17	0.95	3.36	0.22	4.62	1.82	0.33
	A3	0		1.00	2.00	0.97	2.37	0.23	4.43	0.50	0.42
	BC3	0		0.97	3.23	0.90	3.19	0.15	6.65	0.31	0.31
2003 – 04 – 01		6		0.98	2.85	0.86	6.15	0.11	9.39	0.35	0.16
（春季）		12		1.01	1.70	0.85	9.12	0.09	11.12	0.59	0.11
	D2	0		0.97	2.98	0.86	5.80	0.11	9.18	0.34	0.17
	航次平均值			0.98	2.55	0.89	5.33	0.12	8.16	0.42	0.24
	最小值			0.97	0.20	0.85	1.15	0.09	2.82	0.31	0.11
	最大值			1.05	3.23	0.98	9.12	0.35	11.12	5.00	0.87
	平均值			1.00	1.83	0.94	3.39	0.22	5.36	0.55	0.29

表 19.5 中的数据给出，溶解态^{234}Th 的清除通量(J_{Th})变化不大，为 0.97 ~ 1.05 Bq/(m^3·d)，平均为 1.00 Bq/(m^3·d)，与以上由海水中的^{238}U 平均浓度估算的^{234}Th 产

生速率 1.05 Bq /(m³·d)一致。由于溶解态²³⁴Th 的停留时间很短,按最长停留时间 3.23 d 算,从由²³⁸U 衰变产生到被清除到颗粒物上²³⁴Th 活度的变化为 9%,而按平均停留时间,这种变化仅为 5%,²³⁴Th 的产生速率与清除速率两者刚好吻合,但从统计学的角度看,应当是一致的,或不存在明显的变化。

胶州湾颗粒态²³⁴Th 迁出通量(P_{Th})为 0.85 ~ 0.98 Bq /(m³·d),平均为 0.94 Bq /(m³·d)。迁出通量和清除通量极为接近,但迁出通量稍小于清除通量。同样可以按表中 3.39 d 的停留时间,计算出颗粒态上²³⁴Th 活度可能的变化为 9%,与表中从溶解态清除通量 1.00 Bq /(m³·d)到迁出通量 0.94 Bq /(m³·d)的变化一致。

19.6　²¹⁰Pb 的清除、迁出通量及停留时间的估算

19.6.1　胶州湾水体中溶解态的²²⁶Ra

在本研究进行过程中,测定了胶州湾水体中溶解态的镭同位素,其中²²⁶Ra 的浓度为 0.94 ~ 4.30 Bq/m³,平均为 2.36 Bq/m³(刘广山等,2004)。由平均水深、最大水深和平均活度可以计算得水柱²²⁶Ra 衰变产生²¹⁰Pb 的速率小于 0.001 4 Bq/d 和 0.012 Bq/d。

19.6.2　青岛大气沉降的²¹⁰Pb 通量

从 2004 年 5 月至 2005 年 4 月,以月为采样周期,进行了为期 1 a 的青岛大气沉降中 ⁷Be、²¹⁰Pb 和²¹⁰Po 测定。按 2、3、4 月为春季,5、6、7 月为夏季,8、9、10 月为秋季,11、12、1 月为冬季取平均,得到春夏秋冬四季青岛²¹⁰Pb 大气沉降通量平均值为 0.35、0.50、0.50 和 0.39 Bq /(m²·d),算术平均值为 0.45 Bq /(m²·d)。大气沉降的²¹⁰Pb 通量远大于²²⁶Ra 衰变的产生速率,所以胶州湾水体中的²¹⁰Pb 以大气沉降的贡献为主。

19.6.3　²¹⁰Pb 的清除、迁出通量和停留时间

表 19.6 为一维不可逆清除模型所得到的²¹⁰Pb 清除、迁出速率和停留时间。胶州湾水体中溶解态²¹⁰Pb 的停留时间为 0 ~ 4.33 d,平均为 1.24 d;颗粒态²¹⁰Pb 停留时间为 0.74 ~ 4.66 d,平均为 2.06 d;总²¹⁰Pb 的停留时间为 0.74 ~ 6.10 d,平均为 3.33 d。²¹⁰Pb 的 3 个停留时间分别小于²³⁴Th 的 3 个停留时间,但均在同一水平。大多数研究者给出开阔海域的²¹⁰Pb 停留时间在年到百年时间尺度,沿岸水体也大都在 100 d 时间尺度以上(陈飞舟,1997),而且同一海域²¹⁰Pb 的停留时间与²³⁴Th 停留时间也不相同,大都是²¹⁰Pb 的停留时间远大于²³⁴Th 的停留时间。仅林以安等(1996)的研究给出长江口水体中的溶解态²¹⁰Pb 的停留时间为 2.65 ~ 3.33 d,与本研究得到的结果一致。

可以看出,水体中²¹⁰Pb 的清除非常快,溶解态和颗粒态²¹⁰Pb 的清除和迁出速率平均值都为 0.44 Bq /(m³·d)。该值与大气沉降的²¹⁰Pb 通量也非常接近。由于溶解态和颗粒

态^{210}Pb 的停留时间均在天时间尺度,而^{210}Pb 的半衰期长达 22.26 a,^{210}Pb 从大气沉降到海洋表层后,到被清除到颗粒态,再到颗粒物沉降到海底所用的时间不足以使^{210}Pb 活度发生明显变化,所以具有完全相同的^{210}Pb 清除和迁出通量。总的停留时间也就等于溶解态停留时间与颗粒态停留时间的和。

表 19.6 ^{210}Pb 清除、迁出通量及停留时间的估算结果

航次	站位	层位	潮时	$J_{Pb}/$ Bq·m^{-3}·d^{-1}	$\tau_D/$ d	$P_{Pb}/$ Bq·m^{-3}·d^{-1}	$\tau_P/$ d	$K_C/$ Bq·m^{-3}·d^{-1}	$\tau_T/$ d	$\varphi_D/$ d^{-1}	$\varphi_P/$ d^{-1}
	A3	0		0.50	1.38	0.50	2.16	0.28	3.54	0.72	0.46
	BC1	0		0.50	0.68	0.50	1.28	0.51	1.96	1.47	0.78
2002 – 07 – 29	BC3	0		0.50	0.00	0.50	1.04	0.96	1.04	–	0.96
(夏季航次)	BC5	0		0.50	0.00	0.50	2.84	0.35	2.84	–	0.35
	D2	0		0.50	0.82	0.50	1.10	0.52	1.92	1.22	0.91
	航次平均值					0.50	1.68	0.44	2.26	1.74	0.59
	BC3	0	0	0.39	1.74	0.39	1.41	0.32	3.15	0.57	0.71
		0	3	0.39	2.46	0.39	1.18	0.27	3.64	0.41	0.85
2002 – 11 – 05		0	6	0.39	0.00	0.39	4.33	0.23	4.33	–	0.23
(冬季航次)	D2	0		0.39	4.33	0.39	1.77	0.16	6.10	0.23	0.57
	航次平均值					0.39	2.17	0.23	4.31	0.47	0.46
	A3	0		0.35	1.26	0.35	2.00	0.31	3.26	0.80	0.50
	BC3	0		0.35	0.00	0.35	0.74	1.35	0.74	–	1.35
2003 – 04 – 01		6		0.35	2.31	0.35	2.63	0.20	4.94	0.43	0.38
(春季航次)		12		0.35	1.17	0.35	4.66	0.17	5.83	0.85	0.21
	D2	0		0.35	1.20	0.35	1.71	0.34	2.91	0.83	0.58
	航次平均值					0.35	2.35	0.28	3.54	0.84	0.43
	最小值			0.35	0.00	0.35	0.74	0.16	0.74	0.23	0.21
	最大值			0.50	4.33	0.50	4.66	1.35	6.10	1.47	1.35
	平均值			0.42	1.24	0.42	2.06	0.43	3.30	0.75	0.63

19.6.4 胶州湾的碳输出通量

如果认为颗粒物上的^{234}Th 和^{210}Pb 的停留时间代表颗粒物的停留时间,则可以用下式计算海洋中通过颗粒物迁出的碳通量,或称之为输出生产力(Eppley,1989)。

$$EP = \frac{POC}{\tau_P}. \tag{19.24}$$

据文献报道,1997 年 9 月至 1999 年 8 月胶州湾的颗粒有机碳总储量为573 ~ 1 256 t,其中活体有机碳为 191 ~ 1 037 t,碎屑有机碳为 355 ~ 792 t。3 种有机碳总储量的平均值为

1 022 t、406 t 和 585 t（李乃胜等，2006）。

综合以上颗粒态^{234}Th 和^{210}Pb 的停留时间，可以认为胶州湾颗粒物的停留时间为 0.74～11.12 d，中值为 5.93 d。按总有机碳数据推算得胶州湾的颗粒有机碳迁出通量为 0.442 g/（m^2·d），由碎屑有机碳推算的结果（以碳计）为 0.253 g/（m^2·d）。

人们在胶州湾进行了多年的初级生产力研究（郭玉洁等，1992；王荣等，1995；潘友联等，1995；孙松等，2005）给出的初级生产力（以碳计）平均值为 0.368 ～ 0.564 g/（m^2·d）。王荣等进行了新生产力研究。给出胶州湾的新生产力为 0.010～0.100 g/（m^2·d），f 比值为 0.062～0.135，中值为 0.099。由 f 比值和以上初级生产力得到的输出生产力为 0.037～0.056 g/（m^2·d）。该值远小于由碎屑有机碳和颗粒物停留时间得到的碳输出通量。可以认为海水中的颗粒有机碳并不都是供输出的，仅一部分，按以上数据估计为 15%～22% 的碎屑颗粒碳是供输出的，或 8%～13% 的总颗粒有机碳是供输出的，与王荣等（1995）得到的 f 比值一致。实际上研究者也发现，多数研究中沉积物捕集器得到的^{234}Th 输出通量低于由测定水体中的^{234}Th 分布得到的迁出通量，相差可达 10 倍，而相反的情况占少数（Buesseler，1991）。

19.7　结语

（1）研究表明，胶州湾中央颗粒态的^{210}Pb、^{238}U、^{226}Ra、^{228}Ra、^{228}Th 和^{40}K 浓度低于靠近岸边的海区，^{234}Th 则不然；颗粒态的^{234}Th、^{210}Pb、^{238}U、^{228}Ra、^{228}Th 和^{40}K 浓度随水深增加，与水体中 TSM 浓度变化趋势相同。颗粒态的^{226}Ra 随水深的变化与溶解态分布相似。

（2）利用一维稳态不可逆清除模型估算了胶州湾水体中^{234}Th 和^{210}Pb 的清除、迁出通量和停留时间，水体中^{234}Th 和^{210}Pb 总的停留时间分别为 2.82～11.12 d 和 0.74～6.10 d。

（3）本研究得到的^{234}Th 和^{210}Pb 停留时间和输出通量，结合水体中碳、氮、磷和其他颗粒活性物质浓度，可以用来研究碳、氮、磷的循环和其他颗粒活性物质的输运。估算得胶州湾中总颗粒有机碳的 8%～13% 是供输出的。

参考文献

蔡平河，黄奕普，陈敏，等.2001. 南沙海域基于^{234}Th－^{238}U 不平衡的颗粒态有机碳输出通量及其时间演化.科学通报，9：762－766.

陈飞舟.1997. 南海北部和厦门湾海域颗粒物运移过程与输出生产力的同位素示踪研究（博士论文）.厦门：厦门大学：135.

陈敏.1996. 真光层的颗粒动力学——^{234}Th/^{238}U 不平衡的应用等（博士论文）.厦门：厦门大学：153.

陈敏，黄奕普，陈飞舟，等.1997. 中国若干海域溶解态铀同位素的研究.台湾海峡，16(3)：285－292.

顾宏堪.1991. 渤黄东海海洋化学.北京：科学出版社：326－343.

郭玉洁，杨则禹．1992．初级生产力//胶州湾生态学和生物资源．北京：科学出版社：110－126．

黄奕普，陈敏．2000．真光层颗粒动力学//当代海洋科学前沿．北京：学苑出版社：99－102．

霍湘娟，陈英，姚家奠，等．1994．东中国海近岸海域海水中放射性水平研究．海洋环境科学，13（2）：23－27．

李乃胜，于洪军，赵松龄，等．2006．胶州湾自然环境与地质变化．北京：海洋出版社：206－262．

李培泉，朱校斌，王品爱，等．1982．东海大陆架海水中铀的分布．海洋与湖沼，13（6）：514－522．

李树庆，祝汉民，吴复寿，等．1987．中国近海放射性水平．北京：海洋出版社：212．

林以安，Martin J M，Thomas A J．1996．长江口可溶态^{210}Pb的来源、分布和逗留时间．海洋与湖沼，27（2）：145－149．

刘广山，黄奕普．1998．沉积物中^{238}U等9种放射性核素γ谱同时测定．台湾海峡，17（4）：359－363．

刘广山，杨伟锋，贾成霞，等．2004．大体积海水中镭同位素的现场富集与γ谱直接测定．核技术，27（2）：116－121．

娄安刚，王学昌，吴德星．2002．胶州湾大沽河邻近海域海水水质预测．海洋环境科学，21（1）：52－56．

陆贤昆，韩峰，祝惠英，等．1995．胶州湾东部锡的输入、形态特征和生物地球化学过程．海洋学报，17（2）：51－60．

潘友联，郭玉洁，曾呈奎．1995．胶州湾内初级产力的周年定点观察．海洋与湖沼，26（3）：309－316．

孙松，张永山，吴玉霖，等．2005．胶州湾初级生产力的周年变化．海洋与湖沼，36（6）：481－486．

宋海青，李灵娟，牛广秋，等．2002．东、南海近岸海域环境综合调查中γ能谱数据浅析．辐射防护，22（2）：108－112．

王荣，焦念志，李超伦，等．1995．胶州湾的初级生产力和新生产力．海洋科学集刊，36：181－194．

吴增茂，翟雪梅，张志南，等．2001．胶州湾北部水层－底栖耦合生态系统的动力学数值模拟分析Ⅰ．海洋与湖沼，32（6）：588－597．

闫菊，鲍献文，王海，等．2001．胶州湾污染物COD的三维扩散与输运研究．环境科学研究，14（2）：14－17．

杨鹤鸣，眭光凯．1994．上海市水体中天然放射性核素浓度调查研究．辐射防护，14（2）：118－122．

杨玉玲，吴永成．1999．90年代胶州湾海洋的温盐结构．黄渤海海洋，17（3）：31－36．

玉坤宇，刘素美，张经，等．2001．海洋沉积物－水界面营养盐交换过程的研究．环境化学，20（5）：425－431．

曾庆卓，郑伟．1995．广东省水体中天然放射性核素浓度调查研究．辐射防护，15（3）：218－221．

张梅英，王文团，耿明．1994．山东省水体中天然放射性核素浓度调查研究．辐射防护，14（4）：284－289．

中国海湾志编纂委员会．1993．中国海湾志第四分册：胶州湾．北京：海洋出版社：157－260．

Antia A N，Maaβen J，Herman P，et al．2001．Spatial and temporal variability of particle flux at the N W European continental margin．Deep-Sea Research，48：3083－3106．

Bacon M P，Spencer D W，Brewer P G．1976．^{210}Pb/^{226}Ra and ^{210}Po/^{210}Pb disequilibria in seawater and suspended particulate matter．Earth and Planetary Science Letters，32：277－296．

Buesseler K O．1991．Do upper-ocean sediment traps provide an accurate record of particle flux? Nature，353：420－423．

Buesseler K O, Andrews J A, Hartman M C, et al. 1995. Regional estimates of the export flux of particulate organic carbon derived from ^{234}Th during the JGOFS EQPAC Program. Deep-Sea Research, 42: 777 – 804.

Buesseler K O, Cochran J K, Bacon M P, et al. 1992. Determination of thorium isotopes in seawater by nondestructive and radiochemical procedures. Deep-Sea Research, 39: 1103 – 1114.

Craig H, Krishnaswami S, Somayajulu B L K. 1973. Pb – 210, Ra – 226: Radioactive disequilibrium in the deep-sea. Earth and Planetary Science Letters, 17: 295 – 305.

Coale K H, Bruland K W. 1985. ^{234}Th:^{238}U disequilibria within the California current. Limnology and Oceanography, 30: 22 – 33.

Cochran J K. 1992. The oceanic chemistry of uranium and thorium series nuclides//Uranium-series diequilibrium: Applications to earth, marine and environmental science. Oxford: Clarendon Press: 334 – 395.

Eppley R W. 1989. New production: History, Methods, Problems//Productivity of ocean: present and past. John Wiley Sons Limited, New York: 85 – 97.

Feng H, Cochran J K, Hirschberg D J. 2002. Transport and sources o f metal contaminants over the course of tidal cycle in the turbidity maximum zone of the Hudson River estuary. Water Research, 36: 733 – 743.

Gustafsson Ö, Buesseler K O, Geyer W R, et al. 1998. An assessment of the relative importance of horizontal and vertical transport of particle – reactive chemicals in the coastal ocean. Continental Shelf Research, 18: 805 – 829.

Liu G S, Huang Y P, Li J, et al. 2002. Measurement of nuclides of uranium and thorium series of disequilibrium using γ spectroscopy. Acta Oceanologica Sinica, 21(4): 505 – 517.

Mckee B A, DeMaster D J, Nittrouer C A. 1984. The use of ^{234}Th/^{238}U disequilibrium to examine the fate of particle-reactive species on the Yangtze continental shelf. Earth and Planetary Science Letters, 68: 431 – 442.

Moran S B, Smith J N. 2000. ^{234}Th as a tracer of scavenging and particle export in the Beaufort Sea. Continental Shelf Research, 20: 153 – 167.

Nelson C R B, Buesseler K O, Crossin G. 2000. Upper ocean carbon export, horizontal transport, and vertical eddy diffusivity in the southwestern gulf of Maine. Continental Shelf Research, 20: 707 – 736.

Rama K M, Goldberg E D. 1961. Lead – 210 in natural waters. Science, 134: 98 – 99.

Wei C L, Murray J W. 1992. Temporal variations of ^{234}Th activity in the water column of Dabob Bay: particle scavenging. Limnology and Oceanography, 37(2): 296 – 314.